高等院校园林专业系列教材

# 园林概论
## INTRODUCTION TO LANDSCAPE ARCHITECTURE

李 静 主编

东南大学出版社·南京

## 内容提要

"园林概论"是一门园林专业的"入门"课程,使初学园林(及其他有关专业)的学生能把握专业的学习方向,了解园林学何以成为跨学科、多专业协作的综合体系。

本书着重于园林的宏观内容和相关体系的阐释。通过解释园林学及相关的概念,回顾园林的发展简史,总结中外园林的设计风格,学习园林美学的基本知识与园林艺术的特征,掌握欣赏园林艺术的方法,明确园林管理系统及其特点,掌握园林规划设计和园林工程建设及管理的程序与方法,实现园林行业的有效经营与管理,阐述园林工作者必备的专业素质,使学生对园林形成一个总体框架,便于以后专业知识的学习与专业素养的培养,为成为注册园林师做准备。

本教材是高等院校园林专业系列教材之一,适于园林、风景园林、观赏园艺、景观建筑、环境艺术等专业,也可供从事风景园林、环境艺术、室内设计、城市规划、城市园林绿化等相关行业的技术与管理人员阅读参考。

**图书在版编目(CIP)数据**

园林概论 / 李静主编;栾春风等编著. —南京:东南大学出版社,2009.7(2022.8重印)

(高等院校园林专业系列教材)

ISBN 978-7-5641-1296-7

Ⅰ.园… Ⅱ.①李…②栾… Ⅲ.①园林植物—观赏园艺—高等学校—教材②园林设计—高等学校—教材 Ⅳ.S688 TU986.2

中国版本图书馆 CIP 数据核字(2009)第 116082 号

东南大学出版社出版发行
(南京四牌楼2号 邮编210096)
出版人:江建中
全国各地新华书店经销 南京玉河印刷厂印刷
开本:889mm×1194mm 1/16 印张:15 字数:464千字
2009年7月第1版 2022年8月第6次印刷
印数:10501~11500 定价:28.00元
(若有印装质量问题,请同读者服务部联系。电话:025-83792328)

# 高等院校园林专业系列教材
# 编审委员会

**主任委员**：王　浩　南京林业大学

**委　　员**：（按姓氏笔画排序）

　　　　　　弓　弼　西北农林科技大学
　　　　　　井　渌　中国矿业大学艺术设计学院
　　　　　　何小弟　扬州大学园艺与植物保护学院
　　　　　　成玉宁　东南大学建筑学院
　　　　　　李　微　海南大学生命科学与农学院园林系
　　　　　　张　浪　上海市园林局
　　　　　　陈其兵　四川农业大学
　　　　　　周长积　山东建筑大学
　　　　　　杨新海　苏州科技学院
　　　　　　赵兰勇　山东农业大学林学院园林系
　　　　　　姜卫兵　南京农业大学
　　　　　　樊国胜　西南林学院园林学院

**秘　　书**：谷　康　南京林业大学

# 出 版 前 言

推进风景园林建设，营造优美的人居环境，实现城市生态环境的优化和可持续发展，是提升城市整体品质，加快我国城市现代化步伐，全面实现小康社会的重要内容。高等教育园林专业正是应我国社会主义现代化建设的需要而诞生并不断发展的，是我国高等教育的重要专业之一。近年来，我国园林专业发展迅猛，目前全国每年园林专业招生约为 18 000 人，但教材建设明显滞后，新颖合用的教材很少。

南京林业大学园林专业是我国南方成立最早、影响较大的专业。自创办以来，专业教师积极探索，勇于实践，取得了丰硕的成果，先后获得国家教学成果二等奖一项，江苏省教学成果一等奖一项，园林专业还被评为江苏省特色专业，南京林业大学园林高职专业自 2001 年被教育部确立为国家高职精品改革试点专业。

为培养合格人才，提高教学质量，我们以南京林业大学为主体组织了山东建筑工业大学、中国矿业大学、安徽农业大学、郑州大学等十余所院校中有丰富教学、实践经验的园林专业教师，编写了这套系列教材，准备在两年内陆续出版。

园林专业的教育目标是培养从事风景园林建设与管理的高级人才，要求毕业生既能熟悉风景园林规划设计，又能进行园林植物培育及园林管理等工作，所以在教学中既要注重理论知识的培养，同时又必须加强对学生实践能力的训练。针对园林专业的特点，本套教材力求图文并茂，理论与实践并重，并在编写教师课件的基础上制作电子或音像出版物辅助教学，增大信息容量，便于教学。

全套教材共 16 册：《园林概论》、《园林设计初步》、《园林制图》、《计算机辅助园林设计》、《园林史》、《园林工程》、《园林规划设计》、《园林建筑设计》、《风景名胜区规划原理》、《城市园林绿地规划原理》、《园林植物造景》、《园林树木栽培学》、《室内绿化装饰》、《盆景与插花艺术》、《花卉生产与营销》、《草坪与地被》，可供园林专业和其他相近专业的师生以及园林工作者学习参考。

编写这套教材是一项探索性工作，教材中定会有不少疏漏和不足之处，还需在教学实践中不断改进、完善。恳请广大读者在使用过程中提出宝贵意见，以便在再版时进一步修改和充实。

高等院校园林专业系列教材编审委员会<br>二〇〇五年十二月

# 《园林概论》编写组成员

主　编：李　静　安徽农业大学

副主编：（按姓氏笔画排列）

　　　　栾春凤　郑州大学

　　　　钱　达　苏州科技学院

编　者：（按姓氏笔画排列）

　　　　张云彬　安徽农业大学

　　　　张路红　安徽建筑工业学院

　　　　陈永生　安徽农业大学

　　　　高　林　安徽科技学院

# 前 言

近年来,随着园林内涵、外延的扩展,园林学已成为一门融自然科学、工程技术和人文科学于一体的综合性学科。为使学生们能更好地了解园林学科与其涉及的相关学科的关联,掌握园林从业者应具备的专业知识与素养,很多学校先后开始增设"园林概论"课程,并把该课列为园林专业基础课。"园林概论"不仅可作为园林专业的专业教育课,还可作为林学、园艺、森林旅游等相关专业的选修课。

本教材正是为园林及其他有关专业(如环境艺术、园艺、森林旅游等)的"园林概论"课程而编写的。目前"园林概论"还没有统编教材,各学校对"园林概论"这门课的内容有不同的取舍,有的主张以园林的规划设计基本知识为主,着重于园林规划设计的宏观内容和相关体系的阐释;有的主张以园林的发展简史为主,介绍中外园林的设计风格,进行园林设计和规划等。我们认为作为园林学专业(包括其他有关专业)的主要专业课程,应当有一个总的体系,在这个体系之下,来认识"园林概论"这门学科,那么它的内涵就清楚而完备了。

"园林概论"是园林专业的"入门"课程,它有许多后续课程,如园林绿地规划、园林设计、园林史、园林建筑等。那么,这门课程的任务就在于"入门",使初学园林学(及其他有关专业)的学生能把握专业的学习方向。本教材就是按照这个指导思想来编写的。

作为专业的"入门"课程,关键在于要深入浅出,使刚刚结束中学学习的学生容易接受,但又不能是科普性的,而是引入专业的;不是看着玩的,而是准备深造的。本书正是根据这样的观点来构架的。

本教材遵循教育部提出的"厚基础、宽口径、淡化专业、重在素质教育"的人才培养模式总原则;依据我国有关城市规划法规、国家现行园林标注、园林绿化政策和条例,国内、外园林发展的历史与趋势;吸取国内外最新研究成果;总结各参编学校在多年的教学实践中积累的丰富教学与规划设计的经验,并认真研究、探索,在相应的专著、讲稿和讲义基础上,进一步整理、编写而成。

本教材概括了国内外园林发展的历史历程,阐明了园林学概念,叙述了园林美学与园林艺术的知识,园林规划的设计内容,具体项目专项规划特点,园林建设的管理,以及园林专业人员应具备的专业素养等内容。

本教材编写具体分工如下:第1、7章 李静;第2章 张云彬;第3章 张路红;第4章 高林;第5章第1至3节 陈永生;第5章第4至8节 栾春凤;第6章 钱达。

全书由上海市绿化管理局副总工程师张浪教授、南京农业大学马凯教授审阅,并提出了中肯的修改意见,安徽农业大学园林专业研究生陶务安、刘璐璐、惠惠、魏璐璐、耿哲等人帮助完成本书的部分汇编及绘图工作,我们在编写过程中参考了国内外有关文献,借此机会,谨向张浪教授、马凯教授及有关专家、学者、老师和有关单位表示感谢。

编 者
二〇〇九年五月

# 目 录

1 园林学概述 ································································································· 1
  1.1 园林学发展简史 ······················································································ 1
    1.1.1 园林学科的起源 ················································································ 1
    1.1.2 园林学科的形成 ················································································ 2
    1.1.3 园林学科的发展 ················································································ 3
  1.2 园林学知识体系 ······················································································ 4
    1.2.1 园林学的概念解析 ············································································· 4
    1.2.2 园林学的研究范畴 ············································································· 6
    1.2.3 园林学的知识体系 ············································································· 8
  1.3 园林的基本属性 ···················································································· 10
    1.3.1 园林的自然性 ·················································································· 10
    1.3.2 园林的社会性 ·················································································· 14
    1.3.3 园林的科技性 ·················································································· 19

2 园林的发展 ······························································································ 22
  2.1 东方园林体系的发展 ·············································································· 22
    2.1.1 中国古典园林的发展 ········································································ 22
    2.1.2 日本古典园林的发展 ········································································ 32
  2.2 欧洲园林体系的发展 ·············································································· 34
    2.2.1 古代欧洲园林的发展 ········································································ 35
    2.2.2 中世纪西欧园林的发展 ····································································· 38
    2.2.3 文艺复兴时期意大利园林的发展 ······················································· 39
    2.2.4 法国古典主义园林的发展 ································································· 41
    2.2.5 英国风景式园林的发展 ····································································· 42
  2.3 伊斯兰园林体系的发展 ·········································································· 44
    2.3.1 波斯伊斯兰园林的发展 ····································································· 44
    2.3.2 西班牙的伊斯兰园林的发展 ······························································ 45
    2.3.3 印度伊斯兰园林的发展 ····································································· 45
  2.4 近现代园林的发展 ················································································ 45
    2.4.1 世界近现代园林发展的相关背景 ······················································· 45
    2.4.2 美国近现代园林的发展 ····································································· 46
    2.4.3 欧洲近现代园林的发展 ····································································· 49
    2.4.4 日本近现代园林的发展 ····································································· 52
    2.4.5 中国近现代园林的发展 ····································································· 54
  2.5 未来园林发展展望 ················································································ 56
    2.5.1 多元化的发展道路和艺术风格 ·························································· 56
    2.5.2 园林要素的创新 ·············································································· 56
    2.5.3 形式与功能的更好结合 ···································································· 56
    2.5.4 现代与传统的对话 ·········································································· 57
    2.5.5 场所精神与文脉主义 ······································································· 57
    2.5.6 生态学指导下的园林建设 ································································ 57

3 园林美与园林艺术 ···················································································· 58
  3.1 园林美学的基本知识 ············································································· 58
    3.1.1 园林美的概念 ················································································· 58
    3.1.2 园林美的构成 ················································································· 59
    3.1.3 园林美学 ························································································ 60
    3.1.4 审美意识 ························································································ 61
  3.2 园林艺术与风格 ···················································································· 62

  3.2.1 园林艺术的特征 ………………………………………………………………… 62
  3.2.2 园林艺术的形式与风格 ………………………………………………………… 65
  3.2.3 东西方园林艺术比较 …………………………………………………………… 67
 3.3 园林艺术的欣赏 ……………………………………………………………………… 68
  3.3.1 园林美感 ………………………………………………………………………… 69
  3.3.2 园林思维 ………………………………………………………………………… 74
  3.3.3 园林艺术欣赏 …………………………………………………………………… 75
  3.3.4 园林实例赏析 …………………………………………………………………… 76

# 4 园林构成要素 …………………………………………………………………………… 81
 4.1 自然要素 ……………………………………………………………………………… 81
  4.1.1 山岳景观要素 …………………………………………………………………… 81
  4.1.2 水域景观要素 …………………………………………………………………… 83
  4.1.3 天文、气象要素 ………………………………………………………………… 85
  4.1.4 生物景观要素 …………………………………………………………………… 86
 4.2 历史人文景观要素 …………………………………………………………………… 88
  4.2.1 历史人文景观要素的特点 ……………………………………………………… 88
  4.2.2 历史人文景观要素的具体应用 ………………………………………………… 89
 4.3 园林工程要素 ………………………………………………………………………… 98
  4.3.1 地形与假山工程 ………………………………………………………………… 98
  4.3.2 园路与铺地工程 ………………………………………………………………… 100
  4.3.3 水景工程 ………………………………………………………………………… 102
  4.3.4 园林建筑与小品 ………………………………………………………………… 105

# 5 园林规划设计内容 ……………………………………………………………………… 109
 5.1 园林规划设计的基本程序 …………………………………………………………… 109
  5.1.1 基本程序 ………………………………………………………………………… 109
  5.1.2 主要阶段设计文件的深度 ……………………………………………………… 111
 5.2 城市绿地系统规划 …………………………………………………………………… 117
  5.2.1 城市绿地系统规划的性质与任务 ……………………………………………… 117
  5.2.2 城市绿地系统规划的目标与指标 ……………………………………………… 118
  5.2.3 城市绿地分类标准与用地选择 ………………………………………………… 120
  5.2.4 城市绿地系统规划的原则 ……………………………………………………… 121
  5.2.5 城市绿地系统结构布局的模式与手法 ………………………………………… 122
  5.2.6 市域绿地系统规划 ……………………………………………………………… 124
  5.2.7 城市绿地分类规划 ……………………………………………………………… 125
  5.2.8 城市绿地系统规划的程序 ……………………………………………………… 128
  5.2.9 城市园林绿化树种规划 ………………………………………………………… 128
  5.2.10 生物多样性与古树名木保护 …………………………………………………… 129
 5.3 风景名胜区规划 ……………………………………………………………………… 131
  5.3.1 风景名胜区发展概况 …………………………………………………………… 131
  5.3.2 风景名胜区规划的构成概念及风景资源评价 ………………………………… 133
  5.3.3 风景名胜区规划程序 …………………………………………………………… 135
  5.3.4 风景名胜区总体规划 …………………………………………………………… 137
  5.3.5 风景名胜区专项规划 …………………………………………………………… 139
  5.3.6 风景名胜区规划成果 …………………………………………………………… 145
 5.4 森林公园与农业观光园规划 ………………………………………………………… 146
  5.4.1 森林公园规划 …………………………………………………………………… 146
  5.4.2 农业观光园规划 ………………………………………………………………… 150
 5.5 公园绿地规划设计 …………………………………………………………………… 152
  5.5.1 公园绿地概况 …………………………………………………………………… 152
  5.5.2 综合性公园规划设计内容 ……………………………………………………… 153
  5.5.3 主要专类公园规划设计 ………………………………………………………… 155
 5.6 道路及广场绿地规划设计 …………………………………………………………… 159

  5.6.1 道路绿地概况 ................................................................ 159
  5.6.2 道路绿地规划设计内容 .................................................... 160
  5.6.3 广场绿地设计 ................................................................ 162
 5.7 居住区绿地规划设计 ................................................................ 164
  5.7.1 居住区绿地概况 ............................................................ 164
  5.7.2 居住区绿地规划设计内容 ................................................ 165
 5.8 附属绿地规划设计 .................................................................. 170
  5.8.1 附属绿地规划概况 ........................................................ 170
  5.8.2 主要附属绿地规划设计内容 ............................................ 171

# 6 园林管理 ........................................................................................ 176
 6.1 概述 ......................................................................................... 176
  6.1.1 相关概念 ...................................................................... 176
  6.1.2 园林管理系统及其特点 .................................................... 176
  6.1.3 园林的质量管理与数量管理 ............................................ 177
  6.1.4 城市的园林管理机构 ...................................................... 178
  6.1.5 城市的园林需求 ............................................................ 179
 6.2 园林决策管理 ........................................................................... 180
  6.2.1 决策 .............................................................................. 180
  6.2.2 园林决策者 .................................................................... 180
  6.2.3 园林决策指标 ................................................................ 180
  6.2.4 园林决策程序与多目标评价 ............................................ 181
  6.2.5 园林决策参照 ................................................................ 181
 6.3 园林规划设计管理 .................................................................... 182
  6.3.1 规划设计法规体系 ........................................................ 182
  6.3.2 规划设计程序 ................................................................ 182
  6.3.3 城市绿地系统规划管理 .................................................... 183
  6.3.4 园林规划设计管理 ........................................................ 184
  6.3.5 园林评价管理 ................................................................ 185
 6.4 园林建设管理 ........................................................................... 185
  6.4.1 园林施工管理 ................................................................ 185
  6.4.2 园林工程建设监理 ........................................................ 200
  6.4.3 园林养护管理 ................................................................ 208
 6.5 园林经营管理 ........................................................................... 209
  6.5.1 经营 .............................................................................. 209
  6.5.2 物资与产品管理 ............................................................ 210
  6.5.3 设备管理 ...................................................................... 210
  6.5.4 活物管理 ...................................................................... 210
  6.5.5 基础设施管理 ................................................................ 210
  6.5.6 财务管理 ...................................................................... 210
  6.5.7 人员与信息管理 ............................................................ 211

# 7 园林专业素养 ................................................................................ 212
 7.1 园林专业素质 ........................................................................... 212
  7.1.1 创新的设计能力 ............................................................ 212
  7.1.2 扎实的理论基础 ............................................................ 216
  7.1.3 适合的表达能力 ............................................................ 217
 7.2 园林专业修养 ........................................................................... 220
  7.2.1 世界观 .......................................................................... 220
  7.2.2 广博的文化知识 ............................................................ 221
  7.2.3 丰富的生活经验 ............................................................ 222

参考文献 ............................................................................................ 223

# 1 园林学概述

园林学是人类社会发展到一定阶段的产物,是伴随着人类建设活动和社会发展不断丰富、完善、提高的实践性学科,是一门历史悠久的学科,是一门自然科学、生命科学和人文艺术相结合的综合性学科。虽然学科体系的建立不过百年的历史,但园林学已经发展成为适应近现代社会发展需要的一门工程应用性学科专业。通过了解园林学科的建立与发展,掌握园林学科的知识体系和园林的基本属性,是园林工作者担任保护、利用人类自然资源,营建和谐聚居环境,协调人类需求与客观环境资源的前提。

## 1.1 园林学发展简史

园林学是社会生产力发展至一定历史阶段的产物,是人类历史进入文明时代之后才出现的。园林学经历漫长演进过程,其随着私有制社会制度的建立而产生,经历了封建社会的形成、全盛、成熟,直至资本社会制度的萌芽而建立的过程。世界三大园林体系发源地为西亚、希腊和中国,他们所形成的园林艺术在园林(造园学)历史中古老悠久、文化源远流长。

### 1.1.1 园林学科的起源

农耕经济的发展,使人类从早先的游牧生活转为定居生活。统治阶级把狩猎变为再现祖先生活方式的一种娱乐活动,同时还兼有征战演习、军事训练的意义。帝王、贵族喜欢大规模的狩猎,同时大量的土地归帝王、贵族拥有,为避免毁坏农田,因此,有了园林的雏形——囿的建置。

种植业的发展,出现了园圃。园圃从种植果树、蔬菜、草药,到种植观赏树木、花卉,使人们从食物生产上升到精神享受。囿、台、圃是中国古典园林的雏形,其产生与便于生产及经济有着密切的关系,它们本身已经包含着园林的物质因素,体现朴素的自然观。

随着经济的发展,城市规模的扩大,帝王、贵族、士大夫与自然接触的机会越来越少,离宫别墅建在大自然中的需求越来越多,促进了皇家园林、私家园林的建设与发展,工程技术的不断发展与创新使园林艺术达到致臻完美的高峰。

园林与社会密不可分,与自然又紧密相连,起初为统治者所占有,既具有多样的功能,又具备精神性。春秋时吴王夫差建造的消夏湾、馆娃宫和诸离宫别苑,与山水密切地联系起来,开宫苑园林先河。自秦代中央集权的国家建立后,维护君主专制制度,维护皇权的至尊地位是帝王从事一切活动的出发点。皇家园林(古代常称之为苑囿)作为帝王日常生活、活动的重要场所,必然会深深地打上封建帝王思想的烙印,封建帝王的思想在一定程度上会通过苑囿的建设反映出来。从"囿"到"苑囿"至"建筑宫苑"其主要功能是为帝王服务的,形式以皇家园林为主线而发展。

私家园林在魏晋南北朝时异军突起,是当时思想变化的产物,是对儒家文化的怀疑,也是追求个性的产物。其中以"竹林七贤"为代表,出现了庄园、别墅,既是隐者物质财富,又是他们的精神家园。但私家园林多为官僚、贵族所经营,代表着一种奢华的风格和争奇斗富的倾向。因此,从商周到清朝末代皇帝,贯穿整个社会发展的园林建设,始终突出天子诸侯的权力,显示富人对物质享受的追求。

我国园林在漫长的发展历程中,积累了大量宝贵的实践作品和理论著作。明朝初期,出现了为他人造园的职业园林师,明末造园家计成就是其中的佼佼者,他结合自己的造园实践,创造了被称为中国园林艺术第一名著的《园冶》,是集美学、艺术、科学于一体的中国古典造园专著。

在西方,基督教把伊甸园作为人类生活的"极乐世界"、"理想天国",西方人也有把"园"视作为一种欢乐美好的自然天地。西方园林的起源可以上溯到古埃及,公元前3 000多年前,尼罗河两岸土壤肥沃,适宜于农业耕作,但因其每年泛滥,退水后需重新丈量耕地,因而发明了几何学。古埃及人把几何概念用于早期的园林——果蔬园中,一块长方形平地被灌溉水渠划分成方格,方格中整整齐齐地种植着果树和蔬菜。到公元前16世纪,农业性质的园子逐渐演变为专门供统治阶级享乐的观赏性园林,成为世界上最早的规则式园林。

大约公元前5世纪,在巴尔干半岛、小亚细亚西岸和爱琴海的岛屿上,许多城邦建立的自由民主制度,促进了经济的大繁荣与建筑、园林的进一步发展。其中雅典是最具代表性的,古希腊造园具有强烈的理性色彩,崇尚人的力量,追求有序的和谐。公元前1世纪末,古罗马征服了意大利半岛、希腊半岛、小亚细亚、非洲北部、西亚洲等地区,建立了强大的罗马帝国,古罗马的造园艺术继承了古希腊的造园艺术成就,并添加了西亚造园因素,发展了大规模庭院。至此,西方园林的雏形基本上形成了。

公元14世纪是伊斯兰园林的鼎盛时期,其间建造了著名的泰姬陵。15世纪是欧洲商业资本的上升期,意大利出现了许多以城市为中心的商业城邦。政治上的安定和经济上的繁荣必然带来文化的发展。人们的思想从中世纪宗教禁锢中解脱出来,从而开创了意大利"文艺复兴"时代,意大利台地园风靡一时。17世纪,意大利文艺复兴式园林传入法国,法国继承和发展了意大利的造园艺术,出现了勒·诺特尔式宫苑。18世纪欧洲文学艺术领域中兴起浪漫主义运动,在这种思潮影响下,英国开始欣赏纯自然之美,重新恢复传统的草地、树丛,于是产生了自然风景园,西方园林有了进一步的发展。

总的来说,无论是中国园林还是西方园林,其产生的根本原因是在私有制产生以后,为了满足统治者和上层阶级物质、精神上的享受而产生的,其服务的对象是极少数的统治阶级和达官贵人,缺乏广泛的社会参与性。园林得以持续演进的契机便是经济、政治、意识形态这三者之间的平衡和再平衡,它逐渐完善的主要动力亦得之于三者的自我调整而促成的物质文明和精神文明的进步。

### 1.1.2 园林学科的形成

18世纪初期,英国第一位造园家赖普敦提出了"风景造园学"(Landscape Gardening)和"风景造园师"(Landscape Gardener)的专门名词,园林成为一门学科。从18世纪中叶开始,欧洲的大城市出现了公园。

工业革命源于英国而盛于美国。到了19世纪,美国出现了许多新城市,工业生产使社会发生了巨变,一方面造成了城市迅速膨胀,城市环境日趋恶化,城市中人口密集、与自然完全隔绝的单一环境;另一方面工人阶级出现,"城里人"不再是少数贵族和侍从们,对自然与农耕景观之美的感知已不再为少数贵族所独有,而更重要的是,集居在城市中的人们需要一个身心放松的空间。用奥姆斯特德(Olmsted)的话来说:"文明人在不断发展医药、战胜种种疾病的同时,他们的健康和幸福却日益受到某种更为严重的病魔的损害,对此,医药无能为力,只有通过阳光和温和的锻炼来平衡血液循环和放松大脑,使人再生和获得健康与欢乐"。因此,设计为公众共享的风景式园林,将自然引入城市,改善人类聚居的环境成为现代园林的内涵。

园林学发展史上的一个重要突破是职业园林设计师的出现,其代表人物是美国园林之父奥姆斯特德,他与合伙人完成了纽约中央公园的设计。奥姆斯特德于1865年在美开创了职业园林设计事务,坚持把自己所从事的专业与传统的"造园"(Gardening)区别开来,把自己所从事的专业称为"风景园林"(Landscape Architecture),把自己称为"风景园林师"(Landscape Architect),而不是"园丁"(Gardener)。1898年,美国风景园林师学会(American Society of Landscape Architecture,简称ASLA)成立。

奥姆斯特德还努力发展园林专业教育,于1900年在哈佛大学首开风景园林学(Landscape Architecture)课程,设立的风景园林学学士学位与先前设立的建筑学学位相并列。出现了为社会服务的,同时是为事业而创作的职业设计师队伍。这意味着园林已形成一门独立的专业和具有特定内涵的学科,标志着现代园林学的建立。

由于奥姆斯特德及其合作者的实践和专业教育在哈佛大学的确立,使美国的园林专业一开始便定位在一个很大的活动范围内,包括城市公园和绿地系统、城乡风景道路系统规划设计、居住区、校园、地产开发和农场以及国家公园等的规划设计和管理，并进一步扩展到主题娱乐园及高速公路系统的景观设计。美国园林在这一时期的定位，为以后世界园林学的发展打下了坚实的基础，使园林师的职业不再是园丁和花匠，而是人居环境的规划设计师和创造者。

由于历史与社会原因，中国园林学科建立的比较晚。最早可追溯到20世纪30年代，在金陵大学、中央大学、浙江大学等校开设了园林方面的课程。但真正的园林教育是在新中国成立以后才建立的。

### 1.1.3 园林学科的发展

第二次世界大战以后，西方的工业化和城市化发展达到了高潮，城市犹如大地机体上的恶性肿瘤，扩展蔓延。科技的进步和交通手段的改善使人类活动的范围几乎伸展到地球的每个角落，地球相对变小了。大规模的建设扰动了自然界的平衡秩序，使自然生态受到严重威胁。到20世纪60年代，一些学者惊呼人类唯一家园——地球将被人类自己毁灭！

随着后工业时代的到来，公园绿地已不足以改善城市的环境，对城市的恐惧，加之交通与通讯的发展和工业生产方式的改变，促使郊区被恶性发展，使大地景观支离破碎，自然的生态过程受到严重威胁，生物多样性在消失，同时人类自身的生存和延续受到威胁。随之而来的国际化使千百年来发展起来的文化多样性遭受灭顶之灾，也湮没了人类对自然的适应途径的多样性，这同样威胁到人类生存的可持续性。

因此，园林学的服务对象不再限于某一群人的身心健康和再生，而是人类作为一个物种的生存和延续，这又依赖于其他物种的生存和延续以及多种文化基因的保存。维护自然过程和其他生命最终是为了维护人类自身的生存。作为园林学研究的对象这时也扩展到大地综合体，它是多个生态系统的镶嵌体，由人类文化圈与自然生物圈交互作用而形成。协调不同空间尺度上的文化圈与生物圈之间的相互关系成为园林专业所必须面对的紧迫问题。

1969年美国风景园林师麦克哈格(I.L.Mcharg)发表了《设计结合自然》(*Design with Nature*)，提出以生态原理作为各项建设的设计和决策的依据，使人类的建设活动对自然的破坏减少到最低程度，标志了园林学勇敢地承担起后工业时代重大的人类整体生态环境规划设计的重任，使园林学在奥姆斯特德奠定的基础上又大大扩展了活动空间。遵从自然的设计模式在生态学和人类活动之间架起了一道桥梁，也使园林学在环境主义运动中成为中坚。

1978年，美国风景园林师学会主席西蒙兹(J.O.Simonds)发表了他的《大地景观：环境规划指南》(*Earthcape: a manual of environmental planning*)，对大地景观规划作了系统的论述。信息时代的眼界和新的驾驭世界的科技手段，使风景园林学科的领域又延伸到"大地景观规划"的阶段，这与毛泽东主席在20世纪50年代提出的"实行大地园林化"的号召不谋而合。如今的园林学科已经发展成为研究合理运用自然因素（特别是生态因素）、社会因素来创建优美的、生态平衡的人类生活境域的学科。

园林是人类理想的生活场所，是社会政治、经济、思想文化的现实物质和精神的反映。园林学发展的总趋势有以下五个方面：

(1) 继承与创造相结合　世界各国的造园艺术在不断地交流与融合，如意大利的、法国的、英国的、中国的，不但互相借鉴，而且相互变通，形成新的园林风格。在继承各自优秀传统的园林艺术、保持相对特色的基础上，融合他国之长进行新的创造。

(2) 新造园要素的运用　随着科学的发展，人的审美意识的转变，综合运用各种新技术、新材料、新艺术手段，对园林进行科学规划、科学施工，将创造出丰富多样的新型园林。

(3) 生态个性化设计　世界美学规律表明，越是民族的，就越是世界的，园林的生态设计思想也促使各地园林更为个性化，园林设计具有更大的灵活性。

(4) 科学与艺术相辉映　20世纪60年代以来，由于片面强调科学性，园林设计的艺术感染力日渐下降；同时由于人类认识的局限性，设计的科学性并不能得到切实保证。近些年来，人们开始注意到科学设计的负面效应，生态设计向艺术回归的呼声日益高涨。科学设计与艺术设计定将趋于结合，园林的科学研究与理论建设将综合生态学、美学、建筑学、心理学、社会学、行为科学、电子学等多种学科而有新的突破与发展。园林的生态效益、社会效益和经济效益的相互结合、相互作用将更为紧密,向更高程度、更深层次上发展。

(5) 宏观与微观相补充　传统园林以封闭性的"园"为其主要形式,现代园林以开敞的公共园林、城市绿化为主要特征。园林的范畴随着人类对自然认识的加深而不断扩大。未来园林的发展趋势不仅包括微观的园林设计,如街头小游园、街头绿地、花园、庭园、园林小品等;中观的场地规划,如旅游度假区、城市公园、主题园、城市带状空间、广场设计等;而且包括宏观的大地景观、大尺度的景观工程、风景名胜区、旅游区域的规划。

## 1.2　园林学知识体系

园林学从它萌芽的那一刻起,就是一门边缘学科。随着学科的不断发展,学科的知识体系和研究范畴不断扩大,与它相关的学科及文化内涵也更加繁杂;同时,一系列相关科学的发展促使园林学的理论与科学技术内容也日益渊博。

### 1.2.1　园林学的概念解析

1) 学科的概念

(1) 学科的名称　园林的概念,古今不同,中外各异。在我国现代园林学研究中,园林不断被赋予新的内涵,园林学科的知识体系不断综合诸多知识领域内容。近代园林学的研究与实践是开放性的,参加园林学研究与园林建设项目的实践者来自许多不同专业,如建筑学、城市规划、林学、工艺美术、园艺和园林专业,学者们往往从不同的角度出发,对园林的概念加以定义,因此尚无统一的定义。但对园林学这个学科的起源却基本上没有分歧。

由于园林规划设计涉及的领域不断扩大,促使园林事业发展,园林学远远突破传统的领域,同时中国的园林学又存在和国际上"Landscape Architecture"学科"接轨"的问题,我国关于园林学的称谓出现了"景观建筑学""景观学""景观规划设计学""景观营建学""景观设计""风景园林"等,这样就产生了一些混乱的观念和概念。汪菊渊院士将园林学定义为研究如何合理运用自然因素(特别是生态因素)、社会因素来创建优美的、生态平衡的人类生活境域的学科。全国自然科学名词审定委员会考虑到"园林学"的概念在我国沿用多年,虽然其学科内容不断扩大,为保持学科的持续性,在1989年颁布的《林学名词》行业规范名词中,仍采用"园林学",英文名称定为"Landscape Architecture"。目前,在全国自然科学名词审定会未确定之前,我们仍然沿用"园林"一词。但应注意,当今的园林,其内涵和外延都发生了扩展。

(2) 园林的内涵　概念的内涵反映的是事物的本质属性的集合。

园林是历史形成的,仅从字面上看它可能不足以适应下述内涵的需要,对此将不再展开讨论。园林学科是综合利用科学、技术和艺术手段保护和营造人类美好的室外境域的一门学科。

园林的内涵是随着社会的发展而扩展的,在国外大体经历了"Gardening"和"Landscape Architecture"两个阶段,目前正在向"Earthscape Planning"演变,他们的发展似乎带有革命性。在我国它也走过3步:从私家所有的传统园林,到以公共享用为主的城市绿地,现在扩展到国土大地的生态、功能和景观的统一规划。

园林学科的内涵是综合利用科学、技术、艺术手段保护和营造人类美好的室外境域;学科的外延跟随着人类活动范围的扩大经历了传统园林、城市绿地、大地景观规划三个层面的发展,而处理这三层问题所必需的知识面是不尽相同的。园林学科的基础是人类生活空间与自然的关系,学科的核心是室外人居环境的规划、设计、建造、管理。

(3) 园林的外延　概念的外延是概念所确指的对象范围,也就是包括哪些事物。

园林的外延也是随着内涵的发展而扩展的,国外基本经历了私家园林、城市绿地、国土大地的3步扩张。

根据这个理念,城市广场、停车场等开放空间(open spaces)应属于园林的范畴,并不必依据它是否成为所谓绿化广场而转移。

国家现行标准《园林基本术语标准》(CJJ/T 91—2002)中园林学的定义为:综合运用生物科学技术、工程技术和美学理论来保护和合理利用自然环境资源,协调环境与人类经济和社会发展,创造生态健全、景观优美、具有文化内涵和可持续发展的人居环境的科学和艺术。所以,园林学致力于保护和合理利用自然环境资源,创造生态健全、景观优美、反映时代文化和可持续发展的人居环境,为协调人与自然的关系,发挥着其他学科不能代替的作用,产生着巨大的经济效益、社会效益和环境效益。

2) 重点概念解析

在学习园林学的过程中,为帮助初学者更深刻地掌握园林学的系统知识,必须明晰以下几个重点概念及含义。

(1) 绿化  绿化包括国土绿化、城市绿化、四旁绿化和道路绿化等。绿化改善环境包括改善生态环境和一定程度的美化环境。

绿化与园林的关系。"绿化"源于前苏联,是"城市居民区绿化"的简称,在中国大约有50年的历史。"园林"一词为中国传统用语,在中国已有1 700年历史。绿化单指植物因素,而植物是园林的重要组成要素之一,因此,绿化是园林的基础,是局部。园林包括综合因素,园林是对其各组成要素的有机整合,是各个组成要素的最高级表现形式,是整体。绿化注重植物栽植和实现生态效益的物质功能,同时也含有一定的"美化"意思。园林则更加注重精神功能,在实现生态效益的基础上,特别强调艺术效果和综合功能。因此,①在国土范围内,一般将普遍的植树造林称为"绿化",将具有审美的风景名胜区等优美环境称为"园林";②在城市范围内,一般将郊区的荒山植树和农田林网建设称为"绿化",将市区的绿色空间称为"园林";③在市区范围内,将植物种植的一般绿色空间建设称为"绿化",将经过精心规划、设计和施工管理的公园、花园称为"园林"。

园林与绿化在改善生态环境方面的作用是一致的,在审美价值和功能的多样性方面是不同的。园林可以包含绿化,但绿化不能代表园林。

(2) 绿地  凡是生长绿色植物的地块统称为绿地。包括天然植被和人工植被。它包括园林,园林是绿地的特殊形式,园林比绿地具有较高的艺术水平、较多的设施和功能。"绿地"作为城市规划专门术语,在国家现行标准《城市用地分类与规划建设用地标准》(GBJ/T 137)中指城市建设用地的一个大类,其中包括公共绿地、生产和防护绿地两个种类。

(3) 城市绿地  广义的城市绿地,指城市规划区范围内的各种绿地。包括:公园绿地、生产绿地、防护绿地、附属绿地等。

狭义的城市绿地,指面积较小、设施较少或没有设施的绿化地段,区别于面积较大、设施较为完善的"公园"。

(4) 园林规划设计  是指在园林绿化工作中,对拟建的园林绿化用地进行规划设计、做出方案、绘出图纸、编制说明书等设计文件的一系列工作过程,其中包括园林绿地规划和园林绿地设计。

规划指全面长远的发展计划及其制作过程。是宏观、总体、粗线条、大范围、小比例尺的,不详细反映工程各部分内容,不考虑具体的施工方案。面积较大和复杂区域的规划,按照工作阶段一般可以分为规划大纲、总体规划和详细规划。

园林规划指解决总体控制(规模、经济各部分之间关系)、山水间架结构、功能分区、园路系统、导游路线组织、景点分级、园林建筑布局、环境容量及效益预测等原则问题。园林规划的重点为:分析建设条件,研究存在问题,确定园林主要职能和建设规模,控制开发的方式和强度,确定用地和用地之间、用地与项目之间、项目与经济的可行性之间合理的时间和空间关系。

设计指某项工程施工方案和计划及其制作过程,与规划相比设计则是微观、具体、细线条、小范围、大比例尺的,甚至细微到工程的每一个构件或部位。设计必须反映工程施工部位、施工内容和工程做法,必须满足设计要求。

园林设计指对组成园林整体的山形、水系、植物、建筑、基础设施等要素进行的综合设计,而不是指针对园林组成要素进行的专项设计。园林设计包括总体设计(方案设计)和施工图设计两个阶段:方案设计指对园林整体的立意构思、风格造型和建设投资估算;施工图设计则要提供满足施工要求的设计图纸、说明书、材料标准和施工概(预)算。

规划与设计之间的关系:①规划、设计都含有谋划、筹划、计划、安排之意。大型园林营建必须先进行总体布局规划,再进行施工设计,小型工程可以合二为一。规划是设计的前提、指导和依据,设计是规划的后续、深化和具体体现。②从工作程序上看,一般是规划控制设计,设计指导施工,即总体规划、详细规划、总体设计(方案设计)、施工图设计。③从工作深度上看,一般图纸的比例小于1:500为园林规划,比例大于1:500为园林设计。④园林规划偏重宏观的综合部署和理性分析,园林设计偏重感性的艺术思维,主要通过造型来满足园林的功能和审美要求。⑤规划所涉及的空间一般比较大,涉及的时间比较长。设计所涉及的空间一般比较小,时间就是建设的当时。⑥规划是基础,设计是表现。⑦规划和设计在中间层次有可能产生一定的工作交叉。

园林建设项目一般要经历由园林规划过渡到园林设计的设计程序(如图1.1),但由于园林建设项目涉及范围广泛,设计深度呈现多个层次,因此具体的设计项目的工作过程也不尽相同。如一个中等尺度的公园,经过总体规划和修建性详细规划设计后,一般即可进入施工图设计阶段。

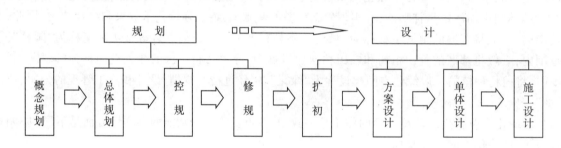

**图1.1 园林建设项目的设计程序**

资料来源:胡继光,梁伊任.简论城市设计与风景园林设计[J].广东园林,2007(3): 24—26.

### 1.2.2 园林学的研究范畴

园林是一门实践先行,其理论和学科的发展远远落后于园林的实践活动的学科,园林学科的研究范畴是随着社会生活和科学技术不断发展而不断扩大的,实践领域的扩展带动学科理论知识的丰富,理论体系的完善促使学科的建立与发展。为了健康发展、提高这门学科,在学科教学和科研的设置方面,将园林学(Landscape Architecture)划分成4个分支学科,分别为传统园林学、风景园艺学、城市绿化、大地景观规划。

(1) 传统园林学(Landscape Gardening),即最原始的园林学科,经过长期发展,内容不断丰富,迄今仍是园林学的核心基础。

① 传统园林学的定义:园林运用植物、地形、山石、水体、建筑等素材,营造优美的生活、游憩空间,适应人们精神文化需求是园林学的根源和基础。

② 传统园林学的研究内容:A. 研究世界上各个国家和地区园林的发展历史,考察园林内容和形式的演变,总结造园实践经验,探讨园林理论遗产,从中汲取营养作为创作的借鉴。B. 研究园林创作的艺术理论,其中包括园林作品的内容和形式,园林设计的艺术构思和总体布局,园景创作的各种手法,形式构图原理在园林中的运用等。C. 研究应用植物来创造园林景观。在掌握园林植物的种类、品种、形态、观赏特点、生态习性、群落构成等植物科学知识的基础上,研究园林植物配置的原理,植物的形象所产生的艺术效果,植物与山石、水体、建筑、园路等相互结合、相互衬托的方法等。D. 研究园林建设的工程技术。包括体现园林地

貌创作的土方工程、园林筑山工程(如掇山、塑山、置石等)、园林理水工程(如驳岸、护坡、喷泉等工程)和园林的给水排水工程、园路工程,园林铺地工程及种植工程(包括种植树木花卉、造花坛、铺草坪等)。E.研究在园林中成景的,同时又为人们赏景、休息或起交通作用的建筑和建筑小品的设计,如园亭、园廊等。园林建筑不论单体或组群,通常是结合地形、植物、山石、水池等组成景点、景区或园中园,它们的形式、体量、尺度、色彩以及所用的材料等,同所处位置和环境的关系特别密切。

(2) 风景园艺学(Landscape Horticulture)包括园林植物的发展历史,栽培、养护、繁殖、引种、育种等方面的科学技术。

① 风景园艺学的定义:风景园艺学以风景园林所涉及的植物为对象,如观赏树木、花卉等,研究其分类、栽培、育种、生产、应用及经营管理,以及植物物种与其他种群发生联系的方式,土壤条件和气候对生物种群影响的因素,生物演替的可见现象等理论与技艺的综合性学科。

② 风景园艺学的研究内容:加强园林绿化植物材料的引种、育种、驯化的研究,改善我国引种、育种科技的落后现状,解决实际运用的园林绿化植物物种相对贫乏的问题。研究园林绿地植物配置模式,设计建设植物配置丰富,生态效益高的园林绿地、广场,成为当前园林学发展的重要环节。

研究植物物种的生长以及与其他种群发生联系的方式,以及生物种群与土壤条件和气候相关性,并且观察和记录生物演替的可见现象。调查研究地域内分布稳定的植物群落,发现其中的建群种、优势种和群落之间的生态位,从而在设计和维护中促使植物群落的健康和稳定。同时为了提高园林绿地的绿化水平,研究和推广考核园林绿地三维(生物)量的办法,提高园林绿地的生态效益。

(3) 城市绿化专业(Urban Gardening)包括城市绿化功能效益的有关理论和园林绿地系统规划、建设、管理的理论和科学技术。

① 城市绿化性质的界定:城市绿化是城市园林在城市整体范围内的拓展,将城市作为对象,按照园林的手法进行绿化和美化,形成城市实体空间的组成部分,成为城市环境建设的重要内容;城市绿化是现代城市必要的基础设施,而且是唯一的具有生命的基础设施,用以在城市再造第二自然,起到改善和调节城市生态环境,协调人与自然的关系的作用。城市绿化对于城市环境已超越了被动治理的局限,是以积极、有效的主动姿态塑造人居环境,以构建城市绿地系统为主要手段,是城市社会服务和保障系统的重要组成部分,主体属于第三产业,不以物质产出为目标,具有社会公益性质,系政府的主要管理职能,广大市民和各行各业都有共同参与的义务并享用其成果。

② 城市绿地系统研究内容:A.各级各类公园绿地系统:按不同服务半径分布的各级基本公园和不同类型特点的专类公园共同组成城市公园系统。它们是方便实用、造园和绿化水平都较高的城市公用绿地。B.各类绿地的纽带构成的系统:规划道路、河渠、水体岸畔带状绿地,进行科学布局,设置连接各类绿地基本单元,构成城市绿地整体系统,成为城市气流良性循环的通道和具有本城市特色的风光带。C.城郊一体化的自然生态系统:将城市绿地系统同郊区的自然山川地貌、林地、湿地、农牧区紧密地连接,形成一个以自然要素为主体的整体系统,将一切对改善城市生态有积极作用的因素都调动起来。D.城镇体系的环境系统:一些大城市的辖区已经形成城镇体系,对这些城市的绿地系统,除了要考虑各自城区和郊区的一体化外,还要将整个城镇体系的环境加以规划,使之形成整体系统。实际上这已经是进入大地景观规划的领域。E.城市绿化所需地带性植物材料规划:编制绿地系统规划时还要对本区域地带性植物材料进行深入地调查研究,认真规划乔木、灌木、地被植物、草本植物系列,包括引种和育种规划,确保城市绿化有一个坚实的物质基础。

(4) 大地景观规划专业(Earthscape Planning)包括大地景观价值评估、功能区划、利用、保护管理和风景名胜区、休闲区的规划理论、技术等。

① 大地景观规划的定义:大地景观指的是一个地理区域内的地形和地面上所有自然景物和人工景物所构成的总体特征。既包括岩石、土壤、植被、动物、水体、人工构筑物和人类活动的遗迹,也包括其中的气候特征和大气形象。

② 大地景观规划的研究内容:大地景观规划是土地利用规划的重要组成部分,但它所要规划的不是

土地利用的全部内容,而是要解决两方面的问题:

第一妥善解决资源开发与保护景观现状之间的矛盾。比较保护与开发(包括植物采伐、矿产采掘、农业垦殖、水资源利用、城市、居民点或工业建设、道路修建等)在当前和长远的利害得失,从而决定究竟是开发还是保护。一旦决定开发,则要提出最充分的保护利用和最少破坏景观现状的途径,如保护地形植被和避免生态失衡,避免对水体和大气的污染等。在施工中采取最少破坏景观和生态的措施,如保护水土避免流失等。对矿产等资源开采后则要提出处理采掘废弃地、恢复植被和生态平衡的措施。

第二要对应保护的现存景观的使用价值进行研究并提出合理利用的途径,包括规划风景名胜区、自然保护区、休闲度假区等。在理论和科学技术方面,大地景观规划的内容应包括:大地景观功能评价(从生态、审美、科学、文化诸方面分析大地景观的价值和它们的经济效益)、大地景观美学(从审美角度研究人与大地景观的关系和审美的内容实质)、大地景观规划学(研究大地景观功能分类和区划的原则、方法,合理的利用和开发途径以及开发中、开发后的保护管理措施等)、开发地区的大地景观设计(研究开发地区内对原有景观的保护、利用和需改造部分的具体工程内容,改造后对自然生态的恢复、再创造方法等)、风景名胜区规划、自然保护、生态保护(规定为风景名胜区、天然公园等区域及其周边的利用、保护、培育详细规划)及休闲区规划(研究划定为休闲区的土地使用、设施建设规划,包括对所凭借、利用的原有自然景观及人文景观的保护、培育、整理措施等)等。

### 1.2.3 园林学的知识体系

1) 涉及的知识领域

园林学是一个从初创开始就不断发展并吸收新知识、开拓新领域的学科。园林"一开始就是植物与建筑物的结合""是农业技术与建筑学的结合"。园林学作为一门边缘学科,融汇了自然和人文多个学科的内容发展起来。近百年来,园林学在传统园林学的基础上有了很大的发展,而且还在继续发展。中国和西方的古典园林尽管存在很大差别,但都是在相对有限的地域内进行园林艺术的创造,其主要的知识基础只是建筑学和园艺学,以人工创造环境为主要的工作内容。而当园林开始面向城市环境,与整个城市规划联系时,现代园林学就此诞生。现代园林学基本的宗旨是在人类居住环境和更大的郊野范围内创造和保存自然景色的美,是一种在城郊环境中如何再现和保持自然风景的艺术。后来由于社会发展的需要,现代园林学的实践进一步涉及文化遗存、环境维护、自然风景保护、高速公路、乡镇乃至城市景观设计等内容,涉及的知识领域扩展到建筑工程学、城市规划、植物学、环境保护、水文地质、人类生态学、社会学、环境经济学、气候学、地理学、景观生态学、可持续发展战略、现代高科技的知识和其他艺术门类等。

园林学的核心知识领域是和园林艺术创作有关的,主要包括:营造艺术、植物、园林历史文化以及营造风景4个方面所需要的技术知识。

2) 学科的体系构成

学科的基础是人类生活空间与自然的关系;学科的核心是室外人居环境的规划、设计、建造、管理;学科的标志性二级学科是室外人居环境的规划与设计、施工与管理、观赏植物、人居环境理论。

标志性学科:作为综合性的园林学涉及上百类学科的知识,但不是说所有这些都应该属于园林学科,其中很多学科对于风景园林来说只不过有所涉及。只有那些明显以处理人类室外生活境域的空间为主的学科,才是风景园林的标志性学科。目前来看,主要有:人居环境理论(含哲学、美学、历史、社会学等)、规划与设计、园林植物与观赏园艺、施工与管理。

骨干学科:所谓骨干学科是那些为了能够基本解决标志性学科所提出的问题而必需的基本知识。它们是数理统计、化学、植物分类学、观赏树木学、花卉学、种植工程、苗圃、果树、景观生态学、测量学、土壤学、水土保持、风景规划、总体规划、绿地系统、公园规划、园林史、植物造景、园林设计、建筑设计、建筑构造、城市设计、建筑结构、路桥设计、竖向设计、建筑制图、CAD、水彩画、水粉画、环境心理、人文景观、法律法规等,总共约30多个。可见,从事不同的工作领域所需要的知识结构是有差异的,但是各有所长,不必以此争论优劣。

3) 与相关学科的关系

我国现代园林的发展经历了曲折的历程,从绿化、美化、系统绿化到现代城市大园林,园林工作者在不断探索中,拓展壮大了园林学。园林学、城市规划与建筑学共同构筑"人居环境"的主导框架,园林学是以绿色生物系统为主,区别于其他无生命工程,在人居环境中再造自然,改善生态,起主导作用。因此,园林这样综合性强的学科与气候、水文、土壤、植物、建筑、规划、土木工程、社会、经济等学科有着密切的关系,但并非等同。现将主要的相关学科及其相关关系概述如下:

(1) 建筑学是研究建筑物及其环境的科学,旨在总结人类建筑活动的经验,以指导建筑设计去创造某种体形环境,既包括营造活动中的技术原理,又包含时代风格的艺术体现。

英国哲学家于《造园论》一文中说:"文明人类先建美宅,营园较迟,可见造园艺术比建筑更高一等"。因此,建筑学的成就为园林学的发展提供了良好的支撑。园林建筑是园林的四大要素之一。另外,在园林设计与营建中无不利用了建筑物的设计方法与理论,以及建筑物结构与构造、施工组织等相关理论。例如:园林空间的划分、虚实的结合、光影的应用、造园的尺寸及比例等都是来自建筑学。随着时代科技的发展,越来越多的建筑材料应用到园林建设中。

(2) 城市规划是对一定时期内城市的经济和社会发展、土地利用、空间布局以及各项建设的综合部署、具体安排和实施管理。城市绿地系统规划是城市总体规划的一个重要组成部分,城市园林绿地系统规划必须以城市规划为基本原则,以城市规划总结制定的城市性质、人口规模、用地面积、生态保护、城市的发展方向等为依据。城市规划学也为各种园林绿地规划提供实施方法和技术。

(3) 生态学是研究生物与环境以及生物与生物之间相互关系的生物学分支学科。生态学为园林学的绿化工程技术提供手段和方法;另一方面生态学又作为一种有着丰富内涵的隐喻和价值观念进入到园林学的设计中,"生态"的规划设计已经在某种程度上成为具有肯定和积极意义的价值判断。生态学在园林学专业实践中不再仅仅是一种技术手段,而且成为一种价值取向的标尺,生态学的引入使园林设计的思想和方法发生了重大转变,也大大影响甚至改变了园林的形象。

(4) 景观生态学是一门介于地理学与生态学之间的边缘学科,着重研究各种景观尺度的自然组分的异质性,它们的结构、功能和变化,各自然组分之间的相互作用及其与生物活动,尤其是人类活动之间的相互影响问题,是大地景观规划的基本理论依据。它以生态系统学、生物控制论和现代系统科学的基本理论为基础,运用空中遥感、多维地理信息系统、全球定位系统等先进技术,通过了解能量流、物质流、物种流和信息流在地球表层的交换,分析景观的空间结构、内部功能、时间与空间的相互关系,并建立时空演变模型,对景观生态的潜力、稳定性、生态多样性进行调查和诊断,评价不同景观综合体对不同社会经济利用的适应性。在此基础上进行景观生态规划,针对区域社会经济发展的需要,划分景观功能类型,进行景观功能区划,提出景观利用途径。景观生态学的研究目前关注着生物多样性保护、景观全球变化和区域可持续发展问题。

(5) 环境卫生学研究大气、水、土壤、城乡规划建设和居住条件等自然和社会环境因素对居民健康的影响,同时研究合理的卫生要求、相关标准和相应措施,以便改善、控制和消除上述环境中的有害因素。环境卫生学对如何利用园林绿化创造有益健康的生活居住环境以及预防和消灭疾病有着重要的指导意义。

(6) 地理学是一门广阔浩瀚的学科,分支繁多。其中的综合自然地理学、气候学、地貌学、水文地理学、生物地理学、土壤地理学、环境地理学、资源地理学、经济地理学、聚落地理学、民族地理学、文化地理学、旅游地理学等都与大地景观规划有关,需要广泛结合。

(7) 环境经济学(生态经济学)研究经济发展与环境保护之间相互关系的科学,对城市绿化则可分析其环境效益和生态效益的经济价值,研究园林绿化价值计量的理论和方法。

(8) 社会学研究人的社会生活、社会行为等问题。有关城市绿化方面则涉及居民对公园绿地的需求,公园绿化改善公共活动条件和生活居住环境与群众社交活动、风俗习惯、心理素质、道德水平之间的关系等。

## 1.3 园林的基本属性

如前所述,园林有着十分丰富的内涵,这些内涵可以用它的诸属性建立起一个系统。园林的基本属性,大体可以包括以下三个方面:即园林的自然性、社会性和科技性。

### 1.3.1 园林的自然性

园林是与自然有着密切关系的学科,人类同自然环境和人工环境是相互联系、相互作用的。在人与自然和谐发展中,从人定胜天到人应顺天的矛盾关系演化中,当代园林师的主要工作与任务是创造天地人和、情景交融的游憩与生活境域。园林的自然性表现在以下3方面。

1) 人类的物质需求

(1) 人类最早是生活在纯自然的环境之中,人类与动物相混处,没有独立屋宇,往往借洞穴作为其栖身之所。在以洞穴及后来构筑的简易茅屋中,人类凭借渔猎活动,直接从自然界中获得生活资料来维系生存。然而随着原始农业出现,人类的生活物资则间接地来源于自然,来源于对原生自然界的模仿:野生的稻麦被移植在农田里,农田的环境使野生稻麦的自然本性优于野生的环境。同样,也必须按照牲畜自然本性的需求去饲养牲畜,农村与原生的自然开始分离。

农耕经济的发展,使人类从早先的游牧生活转化为定居生活。开始有了村落,附近有种植蔬菜、瓜果的园圃,有圈养驯化野兽的场所,虽然是以食用和祭祀为目的,但客观上具有观赏的价值,这就是原始的园林,如中国的苑囿,古巴比伦的猎苑等。园林的雏形,其产生便与生产、经济有着密切的关系,它们本身已经包含着园林的物质因素,体现朴素的自然观。

随着经济的发展,城市规模的扩大,帝王、贵族、士大夫、宗教人士等与自然接触的机会越来越少,离宫别墅建在大自然的需求越来越多,促进了庭院园林、皇家园林、私家园林、山庄园林、教会园林、寺庙园林的建设与发展,工程技术的不断发展与创新,使园林艺术达到致臻完美的高峰。

传统园林是为了补偿人类与大自然环境相对隔离而人为创设的"第二自然",是人们依据艺术原则进行创作而形成的、保留着某种美的自然因素的生活环境。

(2) 城市化的快速推进,人口的集聚,使得城市里高楼林立,车水马龙,空气污浊,烟尘和噪音笼罩,热岛效应严重,城市环境恶化,城市无序蔓延,城市形成与自然完全隔绝的单一环境。如何将自然引入城市?如何提高城市的环境质量?如何保证人们的身心健康?这要求园林不仅为美而创造,更重要的是为城市居民的身心再生而创造。为公众共享的公共性园林,自然融入城市,改善人类聚居的环境遂成为现代园林的内涵。

奥姆斯特德设计的纽约"中央公园"、费城的"斐德公园"、布鲁克林的"前景公园"的建设,标志着城市开放绿色空间的形成。以自然园林为形式将自然引入城市,奥姆斯特德又进行了波士顿公园系统设计。在城市滨河地带形成2 000多 $hm^2$ 的一连串绿色空间。从富兰克林公园到波士顿大公园再到牙买加绿带,仿佛蜿蜒的项链围绕城市连接了查尔斯河,构成了"宝石项链",两者是城市绿地系统的绿地雏形。无价的风景重构了日渐丧失的城市自然景观系统,有效地推动了城市生态的良性发展。受其影响,从19世纪末开始,依附于城市的自然脉络——水系和山体,成为自然式设计的主要目标,通过开放空间系统的设计将自然引入城市。

城市中多种类型的园林绿地是城市的主要自然因素。其中的绿色植物是氧气的唯一源泉,并能在吸收$CO_2$,净化大气和水体中的有害成分方面发挥独到作用。此外,绿地还能在缓解热岛效应、组织气流良性循环、调节气候、涵养水源、减隔噪声、防灾避灾等方面发挥巨大功能,因而在产生环境效益的同时也创造出巨大的宏观经济效益。

因此,城市对园林的物质需求是一种寻求物质性、自然性的表现。建设园林城市是城市发展的必由之路,也是人类生存环境构建的主要方向。

(3) 人类进入工业社会,对自然资源无节制地开发索取,对自然环境肆意地污染破坏;大规模的建设扰动了自然界的平衡秩序,造成了严重的后果,已威胁到人类自身的可持续发展,成为人与自然的关系最为紧迫的现实课题。园林勇敢地承担工业时代重大的人类生态环境规划设计的重任,积极参与对自然环境的保护和改善,园林规划设计广泛利用生态学、环境学以及各种先进的技术(如GIS、遥感技术等)而成为环境主义运动中的中流砥柱:最大限度地保存典型的生态系统和珍贵濒危生物物种的繁衍栖息地,保护生物多样性,保护自然景观,保存珍贵的文化、自然遗产,最合理地使用土地。

开发时,在全面调查和评价区域生态、自然景观资源和人文资源的基础上,首先将最有价值的典型景观地域(如山岳、冰川、峡谷、原始森林、草原、河流、湖泊、湿地等)和生态环境最脆弱的地域(如江河源头、荒漠化地区、水土流失地区等)划分为不得触动的保全区,最大限度地保存自然景观。此外,对一些需要的自然景观资源和人文景观资源如风景名胜区、文化和自然遗产、耕地、牧场、城市周边和江河沿岸的防护地(林)带等划作保护区,保护区的自然地形、自然特征和自然植被应受到保护,在以保护为主的前提下,进行有限度的开发利用。

园林师工作的范围已扩大到城乡和原野,关心着的是全人类的生存环境。园林学科的作用,比建筑多了自然,比林业多了艺术。园林是与自然有着密切关系的行业,肩负着保护自然、管理自然、恢复自然、改造自然和再现自然等多重使命。

2) 人类的精神需求

园林的形成不仅来源于社会的物质需求,也同样扎根于社会的精神需求。园林的形成离不开人们的精神追求,这种精神追求来自美好生活环境;来自宗教信仰;来自体现自身社会地位;来自对现实田园生活的回归、理想环境的汲取以及精神追求。

在人类衣食住行四大需求中,园林与"住"的关系比较密切,但远不及房子那样不可或缺。可是为什么在世界上人类文明发达的区域,不仅都有园林出现,而且还在很长的历史时期得到持续不断的发展,形成了不同的风格呢?因为人们在现实的物质需求基本得到保障的情况下,就会产生为自己的理想王国营造一个真实图景的愿望。西方的"伊甸园"和中国的"蓬莱仙境"都是出自人们想象的理想王国。

在中国古代,"天人合一"思想在西周时已出现,孟子加以发展,将天道与人性合而为一,寓天德于人心。人生的理想和社会的运作应该做到人与自然的谐调,保持两者的亲和关系,既要利用大自然的各种资源使其造福人类,又要尊重大自然,保护大自然。"天人合一"思想影响着人们对山林川泽的认识,体现着人类对大自然的一定程度的精神改造,大自然的气质也对人性有潜移默化的作用,这种思想感情赋予人们以朴素的环境意识,保护山林川泽的生态环境。

"君子比德"思想起源于儒家,儒家认为大自然之所以会引起人们的美感,在于它们的形象能够表现出与人的高尚品德相类似的特征,孔子云:"智者乐水,仁者乐山。智者静,仁者动。"因为水的清澈象征人的明智,水的流动表现智者的探索,而山的稳重与仁者的敦厚相似,山中蕴藏万物可施惠于人,正体现仁者的品质。把"泽及万民"的理想德行赋予大自然而形成的山水风格,这种"人化自然"的哲理必然会使人们对山水更加尊重。

神仙思想起源于战国,方士们鼓吹神仙方术,把神仙宣扬为一种不受现实约束的"超人",飘忽于太空,栖息在高山,还虚构出种种神仙境界。当时,社会处于大变动时期,人们对现实不满,乞求成为超人而得到解脱;人们也希望借助于神仙的方式来表达破旧立新的愿望。园林是人们摆脱现实、寄托理想的精神家园,"一池三山"的仙境最终成为园林山水布局的格式。

"普天之下莫非王土,率土之滨莫非王臣",士人若想建功立业,必须依附于皇帝并接受其行为规范和思想意识的控制,否则就只能选择隐士之途,方可保持一些自己独立的社会理想和人格价值。东汉庄园经济的发展,为隐士的"归田居园"提供了物质基础,他们经营庄园,往往有意识去开发内部的自然生态之美,延纳、收摄外部的山水风景之美,赋予园林朴素美的特征,追求的是宁静淡泊、与世无争的人生境界。

在西方,古希腊神话中的爱丽舍田园和基督教的伊甸园,都为人们描绘了天使在密林深处,在山谷水涧无忧无虑地跳跃、嬉戏的欢乐场景;佛教的净土宗《阿弥陀佛》描绘了一个珠光宝气、莲池碧树、重楼架屋的极乐世界;伊斯兰教的《古兰经》提到安拉修造的"天园","天园"之内果树浓郁,四条小河流淌园内,分别是纯净甜美的"蜜河"、滋味不败的"乳河"、醇美飘香的"酒河"、清碧见底的"水河"。这些神话与宗教信仰表达了人们对美好未来的向往,也对园林的形成有深刻、生动的启示,周维权先生曾指出,伊斯兰教的《古兰经》有关"天园"的旖旎风光便成为后来伊斯兰园林的基本模式。

不断泛滥的尼罗河带来肥沃的冲积平原是富庶的象征,只有在这片土地上经过耕种的农田和果园才是美好的。因此,古埃及的园林是从对农业景观的模仿开始的,寄托人们对美好生活的向往。西方古典园林则是统治者和贵族阶层炫耀财富和权势的结果,华丽和宏大的景观成为他们荒淫奢侈的生活场所,是统治阶层享乐人生追求的表现,因此,此时的园林大都是建筑庭院的延伸。

公园的普及是近代人类居住史的一件大事,现在人们对公园的意义是这样认识的:"良好人性化"的当代公共园林环境,对促进和保持社会和谐具有非常正面的甚至是不可替代的积极作用。

当代的公共园林通常是我们对和平、安全和美丽的几乎下意识的反应。人们对园林从来不吝惜赞美之词,但如此理性的语言则是现代的特点,既不是神话也不是象征,而是直指问题的关键与本质。它的现实目的仍然是创造舒适、美丽的城乡人居环境。

现代人快节奏的工作、生活更加需要在周围的生活空间中得到释放和解脱。自然的清新、无我的意境很容易让人全身心的释放,在疲惫的工作中足不出户,依然享受着阳光、天空、土壤、海洋河流、树木花草、空间、山石构成的人们所崇尚的自然环境的气息。在当今"崇尚自然""回归自然"已成为人们在信息时代的一种精神文化的追求趋势。

园林自成为真正意义的园林之日起,就是人类意识中理想王国的形象模式,是人类解读人与自然关系的艺术模式。

3) 园林的构成要素

从自然属性看,无论古今中外,园林都是表现美、创造美、实现美、追求美的艺术环境。园林中浓郁的林冠,鲜艳的花朵,明媚的水体,动人的鸣禽,峻秀的山石,优美的建筑及栩栩如生的雕像艺术等都是令人赏心悦目、流连忘返的艺术作品。园因景胜,景以园异。虽然各园的景观千差万别,但是都由园林要素构成,也都改变不了美的本质。

园林构成的四大要素山、水、植物、建筑中前三项也是构成自然风景的基本要素,园林的创造不是模仿这些自然构景要素的原始状态,而是通过审美意识和造型艺术的应用,有意识地改造、调整、加工、裁剪和吸取大自然景观精华,创造出一个概括的、典型的、精练的自然景观(图1.2)。

在大型人工山水园中挖湖堆山的山水布置,是模拟自然山水关系而建立的,遵循"山脉之通按其水境,水道之达理其山形"的自然之理,来确定山水骨架,因地制宜地形成"水得地而流,地得水而柔"的山水相依,山环水抱的自然环境。山水景观设计选取山岳的组成元素:峰、峦、洞、谷、悬崖、峭壁等形象和水体如河、湖、溪、涧、泉、瀑,应用天然山岳、自然水体构成的规律,进行山体组成元素、水体的组合,创造出合乎自然之理,具有天然之趣的山水环境。

小型人工山水园中,因基地的限制,自然山水相依的关系,只要靠对真山的抽象化、典型化地缩移模拟,对水体的曲折布置,追求"疏源之去由,察水之来历"的水体布局体现。因此,常以水面为构图中心,模拟真山的全貌或截取真山一角,选择自然石材,通过叠石技艺,概括、抽象出山岳元素的形象,组成象征自然山岳的假山景观,形成园林主景。利用山石沿水面点缀岸、石矶,做出水弯、港汊,大一些的水面,用岛、半岛、桥、堤、汀步等进行分割,造出岸曲水回、源源无尽的水景全貌,与高超的叠山艺术相结合,创造出"一勺则江湖万里,一拳则太

**图1.2 云南丽江玉泉公园**

资料来源:金柏苓.何谓风景园林—[J].风景园林,2007(1).

华千寻"的自然环境。

植物配置以展示植物个体姿态与周围环境协调美,以及体现四季变换的天然植被景观为主。植物造景以树木为主调,翳然林木能让人联想到大自然的生机勃勃。树木栽植的形式,也采用自然林地方式进行种植(图1.3),三五一丛,疏密相间,按植物的形、色、香和植物"拟人化"的性格、品德进行配置,形成寓意深远、变化万千的自然环境。

建筑是园林中唯一的人工景观,但园林建筑在园林中,无论多寡,其性质、功能如何,都力求与山、水、花木这三个造园要素有机地组织在一系列风景画面中。在园林总体布局中,力求建筑美与自然美融合,达到人工与自然高度协调的境界。

中国传统木结构建筑,使得个体建筑的内墙、外墙可有可无,空间可虚可实、可隔可透。匠师们充分利用这种灵活性和随意性创造了千姿百态、生动活泼的外观形象,获得与自然环境的山、水、花木密切嵌合的多样性。同时,还利用建筑内部空间与外部空间的通透、流动性,将建筑物的小空间与自然界的大空间沟通起来(图1.4)。为了更好地把建筑谐调、融糅于自然环境之中,还创造了独特的园林建筑——亭、舫、廊,这使得建筑物与自然环境之间有和谐的过渡和衔接。

**图1.3 植物自然种植平面与效果图**

资料来源:彭一刚.中国古典园林分析[M].
北京:中国建筑工业出版社,1986.

**图1.4 苏州留园曲谿楼**

同是园林,都离不开自然,但中西方对自然的理解却很不相同。西方美学著作中虽也提到自然美,但这只是美的一种素材或源泉,自然本身是有缺陷的,非经过人工的改造,便达不到完美的境地,也就是说自然本身并不具备独立的审美意义。黑格尔在他的《美学》中曾专门论述过自然美的缺陷,因为任何自然界的事物都是自在的,没有自觉的心灵灌注生命和主题的观念性的统一于一些差异并立的部分,因而便见不到理想美的特征。"美是理念的感性显现",所以自然美必然存在缺陷,不可能升华为艺术美。而园林是人工创造的,它理应按照人的意志加以改造,才能达到完美的境地。

现代园林景观空间面向大众,研究领域发生改变,不仅仅是庭园,已经扩展到绿地系统和大地景观规划,也不再局限是人造自然即第二自然。针对无计划的、掠夺性的开发、吞食和破坏自然资源的情况,政府划定一些原生生物区和特殊地景区永久性加以保留,要求人们正确地认识它、爱护它、关怀它。在大尺度的规划设计项目中,新的景观的建立不应该以抹杀原有景观的所有痕迹为前提,应该"是在自然上创造自然",把大地肌理的保留、景观的积累作为一种历史的延续和新景观产生的基础,从而创造出人工与自然协调的环境。

随着人口增长、工业化、城市化和环境污染的日益严重,生态问题成为全球各界共同关注的焦点。但园林创作要素不变,现代城市不论如何发展,是何等外形,它永远同自然景观中的动植物景观、地形景观、水景和石景是统一的,只是自然要素的布置手法要因时而设。

### 1.3.2 园林的社会性

园林是人类文明所创造的社会物质财富。它既满足了人们的生活需要,又满足人们一定的审美要求,因而兼具物质功能和审美需求的双重性。在社会发展进程中,园林的发展和变化虽然依赖于一定的生产力水平,但更多是生产关系、社会思想意识和每个时代民族的文化特征的反映与表现,所以它又具有社会性。它由民族性、地域性、历史性、时代性以及艺术特征诸方面反映出来。

1) 民族与地域特征

(1) 民族　不同的民族有不同的园林形式;不同的地域(同一种民族或不同种民族)有不同的园林形式和风格。

地理、气候环境和自然资源等条件往往使聚居的人群产生共同的生活方式,形成特有的风俗和文化,也会有共同的园林艺术形式。

各文明民族在对自然的认知过程中形成的哲学、美学等生活方式和生存理念,由于地理环境和人文历史的不同,其表现形式有很大的区别。园林艺术是各民族理解人与自然关系的艺术形式,其本质是民族文化的延伸和体现。各民族不同的文化,使园林艺术从一开始就循着不同的道路发展,营造出了风格各异的园林艺术形式。

地中海东部沿岸地区是西方文明的摇篮。古希腊城市三面环海,以山地景观为主,土质差,农作物生长缓慢,物质生活贫乏。自然条件的限制,使古希腊人重视现实环境,偏重理性思索,注重几何比例,认为艺术中最重要的是结构,要像数学一样清晰、明确,不应该有想象力,也不能把自然当作艺术创作的对象。其树木园、葡萄园、蔬菜园、水池、水渠等形状方整规则,建筑和树木也严格按几何比例加以安排设计(图1.5),渐渐的有的转变为私园,各种规则式的园林景观整齐、均衡、对称,使整个庄园融为一体。古希腊美学家运用数学几何探索美的规律,也深深影响到此后的欧洲建筑和园林的发展。

意大利冬季气候温和,夏季盛行暖气团,植物生长旺盛。建筑、园林多建在山坡和林中,以享受海上和林中凉爽怡人的风。随着意大利经济的繁荣和文艺复兴时代的开始,园林艺术受其影响,追求内部空间构成的美和外部形体的雕塑美,甚至植物也修剪成了几何图形,形成格调严整、注重比例轴线、布局对称的园林艺术风格(图1.6)。

以法国古典主义园林为代表的西方古典园林也是在这种"唯理"思想影响下逐渐形成的。它将意大利文艺复兴园林风格应用到平面造园上,也讲究轴线引导,形式上追求整齐一律,对称均衡,将一切园景要素都纳入到几何制约关系之中,如著名的凡尔赛宫就是其代表作(图1.7)。

图1.5　规则式植物配置

资料来源:金柏苓.何谓风景园林—[J].风景园林,2007(1).

图1.6　意大利文艺复兴朗特花园

资料来源:王向荣,林箐.西方现代景观设计的理论与实践[M].北京:中国建筑工业出版社,2002.

图1.7　法国凡尔赛宫

资料来源:周武忠.寻求伊甸园:中西古典园林艺术比较[M].南京:东南大学出版社,2001.

创作园林的民族形式,既要继承真正优秀的成就又要面向现代的生活和文化成就,同时不排斥吸收其他民族的成功经验。民族形式是不断发展的,它不同于对古典形式的照抄照搬,甚至忽略当前人民生活的需要,摒弃科学技术新的成就而墨守成规。

(2) 地域特征　地域特征是特定区域的土地上自然和文化的特征,它包括在这块土地上天然的、由自然成因构成的景观,也包括由于人类生产、生活对自然改造形成的大地的景观。

由于世界上各区域气候、水文、地理等自然条件不同,形成了各具特色的地域特征,也形成了丰富多彩的人文风情和地域景观。基于地域特征的园林设计,造就风格各异的园林景观。

中国北方的皇家园林占地广阔、恢弘大气;江南私家园林尺度较小、清新雅致。意大利的台式园林,法国的古典主义园林,英国的自然风致园,日本园林的含蓄、简洁,给观者留下深刻的印象。

在美国加利福尼亚州帕罗·奥托市拜斯比公园的设计过程中,设计师乔治·哈格里夫斯发现在场地的北边有成片的废弃电线杆,他没有立刻拔掉它们,而是合理地进行了改造利用。在同一水平线上把那些木杆的顶部削掉,于是阵列平齐的电线杆与起伏多变的地形形成鲜明的对比,成为壮观的大地艺术品。而且隐喻了人工与自然的结合,保留和放大了地域的特征(图 1.8)。

在德国的鲁尔工业区,由于产业结构的调整,传统制造业、钢铁基地都被废弃,土地、河流被污染,整个地块死气沉沉,当地人的经济收入和生活水平不断下降。在这种情况下,埃姆舍公园、杜伊斯堡风景园等一系列废弃地公园在设计中遵循生态原则,采用科学和艺术相结合的手段来更新土地(图 1.9)。结果在生态得到较好恢复的同时带来大量的就业机会、观光游客、商业活动,直接推动了地区社会经济和文化的复兴。

**图 1.8　美国帕罗·奥托市拜斯比公园**
资料来源:王向荣,林箐.西方现代景观设计的理论与实践[M].北京:中国建筑工业出版社,2002.

**图 1.9　废弃地上的公园设计**
资料来源:韩炳越,沈实现.基于地域特征的风景园林设计[J].中国园林,2005(7):61-67.

位于绍兴市镜湖新区北部的镜湖景区,规划面积 15 hm²,现状水域面积 2.4 hm²,是绍兴平原上的第一大湖,主体湖面和周边纵横的河道交织,岸上的江南水田和大面积的湖水相映,规划目标是要成为未来绍兴城市的绿色核心。设计师首先在充分调查、分析的基础上,确定区域内要保留的信息和地面肌理,得到现状层面规划图,使得现状中存在大量地域景观的信息,如水面、防波堤、鱼塘、农田、水利工程、民居、小桥、石板路、产业建筑、树林……这些并不是文物,但却是世代生活在这区域里的人们生产、生活时留下的痕迹的保留。然后再将社会层面、生态层面、视觉层面的规划图叠加到现状层面规划图上,得出最终的概念性规划总图,最终的规划既满足了镜湖作为城市绿心的功能,又具有独特的景观面貌,它的独特性来自与众不同的地域特征,这样一种规划的方式延续了世代积累在当地的景观特征(图 1.10)。

2) 历史与时代特征

(1) 历史　在不同的历史时期都有不同的园林形态。从社会属性看,古代园林是皇室贵族和高级僧侣们的奢侈品,主要是供少数富裕阶层游憩、享乐的花园或别墅庭园,没有出现真正为民众享用的园林。园林的社会属性从私有性质到公有性质的转化，园林的服务对象也从为少数贵族享乐到为全体社会公众服务的转变，必然影响到园林的表现形式、风格特点和功能等方面的变革。

合肥瑶海公园的改造设计，以改建生态园林为切入点，着重规划改造瑶海公园的植物景观，强调人与自然的和谐性，挖掘公园内现有自然资源，将合肥市瑶海公园改建为具有良好区位服务功能、体现时代风貌的开放性生态公园，但它的布局采用了中国传统园林自然山水园的形式，用现代园林内容与传统园林风格完美地融为一体(图1.11)。

中山市的岐江公园，原址为濒临岐江的粤中造船厂10.3 hm² 的厂区。公园设计的主导思想是充分利用造船厂原有特点的设施和植被，进行城市土地再利用，建成一个开放的、能反映工业化时代文化特色的公共休闲场所(图1.12)。该公园创造了极富特色的景观，又能够追寻昔日的记忆，特别是亲水生态环境的优化，得到许多专家的赞许。

坐落在北京香山公园内的香山饭店，正是建筑师贝聿铭将现代建筑艺术与中国传统园林建筑所遵循的"天、地、人"相结合的精心之作。他旅居海外43年后应邀回到祖国，他综合考虑了自然、资源、人文、历史等因素之后，结合地形，巧妙地营造出高低错落的中国庭院式空间。为了保留珍贵的古树，局

图1.10 绍兴市镜湖景区中在原有鱼塘上规划的水花园平面图

资料来源：林箐，王向荣.地域特征与景观形式[J].中国园林，2005(6)：16-24.

图1.11 合肥市瑶海公园平面图

图1.12 中山市岐江公园效果图

资料来源：http://www.turenscape.com

部建筑形体错动挪让，在造型上获得了园林建筑的性格。贝聿铭用简洁朴素、具有亲和力的江南民居为外部造型(图1.13)，将西方现代建筑原则与中国传统的营造手法，巧妙地融合成具有中国气质的建筑空间，将中国文化与建筑、园林艺术有机地融为一体。

(2) 时代特征 时代的不同，园林的风格也有不同的潮流特征。时代在发展，园林景观的设计也必须与时俱进。优秀的园林设计能反映时代特征，满足此时此地社会和民众的需求，体现出高度的社会责任感，它具体表现在园林的定位、功能分区和服务设施的安排等方面。

北京东便门明城墙遗址公园从保持历史的原真性和创造适宜的城市公共空间出发进行总体设计。公

园设计尊重了城墙发展演变的历史，设计师在城墙边没有添加新的景点，只规划了一条自由流畅的园路循城墙而行，人们可以在轻松的散步之中饱览城墙风姿(图 1.14)，保存了城墙的历史记忆，公园中在适当的位置与保留的大树结合，设计了很多小的休息场地，每到工余时间和节假日这里便坐满了轻松休闲的人们。一些传统和当代北京市民的生活方式与场所被重现在了这个遗址公园的城墙根下。包括喝茶聊天的地方和京剧票友的露天剧场，以及画廊与艺术活动的展示空间等。在这里历史文化与今天的社会生活融在一起，也使老北京的城墙根文化获得再生。

苏州金鸡湖位于现代化的苏州工业园区内，距离苏州老城区较远。易道公司的设计师没有照搬苏州老城区历史悠久的私家文人园林格局，园林设计没有栽梅绕屋，移竹当窗，而

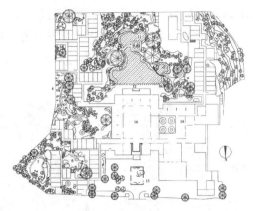

**图 1.13　香山饭店总平面**

资料来源：周在春，朱祥明等.风景园林设计资料集——园林绿地总体设计[M].北京：中国建筑工业出版社，2006.

**图 1.14　北京东便门明城墙遗址公园**

资料来源：张国强，贾建中.风景园林设计——中国风景园林规划设计作品集 3 [M].北京：中国建筑工业出版社，2005.

是从苏州工业园区所具有的现代化城市的地域特征出发，考虑现代社会民众的工作、生活、娱乐需求，定位为供工业园区居民使用的空间，满足当地市民的需求。金鸡湖的水面面积比西湖大得多，设计师因为其地域位置特殊，没有做成风景旅游胜地，而是规划为工业园区的客厅和市民的公共活动空间，简洁、开敞、平和，景区内的场地、铺装、雕塑、设施都与周边的城市结构、建筑风格相呼应。在工作日里它是冷清的，但一到休息日，这里便成了市民放飞心情、追逐幸福的海洋，体现了园林的地域性。也反映出园林的社会性和时代性。

3) 文化与艺术特征

(1) 文化　园林是一种文化，是实用对象，也是审美对象，具有文化与艺术的特征。哈格里夫斯曾说"园林表达的是我们的文化如何与自然打交道"。这可以理解为不同文化思想对园林的风格有着不同的影响。

中国古代山川秀美，自然环境优越，人们对美丽神秘的自然充满了热爱与崇拜。对中国园林的发展起到重要作用的思想和文化，如神仙思想(包括昆仑山的传说和海上仙山的传说)、天人合一思想、君子比德思想、隐逸文化等，都将中国文化与大自然的山水草木联系在一起。中国园林起源于对原始自然，即第一自然的模仿，并且沿着自然风景式的方向发展了几千年(图 1.15)。

西方传统园林中的要素，如花坛、水渠、喷泉等实质是从农业景观中的种植畦和灌溉设施发展来的。虽然随着园林艺术性的增加，它与原型之间的联系已经不那么明显，但从西方园林保留至今的实用性传统

中,我们仍然可以看到它与农业的密切关系。因而西方园林模仿的是第二自然,或者更确切地说最初的园林的本身就是第二自然。这是一种园艺栽培的景观,几何的布局是这种景观的特点,西方园林就是沿着几何式的道路开始发展的(图1.16)。

图1.15 承德避暑山庄之小金山
资料来源:金柏苓.何谓风景园林二[J].风景园林,2007(3).

图1.16 印度新德里莫卧儿花园
资料来源:王向荣,林箐.西方现代景观设计的理论与实践[M].北京:中国建筑工业出版社,2002.

图1.17 "利马豆精神"雕塑
资料来源:韩炳越,沈实现.基于地域特征的风景园林设计[J].中国园林,2005(7):61-67.

日本现代雕塑家野口勇在洛杉矶近郊卡斯塔美沙镇的一个商业中心庭院中设计了"加州剧本"来反映当地的文化。平面呈方形,其中两面是玻璃幕墙,两面是白墙,围合出一个视线封闭,单调的小空间,在这里,野口勇布置了一系列的石景元素,其中一组由15块经过细凿的花岗岩大石块咬合堆砌的雕塑被命名为"利马豆精神"(图1.17),表达了对加州富饶起源的思索(在加州发展的早期,农民以耕作为生,最主要的农作物是豆类),另外一个名为"能量喷泉"的圆锥形喷水则象征公司创始人的奋斗精神和企业文化。

(2) 艺术特征  文学是时间的艺术,绘画是空间的艺术,建筑被称为"凝固的雕塑",园林要创造可望、可行、可居、可游、有理想寄托的自然环境,因此,园林景观既需"静观",也要"动观",在游动、行进中领略观赏,故园林是时空综合的艺术,园林是整体环境艺术。

园林艺术的基本单元是景象,在园林的发展中,园林艺术分别对景象:地形、水景、植物配置、园林建筑、园林色彩和园林布局(空间时序)形成了独特的艺术要求,园林把这些艺术要素又组成了具有独立存在价值的艺术整体。并且园林艺术的整体效果是与时间联系在一起的,园林表达出的那种"理性精神"和"诗情画意"是园林的基本内容,它也支配着物质内容,是一种四度空间的艺术。

园林创作运用各个艺术门类之间的触类旁通,熔铸诗画艺术于园林艺术,使园林从总体到局部都包含着浓郁的诗、画情趣。被称为"立体的诗,流动的画"。

西晋陆机曰:"宣物莫大于言,存形莫善于画",其意为语言是宣扬事物的最好的方法,而绘画是保存形态的最好方式,用文字去说明形态和用绘画去表明事物一样,都是事倍功半、费时失事的尝试。园林用画理进行景物的布局和设计,选用诗文的章法应用到空间的划分和游览路线安排,从而使园林具有诗情画意。

园内的动观游览路线绝非平铺直叙的简单道路,而是运用各种构景要素于迂回曲折中形成渐进的空间序列,在这个序列之中往往还穿插一些对比、悬念、欲抑先扬或欲扬先抑的手法(图1.18),而又出人意料之外,则更加强了犹如诗歌的韵律感。

景观序列变化是由空间的划分和组合来完成的。划分空间,不流于支离破碎;组合空间,求其开合起承、变化有序、层次清晰。景观序列像诗文,具备前奏、起始、高潮、转折、结尾,形成内容丰富多彩、整体和谐统一的连续的流动空间,表现诗歌般的严谨、精练。

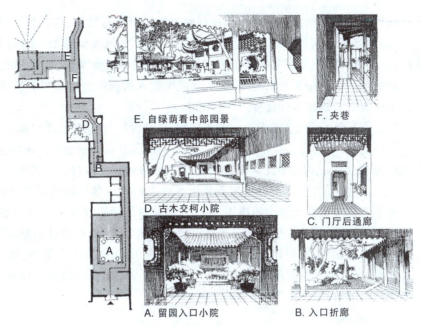

图 1.18 留园入口游线空间序列

资料来源:彭一刚.中国古典园林分析[M].北京:中国建筑工业出版社,1986.

### 1.3.3 园林的科技性

园林学的发展一方面是自然科学中的植物学、生态学、建筑学等学科的新理论、原理,以及艺术流派的发展,扩展园林的研究内容,指导园林营建,相关学科的发展将各种新技术、新材料和表现方法引入园林学,用于园林营建;另一方面是进一步研究园林中,各种自然因素和社会因素的相互关系,引入心理学、社会学和行为科学的理论,更深入地探索人对园林的需求及其解决途径。

1) 科学性

美国的霍布森教授对科学的定义有一个精辟、严格的概括:一切观念都要接受经验的考验和批判的理性思维的挑战。园林经历了从艺术向科学演化的历程。

无论中外园林在古代都属于艺术(手艺或技术)。计成在《园冶》中说:"岂不闻三分匠人,七分主人乎。主人者,非主人也,能主之人也。"意思是说,造园时匠人的作用只占三分,七分是主人的作用,但这个主人不是指园主,而是像计成这样的"能主之人",即既懂技术和艺术又能够指挥工匠的头脑级人物。这一时期建筑学与植物学的发展,为园林注入科学与技术元素。

19世纪世界园林史的主要事件是美国及欧洲公园运动的兴起。伴随着同时代的科学热潮,比如马克思把科学引入社会学,西方的园林工作者开始注意"科学"问题,将工程学、医药学、卫生学以及社会学等科学成果引入园林。20世纪初,园林学正式确立为一门学科,似乎与科学的关系更近了。整个20世纪,不断有人将各种可能引入的科学概念引入园林。特别是环境学和生态学兴起后,更成为一种热门趋势。

社会学中哲学的发展,促进民主思想的进一步发展,为园林开辟了为大众服务的新天地。现代社会民主、人文关怀思想渐入人心,园林设计不再是贵族们隐居消闲或者寻欢作乐的场所,它作为民主社会的社会基础设施来到了公众的生活之中。1843年建造的英国伯肯黑德公园成为第一个为公众设计、向公众开放,以期改善其生活环境的公园,随后1858年美国纽约中央公园的建设拉开了现代公共园林建设的帷幕。1865年费城的费蒙公园、1886年波士顿的"翡翠项链圈"规划,乃至20世纪初瑞典斯德哥尔摩城市公园系统等,都渗透着现代主义平等、博爱的人文关怀情结。

后现代主义的根本特征是填平精英文化和大众文化之间的现代主义鸿沟。它消解了崇高和神圣、秩序和等级。一个时期的哲学思潮总是不可避免地会对当时或者之后的科学、文化、艺术产生影响,所以任何设计理论或者潮流的演进脉络都会在行而上的层面找到源头。在20世纪70年代后社会逐渐多元化的背景下，面对多样的选择，如何满足大多数人的喜好，如何保证每个人的需求在未来实现的规划设计中不被排除在外，如何使规划结果实现最大程度上的公正和社会满足，成为那些受到后现代主义浸染的，具有平民情结的设计师们最关注的问题，个人的或少数人的理性分析和判断遭到质疑。公众参与可以说是这一种社会学层次的后现代设计途径。

公众参与的设计方法首先在城市规划、建筑设计领域兴起，随着园林设计的理念不断地趋于多样化（关注生态环境、联姻现代艺术等），面向公众和社会的园林设计理念也在不断地发展，精英意识逐渐被平民情结所取代，公众参与的呼声日见高涨，越来越多的设计师正在以自己的实践探索着当代园林设计的社会学途径。

城市建设的进一步发展、生态恶化导致人们对绿色植物的渴望，因此产生了城市园林绿地系统理论，随着生态学理论在园林中的应用，更为城市园林绿地系统增加了科学实质内容。从生态学的角度深化园林理论的研究，力求建立生态健全的城市园林绿地系统，希望通过不断延伸和渗透，有效地拓宽园林的范围，增加城市绿量；并通过研究，在城市环境下改善园林植物生存条件，发展适应城市生态环境的园林植物种类与品种，以保证绿地的质量。强调一个城市，首先要拥有相当的绿量，并通过合理布局，达到良好的改善环境质量的目标。

2）技术性

技术讲究的是实际，只要能在实际工作中成功应用，就是技术，不一定必须有所谓科学理论基础。技术促使园林产生并不断发展，并使园林景观多姿多彩和园林功能得以实现。

古代园林的出现有赖于农业技术发展到一定水平，但是人类最早普遍栽培的植物绝大部分是食用的种类，其次是药草和可作为加工原料的种类。农业技术的发展是园林形成的重要基础。其中不仅包括多种木本和草本植物的栽培，还包括选优和扦插、嫁接等无性繁殖技术以及灌溉系统的建造等。通过与园林相结合，建筑艺术和技术也得到了发展。在形式上如中国的亭、台、廊、榭、池沼、曲桥；西方的梯台、柱廊、栏杆、凉亭、棚架以及花钵等，在技术上如喷水、泉池、供水系统的建造等等，最后形成了园林建筑体系。

在当代，成都市的活水公园，位于府南河岸仅2.4km的狭长地段，利用污水处理技术，按照污水处理工艺流程进行水系布局。依次布置府南河提水、厌氧沉淀池、曝气迭水、兼氧池、植物塘、植物床、养鱼池、戏水池、排水入下游河道的全过程，所有设施加以园林化，而且在水池、河道岸畔培植引自野外的植物群落，公园景观自然而优美。以演示人工湿地污水处理系统为设计构思建成的公园，不仅具有科普的意义，而且同样具有很高的观赏价值，受到游人的喜爱（图1.19）。

喷头、管道、水泵等制造，电影、自动化控制等技术的发展，使得水景的营造丰富多彩。人们在都市中就能感受到巨瀑飞流直下的轰鸣（图1.20）、数百米高的喷泉，随着音乐的起伏变化多姿的喷泉景观让人流连忘返，巨大的水雾屏幕上可以播放清晰、精彩的电影故事。在水景设计手法上也是异常丰富，形与色、动与

**图1.19 成都市活水公园**
资料来源：http://www.izy.cn/

**图1.20 都市中的大尺度水景**
资料来源：金柏苓.何谓风景园林三[J].风景园林，2007(5).

静等水的特性和作用发挥得淋漓尽致,既丰富了园林景观,又可供观赏,鼓励人们参与到其中,已非古代园林中水景类型所能相比。

新材料的应用也丰富了园林表达的语汇,强化了景观的视觉魅力,超越了传统意义上的地貌、水体、植被、建筑等自然景观要素,更加注重挖掘隐喻与象征等深层文化内涵的表达。源自西班牙的建筑师安东尼奥·高迪设计的巴塞罗那的古埃尔公园,该公园中以彩色碎瓷片与瓦片嵌贴而成的连续形围栏,创造出色彩斑斓的马赛克艺术作品,白底蓝色图形与曲折的造型,形成了独具魅力的景观作品(图1.21)。澳大利亚的艺术批评家罗伯特·休斯曾以视觉上"新的震撼",来评价这类现代风格的艺术作品。

以前园林设计师通过手绘、运用各种模型来表现他们的设计意图,随着计算机技术的发展,现在用计算机能够进行方案设计、施工图绘制、平面效果图(图1.22)绘制、三维效果图(图1.23)绘制等,可有效地减少设计人员的劳动时间,节省描图、制图的材料消耗,在计算机上校核方案具有可观性好、修改方便、容易放大缩小、不破坏原始方案等诸多的优点。开发用于辅助设计的计算机软件,用计算机绘图实现可视化并交流设计想法。计算机已经成为园林设计不可缺少的绘图、设计工具。

3S技术在园林中的应用:遥感(RS)、地理信息系统(GIS)和全球定位系统(GPS)称为"3S"技术。GIS技术在园林中应用于景观分析评价,辅助绿地规划,绿地信息属性数据库及信息管理系统的建立和辅助制图(图1.24)。RS在园林中应用于城市绿地资源信息调查、辅助园林设计和规划、环境数据的对比和分析。在园林中GPS是取代传统测量方法的最佳工具。常用快速测定规划范围界线(绿线)、辅助遥感调查、测定古树名木的地理位置、高程信息,其测量平均位置功能,对于准确地放线提供了可能,特别是应用于大型土方量的计算,更为准确。

**图1.21 色彩斑斓的马赛克艺术作品**

资料来源:孙莉,张乐.爱尔兰现代城市复兴中的公共空间设计[J].风景园林,2007(1):27.

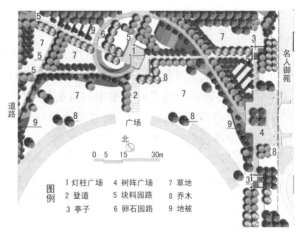

**图1.22 合肥市胜利广场方案平面图**

**图1.23 黄金广场中心景区效果图**

**图1.24 利用地理信息系统辅助区域规划**

资料来源:陈华丽,蒋华平.GIS在城市绿地系统规划中的应用[J].风景园林,2005(4):46-49.

# 2 园林的发展

从古至今,园林在全球各地都有了它的踪迹。然而,园林在世界各地的发展并不是完全同步和平衡的。在人类社会总体上迈向现代社会之时,根据其整体特征,整个世界园林体系大致可以分为三大体系:东方园林体系、欧洲园林体系和伊斯兰园林体系。本章首先分别对于传统园林的三大体系发展历程进行简要叙述,然后回顾世界范围内近现代园林的发展概况,最后对于未来园林的发展趋势进行展望。

## 2.1 东方园林体系的发展

发源于中国的东方园林体系是世界园林体系的一个极其重要的分支,其中以中国园林和日本园林为杰出代表,此外在朝鲜半岛也有一些具有一定特色的园林形式。日本园林对于中国园林的一脉相承已经成为研究者的共识,虽然由于地理环境、资源禀赋、社会背景和文化状况等方面的差异而导致了中国园林和日本园林在造园手法、材料运用和意趣追求方面都发生了不小的分异,但是,如何表现或再现自然都成为其园林设计和建设的最高主旨,自然美是中国和日本造园家的终极追求。

### 2.1.1 中国古典园林的发展

中国古典园林源远流长、博大精深,在世界园林界享有"世界园林之母"的美誉,其主体是以汉族文化为背景的风景式园林体系。中国古典园林在造园理论和造园实践上独树一帜,并取得了世界公认的辉煌成就。中国古典园林在世界园林史中占有重要地位,并对世界园林的发展做出了卓越贡献。中国的园林艺术很早就传播到日本、朝鲜等邻国,并成为这些国家园林体系的本源基础,18世纪后半期开始,中国园林也曾对西欧园林艺术产生影响。

1) 中国古典园林的生成期——先秦至两汉时期

这一时期是中国古典园林产生与成长的幼年期,它经历了奴隶社会末期和封建社会初期的1200多年的漫长岁月,相当于殷、周、秦、汉四个朝代。在政治上,由分封采邑制转化为中央集权的郡县制,确立了皇权为首的官僚机构的统治,儒学逐渐获得正统地位。以地主小农经济为基础的封建大帝国初步形成,相应的皇家的宫廷园林规模宏大、气魄浑伟,成为这个时期园林活动的主流。

(1) 园林的起源与最初形式 根据历史学研究的相关成果,一般认为到商朝时,已经具备了营造园林的基本条件,比如当生产力发展到一定水平,劳动产品已有剩余;已有完整的国家机构,作为一个脱离生产劳动的特殊阶层已经出现;上层建筑的社会意识形态与文化艺术等开始达到比较发达的阶段(其标志是甲骨文的出现);经济基础以及技术、材料达到一定的水平,青铜冶炼术的成熟使得人们制作较先进的劳动工具成为可能。

在商朝的甲骨文中有了园、圃、囿等字,而从园、圃、囿所包含内容,可以看出囿最具有园林的性质。在商朝奴隶社会里,奴隶主盛行狩猎取乐,如殷朝的"帝"、"王"为了游猎和牧畜,专门种植刍秣和圈养动物,并有专人经营管理。从各种史料记载中可以看出商朝的囿,多是借助于天然景色,让自然环境中的草木鸟兽以及猎取来的各种动物滋生繁育,加以人工挖池筑台,掘沼养鱼,范围宽广,工程浩大,一般都是方圆几十里,或上百里,供奴隶主在其中进行游憩、礼仪等活动,已成为奴隶主娱乐和欣赏的一种精神享受,在囿的娱乐活动中不只是狩猎而已,同时也是欣赏自然界动物活动的一种审美场所(图2.1)。

(2) 春秋战国的文化艺术与宫苑 春秋战国是由封建领主制向封建地主制过渡的时期,阶级、阶层之间的斗争复杂而又激烈。代表各个阶级、阶层、各派政治力量的学者或思想家,都企图按照本阶级(层)或本集团的利益和要求,对宇宙、社会、万事万物做出解释,并提出各自的主张,于是出现了一个思想领域里的"百家争鸣"的局面。以这样的社会思想状况为基础,春秋战国时期的文学和绘画都有了相当的发展。文学方面以我国最早的一部诗集《诗》的出现为标志,其他较为突出的是屈原《楚辞》以及《左传》、《孟子》、《庄子》、《荀子》、《韩非》等说理透彻、文笔生动的散文。绘画的形式已经有壁画、帛画、版画等,主要表现题材为人物、鸟、兽、云、龙和神仙等。此外,这一时期,建筑方面也有很大的进步,如宫室建筑,下有台基,梁柱上面都有装饰,墙壁上也有了壁画,砖瓦的表面有精美的图案花纹和浮雕图画。

图 2.1 周文王灵囿想象图
资料来源:游泳.园林史[M].北京:中国农业科学技术出版社.2005:19.

这一时期,诸侯势力强大,各诸侯都在都邑附近经营园林,规模都不小。在这里我们可以从吴王夫差的两个园林得到概览。据《述异记》记载可见,姑苏台已是一座以游赏功能为主的园林,功能也较为完备,宫室规模宏大,形象华丽。另据记载吴王夫差造梧桐园(今江苏吴县)、会景园(在嘉兴),"穿沿凿池,构亭营桥,所植花木,类多茶与海棠",这说明当时造园活动已用人工池沼、构置园林建筑和配置花木等手法,已经有了相当高的水平,上古朴素的囿的形式在这一时期得到了进一步的发展。

(3) 秦统一中国后的大规模宫苑建设 秦于公元前 221 年统一中国后,在思想、文化和制度上进行了大量的统一规范工作,同时开展了大规模的建设活动,其中宫苑建设是其建设活动的重要内容之

图 2.2 秦咸阳主要宫苑分布图
资料来源:周维权.中国古典园林史[M].2 版.北京:清华大学出版社,1999:44.

一。据史料记载,秦代宫苑不下 300 余处,最有名的有信宫(咸阳宫)和阿房宫(图 2.2)。《三辅黄图》记载:"始皇穷极奢侈,筑咸阳宫(信宫),因北陵营殿,端门四达,以制紫宫,象帝居。引渭水贯都,以象天汉;横桥南渡,以法牵牛。咸阳北至九嵕、甘泉(山名),南至雩、杜(地名鄠县和杜原),东至河,西至汧、渭(水名)之交,东西八百里,南北四百里,离宫别馆,相望联属,木衣绨绣,土被朱紫,宫人不移,乐不改悬,穷年忘归,犹不能遍。"可见信宫的规模之大,前所未有。

(4) 汉代文化艺术与园林建设 西汉(前 206 年—24 年),是中国封建社会的经济发展最快、最活跃的时期之一,到汉武帝(刘彻)时国力发展到最高点,他利用积累的雄厚财力和人力发动对外侵略,北逐匈奴,南征南粤,东灭朝鲜,西域降汉,开拓广大疆土,奠定了地大物博的现代中国的基础。汉代文化艺术也就在这样的基础上和影响下发展和繁荣起来。社会思想方面,随着儒家学说的发展,道教的产生和佛教的传入,三者互相消长,对汉以后寺院丛林的产生与发展有着非常直接的关系。文学方面,汉代有作赋的特长。绘画、雕塑方面,都得到很大发展,其中心思想多是劝善戒恶的封建说教,题材以现实生活为主,基本以写实手法来表现。汉代在建筑业上的发展较快,为我国木结构建筑打下了深厚的基础,也直接为园林建筑形式的多样化创造了有利的条件。

汉武帝在国力强盛之时大造宫苑。其中"上林苑"的占地之广空前绝后,被称为中国历史上最大的皇家园林(图 2.3)。据考证,上林苑地跨现在的西安市和咸宁、周至、户县、蓝田四县的县境,苑墙长度 130~160 km。其中各种不同功能的建筑数量相当多。此外,上林苑中的植物配置也相当丰富,特别是远近的群臣各献奇树异果,单是朝臣所献就有 2 000 多种。总体上来说,上林苑的内容和形式证明了"古谓之囿汉谓之

苑"的历史发展事实。一方面苑中养百兽供帝王狩猎,这完全继承了古代囿的传统,而汉代的苑中又有宫与观等建筑,并作为苑的主题,在自然条件的基础上,人工内容逐渐成了很重要的组成部分。从另一个角度来看,上林苑是一个名副其实的大型皇家庄园,兴盛时"宦官奴婢三万人,养马三十万匹",铜矿开采至冶炼、铸铜均可在苑内完成。

汉朝商业发达,富商大贾的奢侈生活不下王侯,他们也经营园林,来满足其寻欢作乐的需要。其中以西汉文帝第四子、梁孝王刘武的兔园(梁园)和汉武帝时期的茂陵富民袁广汉所筑私园最为有名。总体上说,当时贵族富豪的私园跟帝王宫苑相比,造园手法及形式、内容等都没有什么根本不同,只是名称上叫做"园",规模较小罢了。

2) 中国古典园林的转折期——魏晋南北朝时期

这一时期,小农经济受到豪族庄园经济的冲击,北方的少数民族南下入侵,帝国处于分裂状态。意识形态上突破了儒学的正统地位,呈现诸家争鸣、思想活跃的局面。思想的解放促进了艺术领域的开拓,也给予园林以很大的影响,造园活动普及于民间而且升华到艺术创作的境界。所以说,这个时期乃是中国古典园林发展史上的一个承前启后的转折期,也奠定了中国风景式古典园林大发展的基础。

(1) 皇家园林 三国、两晋、十六国、南北朝相继建立的大小政权都在各自的首都进行宫苑的建置。其中建都比较集中的几个城市有关皇家园林的文献记载也较多:北方为邺城、洛阳,南方为建康。这三个地方的皇家园林大抵都经历了若干朝代的改建、扩建,在规划设计上达到了这一时期的较高水平,也具有一定的典型意义(图2.4)。

**图 2.3 上林苑建章宫想象图**
资料来源:游泳.园林史[M].北京:中国农业科学技术出版社,2005:35.

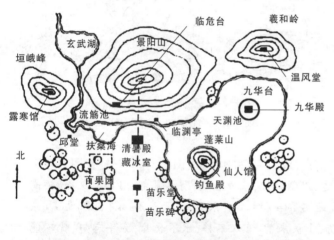

**图 2.4 魏洛阳华林苑平面想象图**
资料来源:游泳.园林史[M].北京:中国农业科学技术出版社,2005:46.

这一时期的皇家园林仍沿袭上代传统,虽然狩猎、通神、求仙、生产的功能已经消失或仅具象征意义,景观的规划设计已较为细致精练。但毕竟不能摆脱封建礼制和皇家气派的制约,作为艺术创作就不如私家园林之活跃。也正是从这个时期开始,皇家园林不断向私家园林汲取养分成了中国园林史上一直贯穿的事实。

(2) 私家园林 魏晋南北朝时期国家四分五裂,文人雅士厌烦战争,玄谈玩世,寄情山水,风雅自居。他们又不会满足于一时的游山玩水,何况这需要付出跋涉之艰辛,于是纷纷建造私家园林,把自然式的风景山水,缩写于自己私家园林中。

在这样的社会背景之下,私家园林在魏晋南北朝已经从写实到写意。例如北齐庾信的《小园赋》,说明了当时私家园林受到山水诗文绘画意境的影响。而宗炳所提倡山水画理之所谓"竖画三寸当千仞之高,横墨数尺体百里之回,"这成为造园空间艺术处理中极好的借鉴。

这一时期的私家园林较以前内容更为丰富,艺术手法更为精炼,并有由完全写实向写意过渡的趋势,造园技术亦有较大进步。有人称此期的私家园林为自然山水园,为后来唐宋及明清时期的园林艺术打下了坚实的基础。它一开始就有两种明显的倾向:一种是以贵族、官僚为代表的崇尚华丽、争奇斗富的倾向;另一种是以文人名士为代表的表现隐逸、追求山林情趣的倾向。

按照所处位置,此期私家园林大致可以分为两类,一类是建在城市里面与住宅相邻的"城市型宅园",北魏首都洛阳为当时北方的此类园林的集中之地,其中张伦宅园因有较多记载而为更多人所知。另一类是建在郊外自然风景优美地带的"郊野别墅园",它多与庄园结合而存在,西晋大官僚石崇晚年辞官后,退居洛阳城西北郊金谷涧畔之"河阳别业"即金谷园是当时著名的郊野别墅园。

(3) 寺观园林　随着佛教的传入,佛寺建设兴起。梁武帝时,仅建康一地的佛寺多达五百余所,僧尼有十余万人。而《洛阳伽蓝记》记载,从汉末到西晋时只有佛寺四十二所,到北魏时,洛阳城内外就有一千多。佛教建筑在总的布局上,有供奉佛像的殿宇和附属的园林部分,这和私家园林中居住与园林部分的关系相类似。

佛寺园林的建造,都需要选择山林水畔作为参禅修炼的清净场所。选址原则一般是:一是近水源,以便于获取生活用水,二是要靠树林,既是景观的需要,又可就地获得木材,三是地势凉爽,背风向阳和良好的小气候。具备以上3个条件的,往往都是风景幽美的地方。"深山藏古寺"就是寺院丛林惯用的艺术处理手法。如果佛寺丛林建筑在城市中心地段,就多采用树木绿化来点缀,创造幽静的环境,而在近郊的佛寺建筑,总是丛林培植,或以花木取胜。如今保存完好的佛寺建筑如建康(今南京)的同泰寺(今鸡鸣寺),杭州的灵隐寺,苏州的虎丘云岩寺、苏州北寺塔等,皆在此时陆续兴建。

佛寺园林,不同于一般帝王贵族的宫苑,从一开始就部分具有公共园林的性质。帝王权贵各造苑囿宅园,独享其乐,而穷苦的庶民百姓,只有到寺院园林中去进香游览。由于游人多,求神拜佛者都愿施舍,这又大大促进了我国不少名山大川(如庐山、九华山、雁荡山、泰山、杭州的西湖等)的开发。

3) 中国古典园林的成熟期——隋唐时期

到了隋朝,帝国复归统一,豪族势力和庄园经济受到抑制已不占主要地位,中央集权的官僚机构更加健全、完善。意识形态方面儒、道互补共尊,但儒家仍居正统地位。唐王朝的建立开创了历史上的一个意气风发、勇于开拓、充满活力的全盛时代,中国传统文化显示了其闳放的风度和旺盛的生命力。园林的发展也相应地进入了成熟期。作为一个园林体系,其独特风格已经基本形成。

(1) 隋代的皇家园林　公元581年,北周贵族杨坚废北周静帝,建立隋王朝。589年,南下灭陈,结束了魏晋南北朝三百余年的分裂局面,中国复归统一。隋炀帝杨广即位后,一反其父作风,大兴土木,游历江南,导致民怨沸腾,官豪反叛。宫苑建设是隋代大规模建设活动的重要内容之一,在众多的宫苑中,隋炀帝大业元年(605年)在洛阳兴建的西苑,是继汉武帝上林苑以后最繁华壮丽的一座皇家园林。据《隋书》记载:"西苑周二百里,其内为海周十余里,为蓬莱、方丈、瀛洲诸山,高百余尺,台观殿阁,罗络山上。海北有渠,萦纡注海,缘渠作十六院,门皆临渠,穷极华丽。"

西苑的主要成就不仅表现在其工程浩大,而且属平地造园,从整体上来看,园林有了较精确的竖向设计。苑中有院(园)是一种新的规划手法,对后世宫苑布局影响很大。全苑以山为骨架,以水系为主导,被视为在中国古典园林史上开水景园之先河。此外,植物配植范围广泛,且移植品种很多。可以说,西苑在规划设计方面的成就具有里程碑的意义,它标志着中国皇家园林由秦汉建筑宫苑向两宋山水宫苑发展的一个新转折。

(2) 唐代的皇家园林　唐朝是我国封建社会的全盛时期,国富民强,文化艺术空前繁荣,为皇家园林的发展提供了良好的基础。唐代的宫苑以"三大内"(西内太极宫、东内大明宫和南内兴庆宫)和华清宫最为著称。华清宫位于今西安城以东35 km的临潼县,南倚骊山,北向渭河。唐天宝六年扩建秦始皇始建的温泉宫,改名华清宫。唐玄宗长期在此居住,处理朝政,接见官僚,这里逐渐成为与长安大内相联系的政治中心,相应地建置了一个完整的宫廷区,它与骊山北坡的苑林区相结合,形成了北宫南苑格局的规模宏大的离宫御苑(图2.5)。

位于长安城东南角的曲江池于隋初开始兴建,到唐代达到鼎盛,池岸曲折优美,环池楼台参差,林木翁

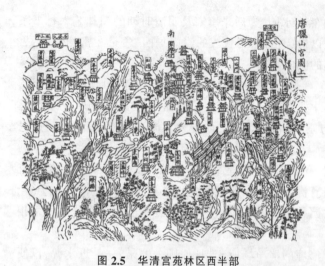

图 2.5　华清宫苑林区西半部
资料来源：游泳.园林史[M].北京：中国农业科学技术出版社，2005：71.

郁。池之南为紫云楼、彩霞亭、芙蓉园，西为杏园、慈恩寺。每年上巳节（三月三），皇帝都率嫔妃到曲江游玩并赐饮百官，沿江张灯结彩，池中泛游船画舫，乐队演奏乐曲，商贾陈列奇货，百姓熙来攘往，平日深居闺房的妇女也盛装出游。可以说，曲江池兼有皇家御苑和公共游览地的双重功能，这在以皇权政治为轴心的封建时代是极为罕见的情况。曲江池的繁荣也从一个侧面反映了盛唐之世的政局稳定和社会安宁。

（3）唐代的私家园林　由于隋代统一全国，沟通南北经济，后至盛唐之世，政局稳定，经济、文化繁荣，呈现为历史上空前的太平盛世和安定局面，人们普遍追求园林享受之乐，使得唐代私家园林较之魏晋南北朝更兴盛，普及面更广，艺术水平大为提高。城市内和近郊私家园林与郊野别墅园在这一时期都有了较大的发展。

长安和洛阳城内均有大量私园，分别以纤丽和清新两种格调并存，而后者更多见于时人诗文的吟咏，白居易的履道坊宅园便是一个很有代表性的例子。此园与住宅共占地约 1.13 hm²，其中"居室三之一，水五之一，竹九之一"，水中有菱、荷、菖蒲等，水中立三岛，岛上建亭，岛之间以曲桥相连，还有以"竹"景和"梅"景为主的区域。其清新幽雅的格调和"城市山林"的气氛恰如其分地体现了当时文人的园林观——"以泉石竹树养心，借诗酒琴书怡性。"白居易所作的韵文《池上篇》颇能道出其营园主旨，也将这座不复存在的园林永远的留在了人们的记忆里。

唐代的郊野别墅园又叫做山庄、别业、山亭、水亭、池亭、田居、草堂等。其中以王维的辋川别业和白居易的庐山草堂尤具代表性。王维（700—760年）是盛唐时期著名的诗人和画家，晚年在陕西蓝田县南终南山下作辋川别业并终老于此。《辋川集》记录了 20 个景区或景点的景题命名，每个景区或景点都有王维与其好友裴迪唱和的两首诗，这个顺序大概也就是园内的一条主要游览路线。王维还画了一幅《辋川图》长卷（图 2.6），对于辋川的 20 个景点作了逼真、细致的描绘。

此外，唐代文人在已开发的山岳风景名胜区择地修建别墅的情况比较普遍。白居易任江州司马时在庐山香炉峰和遗爱寺之南修建"草堂"并自撰《草堂记》。其中记述了园林的地址、建筑、环境、景观及作者的感受。后又作《香炉峰下新置草堂即事咏怀》题于石上，诗中表白了一个历经宦海浮沉、人世沧桑的知识分子对于退居山林、独善其身作泉石之乐的向往之情。

（4）唐代的寺观园林　唐代的统治者出于维护封建统治的目的，采取儒、道、释三教并尊的政策，在思想上和政治上都不同程度地加以扶持和利用。随着佛教的兴盛，佛寺遍布全国，寺院的地主经济亦相应地发展起来，寺院常拥有大量田产，时人惊呼："凡京畿上田美产，多归浮图"。此外，唐代皇家又奉老子为始祖，道教也受到皇家的扶持。宫苑里面也常建置道观，皇亲国戚多有信奉道教的，各地道观亦多成为地主庄园的经济实体。

寺观的建筑制度已趋于完善，大的寺观往往是连宇成片的庞大建筑群，包括殿堂、寝膳、客房、园林四部分的功能分区。由于寺观进行大量的世俗活动，寺观继续承担了城市公共交往中心的职能，其

图 2.6　《辋川图》摹本（部分）
资料来源：游泳.园林史[M].北京：中国农业科学技术出版社，2005：80.

环境处理将宗教的肃穆与人间的愉悦结合考虑,因而很重视庭院的绿化和园林的经营。许多寺观以园林之美和花木的栽培而闻名于世,文人们也喜欢到寺观以文会友、吟咏赏花,寺观的园林绿化也适应于世俗趣味,追慕私家园林。在郊野,但凡风景幽美的地方,尤其是山岳风景地带,几乎都有寺观的建置。在全国范围内,以寺观为主体的山岳风景名胜区,到唐代差不多都已形成,它们既是宗教活动中心,又是风景游览的胜地。

4) 中国古典园林的全盛期——两宋时期

到两宋时期,中国封建社会的特征已经发育成型,农村的地主小农经济稳步成长,城市的商业经济空前繁荣,市民文化的勃兴为传统的封建文化注入了新鲜的血液。封建文化的发展已失去了汉唐的闳放风度,而转化为在日益缩小的精致世界里实现着从总体到细节的自我完善。研究中国封建社会中的各种文化现象,宋代实为一个承上启下的关键时期。相应的,园林的发展也由成熟期而升华为富于创造和进取精神的全盛时期。

宋代的庄园经济几乎绝迹,地主小农经济十分发达,城乡经济高度繁荣。同时,宋代又是一个国势羸弱的朝代,无论统治阶级的帝王士大夫或者一般庶民都处于国破家亡的忧患意识的困扰之中,这在宋词中有很多的反映。社会的忧患意识固然能够激发有志之士的奋发图强、匡复河山的行动,同时也导致了人们沉湎享乐、苟且偷安的心理。这一点在园林创造上也有明显的体现。

(1) 两宋时期的皇家园林 宋代的皇家园林集中在东京和临安两地,其园林的规模和气魄远不如隋唐,但是规划设计的精致则过之,内容更多地接近于私家园林。南宋皇帝常将行宫御苑赏赐臣下或将臣下的私园收归皇家作为御苑。宋代皇家园林之所以出现规模较小和接近私家园林的情况,这与宋代皇陵之简约一样,固然由于国力国势的影响,而与前述的当时朝廷的政治和文化风尚也有直接的关系。

北宋的寿山艮岳位于东京宫城之东北面,寿山艮岳的建园工作由宋徽宗亲自参与,并特设专门机构"应奉局"专事搜求江南的石料和花木,凡被选中的奇峰怪石、名花异卉"皆越海渡江,凿城郭而至",运送至汴京,这就是殚费民力、激起民愤的"花石纲"。

寿山艮岳的主要艺术成就体现在:先有构图立意,然后根据画意施工建造;筑山构思独特,精心经营,充分体现了中国山水画的构图规律,也是我国园林历史上的土石假山之最;峰石"特置"为其独创;园内形成一套完整的水系,几乎包罗了内陆天然水体的全部形态,且水系与山系配合形成山嵌水抱的态势;园内建筑除少数满足其特殊的功能要求,绝大部分均以造景的需要出发,充分发挥其"点景"和"观景"的作用;园内植物繁多,配植方式有孤植、对植、丛植和混交,大量的是成片栽植。许多景区景点都以植物之景为主题(图2.7)。

总之,寿山艮岳是一座筑山、理水、花木、建筑完美结合的具有浓郁诗情画意的人工山水园,它代表着宋代皇家园林的风格特征和最高水平,是中国园林史上的一大创举。它艺术地概括、提炼了大自然的生态环境和山水风景,并辅以丰富多彩的园林建筑,成为此后各代山水宫苑的重要借鉴。

(2) 两宋时期的私家园林 中原和江南是宋代的经济、文化发达地区,又相继为北宋和南宋政权的政治中心之所在地,私家园林的兴盛自不待言,见于文献记载比较多的,中原有洛阳、东京两地,江南有临安、吴兴、平江(苏州)等地。

北宋李格非所作《洛阳名园记》介绍了当时的

图2.7 寿山艮岳平面设想图

资料来源:周维权.中国古典园林史[M].2版.北京:清华大学出版社,1999:205.

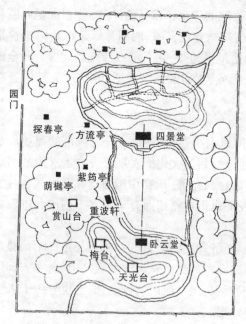

图 2.8 北宋洛阳富郑公园想象平面图
资料来源:周维权.中国古典园林史[M].2 版.北京:清华大学出版社,1999.

19个洛阳名园,多数是在唐朝庄园别墅园林的基础上发展过来的,但在布局上已有了变化,它与以前园林的不同特点是园景与住宅分开,园林单独存在,专供官僚富豪休息游赏或宴会娱乐之用。19个名园大致可分为三类:花园(3个),游憩园(10个)和宅园(6个),每个园林都具特色(图2.8)。

临安作为南宋的"行宫"和当时的江南最大城市,是当时的政治、经济和文化中心,又有美丽的湖山胜境,私家营园之风甚盛,各种文献中所提到的私园名字总共有近百处之多,其中《梦粱录》记述了西湖一带比较著名的16处私家园林;而《武林旧事》记述了45处。南宋周密《吴兴园林记》记述了亲身游历过的36处吴兴园林。北宋名园沧浪亭位于苏州城南,园主人苏舜钦庆历年间,因获罪罢官,旅居苏州,购城南费园。元、明废为僧寺,以后又恢复为园,至今仍是苏州名园。

(3) 两宋时期的寺观园林 到两宋时期,寺观园林由世俗化进而达到文人化的境地,它们与私家园林之间的差异,除了尚保留着一点烘托佛国与仙界的功能之外,基本上完全消失了。在宋代,禅宗教义着重于现世的内心自我解脱,尤其注意从日常生活的细微小事得到启示和从大自然的陶冶欣赏中获得超悟,使得他们更向往于远离城镇尘俗的幽山深谷;道士讲究清静简寂,也有类似禅僧的情怀,从而掀起了在郊野建置寺观的又一次高潮,客观上促进了全国范围内风景名胜区的再度大开发。寺观建设、园林建设与山水风景开发相结合而发展,南宋杭州的西湖风景区就是典型的例子。

5) 中国古典园林的集盛期——元至清末

元至清末是中国古典园林的集盛期,此时期除建造了规模宏大的皇家园林之外,封建士大夫为了满足家居生活的需要,在城市中大量建造以山水为骨干、饶有山林之趣的宅园,作为日常聚会、游憩、宴客、居住等需要。皇家园林多与离宫相结合,建于郊外,少数设在城内,规模都很宏大,其总体布局有的是在自然山水的基础上加工改造,有的则是靠人工开凿兴建,建筑宏伟浑厚、色彩丰富、豪华富丽。而封建士大夫的私家园林,多建在城市之中或近郊,与住宅相连,在不大的面积内,追求空间艺术的变化,风格素雅精巧,达到平中求趣,拙间取华的意境,满足以欣赏为主的要求。宅园多是因阜掇山,因洼疏地,亭、台、楼、阁众多,植以树木花草的"城市山林",几乎遍布全国各地,其中比较集中的地方有北方的北京,南方的苏州、扬州、杭州、南京等。

从发展脉络上来看,中国古典园林的集盛期又大致可以分为前、后两个阶段。前半期大约包括元代至清初,这时园林发展主要继承了前一个时期的成熟传统而更趋于精致,表现了中国古典园林的最高成就;而后半期大约相当于清代中后期,清乾隆王朝是中国封建社会最后的一个繁盛时代,表面的繁盛已经潜藏着四伏的危机。其后,封建社会盛极而衰并逐渐趋于解体,封建文化也愈来愈呈现出颓废的迹象。园林也是如此,明显地暴露出某些衰颓的倾向,逐渐流于繁琐与僵化,已经多少丧失了前一时期的积极和创新精神。

(1) 元明清时期的皇家园林 元明清时期除明初以外,都城一直都设在北京,故此期的皇家园林也主要分布于此。到清朝,北京主要的皇家园林有"三山五园"(万寿山清漪园、玉泉山静明园、香山静宜园、圆明园、畅春园)、西苑和避暑山庄等。

总的来说,元明清时期皇家园林多与离宫相结合,且多位于风景优美的郊外,占地宽广,规模宏大。在布局上,大都是在自然山水基础上,巧于利用地形,创造各苑特色。注意模仿各地园林及名胜于其中,则体现了皇家园林从私家园林中汲取艺术素养的事实。苑中建筑布局形式不同于正式宫廷建筑的严肃、庄重格局,除宫室建筑部分外,其他建筑多用"大分散、小集中"的成群成组的布局方式,单体布置较少,且注重建筑美与自然美的结合。苑园中也常运用我国传统的掇山手法,但因园林面积较大,不可能也没有必要利用大量掇山,叠石运用较多。苑园中水面极大,大多利用原地形水体或泉源形成水面。花木是苑园中重要的造园要素,因苑园面积较大,花木多作群植或林植,在院落中也有配植名贵花木作单株欣赏。

在皇家诸园中,西苑(图 2.9)属于大内御苑,其始建于金,完颜雍迁都燕京后,1163 年称金海,垒土成山(即琼华岛),栽植花木,营造宫殿,当时琼华岛上有瑶光殿,又把北宋京城(汴梁)里寿山艮岳的奇石运来堆叠假山。建大都时,这里作为新城的核心,把琼华岛易名万岁山,忽必烈就住在这里,把金海易名为太液池(当时只有北海和中海)。到了明朝这里又曾重新修治。琼华岛和太液池沿岸部分,有的增加园林建筑,有的加以修缮、扩建后易名为西苑(包括中海、南海部分)。清代,这里增加和修缮的内容则更多,形成中、南、北三海,简称三海。

颐和园为现存最完整的中国皇家园林之一,位于北京西北郊,始建于乾隆十五年,是一座以万寿山和昆明湖为主题的大型天然山水园(详见第 3 章)。

圆明园(图 2.10)占地约 167 $hm^2$,是我国园林艺术史上的罕世珍品,也是我国园林艺术历史发展到清代的一个综合杰作。从 1709 年康熙时开始兴建至 1860 年被焚毁为止,前后历经 151 年。园内造景繁多,有圆明园四十八景,绮春园和长春园各三十景。

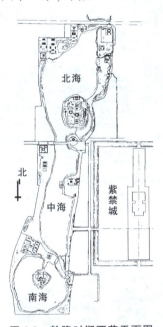

图 2.9 乾隆时期西苑平面图
资料来源:周维权.中国古典园林史[M].2 版.
北京:清华大学出版社,1999.

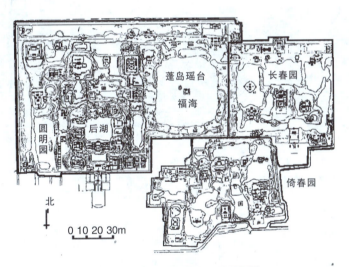

图 2.10 乾隆时期圆明三园平面图
资料来源:周维权.中国古典园林史[M].2 版.北京:清华大学出版社,1999:380.

避暑山庄(图 2.11)位于今承德,占地 564 $hm^2$,为清代皇家诸园中规模最大的一座。康熙时开始兴建,乾隆时进行了大规模的扩建。避暑山庄的特色之一是位于自然风景之中。避暑山庄大致可以分为四个景区:宫廷区,包括三组平行的院落建筑群;湖洲景区,具有浓郁的江南情调;平原景区,宛如塞外景观;山岳景区,象征北方名山。可以说,园内外浑然一体的大环境无异于以清王朝为中心的多民族大帝国的缩影。

(2) 元明清时期的私家园林  到清朝末年,私家造园活动遍及全国各地,从而出现各地不同的地方风格。在这些众多的地方风格中,江南、北方、岭南最为成熟,前两者早在上一个时期即已形成,后者则成型较迟,以珠江三角洲为中心,包括两广、福建、台湾等地。可以说,在中国古典园林历史上的这个终结阶段,私家园林长期发展的结果形成了江南、北方、岭南三大地方风格鼎峙的百花争艳的局面。这三大地方风格集中地反映了集盛期民间造园艺术所取得的主要成就,也是这个时期的私家园林的精华所在。

① 江南私家园林  由于高度发达的经济水平和文化艺术,加之精湛的建筑技术,以及温和湿润的气

候和丰富的造园材料,使得江南私家园林成为中国古典园林后期发展史上的一个高峰,也代表着中国风景式园林艺术的最高水平,并形成了自己独特的艺术风格。

江南私家园林多建于城市中,与住宅相连,面积不大,造园师力求在有限的面积内创造无限的、丰富的、曲折多变的城市山林的景观。江南园林中常以水池为中心,在其周围堆叠假山,植以花木,环以建筑。堆山叠石往往是造园家力求创造的城市山林的主景,登山可看全园和园外景色,扩大园林空间感,同时假山又是遮挡视线、分隔空间的重要手段。园林中的建筑常与山石、花木共同组成园景,在局部空间还可称为构图中心,因此,既是观赏对象,同时又是风景观赏点,是造景的重要手段。江南园林中的植物亦以造景为主,在大的园林空间里,也有大片栽植花木,但以单株欣赏和少量丛植为主,并与粉墙、湖石相配合而成为局部一景。

苏州是江南私家园林的最主要活动中心之一,俗称苏州四大名园的拙政园(图2.12)、留园、狮子林、沧浪亭分别以丰富的景观、精美的建筑、精湛的掇山和悠久的历史而著称于世,其他园林如网师园(图2.13)、艺圃、环秀山庄等等都极具特色。此外,扬州(图2.14)、无锡、南京和徽州也都是江南园林的集中地。

**图2.11 避暑山庄平面图**

资料来源:周维权.中国古典园林史[M].2版.北京:清华大学出版社,1999:393.

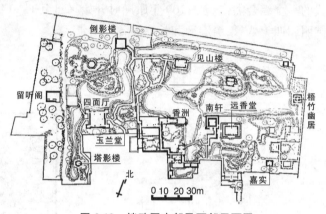

**图2.12 拙政园中部及西部平面图**

资料来源:周维权.中国古典园林史[M].2版.北京:清华大学出版社,1999:475.

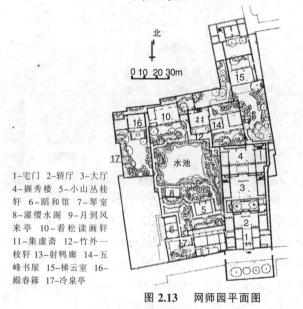

**图2.13 网师园平面图**

资料来源:周维权.中国古典园林史[M].2版.北京:清华大学出版社,1999:471.

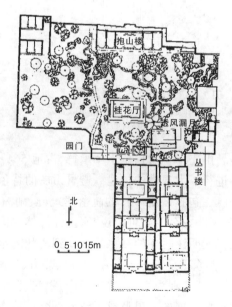

**图2.14 扬州个园平面图**

资料来源:周维权.中国古典园林史[M].2版.北京:清华大学出版社,1999:460.

② 北方私家园林 北京是北方造园活动的中心,至清末,散布城中的宅园有 150-160 处,保存到 20 世纪 50 年代的还有 50-60 处,其中还不包括王府花园和会馆花园。此外,在城外西北郊的海淀一带,集中了许多皇室成员和元老重臣的赐园。其中有名的有萃锦园(图 2.15)、半亩园、一亩园、熙春园、勺园。

相对于江南园林,北方私家园林既追求风景式园林的意境,又偶尔用严整对称的布局。园内建筑物较多,具北方建筑的浑厚之共性,一些王府花园的建筑较一般北方私园在色彩和装饰上更加浓艳华丽,局部或细部有仿西洋建筑的做法。园中叠石技法偏于刚健。植物配植常以北方乡土树种如松树为基调,间以多种乔木。

③ 岭南私家园林 岭南园林以珠江三角洲为其中心,包括两广、福建和台湾等地。岭南地区地理条件优越,经济发达,文化繁荣,园林营造兴盛,并迅速形成自己的风格,而与北方、江南鼎峙。现存较完好的番禺馀荫山房(图 2.16)、顺德清晖园、东莞可园、佛山梁园被称为粤中四大名园。

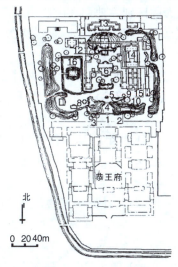

1-园门 2-垂青樾 3-翠云岭 4-曲径通幽 5-飞来石
6-安善堂 7-蝠河 8-榆关 9-沁秋亭 10-蕺蔬圃
11-绿天小隐 12-邀月台 13-蝠厅 14-大戏楼
15-吟香醉月 16-观鱼台

图 2.15 萃锦园平面图

资料来源:周维权. 中国古典园林史[M].2 版.北京:清华大学出版社,1999:503.

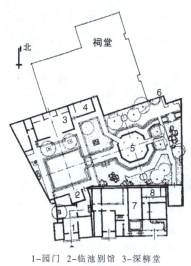

1-园门 2-临池别馆 3-深柳堂
4-榄核厅 5-玲珑水榭 6-南薰亭
7-船厅 8-书房

图 2.16 番禺馀荫山房平面图

资料来源:周维权.中国古典园林史[M].2 版.北京:清华大学出版社,1999:516.

岭南私家园林一般规模较小,且多与居住建筑结合在一起,庭园空间一般以建筑空间为主,山石湖池皆从属于之。在布局上,岭南园林颇有地方特色,多从适宜出发,常有明显的随意性,有的采用几何图形并沿中轴线对称布置。岭南园林中的建筑重在选址,不以华丽夺人,而多素构,抒发出简朴清新的岭南气息。园林中也会有叠山,且风格独特,通常分为壁形、峰形和孤散形三种。因庭园面积通常不大,故理水上不求模仿真山真水,而好用较规则的水池,如方形、回字形等。花木配植方面,非常注重本地植物材料的运用。

④ 少数民族的园林 建国以前,我国各民族的经济、文化水平存在着极大差异,她们的园林艺术风格也有较大差异,到建国前多数少数民族的园林建设尚处于萌芽状态,只有藏族园林初具风格。罗布林卡是现存的少数几座藏族园林中规模最大、内容最充实的一座。"罗布林卡"是藏语的译音,意思是"犹如珍珠宝贝一般的园林",位于拉萨西郊,占地约 36 hm$^2$。园内建筑物相对集中为东、西两大群组,当地人习惯上把东半部叫做"罗布林卡",西半部叫做"金色林卡"。在西藏民主改革以前,这里是达赖喇嘛个人居住的园林,相当于别墅兼行宫的性质。

(3) 元明清时期的寺观园林 与唐宋相比,元明清时期的寺观园林建设略显得式微,但仍有寺观园林出现。寺观园林继承宋代以来的世俗化、文人化的传统,一般与私家园林几乎没有区别。由于长期发展,寺观园林以幽古宁静的景观环境成为人们的交往与游览的地方。

(4) 明清时期的造园匠师 过去的造园匠师在长期实践中积累了丰富的经验,世代薪火相传,共同创造了优秀的园林艺术。宋代就已有园艺工人和叠山工人的记载。至明清时代,苏州的叠山匠师被称为"花园子",一园设计之成败往往取决于叠山之佳否,故他们也是主要的造园匠师。明代以前造园匠师的社会地位一直很低,明清时期江南地区的造园活动十分频繁,工匠的需求量很大,造园匠师中技艺精湛者逐渐受到社会的重视而知名于世。他们往往在园主人或文人与一般匠人之间起着重要的桥梁作用,从而大大提高了造园的水平和效率。这些知名的造园匠师有一部分是普通工匠出身,通过大量实践和自身素质的提高而成为造园家。另一部分本是文人,因独爱造园而涉足其中,最终因造园而闻名。

### 2.1.2 日本古典园林的发展

众所周知,中国文化的传入,特别是佛教、道教文化以及中国园林艺术的传入,对于日本园林艺术的形成和发展发挥了重要的作用。但是,由于日本国土的自然风貌特征以及源于其对于美的认识,又使得日本园林设计者从造园主旨到技术方法都与他们的中国同行存在很大的区别。他们在吸收中国园林艺术精华的基础上,经过与本民族文化、艺术和生活习俗的融合与创新,形成了独具魅力的园林风格,并在世界园林史上占有一席之地。

一般认为,明治维新(1868年)以后,随着西方文化的引进,欧美的造园理念、方法和材料都大量涌入日本,较大地影响了日本园林的发展。而在这之前,日本古典园林占据了主要地位。我们按照日本通史的划分阶段概略介绍明治维新以前日本园林发展历程。

(1) 大和时代园林(300—592年)  按中国《史记》记载,约公元1世纪时日本曾有100多个小国家。至公元3世纪,大和民族在广袤的大和平原上兴起,并于公元5世纪统一日本,建立大和国。统一后的大和国不断派出使者,向中国学习文化,园林艺术就是其中一项。

这时皇家园林特点是宫馆环池、环墙或环篱,苑内更有池、泉、舟、岛及各种动植物。穿池起苑,池内放养鲤鱼,苑内圈养禽兽,天皇在园内走狗试马,远足田猎。

(2) 飞鸟时代园林(593—710年)  《日本书记》推古三十四年(612年)条记载:"百济国(现韩国)的归化人(指到日本谋生的人)路子工,在皇宫之南构筑须弥山和吴桥。"而齐明天皇(655—661年)不仅建宫廷内苑,还在远郊吉野川边建吉野离宫。同时记载:"苏我马子死,飞鸟川边苏我家南庭中有水池和小岛,时人称苏我马子为岛大臣。"这是日本园林史上的第一个私家园林,形式上依旧是池泉式庭园。

1936年和1972年考古者两度发掘了藤原宫及内庭,发现在太极殿东有东殿,东殿东西向,南北接以回廊,殿东园林区域,园中有一池一屋。池为曲折形水池,池边采用洲浜缓坡入水的形成,这是中国园林所没有的,就此也证明了,日本在飞鸟时代就开始模仿本国景观,从而走向个性化道路(图2.17)。

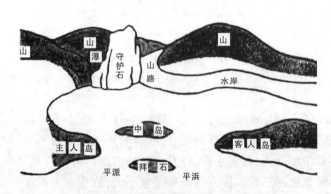

图2.17 飞鸟-奈良时代的庭园
资料来源:池田二郎著,日本造园设计与鉴赏[M].陈吾译.
北京:中国建筑工业出版社,2003:1.

从造园水平上看,此期造园远胜于大和时代。从技术源流上看,来源于中国,经朝鲜传入。从内容上看,依旧是以池为中心,增设岛屿、桥梁建筑,环池的滨楼是借景之所,也是池泉园的标志之一。从文化上看,在池中设岛,与《怀风藻》中所述的蓬莱神山是一致的,表明园林景观受到中国神仙思想的影响;在水边建造佛寺及须弥山都表明佛教开始渗入园林。从类型上看,不仅皇家有园林,私家园林也出现;不仅在城内有园林,在城外的离宫之制亦初见端倪。

(3) 奈良时代园林(711—794年)  奈良时代历时不过84年,相当于中国唐睿宗景云二年到唐德宗贞元十年。这时日本全面吸取中国文化,整个平城京城就是仿照当时中国的首都长安而建,史载园林有平城宫南苑、西池宫、松林苑和城北苑等。

考古发掘的平城宫东院庭园让人们详细地了解到奈良时代的皇家园林的内容和所达到的成就。东西

60 m、南北 70 m 的范围,园北高南低,凿一条细长曲水,北方从菰川引水,先入一个石组围成的沉淀池,从木管暗道流出,再经 300:1 的坡度向南流去,池底和池壁皆为卵石,池中还有种植水生植物的石砌植坛。从造园数量上看,奈良时代建园超过前朝。从形式上看,还是热衷于曲水建制。从具体做法上看,神山之岛和出水洲浜并未改变。

(4) 平安时代园林(794—1185 年) 平安时代是以平安京(即京都)为都城的时代,历 18 位天皇共计 398 年,相当于中国唐朝中期、五代、两宋、辽、金等朝代。弘仁贞观时代由贵族官吏形成宫廷文化,全面吸收中国文化,故又称为唐风文化。废除遣唐使以后近 300 年称国风文化,在继承本国传统文化的基础上,提炼唐风文化,形成有日本民族特色的文化特征。

当时民风纯朴,社会安定,观花赏月之风盛行。而平安京周围山水优美,都城里多天然的池塘、涌泉、丘陵,而且土质肥沃、林草丰美、岩石丰富,为庭园的发展提供了有利条件。于国风时代贵族创造了寝殿造园林(图 2.18)。寝殿造园林形式依旧是中轴式,轴线为南北向。园中设大池,池中设中岛,岛南北用桥通,池北有广庭,广庭之北为园林主体建筑寝殿。寝殿平面形式与唐风时期不同,不再是左右

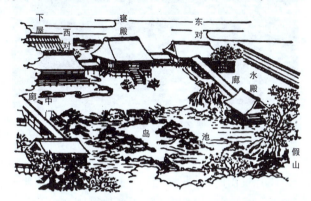

图 2.18 平安时代的寝殿造园林
资料来源:池田二郎著.日本造园设计与鉴赏[M].陈吾译.
北京:中国建筑工业出版社,2003:1.

对称,而是较自由的非对称。池南为堆山,引水分两路,一路从廊下过,一路从假山中形成瀑布流入池中,池岸点缀石组,园中植梅、松、枫和柳等植物。

在佛教进一步巩固地位的过程中,平安末期,佛家按寝殿造园林格局演化为净土园林,流行于寺院园林之中。从审美意趣上看,汉文学应是当时营园重要原动力和最高标准,其中以白居易的诗文最受欢迎,《白氏文集》在平安初期传入日本,一时洛阳纸贵,上层阶级人人能诵。白居易的《池上篇》及序对园林的影响不仅在格局上,更重要的是在审美上。平安时代后期橘俊纲所作的《作庭记》被视为世界上第一部造园书籍。

(5) 镰仓时代(1185—1333 年) 镰仓时代是以镰仓为全国政治中心的武家政权时代,虽然镰仓为政治中心,但文化中心和皇权中心还是在京都。在镰仓时代的前期,园林的设计思想还是寝殿造园林的延续,寺院园林也是净土园林的延续。只是到了镰仓时代的后期,由于下层武士的不满和倒幕势力强大,国内战争四起,政权的不稳定使人们更多地用佛教禅宗的教义来指导现实生活。与禅宗相对应,产生了以组石为中心,追求主观象征意义的抽象表现的写意式山水园,追求的是自然意义和佛教意义的写意,并最终发展固定为枯山水形式。

当时,日本园林中的造园家是知识阶层的兼职僧侣——立石僧。其中最有成就的是国师梦窗疎石,他通过枯山水来表达禅的真谛。这些园林形式常用象征的手法来构筑"残山剩水",也就是提取景观的局部。枯山水首先在寺院园林中崭露头角,因符合当时人们的社会心理和审美需求,迅速在全国传播开来,对皇家园林和私家园林进行渗透。

(6) 南北朝时代园林(1333—1393 年) 镰仓时代后,是日本的南北朝时代。此时是镰仓与室町两个皇统对峙的时代。南北朝时代,庄园制度进一步瓦解,乡间武士阶层抬头,分割庄园主土地领有权,并向幕府一元领导迈进。这一时期园林最重要的是枯山水的实践,枯山水与真山水(指池泉部分)同时并存于同一园林中,真山水是主体,枯山水是点缀。池泉部分的景点命名常有禅宗意味,喜用禅语,枯山水部用石组表达,主要用坐禅石表明与禅宗的关系,而西芳寺庭园则用多种青苔隐喻大千世界。

(7) 室町时代园林(1393—1573 年) 室町时代大致相当于明太祖洪武二十六年到明神宗万历元年,经 13 代将军共 180 年。室町时代政体与镰仓时代一样,为武家政治,实际上是足利一族与各地守护大臣的联合政权,在嘉吉之乱(1441 年)后,幕府势力渐衰。

武家喜欢建造和欣赏园林更盛于南北朝,足利尊氏后续的几代将军都是园林的热衷者。三代将军足利

图 2.19 金阁寺庭园
资料来源：http://122.img.pp.sohu.com/images/2007/10

义满在北山殿建造了金阁寺庭园（图 2.19），八代将军足利义政在东山殿建筑了银阁寺庭园。都是舟游与回游相结合的园林，发挥了池泉园可游的长处。以阁作为主景，一方面是借景需要，登阁不仅可俯瞰园内，而且可以远借山川。一方面从金阁到银阁，体现了武将的财力和奢华。

随着茶道的发展，其礼仪所需的茶室开始走入园林，成为茶庭的肇始。在皇家园林和武家园林中的舟游式寝殿造园林渐渐被舟游和回游相结合的书院造庭园所替代。寺社园林中独立的枯山水开始出现，不再依附于池泉园，石庭就是其中最有代表性的一种。到了室町中中期以后，枯山水的格局转向日本化，直接取材于日本的海岛景观，与当时大和绘的盛行有关。

（8）桃山时代园林（1573—1603 年）　在室町时代的后期，长期的战乱成就了另一批武将在军事上的霸业。丰臣秀吉在 1592 年消灭各地军阀，完成了日本的统一，并开创了桃山时代。桃山时代是以人为中心而不是以宗教为中心的时代，于是，人情味进入了建筑和园林中。在建筑上完成了前代形成的书院造，在园林上进一步完善书院造园林。

在室町末期产生的茶庭在这一时代得到发展，并开始逐步定型，茶室作为茶庭主体建筑，置于茶庭最后部，到达茶室须经过朴素露地，主人与客人在腰挂处等待见面，显出主人诚意，而客人须经厕所净身、蹲踞或洗手钵净手，经曲折铺满松针的点石道路到达茶室，在室外脱鞋、挂刀、折腰躬身方能入茶室饮茶。这一时期的园林有传统的池庭、豪华的平庭、枯寂的石庭、朴素的茶庭。

图 2.20 桂离宫庭园
资料来源：http://122.img.pp.sohu.com/images/2007/2

（9）江户时代园林（1603—1867 年）　战将德川家康在丰臣秀吉死后于 1603 年在江户（今东京）建立新幕府，至 1615 年灭丰臣氏势力而再次统一全国，经过 300 年的发展，封建文化达到了顶点。江户时代人文精神的发展、个性思想的抬头、文学艺术的发展使园林的儒家味道也渐渐地显露出来。儒家的中庸思想和《易经》中的天人合一终于把池泉园、枯山水、茶庭等园林形式进一步融合在一起，皇家园林桂离宫就是一个杰出的例子（图 2.20）。茶庭在桃山时代未得充分展示，此朝则得以淋漓尽致地表现。

江户时代的园林，从园主来看表现为皇家、武家、僧家三足鼎立的状态，尤以武家造园为盛，佛家造园有所收敛，大型池泉较少，小型的枯山水多见，反映了思想他移、流行时尚转变、经济实力下降等几方面因素。从园林类型上看，茶庭、池泉园、枯山水齐头并进，互相交汇融合。从技法上看，枯山水的几种样式定型，如纯沙石的石庭、沙石与草木结合的枯山水。从园林理论上看，数量之多，涉及之广远远超过前代。在江户时代之后，日本进入了明治时代，这是一个革新的时代，西方文明涌入日本传统社会，西方公园及其建设思想也被引入，日本园林进入了一个全新的发展阶段。

## 2.2　欧洲园林体系的发展

如同欧洲文化对于世界文化的重要意义一样，欧洲园林体系在世界园林体系中占有重要的地位。欧洲园林体系的发展较多的受到基督教文化的影响。又因其独特的社会发展历程,欧洲园林体系在不同的历史时期和不同的地域留下了各具特色的园林形式,其中以文艺复兴时期的意大利台地园、16—17世纪的法国古典主义园林和18世纪开始出现的英国风景式园林对于欧洲和全球的园林发展具有最为重要的影响。

### 2.2.1 古代欧洲园林的发展

1) 旧约时代的造园

《旧约圣经》不失为最古老的历史著作,其中记载的各种故事、传说是考古学和民族学研究的极其宝贵的资料。虽然《旧约圣经》是出于宗教意图写成的,但却具有很高的文学价值,甚至可以说其价值介乎于历史与诗之间。而研究《旧约圣经》所记载的有关造园的情况,一方面可以发现旧约时代园林的一些概况,另一方面,它至少可以反映欧洲的先民在远古时代对于园林的理想状况的想象和追求。

《旧约圣经·创世纪》写到:耶和华上帝在东方的伊甸建立了一个园子,把所造的人安置在那里。耶和华上帝使地上长出各种树木,既能令人悦目,果实又可充饥。园中还有"生命树"和"知善恶树"……,有河从伊甸流出,滋润着伊甸园……。可见,浮现在我们眼前的伊甸园景观并不是沙漠和荒野,而是矿物与植物两种资源极其丰富的地方(图2.21)。

《新约圣经》中,虽然丝毫没提到"伊甸园"一词,但取而代之的则是与该词相当的"乐园"(paradise)。总之,人们想象中的伊甸园应是一处以树木为主体的树木园,有浓阴、有花香、有河流,是兼有观赏与实用两种功能的庭园。

图2.21 中世纪版画中的伊甸园
资料来源:针之谷钟吉.西方造园变迁史[M].邹洪灿译.
北京:中国建筑工业出版社,1991:7.

2) 古埃及的园林

正如古埃及文明对西方文明发展的特殊意义,古埃及园林对于西方园林发展也曾产生了深远的影响。埃及位于非洲大陆东北部,沙漠占总面积的96%,全年干旱少雨,日照强度很大。冬季温和、夏季酷热、温差很大的气候特点对古埃及园林的形成及特色影响显著。埃及文明的发展首先得益于尼罗河。连年泛滥的尼罗河虽然给埃及带来适宜农业生产的沃土,但不利于树木的生长,而高地上又往往是岩石峭壁或茫茫大漠。总之,埃及的森林非常稀少,所以在古埃及园林里十分珍视树木和水的运用。古王国时代,古埃及就出现了园林的雏形,其形式上多是种植果木和葡萄的实用园。它们广泛地分布在尼罗河谷中,面积狭小、空间封闭。新王国时代之后游乐性园林开始出现,最初当然是法老们的奢侈品。通常认为古埃及园林主要有以下几种类型。

(1) 宅园  古埃及王公贵族的宅邸旁,多建有游乐性的水池、四周有各种树木花草,其中掩映着游园凉亭。在特鲁埃尔·阿尔马那(Tellel Amana)遗址中发掘出的一些大小不一的园林,都采用几何式构图,以灌溉水渠划分空间。园的中心是矩形水池,有的宽阔如湖泊,可供荡舟、垂钓或狩猎水鸟。水池周围规则地列植着棕榈、柏树或果树,以葡萄棚架将园子围成几个方块。直线型的植坛中混植虞美人、牵牛花、黄雏菊、玫瑰和茉莉等花卉。边缘以夹竹桃、桃金娘等灌木为篱(图2.22)。

(2) 圣苑  埃及的法老们崇敬诸神,大兴土木建造神庙,并在其周围设置圣苑。大片林地围合着雄伟而有神秘感的庙宇建筑,形成附属于神庙的圣苑。古埃及的圣苑在棕榈和埃及榕围合的封闭空间中,往往还有大型水池、驳岸以花岗岩或斑岩砌造,池中种有荷花和纸莎草,并放养作为圣物的鳄鱼。

(3) 墓园  埃及人相信人死之后灵魂不灭,是在另一世界中生活的开始。因此,法老及贵族们都为自己建

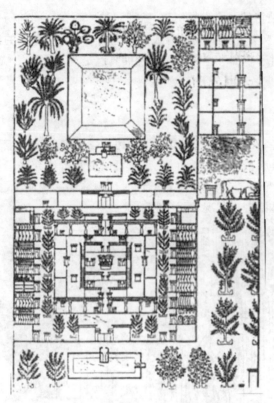

**图 2.22 特鲁埃尔·阿马尔那的高僧麦利尔的府邸**
资料来源：针之谷钟吉．西方造园变迁史[M]．邹洪灿译．
北京：中国建筑工业出版社，1991：17．

**图 2.23 贝拉尔所绘的空中花园想象图**
资料来源：时文．世界名园百图[M]．北京：中国城市出版社，1995：2．

造巨大而显赫的陵墓，而且陵墓周围还要有可供死者享受的、宛如其生前所需的户外活动场地，这种思想导致了墓园的产生。墓园虽然规模不大，但也往往设有水池，周围成行地种植椰枣、棕榈、无花果等树木。

3）古巴比伦的园林

与古埃及文明几乎同时放射出灿烂光辉的，还有位于底格里斯和幼发拉底两河之间的美索不达米亚的古巴比伦文明。正如尼罗河孕育了古埃及文化，古巴比伦文化则是两河流域的产物。在河流形成的冲积平原上林木茂盛，加之温和湿润的气候，使这一地区美丽富饶。古巴比伦园林在形式上大致有猎苑、圣苑、宫苑三种类型，各有其特点。

（1）猎苑　进入农业社会以后，人们仍眷恋过去的渔猎生活，因而出现了以狩猎为娱乐目的的猎苑。对亚述国王们的猎苑，不仅有文字记载，而且宫殿中的壁画和浮雕也描绘了狩猎、战争、宴会等活动场景，还有以树木作为背景的宫殿建筑图样。从这些史料中可以看出，猎苑中除了原有森林以外，还有人工种植的树木，苑中豢养一些动物供帝王、贵族们狩猎，并引水在苑中形成贮水池，可供动物饮用。此外，苑内堆叠着土丘、上建神殿、祭坛等。

（2）圣苑　古埃及由于缺少森林而将树木神化，古巴比伦虽有郁郁葱葱的森林，但对树木的崇敬却不比古埃及逊色。在远古时代，森林便是人类躲避自然灾害的理想场所，这或许是人们神化树木的原因之一。出于对树木的尊崇，古巴比伦人常常在庙宇周围呈行列式地种植树木，形成圣苑，这与古埃及圣苑的情形十分相似。

（3）宫苑　在古巴比伦的宫苑里，史料记述最多的就是被誉为古代世界七大奇迹之一的"空中花园"（Hanging Garden，又称悬园）了。关于建造空中花园的目的，曾有种种说法，直到19世纪，一位英国的西亚考古专家罗林松爵士（1801—1895年）解读了当地砖刻的楔形文字，才确认其中一种说法：它是尼布甲尼撒二世为其王妃建造的。王妃出生于伊朗西北部山区的米底（Media）王国，为安慰王妃对家乡的怀念，建造了这种类似于在高山上的屋顶花园（图2.23）。

4）古希腊的园林

古希腊的范围不仅限于欧洲东南部的希腊半岛，还包括地中海东部爱琴海一带的岛屿及小亚细亚西部的沿海地区。希腊半岛多山，半岛内部交通不便，但是海岸曲折、港湾很多，为海上交通提供了良好的条件。海中诸岛的航海事业则更为发达。古希腊由众多的城邦组成，却创造了具有共性特征的古希腊文化。古希腊是欧洲文明的摇篮，古希腊文化对古罗马以及后世的欧洲文化影响很大。而古希腊人对园林的兴趣与爱好也对西方园林有着直接的影响。

（1）宫苑　《荷马史诗》描述了阿尔卡诺俄斯王宫中花园的景象：从院落中进入到一个很大的花园，周围绿篱环绕，下方是管理很好的菜圃。从另外一些遗址来看，克里特的宫殿采用住宅式的开敞形态，体现了其时代生活的安定和平；而迈西尼的宫殿则为城堡式，壁垒森严，各房间向中庭敞开，前门直达中庭，完全是封闭式构造。

（2）宅园　希腊在公元前5世纪的波希战争中的大获全胜促使其进入了鼎盛时代，在太平盛世中，私人营园之风日盛。古希腊住宅采用四合院式的布局，一面为厅，两边为住房。厅前及另一侧常设柱廊，而当中则是中庭，以后逐渐发展成四面环绕着列柱廊的庭院。当时的住房很小，因而位于住宅中心位置的中庭就成为家庭生活起居的中心。早期的中庭内全是铺装地面，装饰着雕塑、饰瓶、喷泉等，后来，随着城市生活的发展，中庭内种植各种花草，形成美丽的柱廊园了。这种柱廊园不仅在古希腊城市内非常盛行，在以后的古罗马时代得到了继承和发展，并且对欧洲中世纪修道院园林的形式也有明显得影响。

（3）圣林　在古希腊，不仅统治者、贵族有庭园，由于民主思想发达，公共集会及各种集体活动频繁，为此建造了众多的公共建筑物，而在其周边出现了民众均可享用的公共园林。圣林是在神庙四周植树造林形成的林园，目的是使神庙更具有神圣与神秘之感，同时，它还表现了古希腊人对树木的敬畏之情，与神庙中举行的祭祀活动相比，圣林更受重视。圣林所用的树木与庭园不同，多用绿荫树而少用果树。在奥林匹亚附近，环抱着宙斯神庙的圣林中，除有许多祭神殿外，还在一些地方设置了不少雕像、瓶饰、瓮等。在这个宙斯神庙中，每隔四年便举行一次祭祀，届时还照惯例进行各类体育比赛(图2.24)。

（4）竞技场　由于当时战乱频繁，需要培养一种神圣的捍卫祖国的崇高精神，这就要求士兵有强壮的体魄，这些推动了群众性体育竞赛热潮的高涨，也推动了体育场

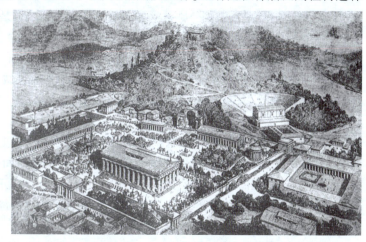

图2.24　奥林匹亚祭祀场的复原图
资料来源：针之谷钟吉著.西方造园变迁史[M].邹洪灿译.北京：中国建筑工业出版社，1991：29.

的建设。最早的体育场只是用以进行体育训练的一片空地，连一棵树也没有，后来开始在体育场内种上洋梧桐树来遮阴，以供运动员休息，也使观看比赛的观众有良好的环境，并且逐渐发展成大片林地，其中除有林荫道外，还有祭坛、亭、柱廊及坐椅等设施，慢慢地，人们逐渐习惯了即使没有体育比赛的时候也来这里散步、集会，直至发展成公园或公共庭园。

5）古罗马的园林

古罗马包括北起亚平宁山脉、南至意大利半岛南端的地区。古罗马在共和时代征服希腊之后，从希腊、叙利亚的人才外流中得到了大笔文化财富，并且有机会接触希腊文化。当时，希腊的学者、艺术家、哲学家，甚至一些能工巧匠都纷纷来到罗马，所以古罗马在文化、艺术方面表现出明显的希腊化倾向，同时古罗马人也继承并发展了古希腊园林艺术。

（1）宫苑　在共和制后期，执政长官马略、凯撒大帝及尼禄王等人，都建有自己的宫苑。尚有遗存的哈德良宫苑就是黑德里爱纳斯皇帝周游列国后，借鉴希腊、埃及名胜的做法和名称建造的一个宫苑。其规模宏大，建筑内容多，除皇宫、住所、花园外，还有剧场、运动场、图书馆、学术院、艺术品博物馆、浴室、游泳池以及兵营和神庙等。

（2）城市型宅园　公元前79年，罗马的庞贝城(Pompeii)因维苏威火山爆发而被淹没在火山灰下。近代考古学者对庞贝城遗址进行的发掘，发现古罗马的宅园通常由三进院落构成，即用于迎宾的前庭(通常有简单的屋顶)、列柱廊式中庭(供家庭成员活动的庭院)和真正的露坛式花园。各院落之间一般有过渡性空间，潘萨(Pansa)住宅是典型的布局；在维蒂(Vetti)住宅中，前庭与列柱廊式中庭是相通的；弗洛尔(Flore)住宅

**图 2.25 庞贝城遗址住宅复原——柱廊环绕的中庭**
资料来源:张祖刚.世界园林发展概论[M].北京:中国建筑工业出版社,2003:15.

则有两座前庭,并从侧面连接;阿里安(Arian)住宅内有三个庭院,其中两个是列柱廊式中庭(图2.25)。

(3) 郊野型庄园  古希腊贵族热爱乡居生活,古罗马人在接受希腊文化的同时,也热衷于效仿古希腊人的生活方式。由于古罗马人具有更为雄厚的财力、物力,而且生活更加奢侈豪华,这就促进了在郊外建造庄园之风气的盛行。距罗马城不远的梯沃里(Tivori)景色优美,成为当时庄园集中的避暑胜地。这也为文艺复兴时期意大利台地园的形成奠定了基础。

(4) 公共园林  古罗马人不像古希腊人那样爱好体育运动,虽然他们从希腊接受了竞技场的设施,但是却没有竞技的目的。但是,沐浴成了人们的一种嗜好,浴场也是非常有特色的建筑物,规模大的浴场内甚至还附设有音乐厅、图书馆、体育场,也有相应的室外花园。此外,古罗马的公共建筑前都布置有广场,这种广场是公众集会的场所,也是美术展览的地方,人们在广场上进行社交活动、娱乐和休息,被认为是后世城市广场的前身。

### 2.2.2 中世纪西欧园林的发展

(1) 中世纪欧洲概况  "中世纪"(Middle Ages)是西欧历史上从古罗马帝国灭亡的5世纪到文艺复兴开始的14世纪这一段历史时期,历时大约1 000年。这段时间又因古代文化的光辉泯灭殆尽,故被崇尚古代和文艺复兴文化的近代学者称为"黑暗时期"。在这个动荡不定的岁月中,人们纷纷到宗教中寻求慰藉,基督教因而势力大增。可以说,中世纪的文明基础主要是基督教文明,同时也有古希腊、古罗马文明的少许遗存。

(2) 中世纪欧洲的修道院庭园  早在古罗马帝国时期,欧洲各民族就接受了基督教。而在古罗马和平时代结束之后的长达几个世纪的动荡岁月里,人们很自然地倾向于到宗教中寻求慰藉。因此,在中世纪的欧洲,基督教势力渗透到人们生活的各方面,造园也不例外。在战乱频繁之际,教会所属的修道院较少受到干扰,教会人士的生活也相对地比较稳定,他们有可能在修道院里创造一种宁静、幽雅的环境,这也促进了寺院庭园的发展。

修道院庭园的主要部分是教堂及僧侣住房等建筑围绕着的中庭,面向中庭的建筑前有一圈柱廊,类似希腊、罗马的中庭式柱廊园,柱廊的墙上绘有各种壁画,其内容多是圣经中的故事或圣者的生活写照。中庭内仍多是由十字形或交叉的道路将庭园分成四块,正中的道路交叉处为喷泉、水池或水井,水既可饮用,又是洗涤僧侣们有罪灵魂的象征。四块园地上以草坪为主,点缀着果树和灌木、花卉等。有的修道院中在院长及高级僧侣的住房边还有私人使用的中庭。此外,还有专设的果园、药草园及菜园等。

圣·高尔教堂于9世纪初建在瑞士的康斯坦斯湖畔,占地约1.7 hm²。通过保存在修道院图书馆中发现的820—830年僧侣绘制的该修道院平面规划图(图2.26),我们可以了解到当时修道院的概况。全

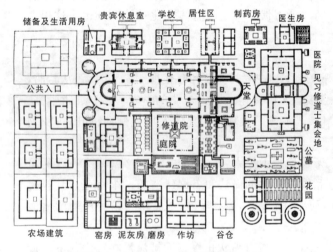

**图 2.26 瑞士圣·高尔教堂平面图**
资料来源:针之谷钟吉著.西方造园变迁史[M].邹洪灿译.北京:中国建筑工业出版社,1991:50.

院分为三个部分：①中央部分为教堂及僧侣用房、院长室等；②南部及西部为畜舍、仓库、食堂、厨房、工场、作坊等附属设施；③东部为医院、僧房、药草园、菜园、果园及墓地等。中央部分有典型的以建筑围绕的中庭柱廊园，十字形园路当中为水池，周围四块草地。在医院及僧房、客房建筑间也有面积很小的庭园。此外，在医院及医生宿舍旁有药草园。

（3）中世纪欧洲的城堡式庄园　中世纪的部分修道院庭园已经具有装饰性和游乐性的发展倾向，但是基督教提倡的禁欲主义教义，反对追求美观与娱乐，因此，装饰性和游乐性花园终究没有在修道院中得到足够的发展，相对来说，王公贵族的城堡式庭园中具有更为适合的滋生土壤。

在中世纪初期的动荡岁月里，城堡多建于山顶上，其内部空地匮乏，且时局也不允许进行园艺之类的活动，所以，在早期的城堡中是无庭园的一席之地的，即使建有庭园，首先考虑的也是实用，其次才是美观。11世纪之后，战乱减少了，贵族们将原来的木结构城堡改造成耐久的石结构城堡，这种城堡由一或二层围廊组成，其中央有作为防御中心的城楼，它同时也是领主的住房，并常将这些围着厚墙的小区域装饰成庭园。实用性庭园逐渐具有装饰和游乐的性质。

12世纪时，出现了一些有关王公贵族花园的文字记述和绘画作品。这时，由于战乱逐渐平息和受东方文明的影响，享乐思想不断增强，城堡的结构发生了显著的变化，它摒弃以往沉重抑郁的形式，代之以更加开敞、适宜居住的结构。到14世纪末，这种变化更为显著，建筑在结构上更为开放，外观上的庄严性也减弱了。而到了15世纪末期，这种建筑即使还具有城堡的外观，但却完全是专用住宅了，而且城堡的面积也扩大了。果园和装饰性庭园成了庄园的重要组成部分，而庭园的位置也不再局限于城堡之内，而是扩展到城堡周围。法国的比尤里城堡就是这一时期较有代表性的城堡庄园（图2.27）。

图2.27　法国比尤里城堡

资料来源：针之谷钟吉著.西方造园变迁史[M].
邹洪灿译.北京：文化艺术出版社，1991：7.

可以说，是中世纪欧洲独特的历史和社会条件，决定了其园林形式先后以修道院庭园和城堡式庄园为主。由于宗教在社会生活中的特殊重要地位直接导致了修道院庭园的大发展，而自给自足的自然经济、长期的封建割据与不休的战火使城堡式庄园产生、发展而成为一个具有特色的庭园类型。从地域上来看，修道院庭园以意大利为中心发展起来，而城堡式庄园则主要在法国和英国留下了较多的实例。

### 2.2.3　文艺复兴时期意大利园林的发展

1）文艺复兴的历史背景

文艺复兴是14—16世纪欧洲的新兴资产阶级思想文化运动，开始于意大利，后扩大到德、法、英、荷等欧洲国家。文艺复兴带来了一段科学与艺术的革命时期，揭开了现代欧洲历史的序幕，被认为是中古时代和近代的分界。其根源在于14、15世纪欧洲城市手工业和商品经济的发展，导致资本主义生产关系在欧洲封建制度内的逐渐形成，新兴的资产阶级为了反映自身的利益和要求，便以复兴古希腊、古罗马文化为名，提出了人文主义思想体系。

人文主义作为文艺复兴核心思想，是指社会价值取向倾向于对人的个性的关怀，注重强调维护人性尊严，提倡宽容，反对暴力，主张自由平等和自我价值体现的一种哲学思潮与世界观。人文主义的最初形式肯定人性和人的价值，要求享受人世的欢乐，要求人的个性解放和自由平等，推崇人的感性经验和理性思维。文艺复兴还表现为科学、文学和艺术的普遍发展。哥白尼的日心说，哥伦布和麦哲伦等人在地理方面的发现，伽利略在数学、物理学方面的创造发明，使自然科学得到极大发展。文艺复兴摧毁了天主教神学精神独裁,并直接导致了生产力和思想的解放。文化的世俗化倾向和对古典文化的继承都标志着这一时代的欧洲文化达到了古希腊时代以后的第二高峰,其影响波及各个领域,也带来了欧洲园林的新时代。

意大利位于欧洲南部亚平宁半岛上,境内山地和丘陵占国土面积的80%。北部山区属温带大陆性气候,半岛和岛屿属亚热带地中海气候,雨量较少。夏季在谷地和平原上,既闷且热;而在山丘上,即使只有几十米的海拔高度,就迥然不同,白天有凉爽的海风,晚上也有来自山林的冷气流。这一地理、地形和气候特点,是意大利台地园形成的重要原因之一。

2) 文艺复兴初期的意大利园林

文艺复兴初期,新兴的富裕阶层都集中在以佛罗伦萨为中心的托斯卡那地区,佛罗伦萨也因此成为文艺复兴初期意大利的政治和文化中心。其间,美第奇家族在园林建设方面起了巨大的推动作用,促使奢华的别墅更加流行,文艺复兴初期那些最著名的庄园都是为美第奇家族的成员建造的(图2.28)。

图 2.28 菲埃索罗的美第奇庄园
资料来源:郦芷若,朱建宁.西方园林[M].郑州:河南科学技术出版社,2001:65.

意大利文艺复兴初期的庄园多建在佛罗伦萨郊外风景秀丽的丘陵坡地上,选址时比较注重周围环境,要求有可以远眺的前景。园地顺山势辟成多个台层,但各台层相对独立,没有贯穿各台层的中轴线。建筑往往位于最高层以借景园外,建筑风格尚保留有一些中世纪的痕迹。建筑和庭园部分都比较简朴、大方,有很好的比例和尺度。喷泉、水池常作为局部中心,并且与雕塑结合,注重雕塑本身的艺术性。水池形式则比较简洁,理水技巧也不复杂。绿丛植坛是常见的装饰,但是图案较简单,多设在下层台地上。

3) 文艺复兴中期的意大利园林

如果说15世纪文艺复兴文化是以佛罗伦萨为中心,由美第奇家族培育起来的,那么16世纪的文艺复兴文化则是以罗马为中心,由罗马教皇创造的。此时,洛伦佐死后的美第奇家族一派家道衰落的局势,优里乌斯二世当上了罗马教皇。如同过去的美第奇家族曾保护过众多人文主义者、促进了文艺的发展那样,优里乌斯二世也将当时的艺术巨匠们招致于罗马,对他们加以保护和积极利用,从而在罗马出现了文艺复兴时期文化艺术的全盛时代。

这一时期的意大利园林风格可以从一个经典实例——兰特庄园得到概括的认识,兰特庄园位于罗马以北96 km处的巴涅亚小镇,是16世纪中叶所建庄园中保存最完整的一个。庄园坐落在朝北的坡地上,园地为约76 m×244 m的矩形。全园设有4个台层、高差近5m(详见第3章)。

4) 文艺复兴后期的意大利园林

16世纪末至17世纪,欧洲的建筑艺术进入巴洛克时期,在园林的内容和形式上也随之产生了许多新的变化。巴洛克建筑不同于简洁明快、追求整体美的古典主义建筑风格,而倾向于繁琐的细部装饰,喜欢运用曲线加强立面效果,爱好以雕塑或浮雕作品来形成建筑物华丽的装饰。

受巴洛克风格的影响,园林艺术也出现追求新奇、表现手法夸张的倾向,并且园中大量充斥着装饰品,园内建筑物的体量都很大,占有明显的统帅地位,园中的林荫道纵横交错,甚至采用城市广场中三叉式林荫道的布置方法。

从要素的角度来说,最早表现出巴洛克风格的当推庭园洞窟。这原是巴洛克式宫殿的一种壁龛形式,用以造成充满幻想的外观,后来被引入庭园之中。庭园洞窟的造型构成了巴洛克式园林的一个特征。而最淋漓尽致地表现出巴洛克式特征的是新颖别致的水景设施,各种各样处理水的技法应运而生,水剧场、水风琴、惊愕喷水和秘密喷水等等均属此类(图2.29)。此外,滥用造型树木亦可视为巴洛克式园林的一个特征。

总之,意大利台地园是植根于当时文艺复兴的文化潮流当中,同时又得益于意大利特定的自然与历史条件而形成的一种杰出的造园形式,从整体规划到细部处理都达到了前所未有的水平,它用端庄和谐的处理手法,体现了严整文雅的艺术风格,开创了欧洲造园史的新篇章。

### 2.2.4 法国古典主义园林的发展

**1) 17世纪以前的法国造园传统**

16世纪上半叶,法国的宫廷中心位于美丽的罗亚尔河(Loire)沿岸,在那里兴建了大量的宫廷及贵族的府邸、猎庄和别墅。在当时的宫苑和庄园的外围都保存有大片的森林作为庄园的林园部分。为了便于打猎,在林中辟出了许多直线形的放射状道路,并与横向道路组成网状路线,自然而然构成了

**图2.29 阿尔多布兰迪尼庄园的水剧场**
资料来源:郦芷若,朱建宁.西方园林[M].郑州:河南科学技术出版社,2001:107.

视景线。另一方面,由于法国位于欧洲大陆的中部平原地区,有大的河流和湖泊,于是,在庄园中也采用了像天然河流一样长的河渠和像天然湖泊一样大的湖池,并成为法国园林的主要理水方式。这样,森林式的植物种植及其放射状的道路系统和河渠或湖池式的理水是与当时法国的社会生活和自然条件密切关联的,也是法国造园传统的两个特征,对于法国古典主义园林的形成也有重要意义。

17世纪上半叶,古典主义在法国文化界的各个领域开始盛行,造园艺术也经历着深刻的变革。1683年,J·布瓦索在他的《论依据自然和艺术的原则造园》一书中,肯定了人工美高于自然美,而人工美的基本原则是变化的统一。他认为应把园林作为一个整体来构图,且一切都要服从比例的原则。直线和方角是构图的基本形式,花园中基本上不种树木,以便一览无余的欣赏整幅图案。

**2) 17世纪法国的社会背景**

度过了中古黑暗时代,又经历了百年战争,到了15世纪末,法国逐步形成了以国王权力为中心的君主制国家。到16世纪末,波旁王朝的第一个国王亨利四世继位后极力恢复和平,休养生息,其后经过黎塞留和马扎然的整顿,到路易十四亲政时期,法国专制王权进入极盛时期。路易十四大力削弱地方贵族的权力,采取一切措施强化中央集权,集政治、经济、军事、宗教大权于一身,经济上推行重商主义政策,鼓励商品出口,促进了资本主义工商业的发展。到17世纪下半叶,绝对君权在法国发展到了顶峰,国王和贵族迫切需要古典主义去表现他们的权力与地位。而代表着辉煌和永恒的古典主义渗透到了法国文化的各个领域,产生了一大批优秀的作品。

法国古典主义园林艺术理论在17世纪上半叶已逐渐形成并日趋完善。到17世纪下半叶,绝对君权专制政体的建立及资本主义经济的发展导致社会安定,进而追求豪华排场的生活,这些都为法国古典主义园林艺术的发展提供了适宜的环境。

**3) 勒·诺特及其造园活动**

法国古典主义园林的另一个称谓是"勒·诺特式园林",可见勒·诺特对于这种园林风格形成所起的重要作用。勒·诺特1613年3月12日出生在巴黎的一个造园世家。从13岁起,他就师从巴洛克绘画大师伍埃习画。在伍埃的画室里,他结识了许多来访的当代艺术家,其中著名的古典主义画家勒布仑和建筑师芒萨尔对他的艺术思想影响很大。

勒·诺特的成名作是沃—勒—维贡花园(详见第3章),被认为是法国古典主义园林的第一个成熟的代表作。路易十四看到该花园之后,羡慕、嫉妒之余,激起他要建造更宏伟壮观的宫苑的想法。大约从1661年开始,勒·诺特便开始投身于凡尔赛宫苑的建造中。从那时起直到1700年去世,他作为路易十四的宫廷造园家长达40年,被誉为"王之造园师和造园师之王"。

**4) 凡尔赛宫苑**

真正使勒·诺特名垂青史的作品是凡尔赛宫苑。它规模宏大(图2.30)、风格突出、内容丰富和手法多

图 2.30 凡尔赛宫苑阿波罗群雕后宽大的大运河纵轴
资料来源:郦芷若,朱建宁.西方园林[M].郑州:河南科学技术出版社,2001:203.

变,最完美地体现着古典主义的造园原则。凡尔赛宫苑占地面积巨大,规划面积达 1 600 hm²。其中仅花园部分面积就达 100 hm²。如果包括外围的大林园,占地面积达 6 000 余 hm²。宫苑主要的东西向主轴长约 3 km,如包括伸向外围及城市的部分,则有 14 km 之长。大水渠纵向长 1 560 m,横向长 1 013 m,宽 120 m。园林从 1662 年开始建造。到 1688 年大致建成,历时 26 年之久,其间边建边改。有些地方甚至反复多次,力求精益求精。

凡尔赛宫苑是作为露天客厅和娱乐场来建造的,是宫殿部分的延续。它展示了高超的开辟广阔空间的艺术手法。路易十四在建园之初就要求,在园中能够举行盛大豪华的宫廷盛会。希望能同时容纳 7 000 人活动。

凡尔赛宫苑不仅在规划中体现了皇权至上的主题思想,在宫苑建造过程中,也处处反映了强大的中央集权的统治力量。在长期的建造过程中,始终有数以千计的工匠和马匹劳作于地形、水利、建筑和种植工程。当时最先进的科学技术也大量运用于造园之中。

勒·诺特风格出现之时,意大利文艺复兴式造园已经度过了它的辉煌时代,而表现出愈演愈烈的巴洛克式倾向。生逢此时的勒·诺特将变化无常、装饰繁琐的巴洛克倾向一扫而光,给园林设计带来了一种优美高雅的形式。他善于把园林与建筑结成一体,使园林成为建筑的延伸与扩大,并用统一的手法来处理,既严整而又丰富,既规则而又变化,并结合不同的要求和不同的地点和条件进行创作。勒·诺特式园林的形式植根于当时法国文化中的古典主义潮流,唯理主义的构图原则与君主专制的政治制度在园林中处处体现。勒·诺特式园林的产生,揭开了西方园林发展史的新纪元,并立即风行欧洲。

### 2.2.5 英国风景式园林的发展

18 世纪中叶,当法国式规则园林由鼎盛开始出现衰落时,英国人则开始返璞归真,追求一种自由式风景园林艺术风格。英国园林是继意大利园林和法国园林之后,欧洲园林史上的又一个发展高峰,改变了欧洲由规则式园林统治的长达千年的历史,是西方园林艺术领域一场深刻的革命。

1) 英国风景式园林产生的历史背景

16—17 世纪,英国资本主义的发展已取得很大成就,17 世纪的英国资产阶级革命导致了资本主义制度的形成。随着从封建社会向资本主义社会的过渡和启蒙运动的发展影响,18 世纪欧洲文学艺术领域内兴起浪漫主义运动,英国的作家、艺术家崇尚自然之美,他们将规则式花园看作是对自然的歪曲,认为造园应以自然为目标。这些舆论为风景园的产生奠定了理论基础。

除了文学、艺术方面的影响以外,英国的自然地理及气候条件也对风景式园林的形成起到了一定的作用。当欧洲大陆兴起勒·诺特式园林热时,英国虽然也受到影响,但是影响程度明显小于其他国家。究其原因,一方面是由于英国人固有的保守性,另一方面,在英国丘陵起伏的地形上,要想得到勒·诺特式园林那样宏伟壮丽的效果,必须大动土方改造地形,从而耗费巨资。

14 世纪中叶黑热病的流行使得英国人口大减,在一定程度上促进了畜牧业的发展和大量牧场的出现,明显改变了英国的乡村景观和风貌。此外,对于中国园林的赞美与憧憬,也在一定程度上促进了英国风景式园林的形成。

2) 影响 18 世纪风景园林形成的主要代表人物及其主要活动

(1) 早期的代表人物　约瑟夫·艾迪生(1672—1719)是一位散文家、诗人、剧作家和政治家。他于 1712 年发表《论庭园的快乐》,认为"大自然的杰作更令人惬意,更接近于艺术品",而园林艺术的精彩之处又都来自于大自然。他主张将大自然与园林艺术结合起来,并且采取自然的形式,反对英国的传统园林艺术形式,反对将树木修剪成各种造型。这些都是风景式园林在英国兴起的重要理论基础。

亚历山大·蒲柏(1688—1744年)是18世纪前期著名的讽刺诗人,1713年他写了一篇《论植物雕刻》的随笔,其中盛赞风景式园林,对于植物雕刻表示了深恶痛绝。蒲柏还讥讽那些园丁为"花园裁缝",因为他们将树木修剪成各种野兽和人体的造型。蒲柏被称为"英国风景式造园运动的最早斗士"。

布里奇曼(？—1738年)是艾迪生和蒲柏的造园思想的继承者,他更是一位实干家。他设计了白金汉郡的斯陀园,被认为是理想的风景式园林。此外,他还首创了被称为"哈哈"(Ha-ha)的隐垣,即在花园边缘挖掘出一种水沟,以取代长期以来用围墙、树篱等手段将花园与周围环境及景色分离的做法。

(2) 盛期的代表人物　威廉·肯特(1686—1748年)是风景式园林发展盛期的先锋(图2.31),先接受了蒲柏的造园思想,而后又成了布里奇曼的继承人,并从此开始完全脱离规则式园林的轨道。他认为整个大自然都是庭园,他的座右铭是"自然讨厌直线",这也是其造园思想的核心。为了追求自然,他甚至在肯辛顿花园中种植了枯树,他的成名之作是奇思威克别墅园(图2.31)。在传统园林中,花园是建筑物的附属,使建筑物与自然景观过渡的桥梁。但是从肯特开始,造园艺术既不是用花园美化自然,也不是用自然美化花园,而是直接去美化自然本身。

朗斯洛特·布朗(1715—1783年)是肯特的学生,也是其后英国园林的权威。他面对所要改造的土地总是爱说"It had great capabilities",人们因而称他为Capability Brown(万能的布朗)。他曾担任汉普顿宫的宫廷造园家,作品也很多,所以影响很大。在总体上,布朗是沿着肯特的方向继续向前探索的,所不同的是,他并不一味地追求变化和追求荒凉野味。布朗既是一个创造者,又是一个改良者,对很多旧园(如伯利园,图2.32)作了改建,也因此受到了一些批评。

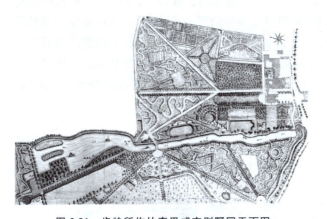

图2.31　肯特所作的奇思威克别墅园平面图
资料来源:针之谷钟吉.西方造园变迁史[M].邹洪灿译.
北京:中国建筑工业出版社,1991:245.

图2.32　布朗改建的伯利园
资料来源:郦芷若;朱建宁.西方园林[M].
郑州:河南科学技术出版社,2001.

(3) 后期的代表人物　雷普顿(1752—1818)是风景式园林发展后期最著名的园林设计师,是布朗造园思想的继承者。雷普顿认为自然式园林中应尽量避免直线,但是不像布朗那样绝对地排斥一切直线,也反对那些无目的的、任意弯曲的线条。在关于美与实用的问题上,他主张:"实用往往比美更应受到重视,在人们的住宅附近,需要的不是绘画效果而是方便"。雷普顿是风景式造园的集大成者,并使landscape gardening一词得到普及,所以被称为"里程碑先生"。

钱伯斯(1723—1796年),作为东印度公司的职员,有机会周游很多国家,也曾到过中国的广州。曾出版《中国的建筑意匠》《东方庭园论》等书。他认为,"中国园林和英国园林虽然都是来自于自然,但中国人的园林却高于自然,是用艺术的手法来再现自然;而我们的园林却只知道一味地模仿自然,却始终没有超越自然。"1755年回到英国后,担任国王乔治三世的建筑师,并且参与了皇家植物园邱园的设计,曾经在邱园里设计了中国塔、孔庙等等。

总之,18世纪的英国风景式园林是在其固有的自然地理、气候条件下,在当时的政治、经济背景下,在各种文学、艺术思潮影响下产生的一种园林形式和风格,尽管也曾遭到一些反对和非议,但仍是欧洲园林史无前例的一场革命。英国风景式园林的出现对世界园林历史的发展,特别是现代园林的发展,产生了重要而深远的影响。

## 2.3 伊斯兰园林体系的发展

在世界园林体系中,伊斯兰园林体系又被称为西亚园林体系,但是因为其受宗教(伊斯兰教)的影响之大,更多地采用前面的称谓。伊斯兰园林作为伊斯兰艺术的组成部分,遍布伊斯兰教徒生活的区域,虽然其具体的园林形式和要素材料也受到所处环境的条件限制,但是其独特的形式和风格总是能被人们一眼辨出。在不同的历史时期和地理位置,分别有波斯伊斯兰园林、西班牙伊斯兰园林和印度伊斯兰园林最有特色。

### 2.3.1 波斯伊斯兰园林的发展

公元6世纪末,穆罕默德打起了伊斯兰的旗帜,一手高举《古兰经》,一手挥舞战刀,在短短的几个世纪内建立起一个超过全盛期罗马帝国疆域的大帝国。阿拉伯人继承巴比伦、埃及、古波斯的较为严整和规则的园林风貌,发展成为伊斯兰园林的主要传统。波斯古典园林的个体特征,与其地域环境、历史沿革和宗教习俗等都有着密切联系。水、凉亭、绿荫是庭园最主要的构成要素(图2.33)。

16世纪,波斯进入最后的兴盛时代——萨非王朝,其国王阿拔斯一世(1587—1629年)移居伊斯法罕城,重点改建了这个城市,建设了园林中心区,它代表了波斯伊斯兰造园的特征,而其中的四十柱宫庭园是其精华所在。此宫位于中心位置,水从建筑流出贯流全园,周围是对称的规则式花坛,其间还穿插一条林荫路。20根纤细的雪松柱子伫立在石头平台,大约35m宽,20m长,处于一块比庭园高80cm的宽阔的石头地平上。亭阁三面开敞,可以观赏庭园的景色,不过更重要的是为了有效的空气对流。在炎热干燥的沙漠气候中,这种设计可以捕捉穿过亭阁高阔的屋顶下方的夏季风。门廊俯瞰着向庭园西南方向延伸的矩形水池,水池边缘栽植着高树,以保持水池清爽荫凉(图2.34)。

图2.33 波斯地毯上所绘的庭园图案

资料来源:针之谷钟吉著.西方造园变迁史[M].邹洪灿译
北京:中国建筑工业出版社,1991.

图2.34 四十柱宫庭园

资料来源:http://www.youthchina.org/attachments/KjuO_DSCF3983.jpg

### 2.3.2 西班牙的伊斯兰园林的发展

伊斯兰对西班牙的征服始于公元711年,到公元716年攻占塞维利亚之后,西班牙算是被完全征服。在长达700年的穆斯林统治下,阿拉伯人大力移植西亚,尤其是波斯、叙利亚的地方文化,也创造了富有东方情趣的西班牙阿拉伯式园林。典型的西班牙庭园的布局为:四周是建筑,围成一方形的庭园,建筑形式多为阿拉伯式,带有拱廊,装饰十分精细。在庭园的中轴线上,有一方形水池或一长条形水渠,并有喷泉,常以五色石子铺地做成纹样。这些庭园被白墙环绕,被水道和喷泉切分,并种植了大量的常绿树篱和柑橘树,利用水体和大量的植被来调节庭园和建筑的温度。

西班牙的伊斯兰园林代表作阿尔罕布拉宫建于公元1238—1358年,位于格拉那达(Granada)城北面的高地上。此宫建筑与庭园结合的形式是典型的西班牙伊斯兰园,它是把阿拉伯伊斯兰式的"天堂"花园和罗马式中庭结合在一起,创造出西班牙式的伊斯兰园——红堡(详见本书第3章)。

### 2.3.3 印度伊斯兰园林的发展

随着伊斯兰教徒东征,17世纪,印度成为莫卧尔帝国所在地。莫卧尔自称是印度规则式园林设计的导入者。莫卧尔帝王从祖先那里继承下来了对旷野和天然景观的本能热爱。他们在理念上注重寻求宁静,而这种宁静则是以建立的各种秩序为基础的。此外,莫卧尔园林和其他伊斯兰园林的一个重要区别在于植物的选择上。由于气候条件不同,伊斯兰园林通常如沙漠中的绿洲,因而具有多花的低矮植株;莫卧尔园林中则有多种较高大的植物,且较少开花植物。

莫卧尔人在印度建造了两种类型的园林,其一是陵园,它们位于印度的平原上,通常建造于国王生前。当国王死后,其中心位置作为陵墓场址并向公众开放。陵园的最佳实例即是建于印度古城阿格拉城内,闻名世界的泰姬陵;其二是游乐园,这种庭园中的水体比陵园更多,而且多采用跌水或喷泉的形式。

泰姬陵是莫卧儿王朝帝王沙贾汉为爱妃泰吉·马哈尔所造。泰姬陵坐落在具有一片常绿的树木和草坪的陵园内,在碧空和草坪之间,洁白光亮的陵墓更显得肃穆、端庄、典雅。整个陵园占地17 hm²,其中间有一个十字形水池(参见图4.3.3),中心为喷泉。从陵园大门到陵墓,有一条用红石铺成的直长甬道,甬道尽头就是全部用白大理石砌成的陵墓。整个陵园布置极为工整对称,前后分成两重院落。陵园的中心部分是大十字形水渠,将园分为四块,每块由小十字划分的小四分园,每个小分园仍由十字划出四小块绿地,前后左右均衡对称,布局简洁严整。

各国的伊斯兰园林,随时间推移而演化,但其"天园"模式被严格传承——"天园"就是伊斯兰教的天堂,是安拉给他的虔诚的信徒们造的。另一方面,伊斯兰园林又多为日常起居、乘凉之用,故布局较简洁,以绿化为主,园林建设就以实用为本,崇尚天然、朴素,因此,源于宗教,归于世俗,便成为伊斯兰园林的重要特征。也正因为如此,更加促成了伊斯兰园林的亲切、精致、静谧的总体风格的形成。

## 2.4 近现代园林的发展

### 2.4.1 世界近现代园林发展的相关背景

1) 19世纪的社会背景

在人类数千年的文明历史上,19世纪是影响深刻、进步空前的一段。开始于18世纪60年代的英国工业革命使得欧洲各国的生产能力和生产规模迅速扩张,再加上欧洲各国向外疯狂的扩张和掠夺使得欧洲的物质财富空前扩大,这也就为园林艺术的发展提供了基础,此时独领园林艺术风骚的还是英国园林。英国的冒险家们在中国、美洲大陆和非洲等地猎取了大量的珍贵植物,伴随着花园中引进的热带和亚热带植物的增加,越来越多的植物无法在英国越冬,这样又促进了温室的设计和建设。19世纪英国园林变化的焦点还反映在如何处理好艺术与自然的关系上,人们开始厌倦荒凉的自然美,希望增加艺术美的形式与内容。

2) 工艺美术运动

1851年由园林师兼工程师派克斯顿设计的伦敦"水晶宫"以简单的玻璃和铁架结构的巨大的阶梯形长方体建筑开辟了建筑形式的新纪元。水晶宫从建筑到展品都展现了工业设计的开始。这时,以拉斯金和莫里斯为首的一批社会活动家和艺术家发起了"工艺美术运动",提倡简单、朴实无华、具有良好功能的设计,反对设计上哗众取宠、华而不实的维多利亚风格;提倡艺术化手工业产品,反对工业化对传统工艺的威胁,反对机械化生产。莫里斯认为,庭园无论大小都必须从整体上进行设计,并且决不可以一成不变地照搬自然的变化无常和粗糙不精。总体上说,园林受新思潮的印象,正在走向净化的道路,逐步转向注重功能和以人为本的设计。

3) 新艺术运动

新艺术运动是19世纪末、20世纪初在欧洲发生的一次大众化的艺术实践活动,是世纪之交欧洲艺术的重新定向。它的起因是受英国工艺美术运动的影响,反对传统的模式,在设计中强调通过装饰来改变由于大工业生产造成的粗糙和刻板的面貌。新艺术运动本身没有一个统一的风格,在欧洲各国也有不同的表现和称谓,但是这些探索的目的都是希望通过装饰的手段来创造出一种新的设计风格,主要表现在追求自然曲线形和追求直线几何形两种形式。新艺术运动涉及的领域非常广泛,但是对于园林的影响还是远小于对建筑、绘画的影响。

4) 19世纪下半叶至二战期间的现代艺术

19世纪的绘画,巴黎美术学院派代表官方的艺术并得到官方的支持,而率先起来反对学院派艺术的是19世纪60年代至80年代以莫奈为代表的印象派艺术,其后是以塞尚、高更和凡高为代表的后印象派。抽象艺术作为现代艺术的一个重要方面,在1910年前后被艺术家所展现。尽管这些绘画没有直接涉及园林的题材,但是有些绘画作品成为许多园林设计的形式语言。

5) 现代建筑运动

第一次世界大战后,欧洲的经济、政治条件和思想状况为设计领域的变革提供了有利的土壤,社会意识形态中出现了大量的新观点、新思潮,各种各样的设计、观点、方案、试验如雨后春笋般涌现出来。或许因为社会的发展还未达到一定的阶段,或许因为花园设计难以给当时的建筑师带来很高的声誉,园林设计并不是现代运动的主体,现代设计的先驱者们只是将园林作为建筑设计的辅助因素。然而他们在零星的园林设计中还是表现出了一些重要的思想,并且也留下了一些设计作品和设计图纸,这些对于当时的园林设计师起到了激励和借鉴的作用。

6) 巴黎"国际现代工艺美术展"

1925年在巴黎举办了"国际现代工艺美术展"。此次展览会上出现了许多具有创新意识的园林形式,对园林设计领域思想的转变和事业的发展起到了重要的推动作用,揭开了现代园林设计新的一幕。

该展览会的园林作品虽然都具有典型的装饰艺术风格,但每个作品又各具特色,有的只是用简单的植物来进行装饰,有的则表达了设计者自己的美学观念。由于园林展品的建造时间有限,有的竟然不超过十天,因而这些作品便具有许多独特的构思与想法,采用大量的新材料,如混凝土、新的园艺品种、光电以及更新的设计元素。而且在形式和空间的处理上都与传统的设计方法存在很大的差异。

建筑师斯蒂文斯同雕塑家简·玛逊尔和居尔·玛逊尔一起设计了一处小园林,是由两片下沉的草坪和四棵造型完美的"大树"构成的。"大树"的叶子完全是由混凝土浇筑而成的,正如美国的风景园林师斯蒂尔所说"并不清楚这些浇筑的叶子是有意用来让藤蔓覆盖的,还是混凝土的生物形态学和结构能力的一种简单表现。"总之,设计师的这种处理手法很有新意,既避免了对自然的幼稚模仿,又充分表现了材料的特性,而且拓展了园林设计的内容,给人们带来了更多新的体验和思考。

### 2.4.2 美国近现代园林的发展

1) 美国的公园运动

19世纪中叶开始在美国发展起来的城市公园的理念,与传统的园林有了本质的区别,为现代园林的诞生铺平了道路。自19世纪下半叶开始,由于移民的蜂拥而入,美国的人口剧增,城市发展迅速,城市环境也开始日益恶化。为了解决城市环境问题,美国政府建造了大量的城市公园。1854年奥姆斯特德在纽约设计建造的中央公园开创了城市公园的先河,传播了城市公园的理念。中央公园采用了英国风景园的风格,景色十分优美,而且公园内的活动设施完备,满足了人们投身自然,寻求慰藉与欢乐的愿望(详见本书第3章)。

2) 哈佛革命

20世纪20—30年代,由于受到现代艺术和现代建筑的影响,欧洲和美国的一些建筑师和园林设计师都开始探索新的园林形式,例如英国的唐纳德、美国的斯蒂尔等。但是直到30年代末40年代初,爆发了以丹·凯利、埃克博和罗斯三人为首的"哈佛革命",才彻底地摆脱了古典主义的教条,标志着现代主义园林的真正诞生。所谓的"哈佛革命"就是指丹·凯利、埃克博和罗斯三人在哈佛受到现代建筑和现代艺术的影响,不满足于学院派的传统教学,而是从建筑、艺术以及同时代优秀的设计作品中吸取养分,提出了现代园林设计的新思想,掀起了现代主义的潮流。丹·凯利等人不但从现代建筑中吸取了空间的概念、功能的原则以及新材料的使用,而且还学习研究了同时期法国的装饰庭园以及英国的园林,形成了较为成熟的现代园林设计理论。他们强调人的需要、自然环境条件以及两者协调的重要性,同时提出了功能主义的设计理论。

3) 以现代主义为主的多元化发展模式

进入20世纪60—70年代,美国园林设计领域呈现出以现代主义为主多元化的发展模式。在艺术领域,大地艺术、极简主义、波普艺术等诸多艺术流派的兴起对现代园林产生了深远的影响,许多前卫设计师都热衷于从自己喜爱的艺术作品中寻找创作灵感,甚至试图打破现代园林与艺术创作的明确界限,这股艺术潮流的确为现代园林注入了新的活力。

经济发展和城市繁荣导致环境恶化,人们开始考虑将自己的生活建立在对环境的尊重之上,生态原则又成为现代园林的一个指导原则。以麦克哈格为代表的生态主义理念的提出,将园林规划设计提高到一个科学的高度,其客观分析和综合类化的方法呈现出严格的学术原则的特点。

艺术和科学对现代园林产生了不同程度的影响,然而归根结底,最终影响园林规划设计的还是社会的发展。社会的政治、经济、文化状况时刻影响着现代园林的内容、方法和服务的对象。20世纪50、60年代,美国经济进入了持续发展和繁荣时期,由经济发展带来的社会变化给园林行业以更多的契机和挑战。现代园林的内容也扩展到涵盖社区、城市开放空间、企业园区、大学校园、国家公园、植物园等更为广阔的领域。

但是经济发展也带来了一些负面的影响,人们对现代化的敬仰逐渐被严峻的现实所打破,现代文明带给人们经济繁荣的同时也带来环境污染、人口"爆炸"等一系列问题,人们又逐渐开始怀念过去的美好时光,重新审视历史的价值、基本伦理的价值和传统文化的价值。随着建筑领域后现代主义思潮的兴起,现代园林领域也出现了一些尊重历史文脉、隐喻等的后现代主义倾向。由于现代园林自身的特点所决定,很难划定哪个时期或哪个设计师的作品就是后现代主义范畴,往往是某个作品具有某种倾向,但是还表现出其他的特征,呈现多元化的面貌。

4) 若干著名案例

(1) 北卡罗来纳国家银行广场  丹·凯利主持设计的北卡佛罗来纳国家银行广场位于佛罗里达州坦帕市商业中心区,整个广场平面呈楔形,占地面积约1.8 hm$^2$,广场地下是一个大型车库。广场由道路、铺地、水体、植物四个层面组成,棋盘形铺地呼应着主体建筑的开窗比例,为了使广场与城市文脉相吻合,凯利决定将广场的道路系统作为城市栅格系统的延伸(图2.35,2.36)。

广场的水体处理包括五个矩形水池、九条水渠及其尽端的喷泉水池、一个水园。与阿西利街平行的五个矩形水池将广场与街道分割开来,行人通过水池间的通道方能进入广场;水渠则横穿广场,停留在方形的喷泉水池处,水流最终汇入了希尔斯波鲁河,广场入口处的水园则担负着供儿童嬉戏和环境教育的作用。

与广场规则的网络结构相反,602棵桃金娘树散乱的种植在广场中,它们打破了广场过于严谨的格调,使广场的空间富于节奏和变化。随着植物季相的变化,广场的景致也随之改变。春天,植物的嫩绿色与

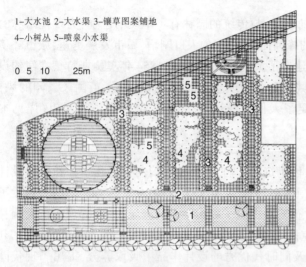

图 2.35　国家银行广场平面图

资料来源:周在春,朱祥明等.风景园林设计资料集——园林绿地总体设计[M].北京:中国建筑工业出版社,2006.

图 2.36　国家银行广场鸟瞰

资料来源:夏建统.点起结构主义的明灯——丹·凯利[M].北京:中国建筑工业出版社,2001.

湛蓝的天空相辉映,而冬季来临时,堆满冰雪的枝条正映射着太阳的光芒(图 2.37)。

作为丹·凯利最为成功的作品之一,国家银行广场成为坦帕市最受欢迎的公园之一。凯利的设计是要唤起人们心中对于自然的回应,将人们从单调的城市中解放出来。凯利认为神秘性是园林中重要而难以设计的因素,它们是园林中最美丽的景致所在,它们表达了自然与大地的灵魂。

(2) 伯纳特公园　伯纳特公园位于得克萨斯州的福特沃斯,建于 1983 年,美国著名园林设计师彼得·沃克被委托来设计这一公园,经过一段时间对公园周围环境和其功能的深思熟虑,彼得·沃克以一个详细的、切实可行的设计,赢得了这一项目。

伯纳特公园由四个不同功能、不同质地的层次构成。除去第一层的植被层,公园的第二层是抬高的由"米"字形网格组成的双重的道路系统,交叉的道路由品红的卡里兰花岗岩铺设而成。整个四通八达的道路网使得行人可以从任意方向进入公园活动。第三层的草坪提供了地面的依托,在满足人们对绿色的需求的同时,又与周围的建筑与道路环境相区别。而在其上插入的变化的图案性的花岗岩路面,则既体现了硬质的和软质的对比,又有冷静和喧闹以及形式和地域性的对比;第四层进一步加重了这种对比,这一层由一系列连续的方形的喷泉水池环绕组成,水的加入增加了公园的活力和灵性,同时整齐有序的矩形水池和草坪花岗岩路面的多重交合,又给人以重复的旋律和多层次的感觉(图 2.38)。

图 2.37　国家银行广场的林下空间

资料来源:夏建统.点起结构主义的明灯——丹·凯利[M].北京:中国建筑工业出版社,2001.

图 2.38　伯纳特公园鸟瞰图

资料来源:王晓俊.西方现代园林设计[M].南京:东南大学出版社,2000.

### 2.4.3 欧洲近现代园林的发展

**1) 发展概况**

二战结束后,欧洲在一片瓦砾堆中开始重建,许多城市的新规划将公园绿地作为重要内容。英国在1944年大伦敦规划中开始实施早在1938年议会通过的绿带法案,环绕伦敦设置8 km宽的绿带。1946年英国通过新城方案,开始建设新城以疏解大城市的膨胀。同年F. Gibherd规划了哈罗新城,他在规划中充分利用原有地形和植被条件以构筑城市景观骨架。还有许多大城市如华沙、莫斯科等的重建计划都把限制城市工业、扩大绿地面积作为城市发展的重要内容。联邦德国从1951年起通过举办两年一届的园林展,改善城市环境,调整城市结构布局,促进城市重建与更新。以瑞典为代表的"斯德哥尔摩学派"进一步影响斯堪的纳维亚半岛国家,许多城市将公园连成网络系统,为市民提供散步、运动、休息、游戏空间聚会、游行、跳舞甚至宗教活动的场所。

这个时期的欧洲园林设计师虽然没有像美国那样自称为"景观建筑师"(landscape architect),但其队伍也更加壮大和成熟。除了勒·柯布西耶和阿尔托、门德尔松等现代主义建筑师在建筑设计过程中更多关注景观价值,结合自然环境进行创作之外,一些专职的园林师开始通过文章和作品推广现代主义设计理念。法国的J. Simond创新设计要素,构想用点状地形加强空间围合感,用线状地形创造连绵空间;丹麦的C. T. Sorensen于1959年和1963年相继出版了《庭园艺术和历史》和《庭园艺术的起源》两本书,认为园林艺术应是自由、不受限制的,园林设计应该振奋人心,创造一个能被深入体验的场所,使人们从机器般的住宅和办公室中解放出来。

从1920—1959年,欧洲的现代主义景观虽然没有与现代主义建筑完全同步发展,但它接受现代主义建筑的影响,逐渐形成了一些基本特征。例如对空间的重视与追求,采用强烈、简洁的几何线条,形式与功能紧密结合,采用非传统材料和更新传统材料等等。

20世纪60年代,欧洲社会进入全盛发展期,许多国家的福利制度日趋完善,但经济高速发展所带来的各种环境问题也日趋严重,人们对自身生存环境和文化价值危机感加重。社会、经济和文化的危机与动荡使景观设计进入反思期,一部分园林设计师开始反思以往沉迷于空间与平面形式的设计风格,主张把对社会发展的关注纳入到设计主题之中。他们在城市环境规划设计中强调对人的尊重,借助环境学、行为学的研究成果,创造真正符合人的多种需求的人性空间;在区域环境中提倡生态规划,通过对自然环境的生态分析,提出解决环境问题的方法。此外,艺术领域中各种流派如波普艺术、极简艺术、装置艺术、大地艺术等的兴起也为园林设计师提供更宽泛的设计语言素材,一些艺术家甚至直接参与环境创造和园林设计,将对自然的感觉、体验融入艺术作品中,表现自然力的伟大和自然本身的脆弱性,自然过程的复杂、丰富性等。

20世纪70年代以后,建筑界的后现代主义和解构主义思潮再次影响景观设计,设计师重新探索形式的意义,他们开始有意摆脱现代主义的简洁、纯粹,或从传统园林中寻回设计语言,或采取多义、复杂、隐喻的方式来发掘景观更深邃的内涵。英国景观协会创始人C. Jellicoe于1975年完成《人类景观》(*The Landscape of Man*)一书,他在对世界园林历史和文化进行深刻思考之后,提出景观设计是对历史及文化的反映,必须充分运用历史上各种有益的园林思想与语言。1982年屈米(B. Tschumi)在巴黎拉维莱特公园竞赛中标方案中,直接把解构主义理论运用到具体的空间上,通过一系列由点、线、面叠加的构筑物、道路、场所创造了一个与传统公园截然不同的公共开放空间。

20世纪70年代末以来,由于欧洲许多城市和区域环境问题仍然严重,生态规划设计的思想与实践也在继续发展。德国设计师在联邦园林展和国际园林博览会中,除了关注公园本身的观赏环境,为游人创造舒适的休闲空间和活动场地外,进一步强调对自然环境的保护。例如1977年斯图加特园林展的展园中保留了大片原始状态的原野草滩、灌木丛;1979年波恩园林展中面对达尼黑国际园艺博览会中的西园,针对采石场荒地和交通要道,采用大土方开挖方式,创造了长3.5 km,高差达25 m的谷地式风景园。

**2) 几个国家的代表作品**

(1) 法国　法国现代园林设计在20世纪80年代曾因为一系列有影响的作品而出现一个高潮,如拉维莱特公园、贝西公园等。20世纪90年代以后,仍不断有重要作品建成,如1992年建成的巴黎雪铁龙公园(图2.39),在1983年国际竞赛基础上,由Viguier小组和Berger小组合作完成设计,公园不拘于一种风格,将法国几何图案式园林、英国自然园林、东方园林以及现代设计语言形式综合起来,创造一系列广场、台地、草坪、水渠、喷泉和众多主题庭园,很好地解决了与周边城市的关系;巴黎Montparllasse火车站的大西洋庭园位于火车站屋顶之上,采用生态种植以减轻荷载,同时创造各类开敞空间和私密空间提供人们交往、休息。当代法国设计师还擅长传统园林修复和历史环境的改造,Christian Drevet和Daniel Buren于1994年所做的里昂Terreaux广场改造(图2.40),大胆地将原位于广场中心的巴多笛喷泉迁移到广场北面,既将喷泉雕塑的美丽正面显现出来,同时又将广场空间充分提供给人们使用;B. Huet改造的巴黎香榭丽舍林荫道在保留17世纪勒·诺特的建造特征和19世纪豪斯曼风格基础上,通过铺地、树木布局和设施设计统一了整体风格和视觉秩序。

图2.39 巴黎雪铁龙公园

资料来源:http://cader-tw.info/ut/attach/2003/11/05

图2.40 里昂Terreaux广场

资料来源:http://botu.bokee.com/photodata/2006-5-21/005/432

图2.41 北杜伊斯堡景观公园

资料来源:http://www.landscapecn.com/upload/article

(2)德国 最能代表德国当代园林设计特征的是生态园林规划设计。民主德国、联邦德国统一后,生态设计思想更加普及,不仅体现在园林展园中,还运用于城市绿地系统规划、流域整治、旧城改造等方面。德国设计师面对战争留下的瓦砾堆,大工业萧条后留下的大片工业废弃地,以新的审美观和生态技术将历史重新诠释出来。P. Latz设计的北杜伊斯堡景观公园(图2.41)将庞大的钢铁厂转变为一个以自然再生为基础的生态公园和工业纪念地,保留下来的鼓风炉、冶炼厂、煤矿、仓库、铁轨被改造成娱乐、体育和文化设施与场所,为民众提供多样化的观赏、消遣和运动服务;K. Bauer于1995年设计的位于Heihlronn市的砖瓦厂公园,通过对地形地貌的最小干预方法,把砖瓦厂废弃构筑和自然联系成一个新的生态综合体;H. Feldnleier和J. Wrede设计的Nordstern公园用大规模的地景雕塑和保留的工业设备赋予场地历史意义。此外,当代德国景观设计还在建造技术和材料上引领欧洲潮流,用玻璃、钢、木材、石头创造出自然亲切、简洁纯净的作品,让人充分感受到德国文化理性中柔和、弹性的一面。

(3)西班牙 1992年的巴塞罗那奥运会是当代西班牙园林设计发展的一个巨大的契机,以建筑师为主体的园林设计师继续倡导具有地方现代主义特征的构成主义风格,强调作品的独立特性和空间感、体量感,创造了一大批有影响的作品。

在巴塞罗那,MBM 建筑师事务所设计的 Litoral 公园在滨海区,沿着平行于城市道路系统网的 2 km 长轴线建造,以三大部分的瀑布园、港口园和迪卡利亚园给城市带来生气和绿意;E. Battle + J. Roig 建筑师事务所把占地 40 hm² 的 Catalunya 公园分成湖面、水面、瀑布三个层面,使自然地与郊区衔接;C. Ferater 和 B. Figueras 设计的奥运村三个广场以几何化的平面和植物配置重塑巴塞罗那城市的海洋情结(图 2.42); P. Barragan 设计的 Rambla Prim 街景通过居民参与揭示出区域的真正需要;J. Herixi 等人设计的巴塞罗那海洋广场以灰绿色调的石灰岩表现海洋反射光的颜色,为居民提供亲近大海的舒适空间。

**图 2.42  巴塞罗那奥运村景观**

资料来源:http://www.yoyv.com/write/UploadFile/2008129

其他地区则有 S. Calatrava 设计的 Alcoy 广场,将表现历史特色的广场表面处理与地下展览多功能大厅呼应;S. Godia 和 X. Casas 设计的团结广场(图 2.43),用起伏地形与延续城市轴线的平坦场地形成反差;F. J. Managado 设计的 Fueros 广场用露天音乐台联结林荫步道和中央广场,通过新的铺地来突出广场的整体效果和历史文脉。

由于西班牙独特的地理位置和历史文化,今天西班牙园林设计给人的总体印象是变幻无常,既有南部乡间充满乡土味的田园风格和东方情调,也有东部加泰罗尼亚地区以巴塞罗那为代表的浪漫、奔放的海洋气息,还有中部马德里地区的内陆性沉稳特征。南部长达 8 个世纪的伊斯兰园林与基督教文

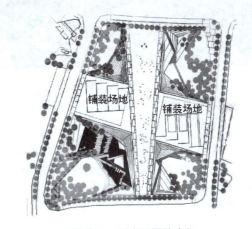

**图 2.43  西班牙团结广场**

资料来源:http://pic.sogou.com/d?query=%CD%C5%BD%

化和地方环境结合的遗产,19 世纪高迪的天才作品至今仍是当代设计师取之不竭的资源。如今西班牙已成为欧洲各国设计师尤其是青年学生最常光顾的地方,是他们激发灵感和启发创造的源泉。

(4) 荷兰  荷兰当代最引人注目的设计公司 West 8 由一群年轻人组成,主张根据荷兰的环境条件,利用技术来处理景观。但他们认为技术与自然并非对立,工程与设计之间也不应有区别,园林设计、城市规划、建筑设计之间的界限是模糊的。因为这样独特看待事物的方式使他们的设计作品独特新颖、富有趣味和哲理,并屡屡获奖。1992 年 Osterchelde Weir 围堰工程用艺术化手段给驾车者带来奇妙的视觉体验;1994 年开始的阿姆斯特丹 Schipliol 机场景观绿化采用长期的生态战略,贯彻景观实现是一个过程的思想;1995 年在乌特勒支的 VSB 公司庭园用雕塑感的空间和景观构筑物来平衡大体量建筑与周围公园的关系;1996 年在鹿特丹市中心的 Schouwhurgplein 广场(图 2.44)强调虚空的重要性,为周边居民提供可以自由

图2.44 Schouwhurgplein广场
资料来源：http://img3.pcpop.com/upimg2/2004/2/1/691678

活动的城市舞台；1998年位于蒂尔堡市的Interpolis公司总部花园用方向不一的狭长形水池相互穿插造成强烈的透视效果，用页岩铺装的平台把材质肌理的美感发挥到极致。

荷兰设计师个性鲜明的风格源于荷兰人与自然的关系，大自然展现出来的纯粹形态、明亮原色使他们喜欢简洁风格，用少量元素、平凡材料创造出美丽景观。他们将景观作为一个动态变化的系统和过程，让时间使设计丰富完善。

（5）英国  英国人总有一种把自己排斥在欧洲之外的"情结"，大英帝国曾有的辉煌使他们极力将自己的文化与欧洲大陆区别开来。今天英国的园林设计也是刻意保持与他人的距离，有自己独特的设计观念和形式追求。当然英国独特的地理环境和气候也是使英国继续坚持自然主义主张的重要原因。由于近年经济发展放缓，没有充分财力进行城市景观建设，所以当代英国的优秀园林设计作品总体上数量不多。但是英国人在天成的河床上，将岸边岩石上涂上深蓝色故意掩盖其天然颜色，表达设计师重形式而轻质地的主张；M. Balston设计的获1999年切尔西花展最佳庭园奖的"反光庭园"采用不锈钢的墙体、花盆、钢管及钢缆组成的遮阴休息棚架，将传统植物与高技派构筑形式合为一体；C. B. Hole在2000年切尔西花展上设计的"雕塑庭园"采取极简主义风格，抽象地表达石头、水及植物间的相互关系。因写了《后现代建筑语言》而一鸣惊人的C. Jencks在其老家苏格兰造了一座以"再现宇宙景观"为主题的庭园（图2.45），他和他妻子M. Keswick用中国风水学诠释苏格兰风景中的深壑低丘和透迤

图2.45 苏格兰詹克斯花园
资料来源：周向频. 欧洲现代景观规划设计的发展历程与当代特征
[J]. 城市规划汇刊, 2003(4):52.

长岗，以"对称断裂"的平面解释宇宙形成的秘密，以DNA雕塑构成物理庭园，大胆独特地把科学命题转化为视觉对象，以静态的庭园景观再现了动态的科学化过程。

### 2.4.4 日本近现代园林的发展

1) 从日本传统园林到日本现代园林

如果说艺术家利用立体或平面的素材创作，同时改造空间，使二者的结合对大众产生某种意义而诱发思考对话，或者说提供一次人与艺术邂逅的经验或美感享受，可以成为公共景观的一项功能的话，日本的传统园林兼具了前述的各种特质。日本传统庭园经过长时间的发展，形成了其自身的特点，但是对现代的造园师而言，若只是一味地重复以往的传统，便缺乏现代人的表现。日本的现代园林设计是和其悠久卓越的古典园林艺术分不开的，现代的园林设计师们从日本传统园林中汲取了丰富的创作元素和手法，注入新时代的内涵，才形成了日本的新园林。但同时他们明白，日本的传统庭园必须从传统的空间出发，向现代与未来延伸。在20世纪60年代以后，日本建筑界的人才辈出，各地大兴土木，设计流派花样众多，令人眼花缭乱。在日本现代园林设计的手法上，也呈现了多元化的趋势。为了从现代人的角度去诠释传统、追求新的造型意义，现代日本设计师尝试从现代的角度去创作新景观，将现代日本园林设计发展到了一个新的阶段。

2) 具有鲜明民族和地方特色的现代日本园林

20世纪以后的日本是一个既保留了浓郁的民族文化色彩，又呈现了绚丽多姿的现代化风貌的国家。

日本的许多建筑师和园林设计师都试图创造出一种保留地方艺术根源的设计风格,而同时这种风格又追求精神上的美和与自然的和谐,体现新时代的特点。他们认为缺乏地域差别和民族文化传统的国际风格会毁灭文化的个性和品位。在这种理念的指导下,日本的许多设计师在追求新时代精神的同时,把属于日本传统园林的精髓结合在创作中,形成了新园林的风格。

枡野俊明1953年2月28日出生在日本神奈川县横滨市,1975年玉川大学农学部农学科毕业。1979年作为云游僧人到大本山总持寺修行,并开始以禅的思想和日本的传统文化为基础,进行创作活动。1998年3月建成的"青山绿水的庭"是枡野俊明先生的重要作品。虽然庭园面积仅为560 $m^2$,其中1层为290 $m^2$,4层为270 $m^2$,但是作品所表达的却是无限的"大自然"、大都市中的"青山绿水"、人们向往和追求的"圣地",也可以称为"生命的绿洲"。枡野俊明把只有很小面积的3个小空间命名为"青山绿水的庭",象征着被绿色包围的青山之"寂静"。在这种宁静的空间中,强调落水声的庭园,让每一位欣赏它的人们都能联想到流动、平缓的水,从而体验到在都市的杂乱喧哗的环境中所无法体验到的寂静。人们通过置身于寂静的绿色与流水融为一体的庭园中而产生一种静感,可以聆听到庭院中的鸟语花香;同时通过置身于庭园中有树木与错落的石组来创造一种小中见大的空间。在枡野俊明的这个作品里,人们能够感受到大自然,又能与大自然融为一体;同时也能唤起现代人对已被忘却良久的朴素、超然的回忆(图2.46)。

3)现代艺术影响下的现代日本园林

现代园林设计从一开始就从现代艺术中吸取了丰富的形式语言。对于寻找能够表达当前的科学、技术和人类意识活动的形式语汇的设计师来说,艺术无疑提供了最直接最丰富的源泉。近现代日本园林设计师对于现代艺术的最新发展非常敏感,并积极追求如何将现代艺术的精神与手法运用到园林景观设计过程当中。比如,野口勇是将雕塑与环境实现完美结合的艺术家;伊藤隆道努力实践动态艺术景观。而极简主义和大地艺术设计思想在更多的日本园林设计师的作品中都有体现,三谷彻的非常规设计,长谷川浩己的"自然中的人工表现"设计理念,宫城俊作则追求在独特性景观中实现平面和线条的分割与组合。

桑德药品筑波综合研究所内庭是三谷彻的代表作品之一,该建筑是由建筑师桢文彦和他的合作者设计的,庭园总面积48 374 $m^2$,建筑有多个开口面向这里,庭院需要被设计成为视觉焦点(图2.47;2.48)。工程的目标是在现代建筑的整体形象之下体现日本传统园林的意境。三种地被植物、矮杜鹃、箭竹、草皮组成了院落的规则平面。同时利用修剪过的树木来保持矮树篱表面的规整和控制植物的自然生长。在绿草如茵的地面上空,是规则种植的槭树群。这些槭树在秋天的颜色看起来像鲜

**图2.46 青山绿水的庭**
资料来源:章俊华.日本景观设计师枡野俊明[M].北京:中国建筑工业出版社,2002.

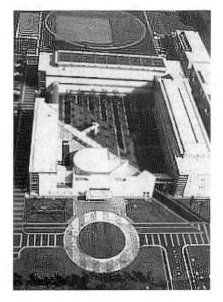

**图2.47 桑德药品筑波综合研究所内庭整体鸟瞰**
资料来源:王星航.日本现代景观设计思潮及作品分析[D].天津:天津大学建筑学院,2004:51.

图 2.48 桑德药品筑波综合研究所内庭局部景观
资料来源:王星航.日本现代景观设计思潮及作品分析[D].天津:天津大学建筑学院,2004:52.

图 2.49 夏季榉树广场全景
资料来源:王星航.日本现代景观设计思潮及作品分析[D].天津:天津大学建筑学院,2004:79.

图 2.50 榉树林中的停留空间
资料来源:王星航.日本现代景观设计思潮及作品分析[D].天津:天津大学建筑学院,2004:79.

绿草坪上空飘浮的一抹红霞。本作品最大的特点是地被植物材料的应用,这些地被植物随着季节的变化而创造出丰富的色彩变化,并通过对植物形态的修剪与塑造,来打破原有的构图,使作品更富有韵律感。同时,中心灯光设计,为整个中庭创造出更加奇妙的夜景效果。

4) 生态主义思想下的现代日本园林

席卷全球的生态主义浪潮促使人们站在科学的视角上重新审视园林行业,园林设计师们也开始将自己的使命与整个地球生态系统联系起来。尊重自然发展过程,倡导能源与物质的循环利用和场地的自我维持,发展可持续的处理技术等思想贯穿于园林设计、建造和管理的始终。在设计中对生态的追求已经与对功能和形式的追求同等重要,有时甚至超越了后两者,占据了首要位置。现代日本在园林设计理念上也非常注重生态与艺术的结合。主要有以下几类:废弃地的改造、废弃物的二次利用、地域特色的再现等。

佐佐木叶二设计的琦玉新都心榉树广场于 2000 年竣工,广场面积 11 100 m²。本作品最成功的地方,是创造"人与自然共生"的都市广场语言,努力创造出原本属于我们的那种每时每刻都能感受到大自然的作品。佐佐木叶二在这个作品中要突出两个方面的主题——"空中之林"和"变幻的自然和人的相会、新都市广场"。以"空中之林"为主题的城市广场面积约 1 hm²,是距地面 7m 的屋顶花园。作为琦玉新都心中央枢纽的空中广场栽植了 220 棵 6 m×6 m 呈网格排列的榉树(图 2.49)。在人工基盘上如此密集地种植高大落叶乔木在世界上也是首屈一指。在这片榉树林中,设置了具有展望和商业功能的"森林的休闲廊"交流广场——"下沉式广场"、"草之广场"、坐椅、屏障标志、台阶状跌水、垂直动线(电梯、台阶)等空间(图 2.50)。此外在自然石材与银白色柔软轻型的固体金属做成完全平坦的地面上映照着榉树的倒影,人们在自然的氛围和光线中活动。广场的正面,休闲廊等建筑设施全部采用银白色轻型的固体金属框架玻璃构成,从而表现建筑与环境景观的统一和谐。这种透明感和反射效果,随着时间和人流的移动,创造出无限变化的广场空间。夜间建筑内部的光线透过玻璃窗映照在广场上,榉树的枝叶在光照下显得更加美丽。

## 2.4.5 中国近现代园林的发展

1) 鸦片战争后租界园林的产生与公园文化的引入

中国古典园林经过长期的发展,在一个较为封闭的环境中逐步完善,形成了鲜明的自身特色,取得了举世瞩目的成就,成为世界传统园林的一个典范。然而中国的近代园林的发展,却始于外来文化借洋枪洋炮打开国门之后,在外来思想和理论的指导下进行的殖民形式园林的创作。随着鸦片战争的爆发,一系列不平等条约的签订,殖民者在部分城市,尤其是沿海开埠城市划出租界,出现了城中之城,同时也将欧美的物质文明、价值观念、伦理道德、市政管理及审美情趣等都带入租界,使之成为东方文化世界中的一块西化拼图。西方侨民为闲暇生活所需,带来了西方的公共性活动场所形式,城市公园就是其中之一。近代园林的前期只为少数外国人服务,1868年建造的黄浦公园是我国最早的一个城市公园,虽叫公园却规定"华人与狗不准入内"。这一时期公园多采取法国规则式和英国风景式两种,它们都只不过是为殖民者开放的公园。1906年在无锡、金匮两县乡绅筹建的"锡金公花园"算我国自己建造的最早的公园,该园特点是采用多建筑、无草地、有假山、自然式水池等中国古典园林的手法。自此,中国人开始有了对国人开放的近代公共园林。

辛亥革命之后,广州相继建设了越秀公园、中央公园、永汉公园等9处;汉口建市府公园等2处;昆明建设翠湖公园等9处;北平建中央公园(今中山公园);南京建玄武湖公园等6处;此外还有厦门中山公园,长沙天心公园,无锡惠山公园等等。蜂拥而起的公园运动,在上海等租界城市完全是外国的洋腔洋调,而在其他内地城市,有的是在原有风景区、原有古园林上造的,也有的是在新址上参照欧美公园建造的。

在理论方面,1898年英国人霍华德的《明日的田园城市》一书对我国初期园林以至今日园林影响极大。1935年我国规划师莫朝豪的《园林规划》写到"都市田园化与乡村城市化"等,其中的思想与《明日田园城市》里的思想相类似,在强调公众性、洋为中用的同时,过分强调了市政、工程方面物质因素而使得具有丰富文化内涵和文人气质的古典园林风格在新公园里十分势弱。

2) 建国初期的曲折历程

新中国成立后,很多城市人民政府都确定了"为生产服务,为劳动人民服务,首先是为工人阶级服务"的城市建设方针,把园林绿化列为城市建设任务之一。三年经济恢复时期,城市园林部门在修复被破坏公园的同时,利用城市空地、荒地、墓地、垃圾堆场和某些庭园辟建为公园。毛泽东发出"实行大地园林化"的号召,出现了声势浩大的群众绿化运动,在一些大中城市还建设了植物园和动物园。这一时期,一方面较好地继承和发扬了我国古典园林艺术的优秀传统,另一方面,吸纳了不少苏联文化休憩公园和欧式园林的设计手法。

随后在抵抗自然灾害和整顿提高经济的社会大环境中,从1960年开始因国家经济困难而大量削减城市建设投资,各地的园林建设都不同程度的陷入停顿。很多城市园林管理处根据上级指示,将苗圃土地归还农田,部分公共绿地和单位附属绿地也改种蔬菜。经过三年的调整,自1964年,部分城市园林绿化已有转机。但是,接踵而来的"文化大革命"使很多城市的园林绿化遭受到毁灭性的破坏,园林花卉、盆景、观赏树木、观赏鱼、鸟等都被视为剥削阶级的玩物。园林部门做的工作被认为是为"封、资、修",为此,园林部门大多数领导干部受冲击,园林科研、设计机构被解散,专业学校停办,技术人员下放劳动,管理规章被否定,大量公共绿地被占、被毁。

3) 改革开放后的全面发展

改革开放以来,我国园林建设进入了全面发展的新阶段。

① 园林绿地被视为城市中唯一有生命的基础设施,是能够有效改善城市人居环境、提高广大市民生活质量的公益事业,是构筑社会主义小康社会的重要内容之一。城市园林绿化投入资金大幅度增加,据统计,2001—2004年全国园林绿化维护建设资金支出1 137.3亿元;园林绿化行业固定资产投资达1 084.1亿元。同时,稳定的、多元化的城市园林绿化建设筹资机制逐步形成,许多城市在保证政府投入的前提下,拓宽融资渠道,通过公建民助、民建公助、捐资助绿、出让绿地冠名权和广告发布权等方式,引导社会资金参与城市园林绿地建设和管理。

② 园林绿化速度不断提高,2001—2004年全国新建城市绿地超过了45万$hm^2$,是"九五"期间的1.8倍;新建公园1 972个,新增公共绿地面积近11万$hm^2$,是"九五"期间的2倍。到2004年底,全国城市绿化覆盖率31.66%,绿地率27.72%,人均公共绿地面积7.39 $m^2$。

③ 园林建设活动的领域不断扩展。从大的层次划分上来说,可以分为社区层次、城市层次、区域层次甚至国家层次。从工作成果的类型划分上说,可以分为规划层面、设计层面、施工图层面及其施工配合和管理层面。而从具体的工作对象类型上可以分为区域的大地景观规划、城市绿地系统规划、各种风景园林场

地规划设计(如风景名胜区、旅游度假区、城市公园、城市广场、城市街景、居住区园林景观等等)和具体的园林要素设计等等。

④ 相关法规制度建设明显加快。在国家层面颁布了多项与园林建设直接相关的法律法规及相关标准规范,如《城市绿化条例》、《风景名胜区条例》、《城市绿线管理办法》、《公园设计规范》、《国家园林城市标准》、《城市绿地分类标准》等等。还有更多的相关法律法规和标准规范为园林建设活动的正常开展提供了制度上的保证,地方层次的相关立法工作也进展很快。

⑤ 城市园林设计和建造水平进一步提高。各地在大规模进行城市绿化建设的同时,更加注重园林建设的科学性、规划设计的合理性、植物搭配的多样性,园林绿化水平不断提高,国外园林艺术、生态景观理念和植物品种在园林建设中大放异彩,与我国本土文化的融合更趋紧密。

当然,在这样一个大发展的总体背景下,也有很多问题引起了我们的注意,比如欧陆风的问题、广场风的问题、大树进城的问题和如何继承中国优秀古典园林传统的问题等等。全面发展的总体趋势给了我们专业人员莫大的信心,而种种难题则是给我们提出了巨大挑战,在这样的环境里我们有可能也有必要全面提高自身素质,勤奋思考,刻苦工作,建设有中国特色的现代园林。

## 2.5 未来园林发展展望

### 2.5.1 多元化的发展道路和艺术风格

未来园林发展的最大趋势不是将发展成某种形式或某种风格的园林,而是必将向多元化方向发展。首先,在全球化的大背景之下,多元化的社会系统、经济系统和文化系统共同构成了园林多元化发展的社会背景。其次,趋于丰富的现实需求对于园林多元化发展直接要求,一方面,对于园林的需求的层次性特征更为明显,社会需求、群体需求和个体需求差异性越来越大;另一方面,需求的性质特征也表现出越来越大的差异,在功能需求、活动需求和审美需求方面都呈现出多元化的趋势。所以,未来的园林设计师应该首先充分理解园林发展的多元化趋势,使自己成为一个既博又专的专业人才。

### 2.5.2 园林要素的创新

随着科技的进步,风景园林建设材料种类不断丰富、应用不断拓展是一种必然趋势,使现代园林景观更富生机与活力。传统材料包括石材、水、土、植物等。这些常见材料在现代园林中依然焕发生命力,且应用领域越来越广泛。近来出现彩色混凝土、压印混凝土、彩色混凝土连锁砖、仿毛石砌块等,以及目不暇接的陶瓷制品如彩釉砖、无釉砖、劈离砖、麻面砖、玻花砖、渗花砖、陶瓷锦砖、陶瓷壁画及琉璃制品等,同时将先进的声、光、电等技术融入园林设计中,大大增强了园林景观表现力。

此外,随着不同行业技术交流的渐趋频繁,风景园林设计师和建设者借用相关领域的传统技术和传统材料,使之在风景园林得到新应用的例子也屡见不鲜。多元化的时代背景将逐步造就更为宽容和豁达的社会心理,这将使得符合适宜原则前提下将更多的相关技术和相关材料引入风景园林建设成为可能。

### 2.5.3 形式与功能的更好结合

与传统园林的服务对象和装饰与观赏性不同,现代园林面向大众的使用功能已成为设计者所关心的基本问题之一。形式建立在功能之上,并且力求简明与合乎目的。纵观全球范围内的最新成功园林作品,大多数设计师都以形式与功能有机结合为主要的设计准则。

在满足功能之上,一个优秀设计师还应注重设计形式本身的探索与创新,在这方面,美国现代园林大师凯利在以几何为基础的规则形体与空间设计方面所做的探索值得我们学习。他在设计中借助于历史传统的意象,以一种现代主义的结构去重新赋予其新的秩序,这些秩序常常都有十分严格的几何关系。无论是早期哥伦布斯的米勒宅园、奥克兰博物馆屋顶花园，还是后来的北卡罗来纳国家银行广场、达拉斯喷泉水景园，都是建立在与环境相适宜的尺度与比例的网格之后的经典之作。他在使用这些常见材料与基本形体时，用的是严谨的、比例和谐的几何结构，通过在布局形式、空间关系和尺度等多方面的推敲，使这些普通的形式语言产生了令人振奋的效果。

### 2.5.4 现代与传统的对话

由于传统园林在其形成过程中已树立和具备了社会所认可的形象和含义，借助于传统的形式和内容去寻找新的含义或形成新的视觉形象，既可以使设计的内容与历史文化联系起来，又可以结合当代人的审美趣味，使得设计作品具有现代感。因此，将传统园林作为启迪设计与了解文化传统的场所，将成为越来越多设计师的探索目标。在处理传统与现代之间关系的问题上也将有不同的方式。最常见的是视传统园林为形式或符号的语汇库，在设计中选用"只言片语"的传统形式语汇编织进现代园林之中。另一种处理方法是保留传统园林的内容或文化精神；或在整体上仍沿袭传统布局，在材料的处理方式与形式上却呈现一定的现代感；或保留传统园林中的造园素材，使用现代的新材料、新设计。这种处理方式比前一种更为深入，也更为复杂，要求设计师既要对传统文化有较深刻的理解与感悟，也要谙熟现代设计中的各种手法。一般认为，在对待传统与现代结合方面来看，这是一种理性的处理方法。

### 2.5.5 场所精神与文脉主义

文脉主义是20世纪80年代以来设计师热衷的一个话题，然而，对文脉主义的理解却深浅不一，有一些只不过是对周围环境现有形式与风格的"看齐"或模仿，而对文脉的深层阅读要求深入到一个场所的精神领域之中。从某种程度上讲，每一个设计作品实际上都是在创造一种场所，但是设计师只有更倾心地体验设计场地中隐含的特质，充分解释场地的历史人文或自然物理特点时，才能领会真正意义上的场所精神，使设计本身成为一部关于场地的自然、历史与演化过程的美学教科书。从这个意义说，场所精神和文脉将是未来任何一个负责任的优秀设计师所必须具备的一种精神追求和思维方式。

### 2.5.6 生态学指导下的园林建设

生态学已成为自然科学与社会科学的桥梁。园林学是研究和揭示地域空间的不同尺度景观生成机理与演变规律，并寻求一个能够实现创造更好状况的、改变现状途径的综合性学科。它是协调不同空间尺度上的文化圈与生物圈之间的相互关系的学科，所以，园林学必须以生态学为基础，园林规划设计必须建立在生态学理论基础之上开展工作。

如果把园林设计理解为是一个对任何有关人类使用户外空间及土地问题的分析、提出解决问题的方法以及监理这一解决方法的实施过程，而园林设计师的职责就是使人、建筑物、社区、城市以及人类生活同地球和谐相处。那么，园林设计从本质上说就应该是对土地和户外空间的生态设计，生态原理是园林设计学的核心。从更深层的意义上说，园林设计是人类生态系统的设计，是一种最大限度的借助于自然力的最少设计，一种基于自然系统自我有机更新能力的再生设计，这样所创造的园林是一种可持续的园林景观。

# 3 园林美与园林艺术

## 3.1 园林美学的基本知识

在场所的研究与创造活动中,一个人、物、天、地之间"共生意识"的建立是必不可少的。园林艺术的产生和不断发展的原因就在于它是实现着人们对其生存条件不断改善的理想。因此,我们可以明确地说,园林艺术就是创造良好生活环境的艺术,就是用艺术的手段来优化、完善我们的生存空间。

### 3.1.1 园林美的概念

园林美是园林设计师对自然、社会、文化的审美意识与优美的园林形式的有机统一,是自然美、艺术美和社会美的高度融合,也是判断园林艺术价值的客观依据和衡量标准之一。

作为有一定程度人工化的、由各种自然因素和非自然因素构成相对封闭、相对独立的游憩环境的园林艺术的美与原生态的自然美不同,是一种艺术的美,其自然性与社会性统一于一身;它又和一般艺术美不同,在许多方面都接近或近似于自然美。这并不意味着园林美就是自然美和艺术美的机械叠加,也不意味着园林美是某种介于自然美和艺术美之间的美。园林是一种独立的综合艺术,它的独立性并不亚于其他艺术;园林美是一种不能分割的整体艺术美,是包括自然环境和社会环境在内的,艺术化了的整体生态环境美。

园林美与其他艺术美一样,都是艺术家按照客观的美的规律和某种审美观念进行创造的产物,是现实美的集中和提高,是艺术家对社会生活形象化、情感化、审美化的结果,更概括些说,是典型化的结果,这是共性。

园林美是一种特殊的人造美,从园林基本单元的构成和空间艺术处理来看,它是一种对理想的生态环境的追求,对创造理想的生存空间和审美的空间的一种努力。这个创造和一般艺术创造不同,更多体现了人对自然的态度和自我意识。因而我们可以认为,园林美和一般艺术美不同之处不仅在于它更接近或近似于自然美,也不仅在于园林美容纳了若干艺术美的因素,更重要的还在于它充分体现了人对自然美的艺术理解,体现了人与自然的和谐一致的宇宙普遍规律和人对这一规律的某种把握。

园林环境是人们活动的物质空间,同时又以其艺术形象给人以精神上的愉悦。这种自然的外部空间环境就必然具备一定的使用功能和精神特征。绘画是通过颜色和线条来表现物体形象,音乐是通过节奏和旋律来表现物体形象,园林景观的艺术形象生成是在其各种构成要素和空间之中,具有自身的形式美法则。不同构成要素的交织融合所构成的园林环境、形式等都具有不同的艺术形象,不同的艺术形象具有不同的意境。形式的变化、构成要素中材料肌理对比和形象特征等通过人的视觉信息传达,最终目的都是使园林景观空间的艺术形象更加和谐统一,在人的情感世界之中产生审美情趣。

园林美具有多元性表现在构成园林的多元要素之中和各要素的不同组合形式之中。园林美也具有多样性,主要表现在其历史、民族、地域、时代性的多样统一之中。

总之,园林美是在特定的有限整体生态环境里,是按照客观的美的规律和人对自然足够明智的审美观念创造出来的艺术美,用鲜明、突出、生动的艺术形象,有力地揭示了人对自然既征服又保持和谐一致的本质。

### 3.1.2 园林美的构成

不论我们觉得大自然中的某些地方多么壮美动人,而其不是园林本身,只有通过我们的行动加以塑造并与我们的梦想浑然一体时,它们才成为园林。阿伯罕·考雷曾写道:"上帝造了第一座园,该隐筑了第一座城。"园林的一部分是建筑的延伸(是城池的一部分),另一部分就是自然的理想。

我们注意到,在人类全部的历史中,只有两种根本的园林形式,不仅代表什么是"合意"的思想,而且还代表人类与自然之间巧妙平衡的理想。特别是在环境不断恶化的今天,园林艺术犹如一座蕴藏着丰富文化财富的宝库,尤其值得我们去发现、挖掘、研究。

每一种艺术和设计学科,都具有特殊的、固有的表现手法。艺术家和设计师们正是利用这些手法将他们的目的、思想、概念和情感转化成一个个实际形象,供人们欣赏和利用。园林学是研究如何合理运用自然因素、社会因素来创造优美的生态平衡的人类生活境域的学科。园林艺术作品是一个以人为主体的、可供欣赏的、优美而舒适的第二自然外部空间环境。园林美存在于包括各自然因素在内的整体环境之中。游赏者欣赏的对象仍然是这同一环境,只不过纳入特定时序、在不断变化而已。

略有园林欣赏经验的人都会知道,园林美的构成因素分为自然的和人工的两类。

1) 自然美

对园林美来说,自然因素直接成为园林内部结构中的一种必不可少的成分。然而,园林艺术的自然美固然取自自然,但却要纳入有一定人工化程度的环境,它们是在"人征服自然"又"是自然的一部分"的辩证关系中确立自己的地位并发挥作用的,这与自然美里的诸因素并不相同。

园林景物的特性通过物质构成元素的形体、材质、色彩等的合理组合,以及整个园林的空间布局而得。景物的形体分为不同的点、线、面的组合,给人不同的感受。整齐排列的树木构成规则的直线,会给人坚实、有力、庄严的感觉,而三三两两、疏密高低不同的布置形成不规则曲线,则使景物活泼、优雅,富有变化。另外,景物的疏朗与紧密、光滑与粗糙等不同材质结构给人简朴与坚固、明朗与豪放的不同感受;而色彩的色相、明度、纯度、冷暖不同组合,都给人以轻重、远近、华丽与朴素等不同的联想。

童寯在《造园史纲》中写道:"造园要素:一为花木池鱼;二为屋宇;三为叠石。"其中,第一个要素是自然事物,第二个属于人工造物,第三个要素则介于两者之间。

中国园林中的"空间抒情意味"在以"一勺代水、一卷代山"的富于人文意蕴的造园形象中突现出来,或如"英国风景园"中的"如画的"空间层次意蕴。

园林景观的构成要素即山水(地形)、植物、建筑与环境艺术小品等要素。设计美的构成法则运用节奏与韵律、尺度与比例、和谐与统一、调和与对比等一般形式美的构成法则去满足实用功能与审美的双重要求。

园林的美不仅在于其个体景物的美,而在于其整体的布局与规划,以及不同景物的形态、材质、色彩的对比与协调,加上气候的变化、人物及动物气息的融入,组合成有起有落的空间乐章。

2) 艺术美

人们在欣赏和研究自然美、创造生活美的同时,孕育了艺术美。然而,自然界中存在的千万事物却并非都是美的,而且自然事物中的美也不是都能直接显现,立刻被人们所认知,必须是包含在自然事物中的某些属性与人们在现实生活中的需求和主观意识相吻合时才能为人所感知。因此,自然界中的事物必须经过艺术家或设计师的精心选择、提炼、加工。

法国造园家布阿衣索在他的《论园林艺术》一书中指出:"如果不加以条理化和安排整齐,那么人们所能找到的最完美的东西都是有缺陷的。"

德国古典哲学家黑格尔也在他的美学著作中说:"园林艺术替精神创造一种环境,一种第二自然。"

3) 社会美(生活美)

园林作为一个现实的生活环境,园林设计必须满足人类生存、享乐与发展的要求,包括园林内各种设施都要符合人体尺寸比例、生态环境质量标准,满足人类生理与心理的需求等,设施的形式、景观建筑尺度、道路宽度都要自然和谐。

现代园林必须"以人为本",应以大众的利益为出发点,以服务于最广大的民众为着眼点,园林中应尽可能考虑让最广大的民众切身地感受到绿地对人的关怀。提高园林的可观赏性、可参与性和可介入性,供人们休闲、游憩、娱乐和活动,给人们的生活带来方便,并达到最大的防尘、降温、增湿、减噪的作用。一个优秀的园林,必须与人的目的、需要、价值观、行为习惯相适应,不但能使人们获得心理上和功能上的快乐。如果设计出的绿地与人们心理和生理没有深刻联系,甚至是相矛盾的,那么真正的社会价值就不可能得到发挥。

### 3.1.3 园林美学

随着经济和文化的飞跃发展,人类已进入了用美的尺度重新塑造生存空间和居住环境的新时期。研究如何运用美的规律,创造一个优美的环境,已成为当前人类追求更高、更丰富的精神生活的重要课题。而探究园林美、园林审美与园林艺术又成为美化环境和满足人们精神生活需要的前提之一,于是也就产生了园林美学。

园林美学是运用美学的一般原理,研究园林艺术的美学特征和规律而形成的一门应用科学。园林美学是美学的一个分支,而美学又是哲学的一个分支。因此,园林美学的研究方法和术语大多来自哲学和美学。

园林是以植物、建筑、山水和各种物质要素,经过各种艺术处理而创造出来的占有一定空间的艺术品。它不仅同人们视觉发生联系,而且与人们的听觉、触觉等都发生一定的联系。人在欣赏园林的时候,会因造型、色彩、音响等现象引起不同的心理反应。园林艺术中的外部造型美、色彩美等,都能在整体的空间环境里表达出一定的情绪、气氛、格调、风尚和趣味。

园林景点中色彩的冷暖形成强烈对比,植物和建筑物布置的高低、大小、曲直等,在园林中都能构成丰富多彩的美。这种美并不是某种抽象观念的简单具象的显示,而是流溢、烘托出来的一种朦胧宽泛的情韵。园林外部的造型美可造成不同的艺术风格和给人以不同的审美感受,有的鲜艳富丽,有的庄严雄伟,有的舒展大方,有的小巧玲珑,有的古色古香,有的神秘莫测。

同时,园林环境还能给人造成感情上的持久影响。因为一座公园、一片风景区、一处旅游胜地或一个绿色小区,一旦开发或建造出来,它就会在较长的时间里与人们共存,成为人们生活环境中的一部分,或者成为人们集中去旅游的场所,无论好不好,都会无声地作用于人的心灵。所以,明确了美、丑,掌握了园林艺术及其审美规律,就会反过来用以指导园林的规划设计和园林建造,并遵循美的规律来改善园林的管理工作,这在创造优美的园林和进行园林化的城市建设中是至关重要的。

人们需要园林美,更需要对园林作正确、深刻和愉悦的感受,所以,园林艺术创作和园林艺术的欣赏,都需要有美学理论予以指导。用园林美学探索园林审美活动的规律和特点,必能为园林艺术的欣赏、创造、实践提供一块可靠的理论基石。提高园林美学修养,实仍增强园林艺术创造和欣赏能力的关键。

园林美学是园艺、建筑、美术、文学和生态学等各方面交叉的边缘学科,园林美学也是美学的一个分支和应用科学。所以,园林美学应有其学科特性和相对独立的美学范畴,并总结和揭示其规律和本质。

人的审美关系是由两个基本条件构成的,一是审美对象,这个对象必然是美的,只有具备了美这个特性,才能引起人们审美的感受与评价。二是审美的主体,即具有能唤起情感体验和评价美的能力的人。人在欣赏审美对象的过程中,要有相应的心理功能和心境状态。园林美学的研究对象,概括地说,就是园林艺术客体和园林审美主体两个方面,它围绕园林美的本质这一中心课题展开对园林美的内容和形式规律的研究,同时对园林美的结构、特征等方面进行探讨。

园林美学重点探讨园林美、园林美感和园林艺术,进而揭示园林创作和欣赏过程中的审美规律和特点,以求深刻地理解园林美各方面的内涵,达到提高园林建造的艺术水平和园林艺术的欣赏水平,用优美的具有时代精神的环境,给人以美好和健康的感受,使人们心情舒畅,并启迪和培育人们的心灵美、行为美。

根据园林美学的研究对象和范围,园林美学研究的主要内容就是对园林美和审美事实做科学的分析,进行归纳整理,总结园林美的规律和审美规律,建立系统的园林美学理论体系,用以指导园林审美实践,促进园林事业的发展。

园林美学研究的具体任务可分为3个方面内容:

(1) 揭示园林艺术中美和审美的现象、规律,提高对园林艺术的欣赏和创作水平。园林艺术之中存在着各种各样复杂的美的现象,审美规律就深藏在这些美的现象之中,要在复杂的园林美的现象中,从宏观和微观的角度进行研究,揭示园林艺术的审美规律和美学意蕴,将园林的欣赏和创造提到一个新的水平。

(2) 继承中国园林艺术的优秀传统,探求建构具有中国特色的现代新园林的途径。中国传统园林艺术历史悠久,具有丰富而独特的园林艺术魅力,蕴涵着中华民族特有的美学思想。对中国园林艺术的美学遗产的整理、继承、发展是一项十分重要的工作。中国古典园林不仅形式优美,而且富有神韵,有特殊的意境,造园手法自由灵活,融各种艺术于一体,形式和内容完美结合,高度谐调统一,具有独特的风格。今天继承中国园林美学遗产并吸收外国园林艺术经验,是开拓中国现代新园林建设的重要途径。

(3) 研究园林艺术的美学特征和审美意识,建立园林美学体系。借助于各学科的研究成果,分析研究园林艺术的特征和审美意识,建立园林美学体系,从而丰富美学基本原理。

### 3.1.4 审美意识

所谓审美,是指审美主体对审美客体的美的直观的感受、体验、理解、欣赏和判断。审美客体亦称"审美对象",指能使人产生审美愉快的事物、对象,它在客观上与人构成一定的审美关系。审美对象有丰富的内涵,生动的形象性及审美属性,它通过一定形象特征的物质形式,表现出一定的社会内容,能引起审美主体的审美感受。审美对象既有空间对象、时间对象、综合对象,也有动态对象、静态对象,既有社会生活、自然现象,也有人体本身,以及自然界的日、月、星、辰、山、水、花、鸟等。

审美意识是指审美对象反映在人们头脑中形成的一切主观的意识形式。一般所谓的"美感",有广义和狭义之分。审美意识是广义的美感,它包括审美感受、审美趣味、审美判断、审美能力、审美观念、审美理想等等。其中,审美感受构成审美意识的基础。

审美意识是社会意识的一种,它是社会存在的反映,并积极地影响人的精神世界,反作用于人们改造客观世界的活动。

审美意识根源于社会实践,是社会实践的产物。就其内容来说,它是审美对象的能动反映,直接决定于审美对象和社会存在的一定发展状况和水平。就其反映形式来说,它是在人类长期社会实践基础上逐步形成的。人类最初的审美意识直接产生于生产劳动,还没有同实用和生理快感分开。随着社会实践的发展,人类的审美意识才逐渐得到提高和不断丰富,得到相对独立的发展。

审美意识本质上是一种特殊的精神现象和社会意识。审美意识与其他的社会意识(科学意识、道德意识)既有联系,又有区别。审美意识和科学意识都是对现实的一种认识,但审美意识不是概念的、冷静的认识,而是对现实的一种感性的、形象的认识,始终伴有主体的情感态度。道德意识具有明显的社会功利性,审美意识从总体看,也有社会功利性,但由于审美活动主要满足的是精神需要,具有审美享受的特点,在历史的发展中,随着生产力的发展和科技的进步,具有日益远离实用功利范围的趋向。因此,在审美活动中所形成的审美意识,其功利性是比较间接、隐蔽的,并且常常隐蔽在个人差异性和人类共性之中。

审美意识具有时代性、民族性、阶级性。审美意识随时代而发展变化,人们的审美感受、审美能力、审美趣味、审美理想都带有时代的特色,不同时代有不同的审美风尚,作为审美意识凝聚物的艺术也受时代的制约。每一个民族都长期生活在共同的领域,过着统一的政治、经济生活,形成统一的生活习惯,接受共同的语言和文化传统,他们的审美意识也各具特色,构成审美意识的民族性。在阶级社会中,人的审美意识归根到底要受人们经济地位的制约,因而往往带有阶级性。但不同阶级的审美意识,在特定条件下,也有某些共性。

## 3.2 园林艺术与风格

### 3.2.1 园林艺术的特征

艺术是借助于富于情感的形象塑造或意境的渲染,真实地反映现实或精神生活,并表达作者审美理想的一种特殊社会意识形态。

中国的园林艺术源远流长。在16世纪的意大利、17世纪的法国和18世纪的英国,园林也被认为是非常重要的艺术。在灿烂的艺术星河里,每门艺术都有其强烈的个性色彩。作为艺术的一个门类,园林艺术同其他艺术有许多相似之处:即通过典型形象反映现实,表达作者的思想感情和审美情趣,并以其特有的艺术魅力影响人们的情绪,陶冶人们的情操,提高人们的文化素养。同时,它还具有时代性、民族性和地域性等特征。

园林是社会历史发展的产物,其发展受到社会生产力水平的高低、社会意识形态与文化艺术发展的进程的影响,并反映特定历史时期人们的社会意识和精神面貌,表现出鲜明的时代特征。

世界各民族都有自己的造园活动,由于其自然条件、哲学思想、审美理想和社会历史文化背景不同,形成了独特的民族风格。

园林艺术不仅是一种艺术形象,还是一种物质空间环境,造园深受当地自然环境的影响,造园时大多就近取材,尤其是植物景观,多半是土生土长、因地栽植的花草树木,这使园林艺术表现出极为明显的地域性(详见本书1.3.2章节)。

然而,园林艺术又具有极强的兼容性,世界上还没有哪一种艺术能像他这样包罗万象。它与科学技术的发展紧密结合,一座美轮美奂的园林,含有许多复杂的建筑、工程、工艺,以及植物与养护技术的运用。同时,园林融合文学、绘画、建筑、雕塑、书法、音乐、工艺美术等诸多艺术因素于一体,着意追求诗画般的意境、音乐般的流动和时光交替的变幻,甚至涉及宗教和哲学。

园林既然是一种综合艺术,我们就有必要从艺术的领域和角度,对园林与其他各类的艺术加以比较研究。这样,可以帮助我们更全面、更深入、更准确地理解和认识园林艺术。每一种艺术都有其自身的艺术特征。那么,对于园林艺术来说,它具有哪些艺术特征呢?

1) 园林艺术形象展现的时空连续性

艺术是通过特定的艺术形象来感染观众的。从艺术形象的存在方式可将艺术分为空间艺术、时间艺术和时空艺术3类。

绘画、雕塑、建筑等的艺术形象必须在空间里才能存在和展开,所以它们属于空间艺术;而音乐、歌曲、评书和文学中的艺术形象又必须随着一定的时间才能体现出来。因此,它们是时间艺术。而在舞蹈、戏剧、电视、电影等艺术中,其艺术形象的展现,既需要一定的时间,同时又必须有一定的空间才能实现。为此,它们便属于时空艺术。

园林艺术形象的展现首先表现在,园林中的山石、湖泉、花草树木、亭廊楼阁等各种艺术形象都必须存在和体现于一定的空间里。从这个角度来看,园林属于一种空间艺术。然而,园林艺术的景观随着春夏秋冬的季节交替、晨昏旦夕的时间迁移、阴晴雨雪的气候变异而产生丰富的季相、时相和天相的变化,产生不同的各种景象。因此,园林又具有时间艺术的性质。综合上述两个方面,园林便是一种时空艺术了。

园林艺术形象的展现是连续性的,不论何时,人们都可以去欣赏园林艺术的各种应时风姿。园林不但晨昏、雨晴、四季之景观不同,而且年复一年,随着园林植物的成长、衰老、更新,随着自然力的作用,整个园林的面貌还会逐渐产生变化。所以,园林是一种十分独特的、其艺术形象一直在不断地连续变化的时空艺术。因此,人们曾十分形象地把园林艺术比喻为一曲"永远在演奏着的交响乐"。

2) 园林艺术形象在空间中展示的特殊性

同为空间艺术,又以其艺术形象在空间展示的方式之不同,分为静态空间艺术和动态空间艺术两类。如绘画、雕刻、雕塑、建筑等,艺术形象在空间里,以固定静止的状态出现和展示,即属于静态空间艺术;而舞蹈、戏剧、影视等的艺术形象在空间里以变化运动的方式出现和展示,即属于动态空间艺术。

园林的艺术形象,在空间里的展示方式是动态与静态结合的交替展示。一方面,园林之中既有以固定静止的方式展示的形象(如山石、道桥和各种园林建筑),又有以运动变化的方式展示的形象(如泉瀑溪涧等水之流动;莺飞燕舞、鱼跃鸭游等动物的活动;徐徐清风中的湖水泛波、花叶飘舞、枝条摇曳……);另一方面,园林艺术的游赏过程,既可驻足于亭榭楼台,停下来静静地观赏(静观),又可以漫步行进或是乘舟漂游,在运动的状态下游览观赏(动观)。当游人动观园景时,由于景物与观赏者之间的相对位置的变化,使整个园林的艺术形象,都犹如一幅长长的山水画卷,由远而近、渐次移动。在这种情况下,园林中所有的静态景物都变成了动态的景观。这便是园林艺术形象在空间展示方式上有别于其他艺术的特殊性。

3) 园林审美内容的丰富性

人类感受到的各种美,总体上说来有自然美、艺术美和社会美(生活美)3大类。一般的艺术部门(如绘画、雕塑、音乐、歌舞、影剧等),它们都只具有艺术美,都只为人们提供由艺术家创作而成的艺术美的审美内容。园林则与之不同,园林艺术的审美内容既有艺术美,又有自然美和生活美。园林中山清水秀、花红柳绿、莺歌燕舞、鱼跃鸟翔,到处是生机盎然、欣欣向荣的自然美之景象。在园林这个富于自然美的环境之中,又常常设置若干个具有使用功能的建筑物,人们可在其中观景、品茗、弈棋、抚琴、舞文弄墨——形成一个具有浓厚的生活气息的"悦亲戚之情话,乐琴书之消忧"的美好的生活环境。同时,园林又是造园师把自然界和人类生活中发现和体验到的各种现实美的素材,加以选择、提炼、组合和提高,使之成为一个多样统一的艺术品。这就使园林具有比自然美、生活美更浓缩、更精炼的艺术美。因此,游人在园林中不仅可得到自然美、生活美的享受,而且还能够得到艺术美的欣赏。

4) 园林艺术反映生活的双重性

艺术是一定社会生活的反映。人们依据艺术在反映生活时所表现的方式之不同,将其分为表现艺术和再现艺术。那些源于现实生活中某种客观素材而塑造的、具体的艺术形象,例如山水人物画、电影、电视、戏剧、叙事文学等是为再现艺术。在这些艺术作品中,都具有各自的、具体的艺术形象,是现实生活中的某些真实形象的艺术再现。而表现艺术,如音乐、书法、文学等,主要是表现艺术家对现实世界的感受、认识、理解、思考,并进而升华为一种情操。

园林艺术既要使各种自然界和社会生活中美好的景物,得以集中浓缩和艺术的再现,同时还时时处处表达出造园者对社会的关注、理想的追求。尤其是中国传统园林更是通过赋予其具体的景物形象的某些人的秉性和品格,来表现自己对社会、对人生的认识和理解,表现自己的生活情操、志向和理想,抒发其个人情感,表达一种意愿,倾诉一种理想。例如,我国江南古典文人的园林中,多爱种竹子,是因为我国古代文人把竹子比为坚贞不屈的君子。

西方古典园林中,常常将花草树木等各种自然物按规则的几何图案布置。这种布局也不是为了再现某种现实生活中的具体形象,而是要表现一种人类能够征服自然、改造自然的思想和理念。所以,综合以上情况,不难看出园林又是一种表现艺术。

5) 园林审美者与园林艺术品在空间里的共一性

园林艺术与其他纯艺术(如音乐、绘画、雕塑、戏剧等)在审美空间关系上也有所不同。

人作为对这些艺术进行鉴赏的审美主体与作为审美对象的纯艺术作品,是处于不同的艺术空间之中。也就是说艺术作品所表现的环境与观赏者现实所在的环境是两个各自不同的空间环境,是置身于这些艺术作品所在的空间之外。

但是,园林艺术的审美过程则与上述情况不同,园林艺术的观赏者,必须置身于园林这个艺术作品的空间之内,必须进入园林审美对象之中游览。这使得园林既是一处艺术空间,又是对其审美的人们必须进入其中的现实空间。形成所谓"人在立体的图画中游览"的情景。这就是园林艺术的又一个美学特征——艺术作品与对它进行审美的人体在空间中的共一性。

6) 园林中多种艺术的融合性

园林艺术融合了多种形式的艺术于一身。比如,盆景花木栽培和造型的艺术、园林植物的配置艺术、叠山理水的造型艺术。园林中还注意借用优秀的建筑艺术,而中国园林中与建筑艺术相关的又有多种艺术内容:点景题名的匾额、门两侧柱子上的楹联、横梁上的彩绘、室内挂的字画和收藏的碑刻、挂在楼角廊檐下的宫灯、作为摆设或分隔空间的大理石屏风、博古架以及称之为"屋肚肠"的各种家具手工艺品等,共计有诗文、书法、绘画、竹编、木雕、石刻、家具等七八个门类的艺术和工艺美术。它们相互组合起来,与其他艺术一起融于园林之中。所以,园林艺术是一种融合了多种艺术门类的综合艺术。园艺师、画家、书法家、雕刻家、建筑师、诗人和文学家都可以在园林中展示他们的才华,表达出他们对这种艺术的理解,并为园林艺术的完美而贡献力量。这样,就更加丰富了园林的审美内容,也更加提高了园林的美学价值,使之能很好地满足游人多种多样的审美情趣和游览需求。

7) 审美途径的多样性

绘画、雕塑、建筑、舞蹈等艺术是通过视觉来感知其艺术形象的,音乐则是通过听觉给人以艺术的享受。文学形象并非眼睛所能看到,也非耳朵所能听到,所谓"如见其人、如闻其声"只是欣赏者想象中的所见所闻。所以,文学便可以称为是一种想象的艺术。

园林艺术与上述各种艺术都不同,园林艺术能够通过人的多种感觉器官进行综合感受,达到多重审美享受。造园师以巧夺天工之法,使园林中山青、水秀、室雅,处处风景如画,人们通过游览园林,能够得到视觉上的审美享受。这便是园林中的"画境"。

园林中有莺歌鸟语,瀑布的鸣响、溪水潺潺、雨打芭蕉、风吹挂铃、蛙噪蝉吟、松涛万里……,所有这些声响,都能给人一种听觉上的审美享受。这便是园林中的"声境"。

园林中的花木,有不少能产生各种各样的芳香气味。如梅的清香、兰的幽香、玉兰的淡香、含笑的果香、桂花的甜香、紫罗兰的醉香……。还有松柏类、桉树等等一些树木散发出的香气,都能通过刺激游人的鼻腔,沁人心脾,给人以美好的嗅觉感受,使人闻香而忘忧,陶醉在香的世界中,精神愉快、心情舒畅,这便是园林的"香境"。

园林又是一处良好的生态境域,园林中大树参天、枝繁叶茂,地上绿草如茵。由于园林植物对气温、湿度、气流等方面的调节作用,加上园林中常常有大面积的水体,使园林中的小气候得到改善。清新的空气、洁净的环境、舒适的设施……,园林使人们的触觉得到了全面舒爽享受。

总之,一般的艺术给人们的艺术美感,往往仅限于视、听两个方面,而园林艺术则充分刺激和调动了人们的所有感官——眼、耳、鼻、身,甚至味觉,共同来感觉和欣赏园林美。因此,园林能够通过多种审美途径,扩大人们审美活动时的感知范围,让人得到更多方面的美的感染和享受。

我们可以看出,园林是在审美内容、审美方式、审美途径、艺术形象及其反映生活等等美学属性上,都不同于其他门类艺术,是一种综合性很强的、颇具自身特点而独树一帜的艺术。

8) 现代园林的时代特征

19世纪欧美的城市公园运动拉开了西方现代园林发展的序幕,城市公园服务对象的不同,使其第一次成为真正意义上的大众园林。更深层的意义还在于它是对工业文明带来的一系列环境和社会问题的一剂解药,使得城市公园从一开始就具有对生态浪漫主义的眷恋。20世纪初西方的新艺术运动促进了现代园林艺术的发展,现代艺术和现代建筑中的一些设计原则被应用到园林设计之中,从而形成了风格新颖的现代园林。

尽管中西园林艺术具有不同的精髓,追求各自的理想,在艺术形态上形成鲜明的风格,但园林作为世界人民共同向往和追求的理想环境,随着现代技术和环境科学的发展,以视觉景观为主的中西方传统园林已逐渐让位于以自然、生态为主的,追求人与自然和谐发展的现代园林。

现代世界园林的发展趋势是与生态保护运动相结合的,强调自然,回归自然,即千方百计地把大自然引入城市,引入室内,并号召和吸引人们投身到大自然的怀抱中去。这是西方世界物质文明高度发展的必然结果。

现代园林环境是人的理想与意志的外化,具有鲜明的时代特征和地域特征,现代环境中,基于人的多层次、多方位的需求,使得现代园林设计体现一种动态的、多样的、综合的效应。

园林环境是城市中相对稳定的构成要素,它包括自然环境和人工环境,具有固定的或相对固定的形态特征。如:自然的河流、人工的建筑、城市设施等。

① 最大限度、最为合理地利用土地、人文和景观资源,并依据自然、生态、社会与行为等科学的原则从事计划和设计,使人与环境彼此建立一种和谐均衡的整体关系。把过去孤立的、内向的"园"转变为开敞的、外向的整个城市环境。从城市中的花园转变为花园城市,就是现代园林的特点之一。

② 通过实地创造,以较小的代价获取最高品位的城市环境,并使城市园林中的一切存在物哪怕是最细微和无足轻重的事物,都必须有适当功能,每件东西都应该满足美的要求。

③ 园林中建筑密度减少了,以植物为主组织的景观取代了以建筑为主的景观。

④ 新材料、新技术、新的园林机械在园林中应用越来越广泛。

⑤ 强调功能性、科学性与艺术性结合,用生态学的观点去进行植物配置。

总之,现代环境是现代城市、现代文化与社会、现代人的生活和观念的综合表象,其中含有积极向上的主格调。

在现代园林设计中,如果只按一种格局、一种情趣、一种感受是无法满足公众的多种取向的。过去,只偏重于视觉上的欣赏,而今天则要求听觉、触觉、味觉、嗅觉并用,耳闻目染,身体触摸,甚至口能品尝,还借助现代科技的手段,来延伸自己的感官,用器械来增加刺激与感受。

### 3.2.2 园林艺术的形式与风格

园林,是人们向往和追求的理想的生活环境。每个民族都有自己的园林创作,无论西方古代巴比伦的悬空园和中国的帝王苑囿,还是今天的现代园林艺术都精彩纷呈。然而,由于民族之间存在着不同的地域、社会、历史和文化的特征,因此,园林艺术风格各异,园林式样也千姿百态。

在漫长的文化发展过程中,东西方的园林因不同的历史背景、不同的文化传统而形成迥异的风格。园林作为文化的体现,在东方,以中国古典园林为代表;在西方,则以法国古典主义园林为典型。前者着眼于自然美,追求"虽由人作,宛自天开"的效果;后者讲究几何图案的组织,表现人工的创造。

1) 园林艺术的形式

早在20世纪30年代,日本造园家就从园林的外观特征进行划分,将世界上的园林式样分为3大类:自然式、规则式、混合式。

(1) 规则式园林　这一类园林又称整形式、建筑式、图案式或几何式园林。

在西方,直到18世纪英国风景式园林产生以前,几何式园林几乎囊括了从古埃及到17世纪法国古典主义园林时期几乎所有的园林式样。其中又以文艺复兴时期意大利台地建筑式园林和法国的凡尔赛宫为典型代表。这一类园林,以建筑和建筑式的空间布局作为园林风景表现的主题,总体布局整齐对称,明确的轴线引导和几何图案的组织,处处显示着人对自然的征服与控制,甚至连花草树木都修剪得方方整整,一切都表现出一种人力的创造和人工之美。

我国的天安门广场、南京的中山陵以及古典寺庙园林如北京的天坛都是规则式园林。

西亚和伊斯兰国家的造园主要受到气候、宗教等因素的影响。伊斯兰国家大多地处干旱的沙漠,游牧是其主要的生活方式,严酷的生存环境使水成为园林中最重要的因素。宗教信仰使他们将《古兰经》中描绘的"天园"作为蓝本搬到人间,表达着对富足生活的渴望和珍视。这些地域的人们视绿荫为生命的活力之源,于是,将树密植在高大的院墙内,以获得一种独占感,并防御外敌。这一类园林形式上还是属于几何式。

(2) 自然式园林　仙山琼岛,城市山林,洞中天地,它们不是对自然的直接模仿,也不是对自然物的抽象和变形,而是艺术地表达对自然的认识、理解和由此而生的情感,创造出如诗如画的美景和出自天然的艺术韵律,正所谓"虽由人作,宛自天开"。人们在园林中追求真实的生命感受,寄托审美的情怀与理念。这就是以中国自然山水式园林为代表的东方园林。这种自然式风景园是中国古代园林的最主要形态,许多受中国文化影响的周边国家也一直保持着这种式样。值得一提的是,虽然同是自然风景式园林,18世纪英国的风景园与中国古代的风景式园林却存在本质的差异。前者是写实主义风景园,以展现自然的本来面貌为原则;而后者以写意为其基本特征,是一种"外师造化,中得心源"的再创造,即在展现自然的同时也寄托和表达了自己的审美情感。

(3) 混合式园林　北京的颐和园是典型的混合式布局:东宫部分、佛香阁、排云殿的布局为中轴对称的规则式,其他的山水亭廊却以自然式为主,是两者的结合。而现代公园大多是混合式的布局。

中国古代对园林景观创造与开发的范围是广泛的,包含了园林、风景点和风景名胜区。三者因条件不同,景观处理的手法也各异:园林以"造景"为主;风景区以"因地就景"为主;郊邑风景点则介于两者之间,兼而有之。

2) 园林艺术的风格

园林风格是指反映国家民族文化传统、地方特点和风俗民情的园林艺术形象特征和时代特征。

在全世界,园林是一处最理想的生活环境。不同的历史、不同的文化,造就了不同的园林艺术风格;而一个时代一个民族的造园艺术,集中地反映了当时在文化上占支配地位的人们的理想以及他们的情感和憧憬。

在中国传统美学中,"风格"一词始于东晋时期的人物品藻,原指人的韵度格量。六朝后期,"风格"开始由品藻人物向谈文论艺转化。此处所阐述的风格,常与体度、体势、体性、风骨、气韵等词并用。艺术风格包括艺术语言的运用、艺术形象、意蕴的形成等多个方面。

在灿烂的艺术星河里,每种艺术都有其强烈的个性。园林作为艺术的一个门类,与其他艺术一样,都是以物化了的审美意象来表达心灵对外部世界的感受,因而,具有一般艺术的诸多共同特征:时代性、民族性和地域性等。

园林的发展受社会生产力水平、社会意识形态与文化艺术的发达程度的影响,反映当时人们的社会意识、精神面貌、哲学思想、审美理想;深受当地自然环境条件的影响,同时也体现出园林使用者与园林设计师的审美理想、艺术追求以及对现实生活的审美发现。世界各国的园林形态是一种民族文化的体现,它是在一定的范围内,根据自然、艺术和工程技术规律,主要由地形地貌、山水泉石、动植物、广场、园路及建筑小品等要素组合,建造环境优美、生态环境良好的空间境域。

中国传统园林犹如一幅立体的山水画长卷,方寸之间充满了我们的祖先对美好生活的热爱与向往。他们凭借对宇宙、人生、自然的认识和理解,创造理想的生活环境,寻求精神的归宿。

西方园林是世界园林艺术宝库中的另一枝奇葩,也是我们了解西方文化的一个很好的媒介。西方园林的发展史同时也是西方文化艺术的发展史,意大利园林、法国园林和英国园林又是西方园林艺术史中杰出的代表。

(1) 中国自然山水园　中国园林充分体现着"天人合一"的理念,体现着人们顺应自然,以求得生存与发展的思想。在造园技法上是模拟自然而高于自然,即"虽由人作,宛自天开"。它以人工或半人工的自然山水为骨架,以植物材料为肌肤,在有限的空间里创造无限的风光。又运用隔景、障景、框景、透景等手法分隔组合空间,形成多样而统一的不同景点,可谓步移景异,静中有动,动中有静。宋代以后,又在模拟自然的基础上,强化人们精神思想和文化上的追求,形成写意山水园,以诗词歌赋命题、点景,作为造园的指导思想。达到诗情画意的境地,已成为中国传统园林的精髓。

(2) 意大利台地式庄园　由于意大利地处南欧地中海亚平宁半岛,夏季炎热干旱,冬季温暖湿润,三面为坡,只有沿海一线为狭窄的平原。因此自古以来,意大利的贵族、富豪多背靠山坡、面向大海建造宅院别墅。欧洲文艺复兴时期,意大利成为经济繁荣的中心,使园林作为一种文化形态也达到极盛时期。特别是古希腊的建筑师、园林师为逃避土耳其入侵者,大批逃亡意大利,使希腊古罗马帝国时期的文化在该国得以复兴,并得到高度发展。台地园的造园模式是在高耸的欧洲杉林的背景下,自上而下,借势建园,房屋建在顶部,向下形成多层台地;中轴对称,设置多级瀑布、叠水、壁泉、水池;两侧对称布置整形的树木、植篱、花卉,以及大理石神像、花钵、动物等雕塑。人们在林中,居高临下,海风拂面,独特的地中海风光尽收眼底。

（3）法国宫廷式花园　法国地处气候温和的平原地带，王室、贵族占据着辽阔的领地，领地四周为茂密的森林。因此，其园林的形式从整体上讲是平面化的几何图形，也就是以宫殿建筑为主体，向外辐射为中轴对称，并按轴线布置喷泉、雕塑。树木采用行列式栽植，大多整形修剪为圆锥体、四面体、矩形等，形成中心区的大花园。茂密的林地中同样以笔直的道路通向四处，以方便到较远的地方骑马、射猎、泛舟、野游。著名的凡尔赛宫可谓经典之作。

（4）英国自然风景式园林　英伦三岛基本上为高低起伏的丘陵，为大西洋海洋性气候带，虽为高纬度，但受大洋暖流影响，使得四季冷凉而湿润。由于阴霾、大雾的天气居多，人们渴望阳光明媚的好天气出现，因此英格兰和苏格兰民族对园林的形式就形成了崇尚自然的理念，远处片片疏林草地，近观成片野花，曲折的小径环绕在丘陵间，木屋陋舍点缀其中，没有更多的人工雕琢之气。

以上四大流派的园林风格，作为一种文化形态辐射影响着周边国家。

美国的园林是吸收各国的文化成果在北美大地进行的移植。在这个过程中，美国不断借鉴过去的思想，并为自己的时代所用，在自己的国土上营造出了众多精美、烂漫的现代园林，在世界园林文化宝库中占据了一席之地。

### 3.2.3　东西方园林艺术比较

无论是几何式的西方园林或是自然式的中国园林，在它们形成的时候，都反映了当时人们追求理想生活的愿望。

在世界三大园林体系中，无论以中国古典写意山水园林为代表自然式园林，还是以法国古典主义园林为代表西方几何式园林或伊斯兰园林，作为同一类艺术，必然具有世界园林艺术的共通性，即通过典型形象来反映现实以表达作者的思想感情和审美情趣，并以其特有的艺术魅力影响人们的情绪、陶冶人们的情操。

1）东西方园林的共通性

东西方园林的共通性主要表现在园林的物质构成、艺术与功能的结合、社会同一性和综合性四个方面。

（1）园林艺术是有生命的物质空间艺术　从园林的构成来看，无论哪一种园林都是利用植物的形态、色彩和芳香等作为造景的主题以及利用植物的季相变化构成一年四季的绮丽景观，并随岁月的流逝不断变化着自身的形体以及植物间相互消长而不断变化着园林空间的艺术形象。虽然西方规则式园林中建筑布局严整，水体开凿规则，花木修剪整齐，但与东方自然式风景园林相似，造园材料均不外乎建筑、山水和花草树木等物质要素。

（2）园林艺术是与功能相结合的科学艺术　东西方园林在考虑艺术性的同时，均将环境效益、社会效益和经济效益甚至是实用价值等多方面的要求放在重要的位置，做到艺术性与功能性的高度统一。因此，在规划设计时，就对其多种功能要求综合考虑，对其服务对象、环境容量、地形地貌、土壤、水源及周围环境等进行周密调查研究后才能设计施工。从园林建筑、道路、桥梁、挖湖堆山、给排水工程、照明系统的工程技术到园林植物的因地制宜、适地适树，无一环节离开科学。

（3）东西方园林艺术的社会同一性　园林艺术作为一种社会意识形态，是上层建筑，受制于社会经济基础。在封建时代，社会财富集中在少数人手里，园林只是特权阶级的一种奢侈品，所以，在历史上，无论东西方园林均只为少数的富豪所占有和享受。直到19世纪50年代美国纽约中央公园的建造开创了世界城市公园的先河，使更多的人享受到这种情感与自然的交融艺术。

（4）东西方园林艺术的综合性　园林艺术的综合性一方面体现在具有空间的多维性，另一方面又体现在具有极强的兼容性。东西方园林均为融合了文学、绘画、音乐、建筑、雕刻、书法、工艺美术等诸多艺术于自然的独特艺术，它们为充分体现园林的艺术性而发挥各自的作用。同时，各门艺术彼此渗透、融会贯通形成一个能够统辖全局的综合艺术。

然而东西方由于文化背景，特别是哲学、美学思想上都存在着极大的差异，导致园林艺术的风格同样具有非常明显的差异。

2）东西方园林艺术的差异

尽管世界各国造园艺术具有园林艺术的同一性，有着世界文化的一般内容与特征，但由于世界各民族之间存在着自然隔离、社会隔离和历史心理隔离等，因此，各民族的园林艺术才形成了不同的艺术风格。如中国古典园林、法国古典主义园林、意大利文艺复兴园林、英国自然风景园林、伊斯兰园林、日本园林……这些园林都自成体系，各有明显的特点和很高的成就，但概括地讲，以前两种最典型也最引人注目。

中、西方园林由于在不同的哲学、美学思想支配下，其形式、风格差别还是十分鲜明的（见表3.1）。尤其是15—17世纪的意大利文艺复兴园林和法国古典主义园林与中国古典园林之间的差异更为显著。

中国园林所表达的意义从表层到深层，依次为观赏性、意象性和哲理性。园林的观赏性是园林美的最表层的语义。中国传统园林的直接目的就是观赏、游憩，而园林中的自然景物，则是最理想的观赏和游憩的对象。

中国传统园林之最深层，也最精辟的意义，是对中国社会文化的结构和哲学观的表述。园林"虽由人作，宛自天开"表述的不是纯自然，而是人心目中的自然，是人与自然的最理想的关系——"取其自然，顺其自然"。如园中植物的形态，都保持着它们的天然姿态。又如中国园林中的水池，多为自然的形态，池岸为自由的曲线，岸边有高低错落的驳石。表层的意义是艺术手法，深层的意义却是传达一种"顺其自然"的哲理。

西方造园表现的是"征服自然，为人而用"的思想，艺术上则遵循的是形式美的法则，这一思想和艺术法则支配着西方的建筑、艺术、绘画、雕刻等视觉艺术，同时影响着音乐和诗歌。而园林的设计和建设自然而然地也在这一法则的指导下，并更加刻意追求形式上的美。

表3.1 东西方园林艺术风格比较

| 类 别 | 西方园林艺术风格 | 中国园林艺术风格 |
| --- | --- | --- |
| 园林布局 | 几何形规则布局 | 生态形自由式布局 |
| 园林道路 | 轴线笔直式林荫大道 | 迂回曲折、曲径通幽 |
| 园林树木 | 整形对植、列植 | 自然形孤植、散植 |
| 园林花卉 | 图案花坛，重色彩 | 自然式花境、盆栽，重姿态 |
| 园林水景 | 喷泉、瀑布 | 溪流、池塘、滴泉 |
| 园林空间 | 大草坪铺展 | 假山起伏 |
| 园林雕塑 | 人物、动物雕像 | 造型独特的独立置石 |
| 园林取景 | 视线限定 | 步移景异 |
| 园林景态 | 开敞袒露 | 幽闭深藏 |
| 园林风格 | 骑士的罗曼蒂克 | 诗情画意，情景交融 |

资料来源：吕峰.浅析中西方园林艺术风格及其美学思想[J].蓝天园林，2006（2）：33（有局部修改）

## 3.3 园林艺术的欣赏

艺术欣赏是人们以艺术形象为对象的审美活动。而审美的过程是一个多元化的感受与认识过程，是对艺术作品的"接受"，即感知、体验、理解、想象、再创造等综合心理活动。艺术欣赏始终是一种感性的活动过程，带有显著的个性特点和主观随意性。

审美意识具体包括审美理想、审美趣味、审美感受等，是社会意识的一种，是社会存在的审美反映，并通过对人的精神世界的积极影响反作用于人们改造客观世界的活动。欣赏者由于艺术形象的诱导,结合自身的生活经验,发挥想象,进一步丰富或提炼艺术形象。

园林通过整体环境的创造,使园林艺术的审美享受成为一种五官协同的审美欣赏活动。欣赏园林常常要调动眼、耳、鼻、舌、身的积极性,并协同起来感受园林环境空间的美。山水、林泉、花鸟、建筑有外形轮廓、有色彩、有明暗变化和体量,这些必须通过视觉来把握;风声、雨声、松涛声、鸟鸣蝉叫声……,这些天籁之音需要通过听觉来把握;树木花草的芬芳、甘泉溪水的清冽、微风的吹拂……,这些需要通过嗅觉、味觉和触觉来把握。园林空间环境的多变和转换,要通过感官来欣赏,将多种多样的美的信息交混起来,协调起来,才能引起全身心的审美愉悦。

### 3.3.1 园林美感

人类的审美活动包括审美主体与被审美的对象两个方面。简言之就是主体与客体的关系。所谓美感"就是主体对客观存在的审美对象的心理感受"。美感的形成是复杂的心理活动。

园林审美意识就是现实的园林美在人们头脑中的能动反映。园林审美意识同样包括了许多层次。其最基本的层次就是园林美感。

自园林艺术产生以来,园林艺术家们一直在探索着如何使作品能引起更多、更大、更深刻的美感。

园林美感也是一种主客观统一的满足感和愉悦感,是人们对园林艺术作品进行审美时所产生的一种高级的、复杂的心理活动。

一切园林审美活动都以引起园林美感为目标引起园林美感也是判断活动成效的重要标准,不能引起园林美感的活动是无效的活动;不能引起充分的园林美感的活动是不成功的活动。

游赏园林是为了寻求某种精神满足和身心愉悦。创作园林作品是为了游赏者从中获得这种满足和身心愉悦。从园林艺术创作依赖于欣赏并为欣赏服务这一基本点来看,园林美感是目的性层次,它直接关系到创作的水平。

园林美感当然包括生理快感的因素,却不能归结为生理快感。生理快感可以成为园林美感的材料和阶梯,但生理快感只有经过综合并摆脱物欲的羁绊才能上升为心灵愉悦。

园林美感是园林意识中感性特征最强的一个层次。同一般艺术美感一样,园林美感中的感情和理智既有区别又不能截然对立,是对立统一。但是,园林美感仍然不同于其他艺术美感,它是人对园林作品审美时所得到的有别于欣赏其他艺术作品时的特殊认识和享受。

不同年龄、性别、文化修养的人面对同一处园林,甚至同一个人在不同时期面对同一处园林,所产生的园林美感都会有所差异,这是由于审美能力、审美观念、审美理想、心境、趣味等各种主观因素有差别,审美感受就出现差异,而园林美感则是普遍存在的。

人的审美认识同样是一个获得相对的审美真理性认识到绝对的审美真理性认识的发展过程。各种感情的产生都有复杂的客观社会原因,审美感受离不开视觉、听觉,以对审美对象的感知为基础,但是,更重要的是,审美感受要通过大脑的作用,在联想、想象、理解的帮助下才能真切地获得,是一种高级的、复杂的心理、精神活动。

真正的审美认识应该是现象与本质、形与神、感性与理性的高度统一。外形能迅速打动感官和感情,但忽视美的认识的理智作用,便会陷入片面性。而欣赏比较复杂的美的现象,如人物性格之美,就更是如此了。

人类内在的心理活动包括了认知、情感、意志三种不同的成分。而在园林美的认知过程中,感觉和知觉又构成整个认知活动的基础。感觉包括内部感觉、外部感觉两种。外部感觉就是外部事物刺激物体表面感受器所产生的感觉,而视觉属于外部感觉的一方面。在视觉艺术中,构成法则是任何欣赏对象中都具有特性的优秀的艺术品,在这方面往往予以强调,从而产生一种健康、安定、平静而满足的愉悦情趣。

由于美的对象是普遍的,因而更容易引起所有人心情的愉快。这主要是山水景物或自然现象的美,如秋夜月光的美,不仅引起美感,更会启迪人浮想联翩。

同一审美对象,对不同经历、素养和心境的人来说,具体的审美感受也可以大不相同。如:"情人眼里出西施"。大观园景色很美,但在寄人篱下的林黛玉眼中,最动情的却是一片无人清扫的残花落瓣,而吟成了一首脍炙人口的《葬花词》。

人的美感观念是后天在屡次感受美的过程中,受社会因素影响形成的。这种美的观念一经形成,就会指导与帮助人们对某一事物做出美的判断。美感作为一种意识形态,它不能不受到社会环境与阶级的影响。

美感具有时代性、历史性、阶级性等,而且还存在着全民性的共同的美感。

美感有时代性。如:西汉园林崇尚以建筑组群结合山水,气势宏伟,园中景色较粗放;盛唐时期园林体现自然之趣,追求"诗情画意"的写意山水园林。

审美思想具有历史继承性。这种继承性是以艺术的历史继承性为基础的。任何一个时代的艺术风格的演替变化,总可以看出它的历史线索和文化的继承关系。

美的观念具有民族性。如马来西亚和新加坡喜爱绿色,以它象征宗教,然而禁忌黄色,因为黄色是王宫使用的;法国人喜欢粉红色、蓝色,又认为灰色高雅,但是,憎恶墨绿,因为纳粹军服用此色。

美的观念有阶级性。对美的事物,不同阶级有不同审美角度。埃及的金字塔、狮身人面像,反映了奴隶主阶级的审美观念与审美特点。但今天旅游者,只把它当作古迹,赞赏它的美。故宫建筑体现了封建统治阶级等级制度的审美观念。今天游故宫,只是欣赏劳动人民的智慧,从建筑的精美、壮丽的角度欣赏。

审美观念也有共同性。古今中外,不同阶级的美感除有差异的一面外,也有共同的一面。共同美就是指美感的共同性而言的。美感的共同性内容是客观存在着的美。

对于客观上美的事物,只要人的主观方面真实地反映了它的美,就有了共同的美感。如古希腊、古罗马文化,中国远古时代的神话小说和一些古今中外名著。还有音乐、绘画、自然风光等,它已超越了时代、民族、阶级;以它完美的艺术形式和功能内容,成为共同的审美对象。

园林美是现实环境美的集中和提高,构成一种特殊的人类文化现象。园林文化又在人的心灵中内化并世代积累下去,会给人类观察和感受事物的方式带来变化,形成并发展着个人和民族的园林美的观念,促使人们对自己的生存环境提出园林化的要求,这种内心的自发性和愉悦性产生的基础之一正是园林美所引起的大范围内的、普通的、正面的园林美感。

1) 园林美感的主要构成因素

园林美感大致有视觉美感(静观的、动观的)、听觉美感(自然音响引起的、人工音响引起的)、有亲切的感觉参与的美感、语言艺术引起的美感4种构成因素;按构成整体的方式,园林美感又分为统觉和通感两大类。

(1) 视觉美感　视觉美感是园林美感的基础,几乎所有的形态都少不了它,即使在其他感受相当明显时,我们也能察觉此时的美感背后仍有视觉美感的作用;或由视觉美感引起我们的特殊注意;或在产生其他感受时联想到视觉美感。人的信息90%以上是通过眼睛接受的,因此视觉美感是最基本、最易感受和最为有效的,也是最普通的。

按观赏位置是否移动和移动方式可将视觉美感分为静观的和动观的两大类。

所谓静观美感指的是游赏者在选择好一个或若干个固定角度后自身不再作位置移动而去观赏时所获得的美感。静观美感的对象可以是静止不动的,也可以是活动着的。它是其园林美感最富有典型性和最能代表艺术家意图的那些景点或单体的某些侧面给人的感受。

动态美主要指活动着的对象的美或者说是游赏者在活动过程中观赏时所得到的美感。相对静态而言,动态美的感受有较多的自然性,空间关系随主体状况而变,欣赏者按其自然的运动规律去感受它。

按形象清晰的程度动态美感又可分为明晰的美感和模糊的美感两种。明晰的动态美感主要来自动与静的明确的或强烈的反差,而模糊的动态美感来自动与静隐约的或模棱两可的对比,它们之间有很大区别。

(2) 听觉美感　听觉美感是另一类重要的美感。园林中同样包含了许多音响的信息,很值得我们去玩味。我们的文学作品中对园林的听觉美感也多有描述。园林中泉水、飞瀑、浪涛拍岸的音响美;风中的松涛、雨打芭蕉、竹林细雨的淅沥声、蛙鸣鸟啼虫吟的声音等等,它们的主要作用是烘托静谧的、自然环境幽深的意境。

(3) 有亲切感参与的美感　这类感受不是单纯的"感觉",它是一种审美感受。按感觉种类可分为:

温度感:如初春时节乍暖还寒的感受,从热到冷一系列过渡梯级上的感受。

湿度感:如园林中雾雨迷漫,夹裹湿润气息阵阵袭来的感受,这类感受常造成特殊的意境。

触觉感:如李清照在词中所描述的"玉枕纱橱,半夜凉初透","被冷香消新梦觉"等等。

嗅觉感:嗅觉美感在园林美感中往往是很重要的成分。人们常用"鸟语花香"来形容美好园林环境。而诗词中也常用"香灯半掩流苏帐","水殿风来暗香满"等等来描述感受。

(4) 语言艺术引起的美感　园林艺术与语言艺术有密切关系,语言艺术美感直接影响到园林美感的丰富程度和格调高低。此类美感是眼前的美景与语言艺术激起的艺术想象或联想而引起的,它是一种综合的美感。

园林中的文字引起的美感,命名、题咏、碑刻、楹联等不仅本身有很高的艺术价值,而且还能增添园林的诗情画意。好的文字对园林起到概括(画龙点睛)、烘托主题、渲染整体的效果,暗示景观特色,启发联想,激发感情,引导游人领悟意境,提高美感格调的导游作用。此外文人墨客妙笔佳句和介绍景点来历的碑志同样能使人开阔眼界,增长知识,创造历史时空的意境,增强对自然、园林文化的感应效果。作为书法艺术,当然也可以起装饰、点缀作用。

以上是园林美感的几种主要构成因素。事实上,人们在游园时得到的美感总是各种感觉共同起作用,是整体的、复合的,园林美感中的各种不同的感受互相影响,互相促进。刹那间感受到的视觉美感、嗅觉美感、语言艺术美感等等皆不期而至,突然激发了多种美感,是各种感觉先后融为一体,升华为更高的诗情画意的美感。

园林艺术美感的实现有赖于观察者或使用者对美的体验,有赖于观察者或体验者在环境经验过程中的联想。好的园林艺术作品能为人们的想象力留有余地,创造一种审美的自由境界。

美是悦人的、具体可感的。它既有内容,又有形式,是内容和形式的统一。美的内容或称内在美,是指美的内在的诸要素的总和。美的形式或称外在美,是指把美的内容诸要素统一起来的内部结构或美的内容的表现方式,同时,也取决于事物外部材料的感性特征。如没有美的内容,固然不称其为美,但缺少美的形式,也失去了美的具体存在。因此,我们在研究美的内容的同时,也得研究美的形式。对于美的形式的实质和规律的掌握程度,将直接影响到欣赏美和创造美的能力。所以,我们在学习美的本质、形态的同时,也要学习和研究一些美的形式问题。

事物美的形式有两种:一种是与内容紧密相关的本质的内在形式,另一种则是与内容不直接相干的、非本质的外在形式。对于园林艺术来说,外部形式更有重要意义。事物的这种相对独立的审美特性就是通常所说的广义的形式美。

美的形式又可以在人们的长期实践中,尤其是在艺术实践中,脱离明显的功利内容而独立成为审美对象,人们又将普遍的、外在的感性属性及其组合规律加以分离和概括,并进一步发展了艺术形式美。这就是狭义的形式美。

形式美可分为单个属性美和组合美。单个属性美,比如直线、曲线、色彩,它只是以一种形式方面的因素使人感到愉快,但这种形式美在现实生活中是低级的美,很有限的美。而实际生活中,我们对存在的自然物欣赏,只要不局限于某一方面,而兼及全体,就都能深切地感受到组合美。

2) 园林美感的培养

美感是一种情感,一种使人精神愉快的、心融意畅的情感。它主要是精神上的审美需要的满足,而不单纯是生理欲望的满足。当我们欣赏一道美丽的风景时,我们感受到精神上的满足和享受,而没有物质上的满足。美感中潜伏着人对美感形象的不自觉的理性认识和思想,体现了人的心理反应和认识,对人的精神世界产生深刻的影响。

审美感受是一种由审美对象所引起的复杂的心理活动和心理过程。这个过程受审美主体的各种复杂的心理因素的制约,包括审美主体个性,如生活经验、世界观、心理特征的个性等等的制约,而不是对客观事物简单的、机械的复写和模拟。

审美心理是审美主体在审美活动中产生的极其复杂的心理活动和心理过程,它产生于主客体的相互作用之中。美感心理因素主要包括:感觉、知觉、表象、联想、想象、情感和理解。

(1) 感觉 感觉是人的一切认识活动的基础,也是形成美感的基础。只有通过感觉,审美主体把握了审美对象的各种感性状貌,才能引起审美感受。

感觉在审美感受中起的作用与发生快感关系比较密切,但又有严格区别。快感因素在美感中的作用是相当次要的。人的美感不是简单的感官上的快意舒适,如悲剧的美感就不可能全是快感。在美感中可能会有快感,但不都是快感。

审美活动具有不同于低级生理感觉的理性性质。一般来说,触、味、嗅觉感受的对象范围较小。起直接的生理反应,更多的与感性认识有关。而视觉、听觉的感受的范围则更为广泛,有着更大概括的可能,从而更多地与理性认识有关,与人的高级心理、精神活动有关,它具有更多的理解功能,具有更明显的社会特点,更善于把握反映客观世界的本质,以达到更深入的认识。因此,视觉、听觉就成为审美感受两种主要官能,形成"感受音乐美的耳朵,感受形式美的眼睛"。当然其他的感官和分析器官有时在审美中也有一定作用。如:欣赏自然风光时的嗅觉、温觉,也发生一定作用,但是,要有视觉、听觉的参与才可能成为审美感受。

(2) 知觉 人的审美感受总要以知觉的形式反映客观事物,客观事物作为整体反映在审美主体意识之中。人们在从感觉到知觉的心理过程中,虽然产生了某些美感,但是这些美感还只不过是一种直观形式的认识,还不可能深刻和强烈。然而,既然已经产生了知觉,这就标志着审美者的大脑已对感觉材料进行了初步的加工。从而也就为自己进行审美的思维活动准备了条件,为获得深刻、强烈的美感打下了一定的基础。知觉是美感心理过程以感觉状态进入思维的联想、回忆、想象等状态的一个重要环节。在这个基础或环节上,审美者会自觉不自觉地根据自己的直接生活经验和间接经验,进行一系列的审美心理活动。没有过去的经验,对客观对象的感觉便很难构成完整的知觉。主体的经验、知识、兴趣、需要,对知觉都有一定的作用和影响。不同的人或同一个人在不同时间、地点和条件下对同一个对象的知觉往往是不一样的。

如"青纱帐",不同的人或同一个人在战争环境里与和平环境里对它的感知就不一定相同。因此,人的审美知觉不是对客观现象、对象被动的生理适应,而是对客观现象、对象的能动心理反应。

审美中知觉的活动和特点,先是特别注意选择感知对象的(形象的)特征,使知觉中的感觉因素得到高度兴奋,使对象的全部感性丰富性被感官所充分感受。其次,在审美活动中,知觉因素受想象制约,想象以各种联想方式加工和改造着知觉材料。在审美感受心理活动过程中,一般是知觉先于想象,但两者互相作用,或者是特定的知觉引起特定的想象,或者是特定的想象促进了知觉的强度。

(3) 联想、想象 客观事物总是相互联系的。具有各种不同联系的客观事物反映到人们的头脑中,便会形成各种不同的联想。联想是审美感受中的一种最常见的心理现象。审美感受中的所谓见景生情,就是指曾被一定对象引起过感情反应的审美主体,在类似或相关条件刺激下,而回忆过去有关的生活经验和思想感情。这是联想的一种表现形式。

联想就是人们根据事物之间的某种联系,由一事物想到另一有关事物的心理过程。它是由此及彼的一种思维活动,是人的大脑皮层把过去对某种事物的概念在当前刺激物的作用下进行相互联系。联系需要依靠记忆,是记忆活动的表现。艺术中常见的有类比联想和对比联想两种。

类比联想:就是由一件事物的感受引起和该事物在性质上或形态上相似的事物的联想。如:松的寿命长,想到苍劲古雅,孤傲不惧的姿态,比喻坚贞。荷花"出污泥而不染,濯清涟而不妖"以及梅的清丽高洁,兰的幽雅超逸,菊的傲骨凌霜等等。

类比联想有着广阔的领域。客观事物、现象间各种微妙的类似都可以成为这种联想的基础。我们在对象的感性形态中不是被动地、简单地,只感到事物的某种属性,而是通过类似,间接地看到了更多的东西,感到更多的意义和价值。

对比联想:这是一种对某种事物的感受所引起的和它的特点相反的事物的联想。它是对不同对象对立关系的概括。在艺术中,形象的反衬就是对比联想的运用。

类比联想、对比联想,都已进入思维状态,并且必然会引起你的情感活动。这时,你会自觉或不自觉地以自己在以往的实践中所形成的情感为指导,表示你同情、憎恨等情感态度。这种种联想,既是你的直接生活经验和间接生活经验在你的审美过程中的再现,也是你已有的情感对你的审美情感和审美实践发生反作用的过程。

人在反映客观事物时,不仅感知当时直接作用于主体的事物,而且还能在头脑中产生其他形象。这种特殊的心理能力,称为想象。

审美中的想象的特征之一,是不带直接的功利目的,伴随着爱或憎的情感,并与情感互相作用,它是审美反映的枢纽。想象分为再造性想象和创造性想象两种。再造性想象是主体在经验记忆的基础上,在头脑中再现出客观事物的表象。创造性想象则不只是再现现成事物,而是创造出新的形象。审美活动一般是再造性想象和创造性想象的结合和统一,艺术思维本质则是创造性想象。

人们的联想和想象活动与他的教养、经验密切相关。没有联想和想象,便不能唤起特定的情感态度,也不能产生特定的审美感受。

(4) 情感　审美感受的一个突出特点,是它带有浓厚的情感因素。

情感是人对客观现实的一种特殊的反映形式,是对客观事物是否符合自己的需要所做出的一种心理反应。在人的情感中,有一种理性情感或理智性情感,它可以指导、支配、影响人们对审美对象进行取舍和评价。只有那些健康、高尚的、理性或理智性情感,对审美才具有积极的意义。

在审美中,审美对象引起的感觉和知觉本身就带有一定的情感因素,而在知觉、表象基础上进行的想象活动,更推动情感活动的自由地扩张和抒发。审美中"情"与"景"的关系,是古今衡量艺术作品艺术性的一条重要标准。

人们在欣赏艺术作品时,不但感知作品所描述的景物形象,而且感受着体现于景物形象中的艺术家的情感体验,从而引起人的共鸣。不同的情感态度来自于不同审美对象的内容。悲剧引起的快感与喜剧引起的快感不同,优美的抒情小调与雄壮的进行曲,其唤起的情感体验也有显著区别。人的情感产生并运行于大脑,这就不可避免地受到大脑内部众多因素的制约和干扰。因此,具有不同生活经历、接受不同层次教育的人,会形成不同的个性,导致其情感表现形态各不相同。在审美感受中,就是同一审美对象,对不同时代、不同阶级的人们所唤起的情感态度,既有联系,也有区别。这种情感只能在人的生理素质基础上,经过反复的社会实践,包括审美实践而逐步培养形成。人们的每一次审美活动和美感心理过程,对情感都会起到潜移默化作用。真正强烈、深刻、健康的美感,是形成审美情感的重要因素。

(5) 思维　思维是一种在感觉、知觉、表象等感性认识基础上产生的理性认识活动,它反映的不是客观事物的个别特征和外部联系,而是客观事物的内部联系,人们通过思维达到对事物本质的认识。

思维是审美中不可缺少的组成部分,要获得真正的审美效果,总离不开思维活动所起的作用。只有思维渗透溶化在审美知觉、想象之中,人们才能不只是看到对象的感性形态本身。而且通过它获得了对生活的广阔的理解、认识,达到对对象的深刻把握;艺术思维则把许多个别的特殊的感受材料集中、综合、概括为典型形象,揭示事物的本质特征,并通过创造性想象再现为感性的形象世界。

思维活动的特点,其表现形式是思维品质,亦即个体思维活动中表现出的智力特征差异。具体表现为对审美对象的直接理解。在审美中,人们通过感知审美对象,并能动地将意识专注于对象的感性的具体形态,使直接的感性因素获得充分的兴奋。审美主体往往结合感性形象,进行去粗取精,去伪存真,由此及彼,由表及里的思维活动,既保留了现象中的具体性、鲜明性、生动性,又达到了深刻地反映和认识事物的本质。从而构成审美感受的高级状态,完成审美感受的情与理相统一的心理功能。这种审美认识的理性因素,不是以理论的形态,而是始终没有脱离感性的形象性、具体性,是一种既有思维又有情感的反映和认识。

审美感受中的思维形式,主要是形象思维形式,但也不是唯一的形式,还有情感思维形式、灵感思维形式和逻辑思维形式等等。

客观存在着的美是丰富的,反映在人们头脑中的美感,是极为复杂的心理状态,也是一种复杂的能动的认识。因此,审美过程必然是多种思维形式交错起作用的过程。

### 3.3.2 园林思维

艺术是思维是艺术创造、艺术鉴赏中特殊的思维活动,它贯穿于观察生活、艺术认识、艺术体验、意象创造、艺术构思、艺术表达……艺术思维在本质上不是理性思维,它的起点是感觉,它的终点是形式。艺术家的创造活动,包含着两个相互联系的方面,即通过对生活的能动反映,在头脑中产生艺术形象的活动,以及通过物质材料的运用,把头脑中的艺术意象外化为客观存在的、可为感官把握的艺术作品的创作活动。前者是一种在头脑中发生的内部的艺术思维活动,后者是运用物质材料创作艺术作品的外化的制作活动。

1) 园林思维的概念

艺术思维凭借形象,始终把普遍性与个别性、具体形象性和感情评价结合在一起,并寻找最佳表现手段。关于艺术思维活动,前人曾作了生动的描述。鲁迅先生曾说:"画家画人物,也是静观默察,烂熟于心,然后凝神结想,一挥而就"。这论述概括了艺术创作构思活动的特点。从许多艺术家的创作经验来看,艺术构思活动大致可以分为3个阶段:第一,形象在实际生活实践中受胎萌生;第二,形象的具体酝酿或再孕育;第三,形象在构思中基本完成。

所谓受胎萌生,从表面上看,有时显得是突如其来的,似乎是一时的心血来潮,仿佛是不期而然的,有人称这种现象为灵感来临的结果,实际上,它是艺术家对生活进行了长期的观察、体验、分析、研究的产物。某些艺术设想甚至从儿时起就牢牢地留在艺术家的意识中,推动着艺术家去最后完成它。

构思创作的第二个阶段,是指有了具体的创作欲望或创作意图,对反映在头脑中的生活进行再体验的阶段。这一阶段使正在构思中的形象不断变幻以至明确和具体起来,对于对象有了深入把握。它包含着相互联系、相互作用两个方面,是对对象不断加深认识,抓住其重要和根本东西的过程。

第三个阶段是艺术家对于原先所构想的艺术形象——尚未完成的形象,再就各种具体特征加以选择、补充、集中、提炼、组合,变为一个能够充分显示对象个性和本质的艺术形象,即典型的形象。以上所说的三个阶段,尽管主客观条件不同的艺术家的构思途径和方式不尽相同,但核心都是创造性艺术想象。参与整个艺术构思的心理活动并不限于想象,其他如感觉、知觉、记忆、体验等也在发生着作用,又都是围绕着想象活动而展开的。只有通过创造性艺术想象,才能把握比直接感知的领域更为广泛和深刻得多的典型艺术形象,进而达到前人所指"精骛八极,心游万仞"的广度和深度。

艺术思维再一个重要因素是艺术家的"情感",它是艺术家对客观现实始终所持着的特定情感态度,并且体现在其所塑造的艺术形象之内,伴随着想象力而产生重要的作用,想象和情感之间的交互作用,使艺术创作得以活跃地展开,使艺术家头脑中的种种感性知觉鲜明生动起来,有助于构思的深化。将艺术构思外化的艺术传达活动,是艺术创造的另一重要方面。要了解艺术创造的规律性,还须研究传达活动的本质,研究传达活动与构思的关系以及艺术传达与艺术技巧、手法的关系等问题。

艺术家头脑中所构成的形象要用一定的物质材料体现出来,有赖于发挥艺术手段的独特功能。园林艺术家则用多种树木植物、花卉、山石水体及亭廊建筑等具体物质材料的体现手段,构成园林的艺术形象。这种与构思相适应的、带有制作性质的活动,按照一定的创作意图去改变组合物质材料,是实践性的艺术传达。从艺术发展的历史来看,艺术创作活动与物质生产的制作活动有内在的联系。艺术制作能力从物质生产的制作能力而来,并获得了独立发展。

艺术家在运用这些材料作为艺术媒介时,要遵循其特定的规律,不仅理论上了解,而且要能在艺术实践中熟练地运用这些规律,这就必须进行长期的艰苦的基本训练。没有高超的艺术技巧,艺术家就不能使其劳动成果充分发挥其艺术功能。

2) 园林思维的核心

① 形象思维是艺术家在创作活动中从发现和体验生活、进行艺术构思、形成艺术意象,并将其物化为艺术形象或艺术意境的整个过程中所采取的一种主要的思维方式。

② 形象思维具有具象性、情感性、创造性等特点。具象性是指形象思维始终要以具体可感的事象或物象作为思维的材料。情感性是指形象思维过程中渗透着强烈的审美感情色彩。创造性是指形象思维具有突出的审美创造性功能。

### 3.3.3 园林艺术欣赏

人们常说"操千曲而后晓声"、"耳濡目染"、"潜移默化"等等,这对传统园林的欣赏,确是常见的途径与方式,也有一定的实效,但是对于现代的园林艺术教学来说就远远不够用了。

首要的是学会正确而敏锐地欣赏园林美。这是一个过程,大致上可分为两步:第一步,培养和提高审美感受能力,学会从审美角度感受园林作品,并领悟其美。第二步,把握园林艺术丰富的历史内容。

审美感受能力是指审美感觉器官(主要是人的视觉器官和听觉器官)对审美对象的感知能力。审美感受能力主要指审美主体在观赏审美对象时所产生的积极的综合心理反应。他以对于对象的直接感受为特点,经由包含想象、理解在内的主动领悟,使审美主体获得全身心的感动。

1) 如何才能培养和提高审美鉴赏能力呢?

所谓审美鉴赏能力,是指审美主体凭自己的审美感受、审美情趣、审美经验和文化素质,有意识、有目的地对审美对象进行观察、体验、品味、判断和评价的一种能力。它主要包括审美标准价值判断、审美理想和审美评价三个方面。

(1) 审美标准价值判断　所谓审美是自然、社会和人,物质与精神,客体与主体相互作用而产生的效果。审美作为一种价值属性,同任何价值属性一样,都是相对于主体而言的。审美活动作为价值判断标准,就有一个价值标准问题,即以什么标准作为审美价值判断的坐标。

(2) 审美理想　审美理想是指审美主体在审美活动中对美的事物、美的趋向、美好境界的一种向往和追求。审美理想是审美价值判断的核心,也是审美价值判断的标准。审美理想受制于一定社会历史阶段的生产水平、生活方式以及与之相适应的上层建筑,具有一定的历史具体性和社会阶段性。同时折射着时代精神和社会风尚,凝聚着民族的、阶级的情感和愿望,又融入和体现人类总体的社会历史实践的成果和因素,具有全人类性质。它属于美感中的高级层次,对美感起一种调控、引导和规范作用。

(3) 审美评价　审美评价是审美主体对客体审美价值的评估,是人在审美判断的基础上对事物审美态度的体现。审美评价有鲜明的主观性,不同人对同一事物会做出不同的审美评价。审美评价又有一定的客观性,受到客观条件的制约。审美评价受到特定对象的制约,它是特定对象的刺激所引起的主观评判活动,主体判断是否符合对象的审美特质,是审美评价的客观标准。审美评价受到一定文化传统和社会风尚的制约,它总是打上时代的、阶级的、民族的烙印。

2) 艺术创造的基本过程

艺术创作的基本过程实质上就是对现实的审美认识与对审美认识的表现过程,是在生活体验的基础上,艺术构思和艺术意象物化的过程。

(1) 艺术体验　它是艺术创造的准备阶段,是创造主体在长期积淀的审美经验的基础上,充分调动情感、想象、联想等心理要素,对特定的审美对象进行审视、体味和理解的过程。艺术体验的特征:材料的储备和审美经验的积累;艺术的体验和审美发展;创造欲望的萌动及动机的生成。

(2) 艺术构思　它是指艺术家在艺术体验和艺术发现的基础上,以特定的创造动机为引导,以各种心理活动和艺术表现方式为中介,使艺术意象得以创造的成熟的过程。

(3) 艺术表现　它是指艺术意象的物化与表现,或称之为艺术传达活动。它是艺术家将自己在艺术思维中已经基本形成的艺术意象转化为艺术符号,并以物态化的形式呈现,使之成为具体、可感的艺术形象、艺术情境或形象体系的过程。这一过程有如下特征:主体在物化的表现过程中呈现出鲜明的审美倾向;主体在物化的过程中应不断进行艺术语言的锤炼;艺术意蕴将在物化的过程中获得提升;艺术内涵获得深化的表征是形象、意境或典型的生成。

3) 园林艺术欣赏过程中的三个阶段

园林艺术的欣赏也是一门艺术,其要旨在于能领略和品评各个园林的风格与特点。每当跨进一座园林,面对纷至沓来的景色,你会发自内心地赞美,这就是通常所说的艺术鉴赏和审美观。有人提出,艺术的欣赏需要经过审美感知、审美理解和审美创造三个阶段,那么从这样三个方面去欣赏园林艺术是很有道理的。

第一阶段,审美感知就是要求我们直观地去感知审美对象,即通过"观"来感受园林景物的形式特征所传递出某种审美信息,是自己平心静气地进行直观的感受。欣赏园林就不只是简单的视觉参与,而是由听觉、嗅觉、触觉等共同参与的综合感知过程。

第二阶段,在审美感知的基础上进行审美理解。即在直观感受的基础上,进行理解和思考,把握作品的意味、意义和内涵。这种理解包括对作品的艺术形式和艺术技巧的理解,对作品表现的内容和表达的主题的理解,以及对作品的时代背景和时代精神的理解等等,这就需要充分调动我们的思考能力。

第三阶段,进入审美创造阶段。就是通过审美的感知和审美的理解后,在对作品审美的基础上进行再创造,通过自己积累的审美经验、文化知识、生活阅历等进行丰富的联想,升华、引发开去,再创造出一个新的意象来。所以欣赏园林艺术,一定要了解其产生的历史和文化背景,只有这样才能更好地理解园林艺术所包蕴的丰富内涵。

陈从周先生曾提出对园林景物的观赏有静观和动观之分,看与居,即静观;游与登,即动观。一般来说,造园家在创作园林之先就已经进行过慎重的考虑,给游人提供一系列驻足的观赏点,使游人在此得到全方位的艺术欣赏,并且通过"观"、"品"、"悟"等不同阶段和不同层次的体味,不断深入地理解其真正的艺术价值。

### 3.3.4 园林实例赏析

1) 北京清代皇家园林——颐和园

颐和园是我国至今保存最完好的清代离宫御苑型皇家园林。颐和园的布局根据使用性质和所在区域大致可分为4部分:东宫门和万寿山东部的宫室部分;万寿山前山部分;万寿山后山和后湖部分;昆明湖、南湖和西湖部分。4部分虽然结构各异,但互相联系,主次分明,依山傍水,层层展开,浑然一体。

东宫门是颐和园的正门,门内布置了一片密集的宫殿,其中仁寿殿是接见群臣、处理朝政的地点。由封闭对称的仁寿殿转入前山部分,空间豁然开朗,产生强烈对比。万寿山前山中心地段的排云殿和佛香阁(图3.1),是全园的主体建筑。

颐和园的后山水面狭长而曲折,林木茂密,环境幽邃,和前山的旷朗开阔形成鲜明对比。昆明湖东岸是一道拦水长堤,湖中又筑堤一道,沿西湖堤建桥6座。此堤将湖面划为东、西两部分,东面湖中设龙王庙小岛,以十七孔桥(图3.2)与东堤相连,西面湖中又有小岛二处。这一带湖面处理虽欲写意杭州西湖,但周围无层叠的山岭为屏障,终因缺乏层次而显得空旷平淡。

图3.1 颐和园万寿山上佛香阁建筑群
资料来源:罗哲文.中国古园林[M].北京:中国建筑工业出版社,1999.

图3.2 颐和园昆明湖与十七孔桥
资料来源:罗哲文.中国古园林[M].北京:中国建筑工业出版社,1999.

颐和园借景周围的山水环境，以翁郁苍翠的万寿山和碧波万顷的昆明湖构成了全园的山水骨架，亭台、长廊、殿堂、庙宇和小桥等人工景观与自然山峦和开阔的湖面相互和谐、艺术地融为一体，整个园林设计构思巧妙，是中国古典园林艺术之集大成者。万寿山高60 m，由山脚至山巅，以佛香阁为主的高大建筑群，层层叠叠共有七重，构成全园景观的中心。昆明湖由数股西山、玉泉山上的清泉汇集而成，湖中以两堤、六岛、九桥组或浩瀚的水面空间，聚散开合，将单一的水面变为远近皆有美景可赏。

2）江南私家园林——香远溢清拙政园

拙政园位于苏州城东北，这里原是一片积水弥漫的洼地，整个园林利用园地多积水的优势，疏浚为池；望若湖泊，造成一个以水为主的风景园。此园位于住宅北侧，原有园门是住宅间夹弄的巷门，中经曲折小巷而入腰门。

现在的拙政园分为东、中、西三部分。东部平岗草地，竹坞曲水，堂、榭、馆、亭点缀其间，疏朗闲适。西部水廊逶迤，楼台倒影，清幽恬静。中部是全园的精华所在，面积约27亩，池水约占三分之一，布局以水池为中心，建筑皆面水而筑，水木明瑟、疏朗雅致。主体建筑远香堂环境开阔，采用四面厅的建筑形式，长窗透空，四面观景犹如观赏长幅卷画（图3.3）。北面水池中有东西两山，与远香堂隔水形成对景，绿叶掩映的土石山上，建有雪香云蔚亭，周围遍植白梅；山间曲径两侧乔木丛竹相掩，蔽日浓阴，富有江南水乡气息。岸边散植藤蔓、灌木，迎风低垂拂水，更增添了水意弥漫的意境。远香堂西侧曲水之

图3.3 拙政园中部景观
罗哲文.中国古园林[M].北京.中国建筑工业出版社,1999.

间又有小飞虹、旱舫、书房、幽斋，使空间迂回曲折，庭院深深。北寺塔远借入园成景，池北岸边丛筹叠翠，野趣横生。远香堂东侧有绿漪堂、梧竹幽居、绣绮亭、枇杷园、海棠春坞、玲珑馆等处。

拙政园的园林建筑以群体组合为主，轩、亭、廊、桥或依水围合，或在园林山水和住宅之间，穿插布置，使主体空间显得更加疏朗、开阔、变幻曲折，又解决了住宅与园林之间的过渡。

在园中运用楹联、诗词、题咏与园林相结合的表现手法，利用文学表达中形象思维的艺术魅力，深化人们对园林景色的理解，使园林更富诗情画意。如园中海棠春坞，指的是庭内种有海棠的小院，宜春日小憩；荷风四面亭指的四面临池的小亭，宜夏夜纳凉；待霜亭周围遍植橘树，宜深秋登临；雪香云蔚亭附近遍植白梅，宜冬日踏雪。文联辞对，兼有书法之妙，更引人欣赏。

3）禅思与水墨画——日本"枯山水"庭园

日本禅宗园林用自然的形式和色彩来使人心灵得以沉静，是一处心灵沉思的场所，"枯山水"庭园属于禅宗庭园（图3.4），是日本最具特色的一种造园形式。"枯山水"庭园最初是为他们修行而设计的。空落落的庭院，只有黝黑的岩石孤零零地立在一片耙过的白沙地上，即使是走马看花的游客，到了这里也会身不由己地静坐下来，让思绪任意地展开。

15世纪建于京都龙安寺的枯山水庭园是日本最有名的园林精品。它占地呈矩形，面积仅330 m²，庭园地形平坦，由15尊大小不一之石及大片灰色细卵石铺地所构成。石以二、三或五为一组，共分五组，石组以苔镶边，往外即是耙制而成的同心波纹。同心波纹可寓意为雨水溅落池中或鱼儿出水。看是

图3.4 日本龙安寺方丈室前的枯山水
资料来源：大桥治三.日本庭院：造型与源流[M].王铁桥,张文静译.郑州：河南科学技术出版社,2000.

白砂、绿苔、褐石,但三者均非纯色,从此物的色系深浅变化中可找到与彼物的交相调谐之处。而砂石的细小与主石的粗犷、植物的软与石的硬、卧石与立石的不同形态等,又往往于对比中显其呼应。因其属眺望园,故除耙制细石之人以外,无人可以迈进此园。而各方游客则会坐在庭园边的走廊上,甚至会滞留数小时,思索这些砂、石的形式之中隐含的佛教禅宗的深刻含义。

4) 兰特庄园

意大利古典园林是西方造园史上一个影响深远、有高度艺术成就的重要派别,留存至今的代表作包括罗马三大名园:兰特庄园、法尔耐斯庄园、埃斯特庄园,它们充分展示了文艺复兴时期西方造园的最高成就。

兰特庄园地处高爽干燥的丘陵地带,1547年由著名的建筑家、造园大师维尼奥拉设计,修筑于美丽的风景如画的巴涅亚小镇,它的园林布局呈中轴对称、均衡稳定、主次分明,各层次间变化生动,又通过恰到好处的比例控制形成了一个和谐的整体,是一座堪称巴洛克典范的意大利台地花园。

兰特庄园由四个层次分明的台地组成:平台规整的刺绣花园、主体建筑、圆形喷泉广场、观景台(制高点)。维尼奥拉对丘陵地带变化丰富的地形进行了灵活巧妙地利用,在三层平台的圆形喷泉后,用一条华丽的链式水系穿越绿色坡地(图3.5),使得渐行渐高的园林中轴终点落在了整个庄园的至高点上,并在此修筑亭台,方便从这儿俯瞰庄园全景。

兰特庄园的植物种植也颇具特色。它从最典型的欧式园林风格——修剪整齐的小灌木刺绣花坛开始,

**图3.5　意大利兰特庄园**
资料来源:陈志华.外国造园艺术[M].台北:明文书局,1990.

随着层次的变化,渐渐的植物有了自然的形态,而到了制高点以充满野趣的园林森林的环绕结束,实现了完全的人工向自然的过渡,是意大利古典园林中难得一见的人类意识向自然融合的表现。

5) 沃-勒-维贡特府邸花园

它位于巴黎南偏东约51 km处,距枫丹白露不远,占地面积约70 hm$^2$。整个府邸是古典主义风格的,轴线严谨,力求宏伟豪华。花园中轴长约1 km,两侧是顺向的长条形植坛,总宽度平均200 m,外侧是浓密的林园,大而茂盛的深绿色树林,衬托着平坦而开阔的中心花园。

花园在府邸的南面,顺应平缓的北高南低的地势,长长的花园也是自北向南单向延伸,按台地分三段处理。三个段落各有主题,第一段紧邻府邸,以强调人工装饰美的花坛为主题;第二段以水景为题,突出喷泉和水渠的倒影;第三段以树木草坪为主,增加自然情趣。三段之间的过渡经过精心设计,循序渐进、独具匠心。第一段以小小的圆形水池结束,一条横向道路从这里穿过,下方的小水渠沿台地的挡土墙伸展,插在两个舒缓的纵向构图的台地之间,强化了节奏和方向的对比,同时与大运河产生呼应。第二段以方形的水池形成的镜面结束,水镜倒映着远处的府邸,两边的草地和道路也形成一个短促的横构图,预示着大运河的到来。运河两岸的台阶间的挡土墙上有成排的瀑布,平静的河流与飞瀑形成强烈的动、静对比,南岸岩洞中的雕像和喷泉,进一步活跃了水景的气氛。通过南岸台阶上的圆形水池,将北岸的轴线接引过来,后面是坡上的绿色剧场,站在海格力斯像前,可以回首俯视全园,远处府邸的穹顶与半圆形剧场的轮廓遥相呼应(图3.6)。

花园两边的林园也以直线型道路和几何形构图与中心部分相协调,在空间上,郁闭的树林与开敞的花园对比强烈。高大的树木形成了花园的背景,并向南延伸一直到轴线的端点,围合出半圆的绿色剧场,极大地强化了空间的透视感和深远感。

6) 英国风景式园林——切兹沃斯庄园

英国的切兹沃斯庄园最早建于16世纪70年代，随后在长达4个世纪的变迁中，切兹沃斯庄园不断地调整、改造，接踵而至的园林艺术的辉煌时代，各展其姿，相互媲美，一个个都在此留下了清晰的烙印，使其具有多样性的特征，成为一部英国造园艺术史的活标本。

园中现在仍保留着1570年修建的林荫道和建有"玛丽王后凉亭"的台地，1685年在法国勒诺·特尔式园林巨大影响下改造而成的花坛、斜坡草坪、温室、泉池以及长达几公里的整形树篱和植物雕刻。1694—1695年建了一座大型瀑布，利用地形的变化形成不同高度和宽度，使跌水的音响效果富于变化。几年后，又在山丘之巅建造了一座庙宇式"浴室"。

1750年以后，由布朗主持的改建工程使很大一部分花园被改动，同时重点改造了沼泽地，重新塑造地形，将河流引入风景构图。这时的切兹沃斯园中"大面积的种植、起伏的地形、弯曲的河流、两岸林园的扩展以及园中堆叠的大土丘，都使得人们能够更好的欣赏河流景观(图3.7)。"

7) 伊斯兰园林——红堡和狮庭

伊斯兰园林取意于《古兰经》中的天堂，庭园主要采用两种自然元素——水和树，水是生命的源泉，而树则因其顶部高耸而更加接近天堂。受地域、气候条件及本土文化影响，伊斯兰园林大多呈现为独特的建筑中庭形式，也因如此，在世界园林史上，伊斯兰传统园林可谓最为沉静内敛的庭园。

"阿尔罕布拉"在阿拉伯语中，是红色的意思，所以人们又称其为"红堡"。在高地环境中，阿尔罕布拉宫具有鲜明的色彩，摩尔诗人即用"翡翠中的珍珠"来描述其建筑明亮的色泽，及其周边丰饶的森林资源。阿尔罕布拉宫是具有代表性的伊斯兰园林，它有4个主要的中庭：桃金娘中庭、狮庭、达拉哈中庭和雷哈中庭。环绕这些中庭的周边建筑的布局都非常精确对称。

桃金娘中庭由大理石列柱围合而成，是外交和政治活动的中心。该中庭的主要特征是一个浅而平的矩形反射水池，以及漂亮的中央喷泉，长长的水池反射出宫殿倒影，给人以漂浮宫殿之感。水池旁侧排列着两行桃金娘树篱，中庭的名称即源于此(图3.8)。

"狮庭"是苏丹王室家庭的中心，是一个经典的

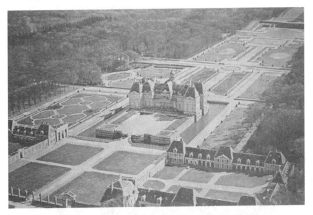

**图3.6 沃-勒-维贡特府邸花园正面全景**
资料来源：陈志华. 外国造园艺术[M]. 台北：明文书局，1990.

**图3.7 切兹沃斯庄园**
资料来源：陈志华. 外国造园艺术[M]. 台北：明文书局，1990.

**图3.8 阿尔罕布拉宫的桃金娘院**
资料来源：陈志华. 外国造园艺术[M]. 台北：明文书局，1990.

图 3.9　阿尔罕布拉宫的狮子院
资料来源：http://bbs.worlddiy.net

阿拉伯式庭院,十字形水渠将其一分为四。水从石狮的口中喷出,经由水渠流向围合中庭的四个走廊。走廊由 124 根棕榈树般的柱子架设,按照黄金分割比加以划分和组织,拱门及走廊顶棚上有十分精美的拼花图案,四根一组的立柱既满足了支撑结构的需求,又增添了庭院建筑的层次感,使空间更为丰富、细腻(图 3.9)。

8) 美国纽约中央公园

纽约中央公园南起 59 街,北抵 110 街,东西两侧被著名的第五大道和中央公园西大道所围合,中央公园名副其实地坐落在纽约曼哈顿岛的中央。$340 \, hm^2$ 的宏大面积使她与自由女神、帝国大厦等同为纽约乃至美国的象征。

中央公园的建设历时 15 年,于 1873 年全部建成。当时纽约等美国的大城市正经历着前所未有的城市化。大量人口涌入城市,经济优先的发展理念,不断被压缩的公园绿化用地等公共开敞空间使得 19 世纪初确定的城市格局的弊端暴露无遗,各种城市问题凸现使得满足市民对新鲜空气、阳光以及公共活动空间的要求成为地方政府的当务之急。

公园的兴建使普通市民有了一个娱乐休闲的去处,它是一块完全人造的自然景观,为忙碌紧张的生活提供一个由规整的林荫大道、茂密的树林、开阔的草坪和大片的水面组成的悠闲的休憩场所。这一事件开创了现代景观设计学之先河,更为重要的是,她标志着普通人生活景观的到来,美国的现代景观设计从中央公园起,就已不再是少数人所赏玩的奢侈品,而是普通公众愉悦身心的空间。

100 多年后的今天,纽约中央公园依然是普通公众休闲、集会的场所,每天有数以千计的市民与游客在此从事各项活动。同时,数十公顷遮天蔽日的茂盛林木,也成为城市孤岛中各种野生动物最后的栖息地。

# 4 园林构成要素

## 4.1 自然要素

### 4.1.1 山岳景观要素

中国辽阔的国土、复杂的地形,孕育了无数多姿多彩的山岳景观,有雄踞世界之巅的喜马拉雅山,有闻名于世的黄山,有秀甲天下的桂林山水,有风情独具的张家界……这一切崇山峻岭,都是地球40多亿年的历史演变的"杰作"。

山岳都是经过漫长而复杂的地质构造作用、岩浆活动变质作用与成矿作用才得以形成我们现在看到的形形色色变化奇特的岩体。据统计,地壳中的岩石不下数千种,按成因可以分为火成岩、沉积岩以及变质岩三大类,其中最易构景的有花岗岩、玄武岩、页岩、砂岩、石灰岩、大理岩等少数几种。不同的岩石由于其构成成分的差异,有的不易风化和侵蚀,一直保持固有状态,有的又极易风化而形成各种特征迥异的峰林地貌,这才使得作为大地景观骨架的山岳形态各异。再加之树木花草、云霞雨雪、日月映衬,这才使山岳景观呈现出雄、险、奇、秀、幽、旷、深、奥的丰富形象特征。

1) 山岳景观类型的划分

划分名山类型的原则一般是以岩性作为基础。

(1) 火成岩地质景观　火成岩又称为岩浆岩,它是由岩浆冷凝固结而成。岩浆是处于地下深处(50~250 km)的一种成分非常复杂的高温熔融体。它可因构造运动沿着断裂带上升,在不同的地方凝固。若侵入地壳上层则成为侵入岩,若喷出地表则成为喷出岩或火山岩。其中与山岳景观关系最为密切的是侵入岩类的花岗岩与喷出岩类的玄武岩。

在漫长的地质历史过程中,露出地表的花岗岩体经过断裂、破碎,在经受流水、冰川等"大自然艺术师"的雕琢,使得花岗岩区往往形成奇妙的地貌,这些区域山体往往高大挺拔,山岩陡峭险峻,气势宏伟,岩石裸露,多奇峰深壑。由于其表层岩石球状风化显著,还可形成各种造型逼真的怪石,具较高的观赏价值。著名的有海南的"天涯海角"、"鹿回头"、"南天一柱";浙江普陀山的"师石";辽宁千山的"无根石";安徽天柱山的"仙鼓峰"和黄山的"仙桃石"等。我国众多名山中,有不少是由花岗岩构成的山岳景观,其中以华山、黄山、雁荡山及三峡神女峰的景色最为著名。玄武岩是岩浆喷出地表冷凝而成的基性火成岩,常呈大规模的熔岩流,它的景观特点是由火山喷发而形成的奇妙的火山口。其熔岩流形态优美,如盘蛇似波浪。我国黑龙江五大连池就是典型的玄武岩火山熔岩景观。我国西南部景色秀丽的峨眉山,其山体顶部大面积覆盖的也是玄武岩,称"峨眉山玄武岩"。

(2) 沉积岩地质景观　沉积岩是在地表或接近地表的范围内,由各类岩石经过风化、侵蚀、搬运、沉积和成岩等作用以及某些火山作用而形成的岩石。其主要特征是具有层理,一层层的岩石就像一页页记录着地球演化的书页,从中能寻找到地壳演变过程中,曾经发生的沧桑之变和古气候异常的遗迹。在沉积岩的造景山石中,尤其以红色钙质砂砾石、石英砂岩和石灰岩构成的景观最具特色。

我国南方红色盆地中沉积着厚达数千米的河、湖相沉积红色砂砾岩层,简称红层。由于红层中氧化铁富集程度的差异,使得这些岩石外表呈艳丽的紫红色或褐红色,构成所谓的"丹霞地貌"景观。这里赤壁丹崖、群峰叠嶂的奇峰怪石,座座"断壁残垣"、根根"擎天巨柱"、簇簇"朱石蘑菇",其势巍峨雄奇,精巧多姿,在我国南方众多的丹霞景观中,数广东仁化县的丹霞山和福建武夷山最负盛名。

图 4.1 张家界峰林景观

石英砂岩层理清晰,岩层大体呈水平状,层层叠叠给人以强烈的节奏感。岩石硬度大,质坚硬而脆。在风化侵蚀、搬运、重力崩塌等作用下岩层沿着节理不断解体,留下中心部分的受破坏力最小的岩核,即形成千姿百态的峰林景观。我国最典型的石英砂岩景区就是以"奇"而著称天下,被誉为自然雕塑博物馆的湘西张家界国家森林公园,其景区内石英砂岩柱峰有几千座,千米以上柱峰几百座,变化万端,栩栩如生(图4.1)。

石灰岩是一种比较坚硬的岩石,但是它具有可溶性,在高温多雨的气候条件下经岩溶作用,形成千姿百态的岩溶景观,如石林、峰林、钟乳石、溶洞、地下河等景观。岩溶地貌,也叫喀斯特地貌,是水对可溶性岩石进行溶蚀后形成的地表和地下形态的总称。喀斯特原为南斯拉夫西北部的一处地名,19世纪中叶,最初的喀斯特地貌研究始于此处,因而得名。喀斯特地貌的典型特征就是奇峰林立、洞穴遍布。以地表为界,喀斯特地貌又可分为地上景观和地下景观两部分。地上通常有孤峰、峰丛、峰林、洼地、丘陵、落水洞和干谷等特征景观,而地下溶洞中最常见的则是石钟乳、石笋、石幔、地下暗河等景观。我国也是喀斯特地貌分布较广的国家,主要分布于广东西部、广西、贵州、云南东部以及四川和西藏的部分地区,其中以云南石林和桂林山水最为典型。

(3) 变质岩地质景观　在地壳形成和发展过程中,早先形成的岩石,包括沉积岩、岩浆岩,由于后来地质环境和物理化学条件的变化,在固态情况下发生了矿物组成调整、结构构造改变甚至化学成分的变化,而形成一种新的岩石,这种岩石被称为变质岩。其种类很多,由于原有岩石的岩性及所受的变质程度的差异,变质岩的岩性差别很大,组成的山地风景的风格特色也不同。我国由变质岩构成的名山很多,大江南北分布广泛。著名的如泰山、嵩山、庐山、五台山、苍山、武当山、梵净山等。以气势磅礴、山体高大雄伟著称的泰山,其主体是由古老的花岗闪长岩体变质而成。梵净山相对高差达2 000余米,出露于群峰之巅,巍峨壮观。在风化、侵蚀等外力作用下,造就了无数奇峰怪石,如"鹰嘴岩"、"蘑菇岩"、"冰盆"、"万卷书"等。苍山由石灰岩变质后的大理岩构成,山石如玉,山峰险峻,林木苍苍,犹如人间仙境。其他著名的变质岩山岳景观还有江苏孔望山、花果山、浙江南明山等等。

2) 山岳景观美学特征

自然美的形态是千差万别的,作为山岳景观给人的美感是特别丰富的。大体上有如下特征:

(1) 雄壮之美　具有雄伟、壮丽特征的山岳景观常常引起人们赞叹、震惊、崇敬、愉悦的审美感受。如泰山巍峨耸立,以"雄"见称。汉武帝游泰山时曾赞曰:高矣、极矣、大矣、特矣、壮矣。

(2) 险峻之美　具有险峻特征的一般是坡度很大的山峰峡谷。华山素以"险"著称。仰观华山,犹如一方天柱拔起于秦岭诸峰之中,四壁陡立,奇险万状。

(3) 秀丽之美　秀丽的山峦常是色彩葱绿,生机盎然,形态别致,线条柔美。峨眉山以"秀"驰名。峨眉山海拔虽高但是并不陡峭,全山山势蜿蜒起伏,线条柔和流畅,给人一种甜美、安逸、舒适的审美享受。除此之外还有黄山的奇秀、庐山的清秀、雁荡山的灵秀、武夷山的神秀。

(4) 奇特之美　富有奇特之美的山岳景观往往以其出人意料的形态,给人一种巧夺天工而非人力所为的感叹。黄山以"奇"显胜,奇峰怪石似人似兽,惟妙惟肖。

(5) 幽深之美　具有幽深之美的山岳景观,常以崇山深谷、溶洞悬乳为条件,辅之以繁茂的乔木和灌木,纵横溪流,构成半封闭的空间。这种景观视野狭小而景深较大,有迂回曲折之妙,无一览无余之坦。优美在于深藏,景藏得越深,越富于情趣,越显得优美。四川青城山之美在于"幽",这种幽深的意境美,使人感到无限的安逸、舒适、悠然自得。

### 4.1.2 水域景观要素

自然界的水不仅孕育了人类和文明,还使地球表面千沟万壑,汇聚成江河,构成了一幅幅景象千万、秀丽多姿的自然景观。按照水域形态的不同可以分为江河景观、湖泊景观和海岸景观。

1) 江河景观

如果说高山是大地的骨架,那么纵横奔涌的江河就是大地的血脉。江河景观包括:瀑布景观、峡谷景观、河流三角洲景观。

(1) 瀑布景观 瀑布为河床纵断面上断悬处倾泻下来的水流。几乎所有山岳风景区都有不同的瀑布景观。我国著名的瀑布有广西德天瀑布、黄河壶口瀑布、云南九龙瀑布、四川诺日朗瀑布、贵州黄果树瀑布。瀑布展现给人的是一种动水景观之美。瀑布的形态随地貌情况的不同而变化,如庐山三叠泉,瀑水成"之"字形分三级下坠;黄山脚下,瀑水分流,形成"人"字形瀑布;而九寨沟的高低不同的湖泊之间多悬瀑布,形成一级一级的长串梯瀑,充分表现出多变的瀑布景观之美。瀑布融形、色、声之美为一体,具有独特的表现力。不同的地势和成因决定了瀑布的形态,使之有了壮美和优美之分。壮美的瀑布气势磅礴,似洪水决口、雷霆万钧,给人以恢宏壮丽的美感;优美的瀑布水流轻细、瀑姿优雅,给人以朦胧柔和的美感。丰富的自然瀑布景观是人们造园的蓝本,它以其飞舞的雄姿,给人带来"疑是银河落九天"的抒怀和享受。

(2) 峡谷景观 峡谷是全面反映地球内外力抗衡作用的特征地貌景观。其成因有传统地质学上的地壳升降学说,和新兴的大陆板块碰撞学说所引起的造山运动,而冰雪流水等外力又不断将山脉刻蚀切割,形成了谷地狭深、两壁陡峭的地质景观。这是江河上最迷人的旅游胜境,江面狭窄,水流湍急,中流砥柱,两岸的造型地貌,把游人引入仙幻境界。著名的长江三峡就是高山峡谷景观的代表作。三峡奇观形成主要有两大原因,一是地壳抬升,造山运动使得巫山山脉和四川盆地不断抬高;二是滔滔不绝的长江水流的冲刷、雕刻、切割,形成了深达几百米的峡谷。另外,浙江新安江、富春江的风光,翠山层叠,碧水穿山,虽然没有长江三峡雄伟、湍急、奇险,但基本景观结构上是相似的,又因地处江南,植被茂盛,葱绿满山,带来更多的清秀之美,历来倍受文人雅客的青睐。

(3) 河流三角洲景观 河流携带大量泥沙倾泻入海,往往形成近似三角形的平原,称为三角洲,这里河道开阔,水流缓慢,地势平坦,土地肥沃,鱼鸟繁盛,物产丰庶,往往是人类聚衍的最佳选择地。黄河三角洲景观是我国著名的河流三角洲景观,黄河经过长途跋涉,静静地流淌在三角洲大平原上,慢慢地注入海洋的怀抱,金黄色的水流伸展在海面上,形成蔚为壮观的黄河入海口景观。

2) 湖泊景观

湖泊是大陆洼地中积蓄的水体,其形成必须有湖盆水的来源,按湖盆的成因分类主要有:

(1) 构造湖景观 陆地表面因地壳位移所产生的构造凹地汇集地表水和地下水而形成的湖泊。其特征是坡陡、水深、长度大于宽度,呈长条形。这类湖泊常与隆起的山地相伴而生,山湖相映成趣,如鄱阳湖与庐山、滇池与西山、洱海与苍山等均为这类景观。

(2) 泻湖景观 海洋与陆地的分界线称之为海岸线。海岸线受着海浪地冲击、侵蚀,其形态在不断地发生着变化。海岸线由平直变成弯曲,形成海湾,海湾口两旁往往由狭长的沙咀组成。狭长的沙咀愈来愈靠近,海湾渐渐的与海洋失去联系,而形成泻湖。此类湖原系海湾,后湾口处由于泥沙沉积而将湾与海洋分隔开而成为湖泊,如著名的太湖、西湖等。约在数千年前,杭州的西湖还是与钱塘江相连的一片浅海海湾,以后由于海潮和河流挟带的泥沙不断在湾口附近沉积,使湾与海洋完全分离,海水经逐渐淡水化才形成今日的西湖,并与周边的山地构成湖光山色的优美景色。

(3) 冰川湖景观 冰川湖是由冰川挖蚀成的洼坑和水碛物堵塞冰川槽谷积水而成的一类湖泊。冰川湖形态多样,岸线曲折,大都分布在古代冰川或现代冰川的活动地区。主要分为冰蚀湖和冰碛湖两类。冰蚀湖是由冰川侵蚀作用所形成的湖泊。冰川在运动中不断掘蚀地面,造成洼地,冰川消融后积水成湖。北美、北欧有许多著名的冰蚀湖群,北美"五大湖"(苏必利尔湖、休伦湖、伊利湖、安大略湖、密执安湖)是世界上最大的冰蚀湖群;北欧芬兰有大小湖泊6万多个,被誉为"千湖之国",大部分都是冰川侵蚀而成。我国西藏

图 4.2 新疆喀纳斯湖景观

也有许多冰蚀湖。冰碛湖是由冰川堆积作用所形成的湖泊。冰川在运动中挟带大量岩块和碎屑物质，堆积在冰川谷谷底，形成高低起伏的丘陵和洼地。冰川融化后，洼地积水，形成湖泊。新疆阿尔泰山西北部的喀纳斯湖是较著名的冰碛湖（图 4.2）。

(4) 岩溶湖景观　为岩溶地区的溶蚀洼地形成的湖泊，如风光迷人的路南石林中的剑池。

(5) 人工湖景观　气象万千的浙江千岛湖，它是 1959 年为我国建造的第一座自行设计、自制设备的大型水力发电站——新安江水力发电站而拦坝蓄水形成的人工湖，因湖内拥有 1 078 座翠岛而得名。千岛湖是长江三角洲地区的后花园，它以多岛、秀水、"金腰带"为主要特色景观。湖区岛屿星罗棋布，姿态各异，聚散有致。周围半岛纵横，峰峦耸峙，水面分割千姿百态，宛如迷宫，并以其山青、水秀、洞奇、石怪而被誉为"千岛碧水画中游"。千岛湖以其独特的成因和优越的地理条件造就了群山叠翠、湖光潋滟、湖水澄碧的优美自然景观。

3) 海岸景观

我国有着长达 18 000 km 的漫长海岸线，由于海岸处于不同的位置、不同的气候带、不同的海岸类型，便形成了类型不同、功能各异的旅游胜地，其主要类型有：

(1) 沙质海滩景观　滨海风光和海滩浴场是最具魅力的游览地。最佳的浴场要求滩缓、沙细、潮平、浪小和气候温暖、阳光和煦，如青岛海滨和浙江普陀千步沙。

(2) 珊瑚礁海岸景观　在海岸边形成庞大的珊瑚体，呈现众多的珊瑚礁和珊瑚岛，岛上热带森林郁郁葱葱，景色迷人。如海南岛珊瑚岸礁，其中南部鹿回头岸礁区是著名的旅游地。

(3) 海潮景观　由于地球受到太阳、月球的引力作用而形成海洋潮汐。我国最著名的海潮景观为浙江钱塘江涌潮，钱塘江涌潮为世界一大自然奇观，它是天体引力和地球自转的离心作用，加上杭州湾喇叭口的特殊地形所造成的特大涌潮，潮头可达数米，海潮来时，声如雷鸣，排山倒海，犹如万马奔腾，蔚为壮观。观潮始于汉魏(公元 1—6 世纪)，盛于唐宋(公元 7—13 世纪)，历经 2 000 余年，已成为当地的习俗。尤其在中秋佳节前后，八方宾客蜂拥而至，争睹钱江潮的奇观，盛况空前。距杭州 50 km 的海宁盐官镇是观潮最佳处。

(4) 基岩海岸景观　由坚硬岩石组成的海岸称为基岩海岸。我国东部多山地丘陵，它的延伸入海，边缘处顺理成章地便成了基岩海岸。它是海岸的主要类型之一。基岩海岸常有突出的海岬，在海岬之间，形成深入陆地的海湾。岬湾相间，绵延不绝，海岸线十分曲折。基岩海岸在我国都广有分布。在杭州湾以南的华东、华南沿海都能见到它们的雄姿，而在杭州湾以北，则主要集中在山东半岛和辽东半岛沿岸。我国的基岩海岸长度约 5 000 km，约占大陆海岸线总长的 30%。此外，在我国的第一、第二大岛的台湾岛和海南岛，其基岩海岸更为多见。"惊涛拍岸，卷起千堆雪，"宋代诗人苏东坡咏赤壁的千古绝唱，今天看来显然用错了地方，如果用它来描写基岩海岸似乎更为恰当。它轮廓分明，线条强劲，气势磅礴，不仅具有阳刚之美，而且具有变幻无穷的神韵。

(5) 红树林海岸景观　红树林海岸是生物海岸的一种。红树植物是一类生长于潮间带(高潮位和低潮位之间的地带)的乔灌木的通称，是热带特有的盐生木本植物群丛。红树林酷似一座海上天然植物园，主要分布在我国华南和东南的热带、亚热带沿岸。其中以海南岛琼山东寨港的红树林最为著名(图 4.3)。

4) 岛屿景观

散布在海洋、河流或湖泊中的四面环水、低潮时露出水面、自然形成的陆地叫岛屿。彼此相距较近的一组岛屿称为群岛。我国自古以来就有东海仙岛和灵丹妙药的神话传说，导致不少皇帝派人东渡求仙，也构成了中国古典园林中一池三山的传统格局。由于岛屿给人带来神秘感，在现代园林中的水体中也少不了聚土石为岛,既增加了水体的景观层次又增添了游人的探求情趣。从自然到人工岛屿,有著名的哈尔滨的太阳岛、青岛的琴岛、威海的刘公岛、厦门的鼓浪屿、太湖的东山岛。

### 4.1.3 天文、气象要素

借景是中国园林艺术的传统手法。借景手法中就有借天文、气象景物一说。天文、气象包括日出、日落、朝晖、晚霞、圆月、弯月、蓝天、星斗、云雾、彩虹、雨景、雪景、春风、朝露等。

1) 日出、晚霞、月影

观日出,不仅开阔视野,涤荡了胸襟,振奋了激情,而且更是深深地密切了人和大自然的关系。高

图 4.3 红树林海岸景观

山日出,那一轮红日从云雾岚霭中喷薄而出,峰云相间,霞光万丈,气象万千;海边日出,当一轮红日从海平线上冉冉升起,水天一色,金光万道,光彩夺目。多少流芳百世的诗人,在观赏日出之后,咏唱了他们的直感和真情。北宋诗人苏东坡咏道:"秋风与作云烟意,晓日能令草木姿"。南宋诗人范成大在诗中这样写道:"云物为人布世界,日轮同我行虚空"。现代诗人赵朴初诗:"天著霞衣迎日出,峰腾云海作舟浮"。

同观日出一样,看晚霞也要选择地势高旷、视野开阔且正好朝西的位置。这样登高远眺,晚霞美景方能尽眼底。日落西山前后正是观晚霞最为理想的时刻。

"白日依山尽"、"长河落日圆"之后便转换到了以月为主题的画面。西湖十景中的"平湖秋月"、"三潭印月";燕京八景中的"卢沟晓月";避暑山庄的"梨花伴月";无锡的"二泉映月";西安临潼的"骊山晚照";桂林象鼻山的"水月倒影"等,月与水的组合,其深远的审美意境,也引起人的无限遐思。

2) 云海

所谓云海,是指在一定的条件下形成的云层,并且云顶高度低与山顶高度,当人们在高山之巅俯视云层时,看到的是漫无边际的云,如临大海之滨,波起峰涌,浪花飞溅,惊涛拍岸。故称这一现象为"云海"。其日出和日落时所形成的云海五彩斑斓,称为"彩色云海",最为壮观。在我国著名的高山风景区中,云海似乎都是一大景观。峨眉山峰高云低,云海中浮露出许多山峰,云腾雾绕,宛若佛国仙乡;黄山自古就有黄海之称,其"八百里内形成一片峰之海,更有云海缭绕之"的云海景观是黄山第一奇观(图4.4)。庐山流云如瀑,称为"云瀑"。神女峰的"神女",在三峡雾的飘流中时隐时现,更富神采。苍山玉带云,在苍山十九峰半山腰,一条长达百余公里的云带,环绕苍翠欲滴的青山,美不胜收。

3) 雨景、雪景、霜景

雨景也是人们喜爱观赏的自然景色。杜甫的《春夜喜雨》写道:"好雨知时节,当春乃发生。随风潜入夜,润物细无声。野径云俱黑,江船火独明。晓看红湿处,花重锦官城。"下雨时的景色和雨后的景色都跃然纸上。川东的"巴山夜雨"、蓬莱的"漏天银雨"、济南"鹊华烟雨"、贵州毕节"南山雨雾"、羊城"双桥烟雨"、河南鸡公山"云头观雨"、峨眉"洪椿晓雨"等都是有名的雨景。

图 4.4 黄山云海景观

冰、雪奇景发生于寒冷季节或高寒气候区。这些景观造型生动、婀娜多姿。特别是当冰雪与绿树交相辉映时,景致更为诱人。黄山雪景,燕山八景之一的"西山晴雪"、九华山的"平冈积雪"、台湾的"玉山积雪"、千山龙宗寺的"象山积雪"、西湖的"断桥残雪"等都是著名景观。

"晓来谁染霜林醉"是诗人称颂霜的美。花草树木结上霜花,一种清丽高洁的形象会油然而生。经霜后的枫林,一片深红,令人陶醉。"江城树挂"乃北方名城吉林的胜景之一,松针上的霜花犹如盛放的白菊,顿成奇观。

#### 4.1.4 生物景观要素

生物包括动物、植物和微生物三大类。作为景观要素的生物则主要是指的植物——森林、树木、花草,及栖息于其间的动物和微生物(大型真菌类)。其中植物和动物是广泛使用的园林要素。

1) 植物景观

绿色是自然界植物的象征。植物是园林景观元素中的一项重要组成部分,而且作为其中具有生命力特征的元素,能使园林空间体现出生命的活力。当今的社会,绿色植物更是借助于各种技术手段融入风景园林创作中,扮演着作为自然要素的重要角色。植物景观是指由各种不同树木花草,按照适当的组合形式种植在一起,经过精心养护后形成的具有季相变化的自然综合体。

(1) 植物景观的功效

① 植物景观对于环境的功效　植物景观对于环境的功效,包括净化空气、涵养水源、调节气象、防止水土流失、防风、防噪声、防止空气污染、遮光、调节气温、调节日照等。

② 植物景观对于文化的功效　用木本、草本植物来创造景观,并发挥植物的形体、线条、色彩等自然美,配置成一幅美丽动人的画面,供人们观赏。植物景观区别于其他要素的根本特征是它的生命特征,这也是它的魅力所在。一个城市的植物景观是保持和塑造该城市风情、文脉和特色的重要方面。植物景观的建设首先是在理清区域的主流历史文脉的基础上,重视景观资源的继承、保护和利用,以满足自然生态条件的地带性植被背景,将民俗风情、传统文化、宗教、历史文物等融合在植物景观中,使植物景观具有明显的地域性和文化性特征,产生可识别性和特色性,如杭州白堤的"一株桃花,一株柳"、黄山的迎客松和送客松、荷兰的郁金香文化、日本的樱花文化等。这样的植物景观已成为一种符号和标志,其功能如同城市中显著的建筑物或雕塑,可以记载一个地区的历史,传播一个城市的文化。

③ 植物景观对于社会的功效　植物景观应该、也必须要满足社会与人的需要。今天,植物景观涉及人们生活的方方面面。现代景观是为了人的使用和需求而存在的,这是它的功能主义目标。虽然有为各种各样的目的而设计的景观,但最终景观设计还是关系到人,"以人为本",为了人类的使用而创造实用、舒适、精良的绿化环境。植物景观的积极意义不在于它创造了怎样的形式和风景,而在于它对社会发展的积极作用。植物景观的建造,可以刺激和完善社会方方面面的发展与进步。景观的建设与经济的发展应该是一个良性的互动。

④ 植物景观对于感知的功效　心理层次上的满足感不像物理层次上的满足那样直观,往往难以言说和察觉,甚至连许多使用者也无法说明为什么会对它情有独钟。人们对景观的心理感知是一种理性思维的过程。通过这一过程才能作出由视觉观察得到的对景观的评价,因而心理感知是人性化景观感知过程中的重要一环。对植物景观的心理感知过程正是人与自然统一的过程。

(2) 园林植物的分类　园林植物就其本身而言是指有形态、色彩、生长规律的生命活体,而对景观设计者来说,又是一个象征符号,可根据符号元素的长短、粗细、色彩、质地等进行应用上的分类。在实际应用中,综合了植物的生长类型的分类法则、应用法则,把园林植物作为景观材料分成乔木、灌木、草本花卉、藤本植物、草坪以及地被6种类型。每种类型的植物构成了不同的空间、结构形式,这种空间形式或是单体的,或是群体的。

(3) 园林植物的应用

① 乔木的应用　乔木具明显主干,因高度之差常被细分为小乔木(高度5~10 m)、中乔木(高度10~20 m)和大乔木(高度20 m以上)3类。然其景观功能都是作为植物空间的划分、围合、屏障、装饰、引导以及美化作

用。小乔高度适中,最接近人体的仰视适角,故成为城市生活空间中的主要构成树种。中乔具有包容中小型建筑或建筑群的围合功能,并"同化"城市空间中的硬质景观结构,把城市空间环境有机统一地协调为一个整体。大乔的城市景观应用多在特殊环境之下,如点缀、衬托高大建筑物或创造明暗空间变化,引导游人视线等等。另外,乔木中也不乏美丽多花者,如木棉、凤凰木、林兰等,其成林景观或单体点景实为其他种类所无法比及的。

② 灌木的应用　高大灌木因其高度超越人的视线,所以在景观设计上,主要用于景观分隔与空间围合,对于小规模的景观环境来说,则用在屏蔽视线与限定不同功能空间的范围。

大型的灌木与乔木结合常常是限定空间范围、组织较私密性活动的应用组合,并能对不良外界环境加以屏蔽与隔离。灌木多以花和叶为主要设计参考要素。花色艳丽最引人入胜,或国色天香,或异彩纷呈。观叶者观赏期长,也被广泛引种和采用,如常绿灌木、彩叶树种等。小型灌木的空间尺度最具亲人性,而且其高度在视线以下,在空间设计上具有形成矮墙、篱笆以及护栏的功能,所以对使用在空间中的行为活动与景观欣赏有着至关重要的影响。而且由于视线的连续性,加上光影变化不大,所以从功能上易形成半开放式空间。通常这类材料被大量应用。

③ 花卉植物的应用　草本花卉的主要观赏及应用价值在于其色彩的多样性,而且其与地被植物结合,不仅增强地表的覆盖效果,更能形成独特的平面构图。大部分草本花卉的视觉效果通过图案的轮廓及阳光下的阴影效果对比来表现,故此类植物在应用上重点突出体量上的优势。没有植物配置在"量"上的积累,就不会形成植物景观"质"的变化。为突出草本花卉量与图案光影的变化,除利用艺术的手法加以调配外,辅助的设施手段也是非常必要的。在城市景观中经常采用的方法是花坛、花台、花境、花带、悬盆垂吊等,以突出其应用价值和特色。

④ 藤本植物的应用　藤本植物多以墙体、护栏或其他支撑物为依托,形成竖直悬挂或倾斜的竖向平面构图,使其能够较自然地形成封闭与围合效果,并起到柔化附着体的作用,并通过藤茎的自身形态及其线条形式延伸形成特殊的造型而实现其景观价值。

⑤ 草坪及地被植物的应用　草坪与地被的分类含义不同,草坪原为地被的一个种类,因为现代草坪的发展已不容忽视地使其成为一门专业,这里的草坪特指以其叶色或叶质为统一的现代草坪。而地被则指专用于补充或点衬于林下、林缘或其他装饰性的低矮草本植物、灌木等,其显著的特点是适应性强。草坪和地被植物具有相同的空间功能特征,即对人们的视线及运动方向不会产生任何屏蔽与阻碍作用,可构成空间自然的连续与过渡。

2) 动物景观

动物地理学把全球陆地划分为六个动物区系(界)。我国东南部属东洋界,其他地区属古北界,由于地跨两大区系,因此,动物种类繁多。我国土地面积仅占全球陆地总面积的6.5%,但所产兽类种类有420种,约占全世界总数的11.2%;鸟类1166种,约占15.3%;两栖、爬行类有510种,约占8%,野生动物资源十分丰富。其中不乏众多有观赏价值的珍禽异兽,品类之多,观赏价值之高,举世罕有。仅以保护动物为例,我国的东北地区有东北虎、丹顶鹤;西北和青藏高原有黄羊、鹅喉羚羊、藏原羚、野马、野骆驼;南方热带、亚热带地区有长臂猿、亚洲象、孔雀;长江中下游地带有白鳍豚、扬子鳄,等等。我国候鸟资源亦十分丰富,雁类多达46种,其中最著名的是天鹅。青海湖鸟岛、贵州威宁草海等是著名的鸟类王国,也构成了著名的自然生态奇观。

动物是园林景观中活跃、有生气、能动的要素。有以动物为主体的动物园,或以动物为景观的景区。动物是活的有机体,它们既有适应自然环境、维持其遗传性的特点,又能适应新的生存条件。许多人工兴建的动物园,让动物在人工创造的环境或模拟那种动物生态条件的环境中生存和繁衍,以适应旅游观览活动的要求,是动物被人类饲养、驯化以组合造景的具体表现。动物景观的主要特点是:

(1) 动物景观的奇特性　动物在形态、生态、习性、繁殖和迁徙活动等方面有奇异表现,游人通过观赏可获得美感。动物是活的有机体,能够跑动、迁移,还能作出种种有趣的"表演",对游人的吸引力不同于植物。无脊椎动物中以姿色取胜的珊瑚、蝴蝶,脊椎动物中千姿百态的鱼、龟、蛇、鸟类、兽类等都极具观赏性。

鸟类、兽类是最重要的观赏动物,它们既可供观形、观色、观动作,还可闻其声,获得从视觉到听觉的多种美感体验。

(2) 动物景观的珍稀性　动物吸引人还在于其珍稀性。我国有许多动物是世界特有、稀有的,甚至是濒于灭绝的,如熊猫、金丝猴、东北虎、野马、野牛、麋鹿、白唇鹿、中华鲟、白鳍豚、扬子鳄、褐马鸡、朱鹮等。这些动物由于具有"珍稀"这一特性,往往成为人们注目的焦点。不少珍稀鸟兽,如金钱豹、斑羚、猪獾、褐马鸡、环颈雉等,是公园景观中的亮点,既可吸引游客,又是科普教育的好题材。

另外,动物不仅有自身的生态习性,而且在人工饲养、驯化条件下,某些动物会模拟人类的各种动作或在人的指挥下作出某些可爱、可笑的"表演"动作等。在我国古代以及现在的一些少数民族地区,都特别注重观赏动物表演,作为娱乐活动,如斗鸡、耍猴、驯熊、玩蛇、养鸟、放鹰、赛马等。

## 4.2　历史人文景观要素

园林的出现,应是人类探索宇宙、理解人生、认识自我的记录,而造园既是人类情感对失去乐园的回归,又是人类走向理想的生活环境之始。园林寄托了人类的希望和梦想,不同的历史人文因素产生了不同的园林式样。如中国古典园林在世界园林史上独树一帜,其特点为重视自然美、崇尚意境、追求曲折多变以及创造"虽由人作,宛自天开"的精神品格,与西方园林那种轴线对称、均衡布局、几何图案构图的强烈形式美追求迥异。再如19—20世纪西方的折中主义承袭了历史上丰富多彩的园林文化遗产,将之发展为改革派和先锋派等现代园林设计流派。

### 4.2.1　历史人文景观要素的特点

历史人文景观要素有其独特的特点,具体有如下几点:

1) **历史性,要求有一定的历史时期的积累**

作为园林要素的一个重要方面,历史人文景观要素必须要有一定的历史性。景观没有了历史的灵魂,没有了历史的沉淀,必定走向灭亡。山水美景有了大自然的外在形象,却没有文化的灵魂,如同行尸走肉一般,有的无人问津,湮没在岁月无痕;有的消逝于风雨的波折。人造景观若不赋予历史文化,也同样会走向衰败,同时景观也需要历史文化提升自身的观赏性。

2) **文化性,需要有一定的文化内涵**

世界范围内的景观名胜,为何能吸引众多游人趋之若鹜,而且百看不厌呢?风景绚美,自是一个原因;但更重要的是:有文化,有历史。那么,文化、历史又以什么为载体?最直观的便是文物或历史遗迹。历史遗迹为名胜带来神秘感,给游人以丰富的联想;文物含藏着特定文化。有了历史、文化的景观名胜就不会让游人仅仅"到此一游"。因为,景观除却直观的审美价值之外,还有了属于自身的灵魂——文化。

我们认为,景观是文化的一面镜子,是文化的载体,文化又往往充当景观的内涵;文化之与景观,如人之思想与躯体。文化的挖掘,是通过实物的研究和认证来实现的;而实物又必定蕴涵文化的成分,文化又决定实物的地域性、历史性、民族性,景观亦如是。然而,在现实的景观世界里,单纯的自然景观或人文景观是不多见的,多数都是两者并存,都是人文景观与自然景观的结合。

杭州西湖(图4.5),百媚千娇,外柔内刚,柔美如西子,才艺似苏小,刚强犹岳王;"天下西湖三十六,就中最好是杭州"。西湖是一面镜子,不仅方便了"美景们"梳妆打扮,还照出了历史,映出了文化。

西湖是杭州的缩影,杭州在春秋时曾先后属吴、越,而西湖就是产自吴越的一颗明珠。在西湖的历史发展进程中,时刻接受着"吴越文化"的洗礼和渗透,无处不凝聚着吴越文化。而吴越文化的精髓,从当时杭州被誉为"江南佛国"就已可知其八九了。因此,西湖时时处处都散发着佛国气息,更深层的讲,西湖本身和周围的美景(西湖十景,新西湖十景)无时无刻不透出"禅"的空灵与幽静。

西湖表现出来的空灵与幽静恰恰就是五代吴越文化的精髓，也就是西湖在五代时的地域文化，更说明了这就是五代时吴越人民的审美观，因为西湖出现在了合适的地点，更是因为合适的统治者赋予了西湖合适的文化内涵。正应验了古希腊哲学家色诺芬尼的话：美就是合适的，与目的相应的，即美就是人们喜爱的。因此，自五代开始，西湖的文化底蕴就围绕着"佛"而展开，西湖与"禅"更是结下不解之缘。

巴黎凯旋门(图4.6)，神圣庄严，古典高雅；庞大的身躯，精细的雕刻，极具欧域特色的建筑模式，符合欧洲人的审美观，也吸引了全世界的人们来观光游览。然而它更具历史的纪念价值，在凯旋门上装载的

图 4.5　西湖美景

是拿破仑的宏图伟志，是法兰西的骄傲，是"法兰西第一帝国"对外战争的历史，却又弥漫着法兰西民族的浪漫主义。

3) 多种表现形式

可以是实物载体，像文物古迹；也可以是精神形式，像神话传说、民俗风情。文物古迹包括古文化遗址、历史遗址和古墓、古建筑、古园林、古石窟、摩崖石刻、古代文化设施和其他古代经济、文化、科学、军事活动遗迹、遗址和纪念物。精神形式的包括地区特殊风俗习惯、民族风情、民居、村寨、音乐、舞蹈、壁画、雕塑艺术及手工艺成就等丰富多彩的风土民情和地方风情。

### 4.2.2　历史人文景观要素的具体应用

1) 名胜古迹景观

名胜古迹景观是指历史上流传下来的具有很高艺术价值、纪念意义、观赏效果的各类建设遗迹、建筑物、古典名园、风景区等。

(1) 古建筑　世界多数国家都保留着历史上流传下来的古建筑，古建筑的历史悠久、形式多样、结构严谨、空间巧妙，都是举世无双的，而且近几十年来修建、复建、新建的仿古建筑面貌一新，不断涌现，蔚为壮观，成为园林中的重要景观。常见的有以下几种：宫殿、府衙、名人居宅、寺庙、塔、教堂、亭台、楼阁、古民居、古墓等。

图 4.6　巴黎凯旋门

① 古代宫殿　古代建筑是中国传统文化的重要组成部分，而宫殿建筑则是其中最瑰丽的奇范。不论在结构上，还是在形式上，它们都显示了皇家的尊严和富丽堂皇的气派，从而区别于其他类型的建筑。几千年来，历代封建王朝都非常重视修建象征帝王权威的皇宫，形成了完整的宫殿建筑体系。紫禁城是中国现存最完整的古代宫殿建筑群，在世界建筑史上别具一格，是中国古典风格建筑物的典范和规模最大的皇宫。梁思成说："中国建筑既是延续了两千余年的一种工程技术，本身已造就一个艺术系统，许多建筑物便是我们文化的表现，艺术的大宗遗产。"紫禁城虽然是封建专制皇权的象征，但它映射出历史悠久的中华文明的光辉，证明了故宫在人类的世界文化遗产史册中占有重要的地位。

故宫是明代皇帝朱棣沿用元朝大内宫殿旧址而稍向南移，以南京宫殿为蓝本，驱使百万工役用 13 年(1407—1420 年)时间建成的。故宫平面呈长方形，南北长 961 m，东西宽 753 m，占地面积 72 万多 m²。宫内有各类殿宇 9 000 余间，都是木结构、黄琉璃瓦顶、青白石底座，并饰以金碧辉煌的彩画，建筑总面积达 15 万 m²。环绕紫禁城的城墙高约 10 m，上部外侧筑雉堞，内侧砌宇墙。紫禁城外还有一条长 3 800 m 的护城河环

绕,构成完整的防卫系统。宫城辟有四门,南面有午门,是故宫正门,北有神武门(玄武门),东为东华门,西为西华门。城墙四角耸立着4座角楼,造型别致,玲珑剔透。紫禁城宫殿在建筑布局上贯穿南北中轴线。故宫建筑大体分为南北两大部分,南为工作区,即前朝,也称外朝,北为生活区,即后寝,也称内廷。前朝是皇帝办理朝政大事,举行重大庆典的地方,以皇极殿(清代称太和殿,又称金銮殿)、中极殿(清代称中和殿)、建极殿(清代称保和殿)三大殿为中心,东西以文华殿、武英殿为两翼。其中太和殿(图4.7)是宫城中等级最高、最为堂皇的。保和殿北边的乾清门是前朝区和后寝区的分界线。乾清门以北区域为内廷区,即是皇帝的

图4.7 故宫太和殿

生活区,皇帝平日处理日常政务及皇室居住、礼佛、读书和游玩的地方就在这里。此处的乾清宫、交泰殿、坤宁宫以及东六宫(皇后、太子宫室)、西六宫(皇妃宫室)合称为"三宫六院"。坤宁宫后的御花园,是帝后游赏之处,园内建有亭阁、假山、花坛,还有钦安殿、养性斋,富有皇家苑囿特色。出御花园往北为玄武门(清代改称神武门),是故宫的北门。故宫前朝后寝的所有建筑都沿南北中轴线排列,并向两旁展开,布局严整,东西对称,建筑精美,豪华壮观,封建等级礼制森严,气势博大雄伟,这一切都是为了突显专制皇权至高无上的权威。

② 宗教与祭祀建筑　宗教建筑,因宗教不同而有不同名称与风格。我国是一个多民族国家,宗教信仰较多。最早出现的道教,其建筑称宫、观。东汉明帝时佛教传入我国,其建筑称寺、庙、庵、塔、坛等。明代基督教传入我国,其建筑称礼拜堂。祭祀建筑在我国很早便出现了,称庙、祠堂、坛。有纪念死者的祭祀建筑,皇族称太庙,名人称庙,多冠以姓或尊号,也有称祠或堂。纪念活着的名人,称生祠、生祠堂。我国保存至今的宗教、祭祀建筑,多数原本就与园林一体,少数开辟为园林,都称寺庙园林;也有开辟为名胜区的,称宗教圣地。总之,宗教、祭祀建筑与园林、风景结合紧密,是寺庙园林的主要要素。

我国现存的宗教建筑以道教、佛教为多。道教如四川成都青羊宫、青城山三清殿、山西永济县永乐宫、河南登封中岳庙、山东崂山道观、江苏苏州玄妙观等。佛教寺庙现存最多有佛教四大名山寺:山西五台山大显通寺等57所;四川峨眉山报国寺、伏虎寺等20余所;浙江普陀山三大禅林:普济寺(图4.8)、法雨寺、慧济寺;安徽九华山四大禅林:祇园寺、东崖寺、百岁宫、甘露寺。唐代四大殿:山西天台庵正殿、五台山佛光寺大殿、南禅寺大殿、芮城县五龙庙正殿。此外,还有河南少林寺、洛阳白马寺、杭州灵隐寺、南京栖霞寺、山东济南灵岩寺、四川乐山凌云寺、北京大觉寺等都很有名气。

图4.8 浙江普陀山普济寺

太清宫,位于崂山太清宫景区老君峰下。三面环山,前濒大海,是崂山规模最大、保存最完整的著名道观,属全真派。始建于西汉建元元年(前140年),明万历二十三年(1585年)改为海印寺,万历二十八年(1600年)毁寺复宫并扩建,占地30 000 m²,建筑面积约2 500 m²。宫分3院,东南为三官殿,中为三清殿,西为三皇殿。每个院落都有独立围墙,单开山门,另建有忠义祠、翰林院,共240余间。砖石结构,一层平房,山檐硬山式,宫后有康有为题诗摩崖。1983年被国务院定为汉族地区道教重点道观。法海寺,位于崂山夏庄镇源头村东。为佛教庙宇,始建于北魏,宋、元、清及民国多次重修。天后宫,又名天后庙、妈祖庙、中国大庙,位于青岛市南区太平路,建于明成化三年(1467年)。明崇祯末年、清雍正年间、清同治四年(1865年)多次重修,并扩建大殿和戏楼。

青岛基督教堂,又名德国礼拜堂、福音堂、总督教堂。教堂建筑与地形成功结合,平面呈巴西利卡式,长

轴南北向布置,建筑主体由礼拜堂和钟楼两部分组成。

伊斯兰教建筑,如陕西西安清真寺及其他各地的清真寺。

祭祀建筑以山东曲阜孔庙历史最悠久,规模最大。从春秋末至清代,历代都有修建、增建(图4.9),其他各地也有一些孔庙或文庙。其次为帝皇所建太庙,如北京太庙、四川成都丞相祠、杜甫纪念堂等。

祭坛建筑有着广义、狭义的分别。狭义的祭坛仅指祭祀的主体建筑或方形或圆形的祭台,而广义的祭祀坛则包括了主体建筑和各种附属性建筑。以现存北京的明清天坛为例:狭义的天坛即指圜丘坛,而广义的天坛则包括了斋宫、祈年殿、皇穹宇、宰牲亭等其他所有建筑物。与人间等级森严的现实相对应,封建时代的统治阶级也将天地神祇分出了不同的等级。这样,作为祭祀建筑的祭坛也就在形制、规模、材料等诸多方面有了明显的高下之分。以明清时期所筑祭坛来看,天帝是最高的神,因而祭天之坛便设计为三层;社稷是国家的同义词,故而社稷坛也被做成三层;地坛为两层,日坛、月坛和先农坛都是一层。层数的多少,完全是依照神格而定的,如北京稷坛、天坛(图4.10)。天坛是现今我国保存下来的最完整、最重要、规模最为宏大的一组封建王朝的建筑群,同时也是我国古代建筑史上最为珍贵的实物资料与历史遗产。主体为祈年

图4.9 山东曲阜孔庙

资料来源:http://image.baidu.com/

图4.10 天坛主体建筑——祈年殿

殿,祈年殿是天坛的主体建筑,又称祈谷殿,是明清两代皇帝孟春祈谷之所。它是一座镏金宝顶、蓝瓦红柱、彩绘金碧辉煌的三层重檐圆形大殿。祈年殿采用的是上殿下坛的构造形式。大殿建于高6 m的白石雕栏环绕的三层汉白玉圆台上,即为祈谷坛,颇有拔地擎天之势,壮观恢弘。祈年殿为砖木结构,殿高38 m,直径32 m,三层重檐向上逐层收缩作伞状。建筑独特,无大梁、长檩及铁钉,28根楠木巨柱环绕排列,支撑着殿顶的重量。祈年殿是按照"敬天礼神"的思想设计的,殿为圆形,象征天圆;瓦为蓝色,象征蓝天。殿内柱子的数目,据说也是按照天象建立起来的。内围的四根"龙井柱"象征一年四季春、夏、秋、冬;中围的12根"金柱"象征一年12个月;外围的12根"檐柱"象征一天12个时辰。

③ 亭、台、楼、阁等建筑　中国古典园林中,常常会遇到亭、台、楼、阁等建筑物,这些建筑物坐落在奇山秀水间,点缀出一处处富有诗情画意的美景。

亭是一种有顶无墙的小型建筑物。有圆形、方形、六角形、八角形、梅花形和扇形等多种形状。亭子常常建在山上、水旁、花间、桥上,可以供人们遮阳避雨、休息观景,也使园中的风景更加美丽。中国的亭子大多是用木、竹、砖、石建造的,如北京北海公园的五龙亭(图4.11)、苏州的沧浪亭(图4.12)等。

图4.11 北海公园的五龙亭

廊是园林中联系建筑之间的通道。它不但可以遮阳避雨，还像一条风景导游线，可以供游人透过柱子之间的空间观赏风景。北京颐和园中的长廊，是中国园林中最长的廊，长廊的一边是平静的昆明湖，另一边是苍翠的万寿山和一组组古典建筑。游人漫步在长廊中，可以观赏到一处处美丽的湖光山色（图4.13）。

榭是建在高台上的房子上。榭一般建在水中、水边或花畔。建在水边的又叫"水榭"，是为游人观赏水景而建的，如北海公园的水榭、承德避暑山庄的水心榭等（图4.14）。

楼阁是两层以上金碧辉煌的高大建筑。可以供游人登高远望，休息观景；还可以用来藏书供佛，悬挂钟鼓。在中国，著名的楼阁很多，如临近大海的山东蓬莱阁、北京颐和园的佛香阁（图4.15）、江西的滕王阁、湖南的岳阳楼、湖北的黄鹤楼等。

④ 名人居宅建筑　古代及近代历史上保留下来的名人居宅建筑，具有纪念性意义及研究的价值，古代的如成都杜甫草堂（图4.16），近代如孙中山的故居等。至于现代名人、革命领袖的故居更多，如湖南韶山毛泽东故居、江苏淮安周恩来故居等，都成为纪念性风景区或名胜区。

⑤ 古代民居建筑　中国各地的居住建筑，又称民居。中国疆域辽阔，历史悠远，各地自然和人文环境不尽相同，因而中国民居的多样性在世界建筑史也较为鲜见。

几千年的历史文化积累了丰富多彩的民居建筑的经验，在漫长的农业社会中，生产力的水平比较落后，人们为了获得比较理想的栖息环境，以朴素的生态观，顺应自然和以最简便的手法创造了宜人的居住环境。由于中国各地区的自然环境和人文情况不同，各地民居也显现出多样化的面貌。

中国汉族地区传统民居的主流是规整式住宅，以采取中轴对称方式布局的北京四合院为典型代表（图4.17）。北京四合院分前后两院，居中的正房体制最为尊崇，是举行家庭礼仪、接见尊贵宾客的地方，各幢房屋朝向院内，以游廊相连接。北京四合院虽是中国封建社会宗法观念和家庭制度在居住建筑上的具体表现，但庭院方阔，尺度合宜，宁静亲切，花木井然，是十分理想的室外生活空间。华北、东北地区的民居大多是这种宽敞的庭院。江南水乡的古村与民宅盛于明清时期，当地有利的地质和气候条件，提供了众多可供选择的建筑材质。表现为借景为虚，造景为实的建筑风格，强调空间的开敞明晰，又要求充实的文化氛围。建筑上着意于修饰乡村外景，修建道路、桥梁、书院、牌坊、祠堂、风水楼阁等。力图使环境达到完善、优美的境界，虽然规模较小，内容稍简，但是具体入微。在艺术风格上别具一番纯朴、敦厚的乡土气息。如岭南地区的古村民宅有着

图4.12　苏州的沧浪亭

图4.13　北京颐和园中的长廊

图4.14　承德避暑山庄的水心榭

图 4.15 北京颐和园的佛香阁

图 4.16 成都杜甫草堂

鲜明的地方特色和个性特征,蕴涵着丰富的文化内涵。除了注重其实用功能外,更注重其自身的空间形式、艺术风格、民族传统以及与周围环境的协调。在平遥古城现存的 3 797 处古代民居建筑中,有 400 余处较为典型,集中体现着中国古代北方民居的建筑风格与特色。这些民居有砖木结构的封闭式四合院,有砖券窑洞加木廊外檐式民居,还有砖券窑洞之上建筑砖木瓦房的二层楼民居,或前堂后寝,或前店后院,既代表了北方民居的基本格局,也显示着浓郁的地方特色(图 4.18)。巴蜀文化博大精深,川渝古村民宅既有浪漫奔放的艺术风格,又蕴藏着丰富的想象力。依山傍水的建筑与当地的少数民族风俗紧密联系在一起,有着十分独特的文化气息,既有豪迈大气的一面,又有轻巧雅致的一面。

⑥ 古墓 古代帝王的陵墓一般包括地面的坟丘和地下的大型宫殿两个部分,地下的宫殿规模宏大,存放着皇帝的棺椁。古代帝王的墓室都是为了让帝王百年之后能继续享受帝王待遇,模仿当时的皇宫而造,因此,由于年代的不同,其墓室结构也不尽相同。历代帝王的陵墓,除了地面上的坟丘以外,还要在地下建造大型墓室,组成气派宏大的地下宫殿,显得极其壮观,撼人心魄。位处河南安阳,已被考古发掘所证实的商王陵墓的墓室是一个巨大的方形或亚字形的竖穴式土坑。墓室有的四面各有一条墓道,组成平面呈"亚字形"的墓;有的仅有一条墓道或对称的两条墓道分别组成"甲字形"或"中字形"的墓室平面。许多墓室规模很大,陪葬物很多。两周时期以及西汉前期的一些诸侯王陵墓的墓室,有的仍然保持这种商代以来的形制。战国时期的陵墓多在墓椁以外填充石灰、木炭、粘泥,甚至沙、石,进行夯筑,有些也在墓室内放置木炭等物,以利吸潮,保护墓室。墓室中多有数重棺、椁,显得豪华、壮观。汉代皇陵的地下宫殿在结构、名称上多有变化。西汉中晚期,凿山为陵的墓室多为横穴式,并分为耳室、前室和后室等部分。南、北耳室分别为车马房和仓库,前室为接待宾客的厅堂,后室为墓主的寝

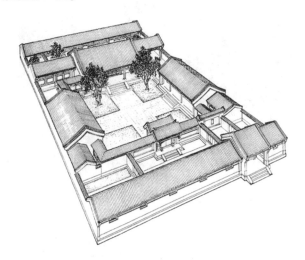

图 4.17 北京四合院

图 4.18 平遥古城

卧内室。这种墓室结构俨然是一座大型住宅的再现。至唐代时,皇陵墓室结构也大致保持了南北朝时期的一些特点。唐代"号墓为陵"的懿德太子墓,虽然是高宗李治与武则天乾陵的陪葬墓,但其墓室结构和平面布局是模仿帝王宫殿或皇陵地宫结构设计的。他的墓道共有6个过洞、7个天井、8个小龛,最后才是前后两座墓室。在第一个过洞前的墓道两壁绘有城墙、阙楼、宫城、门楼及车骑仪仗,象征帝王都城、宫殿景象。第一天井与第二天井两壁绘有廊屋楹柱及列戟,列戟数目为两侧各12杆,与史书中所载宫门、殿门制度相同,过洞顶部绘有天花彩画,墓室及后甬道的壁上绘有侍女图,从其手中所持器物判断,也与唐代宫廷随侍制度相一致。从整座墓室及其墓道来看,它正是唐代宫廷建筑的缩影。其规模自然也相当有气势。宋代皇陵墓室缺乏相应的考古材料,据某些不完全的史料记载,墓室结构和用材、壁画艺术等多承唐制。当时,以砖刻表现建筑形象者很多,其中心墓室的四壁刻镂为四合院落,四周的正房、厢房、倒座房的式样,柱、额、椽、瓦俱在。更有趣的是山西一带金元墓葬中尚有墓室内雕出戏台一座,上置戏剧偶人,供墓主在阴间享用。明清以来砖石拱券技术应用较广,许多大型墓葬及帝王陵墓都是砖石券洞结构。皇陵的墓室规模更加宏大,用材更加考究,其布局也完全仿照四合院的形式。明定陵玄宫即由前室、中室、后室、耳室、甬道等部分组成,完全仿照宫殿的前朝、后寝、配殿和宫门建造,甚至每个殿(室)的屋顶都照地面建筑形式制作出来,只是为了适应拱券的特点将前、中殿(室)改为垂直布置。清代的陵墓地宫充分利用石材特点,在石壁表面、石门上都雕满佛像、经文、神将等。从地下墓室的发展过程来看,越到后来,皇陵地宫中的象征性成分越少,而仿真的程度越显著,故到明清时期,出现了许多规模宏大、蔚为壮观、名副其实的地下宫殿。

(2) 古代文化设施和其他古代经济、文化、科学、军事活动遗物、遗址和纪念物 例如,北京的故宫、北海、西安的秦兵马俑(图4.19),甘肃莫高窟壁画以及象征我们民族精神的古长城等等,这些闻名于世的游览胜地,都是前人为我们留下的宝贵人文景观。

2) 文物艺术景观

文物艺术景观是指石窟、壁画、碑刻、石雕、假山与峰石、名人字画、文物、特殊工艺品等文化、艺术制作品与古人类文化遗址、化石。我国文物及艺术品极为丰富多彩,是中华民族智慧的结晶、文化的瑰宝,提高了园林的价值,吸引着人们观赏、研究。

图4.19 秦兵马俑

(1) 石窟 我国现存有历史久远、形式多样、数量众多、内容丰富的石窟,是世界罕见的综合艺术宝库。其上凿刻、雕塑着古代建筑、佛像、佛经故事等形象,艺术水平很高,具有极高的历史与文化价值。闻名世界的有甘肃敦煌石窟,从前秦至元代,工程延续约千年。敦煌石窟包括敦煌莫高窟、西千佛洞、安西榆林窟,共有石窟552个,有历代壁画五万多平方米,是我国也是世界壁画最多的石窟群,内容非常丰富(图4.20)。敦煌壁画是敦煌艺术的主要组成部分,规模巨大,内容丰富,技艺精湛。龙门石窟始开凿于北魏孝文帝迁都洛阳(公元494年)前后,历经东魏、西魏、北齐、北周,到隋唐至宋代连续大规模营造达400余年之久。石窟密布于伊水东西两山的峭壁上,南北长达1 km,共有97 000

图4.20 甘肃敦煌石窟外景

余尊佛像,1 300多个石窟。现存窟龛2 345个,题记和碑刻3 600余品,佛塔50余座,造像10万余尊。其中最大的佛像高达17.14 m,最小的仅有0.02 m。这些都体现出了我国古代劳动人民很高的艺术造诣。龙门石窟不仅仅是佛像雕刻技艺精湛,而石窟中造像题记也不乏艺术精品。此外,还有山东济南千佛山、云南剑川石钟山石窟、宁夏须弥山石窟、南京栖霞山石窟等多处。

(2) 壁画　壁画是以绘制、雕塑或其他造型手段在天然或人工壁面上制作的画。我国很早就出现了壁画,作为建筑物的附属部分,它的装饰和美化功能使它成为环境艺术的一个重要方面。壁画为人类历史上最早的绘画形式之一。现存史前绘画多为洞窟和摩崖壁画,最早的距今已约2万年。中国陕西咸阳秦宫壁画残片,距今有2 300年。汉代和魏晋南北朝时期壁画也很繁荣,20世纪以来出土者甚多。唐代形成壁画兴盛期,如敦煌壁画(图4.21)、克孜尔石窟等,为当时壁画艺术的高峰。宋代以后,壁画逐渐衰落。

(3) 碑刻、摩崖石刻　碑刻,是刻文字的石碑,各种书法艺术的载体。如泰山的秦李斯碑、曲阜孔庙碑林、西安碑林、南京六朝碑亭、唐碑亭以及清代康熙、乾隆在北京与游江南所题御碑等。

摩崖石刻,是刻文字的山崖,除题名外,多为名山铭文、佛经经文。徐自强、吴梦麟在他们的新著《古代石刻通论》中认为:"摩崖石刻是石刻中的一个类别。所谓摩崖石刻,就是利用天然的石壁以刻文记事的石刻。"这里的摩崖石刻是专指文字石刻。山东泰山摩崖石刻最为丰富,被誉为我国石刻博物馆。郭沫若说:"泰山应该说是中国文化史的一个局部缩影。"泰山石刻可以说是这部文化史中的一枝奇葩。它不只是中国书法艺术品的一座宝库,而且是中华民族的文化珍品。历代帝王到泰山祭天告地,儒家释道传教授经,文化名士登攀览胜,留下了琳琅满目的碑碣、摩崖、楹联石刻(图4.22)。泰山石刻源远流长,自秦汉以来至建国后,上下两千余载,各代皆有珍碣石刻。泰山石刻现存1 800余处,其中碑碣800余块,摩崖石刻1 000余处。

(4) 雕塑艺术品　多是指用石质、木质雕刻各种艺术形象与泥塑各种艺术形象的作品。古代以佛像、神像及珍奇动物形象为数最多,其次为历史名人像。我国各地古代寺庙、道观及石窟中都有丰富多彩、造型各异、栩栩如生的佛像、神像。如举世闻名的四川乐山大佛,唐玄宗时创建,乐山大佛地处四川省乐山市东,位于乐山市城东岷江、青衣江、大渡河三江汇合处,是依凌云山栖霞峰临江峭壁凿造的一尊弥勒坐像,始凿于唐开元元年(公元713年),历时90余年方建成,建高71 m,有"山是一尊佛,佛是一座山"之称,是世界上最大的石刻大佛。

**图4.21　甘肃敦煌石窟壁画**

(5) 诗词、楹联、字画　中国古典园林把人文景观与自然景观巧妙地结合在一起,讲究的是神、势、气,主张"师法造化","观象于天,观法于地",以"天人合一"为最高境界。古代中国先哲们的时空观是互补共生的,并不像西方近代哲学和科学将时空割裂开来。这种艺术哲学是一种朴素的整体美学观,其艺术创造追求会意与图解,因此特别强调人的精神性和主动性,强调主体的思、品、悟。

我们都知道研究中国古典艺术必然牵涉

**图4.22　泰山摩崖石刻**

到"意境"一词。"意境"一说最早可追溯到佛经,佛家认为"能知是智,所知是境,知来冥境,得玄即真"。按字面来理解"意"即意象,属于主观范畴,"境"即景物,属于客观范畴,也谓哲学中常提到的"能指"与"所指"。王国维在其《人间词话》中还认为:"境非独景物也,喜怒哀乐亦人心中之一境界也,故能写真感情、真景物者,谓之无境界。"然而,"意境"作为一个更加具体的美学概念,不能简单地看作是意与境的叠加,其背后蕴含着丰富的情感及心理学和哲学意味,是中国古典美学一个极其重要的范畴。

我国园林肇始于远古"昆仑神山"和"蓬莱仙岛"的神话,魏晋南北朝是重要的风格转型期,自然山水园兴起。融入可居、可游、可观的山水园林,则无不贯彻于陶渊明初创的田园情趣(图 4.23)与"桃源仙境"中。陶渊明恬淡高远的诗文艺术境界深刻契合了具有高度文化修养的封建士大夫的独特文化心理,并对古典园林意境产生深刻影响。如苏州留园入口空间处理最为突出,无论从鹤所进园还是从园门进入,都有空间大小、明暗、开合、高低的对比,形成有节奏的空间联系,衬托了各庭院的特色,使全园富于变化和层次。如从园门进入,先经过一段狭窄的曲廊、小院,视觉为之收敛。到古木交柯一带,稍事扩大,南面以小院采光,布置小景两三处,北面透过漏窗隐约可见园中山池亭阁。通过以上空间"序幕",绕至绿荫豁然开朗,这种引人入胜的造园手法将田园情结诗化为一种美的至境。

图 4.23 陶渊明的田园情趣

汉末至南北朝,中国社会经历了一个混乱和痛苦的时期。人事无常、贵贱骤变,先前处于独尊地位的儒家思想此时受到冷落,道家思想则深入人心。于是返璞归真、回归自然的思想兴起。对人性追求的觉悟也激发了倾心自然的热情,孕育了独立的山水意识,人们对园林的理解从原来的物欲享受上升到"畅神"的纯粹精神领略阶段,这是一个质的飞跃。"玄学"主要表现在其"贵无"的思想,特别追求在情感中达到对无限的体验,同时又将这种对无限的体验诉之于对人生的体验。这样的一种境界,恰恰正是审美的境界!王弼是玄学思想的主要代表人物之一,他指出:"夫象者,出意者也,言者,明象者也。尽意莫若象,尽象莫若言,言生于象,故可寻言以观象。象生于意,故可寻象以观意……然则忘象者乃得意者也,忘言者乃得象者也,得意在忘象,得象在忘言。"这实际就是说,真正的对于"意"的了解是一种即需要"象"但又超脱于"象"的领悟,即超越有限而对"无限"的体验。中国古典美学特别强调艺术中的"虚境",即强调虚实结合,所谓"虚实相生,无画处皆成妙境"。所以中国书画历来讲究留白,园林亦不例外。造园者在造园布局时,常让幽深的意境半含半露,或把美好的意境隐藏在一个或一组景色的背后,让游者自己去观赏、联想,去领会其深度。更为重要的是,此种境界还包含对人生、对世界的深刻理解以及对情感归宿的执著追求。

我们都知道,我国园林比较有代表性的当属私家园林了,私家园林室内设置做工考究的红木家具,陈设字画、工艺品乃至文物古玩,大大提高了园林建筑文化氛围及观赏价值。此外,楹联、诗词、题咏遍布其间,利用文学手段深化人们对园林景色的理解,启发人们的想象力,使园林更富诗情画意,妙趣横生。由于园林主人的意趣、追求不同,江南私家园林往往极具个性。扬州个园的竹山,无锡寄畅园的山泉,苏州狮子林的怪石和环秀山庄的假山,绍兴兰亭的曲水……皆为世人所称道。这些私家园林所创造的意境,达到了自然美、建筑美、绘画美和文学艺术美的和谐统一,在繁华的都市中再现自然,而又高于自然。如苏州拙政园中的兰雪堂,兰雪堂是园林东部的主要厅堂,堂名取意于李白"独立天地间,清风洒兰雪"的诗句。始建于明崇祯八年(1635年),据园主王心一《归园田居》记载,兰雪堂为五楹草堂,"东西桂树为屏,其后则有山如幅,纵横皆种梅花。梅之外有竹,竹临僧舍,旦暮梵声,时从竹中来"(如图4.24)。堂前两棵白皮松苍劲古拙,墙边修竹苍翠欲滴,湖石玲珑,绿草夹径,环境幽僻,东西院墙相连。堂坐北朝南三开间,"兰雪堂"匾额高挂,长窗落地,堂正中有屏门相隔,屏门南面为一幅漆雕《拙政园全景图》,屏门北面为《翠竹图》,全部采用苏州传统的漆雕工艺,屏门两边的隔扇裙板上刻有人物山水。秫香馆为东部的主体建筑,面水隔山,为单檐歇山结构,室内宽敞明亮,长窗裙板上的黄杨木雕,共有48幅,缘据行家

图 4.24 拙政园中的兰雪堂

考证,一部为《西厢记》,另一部为《金玉如意》。其中《西厢记》一出中,有"张生跳墙会鸳鸯"、"拷红"、"长亭送别"等场景,雕镂精细,层次丰富,栩栩如生。夕阳西下,一抹余晖洒落在秫香馆的落地长窗上。加上精致的裙板木雕,把秫香馆装点得古朴雅致,别有情趣。秫香,指稻谷飘香,以前墙外皆为农田,丰收季节,秋风送来一阵阵稻谷的清香,令人心醉,馆亦因此得名。

听雨轩在嘉实亭之东,与周围建筑用曲廊相接。轩前一泓清水,植有荷花;池边有芭蕉、翠竹,轩后也种植一丛芭蕉,前后相映。五代时南唐诗人李中有诗曰:"听雨入秋竹,留僧覆旧棋";宋代诗人杨万里《秋雨叹》诗曰:"蕉叶半黄荷叶碧,两家秋雨一家声";现代苏州园艺家周瘦鹃《芭蕉》诗曰:"芭蕉叶上潇潇雨,梦里犹闻碎玉声"。这里芭蕉、翠竹、荷叶都有,无论春夏秋冬,只要是雨夜,由于雨落在不同的植物上,加上听雨人的心态各异,自能听到各具情趣的雨声,境界绝妙,别有韵味。荷风四面亭亭名因荷而得,坐落在园中部池中小岛,四面皆水,湖内莲花亭亭净植,湖岸柳枝丝丝婆娑,亭单檐六角,四面通透,亭中有抱柱联:"四壁荷花三面柳,半潭秋水一房山"。用在此处十分贴切。尤其是联中的"壁"字用得好,亭子是最为开敞的建筑物,柱间无墙,所以视线不受遮挡,倍感空透明亮,虽然无壁,然而三面河岸垂柳茂盛无间,四周芙蓉偎依簇拥,不是密密匝匝地围成了一道绿色的香柔之墙吗?动人的夸张和丰富的想象,使这座岛上的小亭愈发显得多姿多彩,亭亭可人。若从高处俯瞰荷风四面亭,但见亭出水面,飞檐出挑,红柱挺拔,基座玉白,分明是满塘荷花怀抱着的一颗光灿灿的明珠。再如与谁同坐轩,小亭非常别致,修成折扇状。苏东坡有词"与谁同坐?明月、清风、我",故名"与谁同坐轩"。轩依水而建,平面形状为扇形,屋面、轩门、窗洞、石桌、石凳及轩顶、灯罩、墙上匾额、鹅颈椅、半栏均成扇面状,故又称作"扇亭"。轩内扇形窗洞两旁悬挂着杜甫的诗句联"江山如有待,花柳自无私。"扇亭地处山麓水边,地理位置甚佳,树高而雄,石幢静立,人在轩中,无论是倚门而望,凭栏远眺,还是依窗近视,小坐歇息,均可感到前后左右美景不断。

(6) 文物及工艺美术品　主要包括具有一定考古价值的各种出土文物,著名的有秦兵马俑、北京明十三陵等地下古墓室及陪葬物等。

3) 革命活动地

现代革命家和人民群众从事革命活动的纪念地、战场遗址、遗物、纪念物等。例如,新兴的旅游地井冈山,不仅有如画的风景,"中国革命的发源地、老一辈革命家曾战斗过的地方"这些人文因素,无疑使其成为特殊的人文景观。而大打"鲁迅牌"的旅游城市绍兴,起主导作用的鲁迅故居、三味书屋、鲁迅纪念堂等旅游点也都是这类人文景观。

4) 地区和民族的特殊人文景观

包括地区特殊风俗习惯、民族风俗,特殊的生产、贸易、文化、艺术、体育和节日活动,民居、村寨、音乐、舞蹈、雕塑艺术及手工艺成就等丰富多彩的风土民情和地方风情。例如,近几年的旅游"旺地"云南,除得天独厚的自然条件外,还有赖于居住于此的各民族独特的婚俗习惯、劳作习俗、不同的村寨民居形式、服饰、节日活动等。傣族的泼水节、彝族的火把节、白族服饰上的"风花雪月"、石林和蝴蝶泉美丽的爱情故事,这

些都为如画的风景披上了一层神秘的面纱,正因为这些独特的人文景观,才使得云南更具魅力。

## 4.3 园林工程要素

### 4.3.1 地形与假山工程

不同的地形、地貌反映出不同的景观特征,它影响园林布局和园林风格。有了良好的地形地貌,才有可能产生良好的景观效果。所以,地形地貌就构成了园林造景的基础。

自然风景类型甚多,有山岳、丘陵、草原、沙漠、江、河、湖、海等景观,不一而足。但凡称得上自然风景的地形地貌必定是美的。在这样的地段上,只需稍加人工点缀和润色,便能成为风景名胜。这就是"相地合宜,构园得体"和"自成天然之趣,不烦人事之工"的道理。由此可见,有了良好的自然条件可以因借,便能取得事半功倍的效果。但在自然条件贫乏的城市用地上造园,则须根据园林性质和规划要求,因地制宜,才能创造出理想的景观。

塑造地形是一种高度的艺术创作,它虽师法自然,但不是简单地模仿,而是要求比自然风景更精练、更概括、更典型、更集中,方能达到神形具备,传神入势。

1) 地形

(1) 地形的功能　这里谈的地形,是指园林绿地中地表面各种起伏形状的地貌。在规则式园林中,一般表现为不同标高的地坪、层次;在自然式园林中,往往因为地形的起伏,形成平原、丘陵、山峰、盆地等地貌。

园林用地原有地形、地貌是影响总体规划的重要因素,园林地形设计又不能局限于原有现状,而要充分体现总体规划的意图,作必须的工程措施。所以每个园林工程都有不同程度的"挖湖堆山"。地形是园林的基底和骨架,造园必先立基,方可行体,地形在造园中的功能作用是多方面的,概括起来,主要有:

① 作为园林景观的骨架　地形是构成园林景观的骨架,是园林中所有景观元素与设施的载体,它为园林中其他景观要素提供了存在的基础。

② 组织和划分园林空间　组织园林空间,形成优美园林景观。利用不同的地形地貌,设计出不同功能的场所、景观。

③ 改善种植和建筑物条件　利用和改造地形,创造有利于植物生长和建筑物的条件。改善植物种植条件,为植物提供旱地、湿地、阴坡、阳坡等多种立地条件。创造园林活动项目,建筑所需各种场地环境。

④ 解决园内的排水问题　利用地形自然排水,所形成水面提供多种园林用途,同时具灌溉、抗旱、防灾作用。

(2) 地形的表达方法

① 等高线法　等高线是最常用的地形平面图表示方法。等高线是一组垂直间距相等、平行于水平面的假想面,与自然地貌相交切所得到的交线在平面上的投影。给这组投影线标注上数值,便可用它在图纸上表示地形的高低陡缓、峰峦位置、坡谷走向等内容。等高线仅是一种象征地形的假想线,在实际中并不存在。

② 坡度标注法　对地形的描述还可以用坡度的方法表示。坡度即地形的倾斜度,通过坡度的垂直距离与水平距离的比率说明坡度大小,坡向采用指向下坡方向的箭头表示,坡度百分数应标注在箭头的短线上。

③ 重点高程坡向标注法　在平面地形图上,往往将图中某些特殊点(园路交叉点、建筑物的转角基底地坪、园桥顶点、涵闸出口处等)用十字、或圆点、或水平三角标记符号来标明高程,用细线小箭头来表示地形从高至低的排水方向。

(3) 园林地形的分类

① 平地　坡度在0.5%～2%,常做活动场地,如广场、草坪等。
② 坡地　即倾斜的地面,因倾角不同可分为缓坡(8%～10%)、中坡(10%～20%)、陡坡(20%～40%)。
③ 山地　坡度在50%以上,不适合安排活动场地。

2) 假山工程

(1) 假山的概念　我国聚土构石为山始于秦汉时期,历史上最大的假山是宋徽宗于汴京建的艮岳,最早是大量搜寻奇石,后逐步向"以拳代山,以勺代水"的方向发展。从聚土构山到山石堆叠,孤置赏石,直至近代的泥灰塑山,假山一直是中国园林特有的一个元素。按构成材料,假山可分为:

① 土山　可以利用园内挖湖的土方堆置,其上植树种草。
② 石山　石山又可分为天然山石(北方为主)和人工塑石(南方为主)两种。天然山石由于堆置的手法不同,可以形成峥嵘、妩媚、玲珑、顽拙等多变景观。
③ 土石山　土石混合的山,一般有土山点石和石山包土两种做法,如颐和园万寿山、苏州的沧浪亭均为土山点石;苏州的环秀山庄假山即为石山包土。

一般山体又可分为观赏山和登临山,山又有主山、次山、客山之分,山可在园中作主景、前景、障景和隔景等。

(2) 假山的功能

① 骨架功能　利用假山形成全园的骨架,整个园子的地形骨架、起伏、曲折皆以假山为基础来变化。如:明代南京徐达王府之西园(今南京之瞻园),明代所建今上海之豫园,清代扬州之个园,苏州的环秀山庄等,总体布局都是以山为主,以水为辅,而建筑并不一定占主要的地位。

② 空间功能　利用假山,可以对园林空间进行分隔和划分,将空间分成大小不同、形状各异、富于变化的形态。通过假山的穿插、分隔、围合、聚汇,在假山区可以创造出路的流动空间、山坳的闭合空间、峡谷的纵深空间、山洞的拱穹空间等等各具特色的空间形式。假山还能够将游人的视线或视点引到高处或低处,创造仰视空间景象或俯视空间景象。

③ 造景功能　假山景观是自然山地景观在园林中的再现。自然界奇峰异石、悬崖峭壁、层峦叠嶂、深峡幽谷、泉石洞穴等等景观形象,都可以通过假山石景在园林中再现出来。在庭园中、园路边、广场上、墙角处、水池边,甚至在屋顶花园等等多种环境中,假山和石景还能作为观赏小品,用来点缀风景,增添情趣。

(3) 假山常用石材　我国幅员辽阔,地质变化多端,这为掇山提供了优越的物质条件。从掇山所用的材料来看,常用的假山材料有:

① 太湖石　真正的太湖石原产于太湖苏州段的洞庭西山,山石质坚而脆。由于风浪或溶融作用,其纹理纵横,脉络显隐。石面上遍多坳坎,称"弹子窝",叩之有微声。还很自然地形成沟、缝、穴、洞、有时窗洞相套,玲珑剔透。

② 房山石　产于北京房山大灰厂一带山上,并因之得名。也是石灰岩,但为红色山土所渍满。新开采的房山岩呈土红色、橘红色或更淡一些的黄色,日久以后表面带些灰黑色,质地不如南方的太湖石那样脆,但有一定的韧性,这种山石也具有太湖石的涡、沟、环、洞的变化,因此也有人称之为北方湖石。它的特征除了颜色和太湖石有明显区别之外,容重比太湖石大,叩之无共鸣声,多密集的小孔穴而少有大洞。因此外观比较沉实、浑厚、雄壮。这和太湖石外观轻巧、清秀、玲珑是有明显差别的。

③ 英石　岭南园林中有用这种山石掇山,也常见于几案石品。原产广东省英德县一带。英石质坚而特别脆,用手指弹扣有较响的共鸣声。淡青灰色,有的间有白脉笼络。这种山石多为中、小形体,很少见有很大块的。英石又分白英、灰英和黑英三种。一般所见以灰英居多,白英和黑英均甚罕见。

④ 灵璧石　原产安徽省灵璧县。石产土中,被赤泥渍满,须刮洗方显本色。其石中灰色而甚为清润,质地亦脆,用手弹亦有共鸣声。石面有坳坎的变化,石形亦千变万化,但石眼少有宛转回折之势,须籍人工以全其美。这种山石可掇山石小品,更多的情况下作为盆景石玩。

⑤ 宣石　产于安徽宁国县。其色有如积雪覆于灰色石上,也由于为赤土积渍,因此又带些赤黄色,非

刷净不见其质,所以愈旧愈白。由于它有积雪一般的外貌,扬州个园用它作为冬山的材料,效果显著。

⑥ 黄石　是一种带橙黄色的细砂岩,产地很多,以常熟虞山的自然景观为著名。苏州、常州、镇江等地皆有所产。其石形体顽夯,见棱见角,节理面近乎垂直,雄浑沉实。与湖石相比它又别是一番景象,平正大方,立体感强,具有强烈的光影效果。明代所建上海豫园的大假山、苏州耦园的假山和扬州个园的秋山均为黄石掇成的佳品。

⑦ 青石　即一种青灰色的细砂岩。北京西郊洪山口一带均有所产。青石的节理面不像黄石那样规整,不一定是相互垂直的纹理,也有交叉互织的斜纹。就形体而言多呈片状,故又有"青云片"之称。北京圆明园"武陵春色"的桃花洞、北海的濠濮涧和颐和园后湖某些局部都用这种青石为山。

⑧ 石笋　即外形修长如竹笋的一类山石的总称。这类山石产地颇广。石皆卧于山土中,采出后直立地上。园林中常作独立小景布置,如个园的春山等。常见石笋有以下几种:白果笋、乌炭笋、慧剑、钟乳石笋。

即将石灰岩经溶融形成的钟乳石倒置,或用石笋正放用以点缀景色。北京故宫御花园中有用这种石笋做特置小品的。

⑨ 其他石品　诸如木化石、松皮石、石珊瑚、石蛋等。木化石古老质朴,常作特置或对置。松皮石是一种暗土红的石质中杂有石灰岩的交织细片,石灰石部分经长期溶融或人工处理以后脱落成空块洞,外观像松树皮突出斑驳一般。石蛋即产于海边、江边或旧河床的大卵石。

#### 4.3.2　园路与铺地工程

园路是园林的重要组成部分,是园林的脉络,是联系各景区、景点以及活动中心的纽带,也是构成园林景色的组成部分,与广场、建筑一起很大程度上决定着园林的形式。园路还是园林平面构图的重要元素,系平面硬质景观,与人在园林中的活动密切相关,在园林工程设计中占有重要地位。

1) 园路

(1) 园路的功能作用　园路像人体的脉络一样,是贯穿全园的交通网络,是联系各个景区和景点的纽带和风景线,是组成园林风景的造景要素。园路的走向对园林的通风、光照、环境保护有一定的影响。因此无论从实用功能上,还是在美观方面,均对园路的设计有一定的要求。

① 组织交通　园路承担游客的集散、疏导,满足园林绿化、建筑维修、养护、管理等的运输工作,同时承担安全、防火、职工生活、公共餐厅、小卖部等园务工作的运输任务。对于小公园,这些任务可综合考虑,对于大公园,由于园务工作交通量大,有时可以设置专门的路线和入口。

② 引导游览　"人随路走"、"步移景异"说明园林不是设计一个个静止的境界,而是创造一系列运动中的境界。游人所获得的是连续印象所带来的综合效果,即由印象的积累在思想情感上所带来的感染力。园路能担负起组织园林的观赏程序,向游客展示园林风景画面的作用,能够自然而然地引导游人按照预定路线有序地进行游览,这部分园路就成了导游线。

③ 划分空间、构成园景　园林中常常利用地形、建筑、植物或道路把全园分隔成各种不同功能的景区,同时又通过道路,把各个景区联系成一个整体。园路本身是一种线性狭长空间,同时由于园路的穿插划分,又把园林其他空间划成了不同形状、不同大小的一系列空间,通过大小、形式的对比,极大地丰富了园林空间的形象,增强了空间的艺术性表现。通过园路联系园中不同景点,组成园林景观整体,同时又形成一条条风景序列,并且园路优美的曲线、丰富多彩的路面铺装,可与周围的山、水、建筑、花草、树木、石景等景物紧密结合,在起联系作用的同时又因路得景,自成景观(图4.25)。

**图 4.25　铺装精美的园路构成园景**

④ 其他功能　园路为园林给排水、电力电讯等管网的布置提供一定的场所或条件,还有利于园林的通风和光照等。

（2）园路的类型　园路按其性质和功能的不同可分为主要园路、次要园路和游憩小路;园路按使用材料不同,可分为整体路面、块料路面、碎料路面、简易路面。各类园路的特点见表4.1。

表4.1　各类园路的特点

| 分类 | 功能 | 宽度单位(m) | 材料 |
| --- | --- | --- | --- |
| 主要园路 | 联系各景区、主要景点,导游,组织交通 | 4~6 | 混凝土、沥青(整体路面) |
| 次要园路 | 联系景区内各景点,导游,构成园景 | 2~4 | 天然石块,预制混凝土块(块料路面) |
| 游憩小路 | 深入园中各角落,导游,散步休息 | 1.2~2 | 碎石、卵石、砖渣(碎料路面) |

① 主要园路　景园内的主要道路,从园林景区入口通向全园各主要景区、广场、观景点、后勤管理区,形成全园骨架和环路,组成导游的主干路线,并能适应园内管理车辆的通行要求。

② 次要园路　是主要园路的辅助道路,呈支架状连接各景区内景点和景观建筑,车辆可单向通过,为园内生产管理和园务运输服务。路宽可为主园路之半。自然曲度大于主园路,以优美舒展和富有弹性的曲线线条构成有层次的风景画面。

③ 游憩小路　是园路系统的最末梢,是供游人休憩、散步、游览的通幽曲径。可通达园林绿地的各个角落,是通达广场、园景的捷径,可结合园林植物小品设施和起伏的地形,形成自然亲切的游览步道。

（3）园路系统的布局形式　风景园林的道路系统不同于一般的城市道路系统,有自己的布置形式和布局特点。一般常见的园路系统布局形式有套环式、条带式和树枝式。

① 套环式园路系统　这种园路系统的特征是:主园路构成一个闭合的大型环路或一个"8"字形的双环路,再由很多的次园路和游览小道从主园路上分出,并且相互穿插连接与闭合,构成另一些较小的环路。主园路、次园路和小路构成的环路之间的关系,是环环相套、互通互连的关系,其中少有尽端式道路。因此,这样的道路系统可以满足游人在游览中不走回头路的愿望。套环式园路是最能适应公共园林环境,并且在实践中也是得到最为广泛应用的一种园路系统。

② 条带式园路系统　在地形狭长的园林绿地上,采用条带式园路系统比较合适。这种布局形式的特点是:主园路呈条带状,始端和尽端各在一方,并不闭合成环。在主路的一侧或两侧,可以穿插一些次园路和游览小道。次路和小路相互之间也可以局部闭合成环路,但主路不会闭合成环。条带式园路布局不能保证游人在游园中不走回头路,所以,只有在林荫道、河滨公园等带状公共绿地中才采用条带式园路系统。

③ 树枝式园路系统　在以山谷、河谷地形为主的风景区和市郊公园,主园路一般只能布置在谷底,沿着河沟从下往上延伸。两侧山坡上的多处景点都是从主路上分出一些支路,甚至再分出一些小路加以连接。支路和小路多数只能是尽端式道路,游人到了景点游览之后,要原路返回到主路再向上行。这种道路系统的平面形状,就像是有许多分叉的树枝一样,游人走回头路的时候很多。因此,从游览的角度看,它是游览性最差的一种园路布局形式,只有在受到地形限制时才不得已而采用这种布局。

（4）园桥　园林中的园桥起着联系交通、组织、导游的作用,同时可分隔水面、划分水域空间。园桥因构筑材料不同可分为石桥、木桥、钢筋混凝土桥等;按结构分又有梁式与拱式、单跨与多跨之分,其中拱桥又有单曲和双曲两种;按形式分有贴临水面的平桥、起伏带孔的拱桥、曲折变化的曲桥、有桥上架屋的亭桥、廊桥等等(图4.26)。

**图4.26　曲折的园桥**

2) 铺地工程

园林铺地的范畴是指园林中除道路以外提供人流集散、休闲娱乐、车辆停放等功能的硬质铺装地。室外园林空间中,地面通常被3种材料所覆盖:植被、水和铺装材料,而后者是唯一的硬质结构要素。铺装材料系指具有任何硬质的自然或人工的铺地材料,主要包括石、砖、瓷砖、水泥、沥青、木材等。

(1) 园林铺地的功能

① 提供活动和休憩场所　游人在园林中的主要活动空间是园路和各种铺装地。园林中硬质地面的比例控制,规划时会按照相关因素给予确定。大型的活动场地需要一定面积的铺装地面,当铺装地面以相对较大并且无方向性的形式出现时,它会暗示着一种静态停留感,无形中创造出一个休憩场所(图4.27)。

② 引导和暗示地面的用途　铺装地能提供方向性,引导视线从一个目标移向另一个目标。铺装材料在不同空间中的变化,都能在室外空间中表示出不同的地面用途和功能。改变铺装材料的色彩、质地或铺装材料本身的组合,空间的用途和活动的区别也由此而得到明确。

③ 对空间比例产生一定的影响　在外部空间中,铺装地面的另一功能是能影响空间的比例。每一块铺料的大小以及铺砌形状的大小和间距等,都能影响铺面的视觉比例。形体较大、较舒展,会使空间产生宽敞感,而较小、紧缩的形状,则使空间具有压缩感和亲密感。

图4.27　具有活动和休息功能的园林铺地

④ 统一和背景作用　铺装地面有统一协调设计的作用。铺装材料的这一作用,是利用其充当与其他设计要素和空间相关联的公共因素来实现的。即使在设计中,其他因素在尺度和特性上也有着很大的差异,但在总体布局中,因处于一共同的铺装之中,相互之间便连接成一整体。当铺装地面具有明显或独特的形状,易被人识别和记忆时,可谓是最好的统一者。在景观中,铺装地面还可以为其他引人注目的景物作中性背景。在这一作用中,铺装地面被看做是一张空白的桌面或一张白纸,为其他焦点物的布局和安置提供基础。铺装地面可作为这样一些因素的背景,如建筑、雕塑、盆栽植物、景观坐椅等。

(2) 园林铺地的类型　园林铺地的实用功能不同,其设计形式也不会相同,因此也就出现了不同的类别。常见类别有:

① 园景广场　是将园林景观集中汇聚、展示在一处,并突出表现宽广的园林地面景观的一类园林铺装地。园林中常见的门景广场、纪念广场、中心花园广场、音乐广场等都属于这类广场。

② 集散场地　设在主体建筑前后、主路路口、园林入口等人流频繁的重要地点,以人流集散为主要功能,表现形式主要为园林出入口广场和建筑附属铺装地等。

③ 停车场和回车场　主要指设在公共园林内外的汽车停放场、自行车停放场和扩宽路口形成的回车场地。停车场多布置在园林入口内外,回车场则一般在园林内部适当地点灵活设置。

④ 其他铺装地　附属于公共园林内外的场地,如旅游小商品市场、滨水观景平台、泳池休闲铺装地、露台等。

### 4.3.3　水景工程

水乃生命之源,也是庭园的灵魂。作为重要的园林组成要素,水景被誉为园林的"眼睛",只要稍有条件,都会引水入园,创造园林水景,甚至建造以水为主题的水景园。在我们传统的山水文化中,还赋予水以特殊的灵性,有云:"仁者乐山,智者乐水","石令人古,水令人远"。城市园林中的水,不但能增加景色的美丽,使景色生动活泼,而且还具有降低噪音、蓄存雨水、灌溉土地、消防、增湿、降温、种植、养鱼、划船、滑冰等实用价值。

在室外环境的营造中,水与其他设计要素相比较,有大量区别于其他要素的特性。它常常是整个设计中最迷人和最激发人兴趣的因素之一。在室外环境中,很少人会忽视或忘记水的形象,人类有着本能利用水和观赏水的要求。原因在于:①水是最重要的生命物质,人需要用水维系生命。②人在感情上喜欢亲水,因为水具有五光十色的光影、悦耳的声响和众多的娱乐内容。大多数情况下(除被污染的情况外),水都具有特殊的魅力,吸引人注意。③水除了引人入胜的特性外,人在本能上更是喜欢接触水。我们喜欢玩水,泡在水中感觉舒服、愉快。尤其小孩,对水的喜爱更为强烈。④水有治疗效果,对人健康有益。看看湖光山色,听听泉乐涛声,使人心情舒畅,有宁神安眠效果。静坐海边、湖畔、河流和小溪旁,可使人心绪平静安详,抚慰人们的心灵。清新的空气,开阔的视野,宁静或活泼的气氛,这些都使人感觉回归自然,心平气和。⑤水还具有特殊的浪漫主义色彩。许多歌曲、诗歌、小说、电影,甚至广告都将水作为主题或背景,这些也潜移默化影响人们的审美。

1) 水的一般特性

(1) 水的可塑性  水本身无固定的形状,水的形状由容器形状所造就。丰富多彩的水态,取决于容器的大小、形状、色彩和质地,所以各种水池、水塘、湖泊、水道的设计形状也决定了水的形态。

(2) 水的状态  由于水受地形的影响,或静止,或运动,可分为静水和动水两类。静水的宁静、轻松和温和,能使人情绪上得到安静和安详,如园林中的"海"、湖、池沼、运河等,其作用一般都是为了强调景观,形成景物的倒影,以加强人们的注意力。动水活泼灵动,或缓流,或奔腾,或喷涌,或跌落,波光晶莹,剔透清亮,令人感觉兴奋欢欣,如园林中的溪涧、瀑布、喷泉、曲水流觞等,最适合用于引人注目的视线焦点上。

(3) 水的音响  运动着的水,无论流动、跌落、还是撞击,都会发出声响,使原本静默的景色也产生一种不息的韵动和天真活跃的生命力,因此,水的设计也应包括水声的利用。

(4) 水的倒影  水能不夸张地、真实形象地映出周围环境的景物。平静的水像一面镜子,映出蓝天白云、周围的山石花木、建筑人物,如真似幻,难分真伪。当微风吹拂,泛起涟漪时,景物的成像形状破碎,色彩斑驳,好像一幅印象派或抽象派的油画。利用水的倒影,一方面可以增加空间层次,另一方面映出四周景象,表现出时空的变化,还能给园林带来光影和动感,创造出"半亩方塘一鉴开,天光云影共徘徊"的意境。

2) 水景工程的类型

(1) 静水  静态的水体能反映出倒影、粼粼的微波、潋滟的水光,给人以明净、清宁、开朗或幽深的感受。根据容器的特性和形状又可分为规则式水池和自然式湖塘。

① 规则式水池  所谓水池是指人造的蓄水容器,其边缘线条挺括分明,池的外形属于几何形,但并不限于圆形、方形、三角形和矩形等典型的纯几何形。如印度泰姬陵前的大水池以及贝聿铭先生设计的苏州博物馆主庭院的水池(图 4.28、4.29)。

图 4.28  印度泰姬陵前的规则式水池

图 4.29  苏州博物馆主庭院几何形水池

水池是人造的,而非天然形成。因此适合于以平直线条为主的市区空间,或人为支配的环境。一般认为,水池在室外应用主要有以下几个作用:A.水的倒影如真似幻,可为观赏者提供一个新的视点。B.通过水池的反光影响空间的明暗。比如阳光普照的白天池面水光晶莹耀眼,与草地或铺装的深沉暗淡形成强烈对比。静水中的蓝天白云令人感觉轻盈飘逸,同时反衬着沉重厚实的地面。C.四周被建筑或其他因素围合,空间封闭,为求扩大空间感觉而运用大水池。D.作为其他景物和视点的自然前景和背景,比如作为雕塑的背景。

那么,应用规则式水池时我们到底应注意哪些问题呢?或者说,为了增强水的映射效果,我们应该怎么做?可以考虑以下几方面内容:A.从赏景点与景物的位置来考虑水池的大小和位置。B.考虑水池的深度和水池表面色调。我们增加水深,或加暗池面色彩都可以增强倒影。C.考虑水池的水平面和水面本身的特性。比如我们可以让水的表面相对的高一些,或池水清澈一些,或水池形状简练一些,从而不从视觉上破坏和妨碍水面倒影。

当然,有时候我们也会对水池表面进行特殊处理,以达到观赏的趣味性。对水池的内表面,特别是底部,可以使用引人注目的材料、色彩和质地,并设计成吸引人的样式。

② 自然式水体 与规则式水池相比,水体外形通常由自然的曲线构成,适合于乡村和大的公园内。水体的大小与驳岸的坡度有关,同面积的水体,驳岸较平缓、离水面近看起来水面就较大,反之则水面就感觉较小,在园林中多随地形而变化。水体由于外形柔和,可以使空间产生一种轻松恬静的感觉,比如苏州拙政园内自然式水池结合植物造景,一年四季充满诗情画意;杭州西湖阴晴雨雪宛若仙境;英国风景园中的水体结合起伏的地形和自然式种植的树丛,形成一派田园风光。水体还可从视觉上将不同景物联系和统一在一起,又由于在一点上看全景不能一目了然,故又可创造神秘感(图4.30、图4.31)。

图4.30 苏州拙政园的静态自然式水体

图4.31 杭州西湖的静态自然式水体

(2) 流水 流水是任何被限制在有坡度的渠道中的,由于重力作用而产生自流的水。如自然界中的江河、溪流等。在设计中,最好作为一种动态因素,来表现具有运动性、方向性和生动活泼的室外环境(图4.32)。

流水的特征取决于水的流量、河床的大小和坡度,以及河底和驳岸的性质。比如用细腻和光滑的材料做河床,则水流也就应较平缓稳定,适合于宁静悠闲的环境。而增加河床坡度,可形成较湍急的流水,若用卵石或毛石铺砌,由于碰撞,可产生湍流、水花和声响。

不同的流水形式给人以不同的视觉和心理感受,可作为观赏和聆听的因素或者娱乐活动的因素考虑。

(3) 瀑布 瀑布是流水从高处突然落下而形成的。其观赏效果比流水更丰富多彩,常作为室外环境布局的焦点。瀑布可分为3类:自由落瀑布、跌落瀑布、滑落瀑布(图4.33)。

(4) 喷泉 喷泉是利用压力使水自喷嘴喷向空中,喷泉的水喷到一定高度后便又落下。大多数喷泉由于垂直变化加上灯光的配合,常常成为设计组合中的视线焦点。喷泉有多种样式,大多数都装在静水中,对比之下,突出其魅力。按形态特征可分为四类:单射流喷泉、喷雾式喷泉、充气泉、造型式泉(图4.34)。

### 4.3.4 园林建筑与小品

在园林绿地中,既有使用功能,又能与环境组成景色,供人们游览和使用的各类建筑物或构筑物,都可称为园林建筑。园林建筑比起山、水、植物,较少受到自然条件的制约,人工的成分最多,乃是造园的四个主要手段中运用最为灵活因而也是最积极的一个手段。应用时要根据园林的立意、功能、造景需要,考虑建筑的组合、体量、造型、色彩,以及与假山、雕塑、植物、水景等诸要素的配合安排,要求精心构思,起到画龙点睛的作用。

1) 园林建筑

(1) 园林建筑的作用　中国园林中的建筑具有使用和观赏的双重功能,要求园林建筑可居、可游、可观。简言之,园林建筑对园林景观的创造要起积极的作用,可概括为以下4个方面:

① 点景　即点缀风景。在园林中,建筑物往往是风景画面的重点或主题。没有建筑也就无以言园林之美。重要的建筑物常常作为园林的一定范围内甚至整个园林的构景中心。

② 观景　即观赏风景。以一幢建筑物或一组建筑群作为观赏园内景物的场所,它的位置、朝向、封闭或开敞的处理往往取决于观赏者视野范围内有没有最佳的风景画面。

③ 围合园林空间　利用建筑物围合成一系列的庭院;或以建筑为主,辅以地形、山石、花木将园林划分为若干空间层次。

④ 组织游览路线　以道路结合建筑物的穿插、对景和障景,创造一种步移景异,具有导向性的游动观赏效果。

(2) 园林建筑的类型　按使用功能园林建筑可分为四大类:游憩类建筑、服务类建筑、公用类建筑和管理类建筑。

① 游憩类建筑

科普展览建筑　供历史文物、文学艺术、摄影、绘画、科普、书画、金石、工艺美术、花鸟鱼虫等展览的设施。

文体游乐建筑　有文体场地、露天剧场、健美房等游乐设施如跷跷板、浪木、秋千、滑梯、单杠、迷宫、观览车、疯狂老鼠等。

游览观光建筑　游览观光建筑不仅给游人提供游览、休息、赏景的场所,而且其本身也是景点或景点的构图中心。包括亭、廊、榭、舫、厅、堂、楼阁、斋、馆、轩、塔、码头、花架、花台、休息坐凳等。

图 4.32　流水景观

图 4.33　峨眉山迎宾广场瀑布

图 4.34　意大利埃斯特别墅内的喷泉

亭　亭是园林绿地中最常见的建筑,形式颇多。"亭者,停也。所以停憩游行也"(《园冶》)。多建于路边、山顶、溪畔、水际等位置。

廊　廊除能遮阳、防雨、坐憩外,最主要的是作为导游参观和组织空间用,作透景、隔景、框景,使空间产生变化。廊的布置正如《园冶》中所述:"今予所构曲廊,之字曲者,随形而弯,依势而曲。或盘山腰,或穷水际,通花渡壑,蜿蜒无尽……"(图4.35)。

榭　一般指有平台挑出水面观赏风景的园林建筑。《园冶》谓:"榭者,籍也。籍景而成者也。或水边,或花畔,制亦随态"(图4.36)。

图4.35　上海豫园中的廊

图4.36　苏州网师园的水榭

舫　也称旱船,不系舟。舫的立意是"湖中画舫",运用联想使人有虽在建筑,犹如置身舟楫之感。

厅、堂　是园林中的主要建筑。"堂者,当也。谓当正向阳之屋,以取堂堂高显之义"。厅亦相似,故厅堂一并称呼。四面厅在园林中广泛运用,四周为画廊、长窗、隔扇、不作墙壁,可以坐于厅中,观看四面景色。

楼(阁)　是园林中的高层建筑,均供登高望远,游憩赏景之用,但一般认为重屋曰楼,重亭可登,而四面有墙、窗者为阁。现代园林中所建的楼阁多为茶室、餐厅、接待室等。

殿　古时把堂之高大者称之为"殿",在园林中殿多为帝王贵族活动的主体建筑(如勤政殿);或寺庙群中的主体建筑(如大雄宝殿)。其主要功能是丰富园林景观,作为名胜古迹的代表建筑,供人们游览瞻仰。

斋　是古人戒之所,即守戒,屏欲的地方。又一解释说:"燕居之屋曰斋"。意思是说凡是安静居住(燕居)的房屋就称为斋。古时的斋多指书房或字舍,设在幽深僻静之处。如北京北海的"静心斋",承德避暑山庄的"松鹤斋"等。

馆　古人曰:"馆,客舍也",是接待宾客的房舍。供旅游饮食的房屋亦称为馆。其规模无一定之规,或大或小,或高或矮,可视其功能灵活布置。

轩　原为古代马车前棚部分,建筑中把厅堂前卷棚顶部分或殿堂的前檐称之为轩,也有将有窗槛的长廊或小室称为轩的。园林中的轩,指较为高敞、安静的园林建筑,轩的功能是为游人提供安静休息的场所。

此外,近年国内公园绿地里出现的一些国外建筑类型,如荷兰风车、教堂等(图4.37)。

② 服务类建筑设施　园林中的服务性建筑包括餐厅、酒吧、茶室、小吃部、接待室、宾馆、小卖部、摄影部、售票房等。这类建筑虽然体量不大,但与人们密切相关,它们融使用功能与艺术造景于一体,在园林中起着重要的作用。

图4.37　园林中不同建筑类型实例

饮食业建筑设施有餐厅、食堂、酒吧、茶室、冷饮、小吃部等。这类设施近年来在风景区和公园内已逐渐成为一项重要的设施,该服务建筑在人流集散、功能要求、服务游客、建筑形象等方面对景区有很大影响(图4.38)。

商业性建筑设施有商店或小卖部、购物中心。主要提供游客用的物品和糖果、香烟、水果、饼食、饮料、土特产、手工艺品等，同时还为游人创造一个休息、赏景之所。

住宿建筑设施有招待所、宾馆。规模较大的风景区或公园多设一个或多个接待室、招待所，甚至宾馆等，主要供游客住宿、赏景。

摄影部、售票房主要是供应照相材料、租赁相机、展售风景照片和为游客提供室内、外摄影，同时还可扩大宣传，起到一定的导游作用。票房是公园大门或外广场的小型建筑，也可作为园内分区收票的集中点，常和亭廊组合一体，兼顾管理和游憩需要。

图 4.38 蚌埠珠园中的咖啡屋

③ 公用类建筑设施　主要包括电话、通讯、导游牌、路标、停车场、存车处、供电及照明、供水及排水设施、供气供暖设施、标志物及果皮箱、饮水站、厕所等(图 4.39)。

A. 导游牌、路标　在园林各路口，设立标牌，协助游人顺利到达游览地点，尤其在道路系统复杂，景点丰富的大型园林中，还起到点景的作用。

B. 停车场、存车处　这是风景区和公园必不可少的设施，为了方便游人常和大门入口结合在一起，但不应占用门外广场的位置。

C. 供电及照明　供电设施主要包括园路照明、造景照明、生活、生产照明、生产用电、广播宣传用电、游乐设施用电等。园林照明除了创造一个明亮的园林环境，满足夜间游园活动，节日庆祝活动以及安全保卫工作等要求以外，它更是创造现代化园林景观的手段之一。

D. 供水与排水设施　园林中用水有生活用水、生产用水、养护用水、造景用水和消防用水。一般水源有：引用原河湖的地表水；利用天然涌出的泉水；利用地下水；直接用城市自来水。给水设施一般有水井、水泵(离心泵、潜水泵)、管道、阀门、龙头、窖井、储水池等。消

图 4.39 公园中的厕所

防用水为单独体系，有备无患。园林造景用水可设循环水系设施，以节约用水。山地园林和风景区应设分级扬水站和高位储水池，以便引水上山，均衡使用。

园林绿地的排水，主要靠地面和明渠排水，暗渠、埋设管线只是局部使用。为了防止地表冲刷，需固坡及护岸，常采用谷方、护土筋、水簸箕、消力阶、消力池、草坪护坡等措施。为了将污水排出，常使用化粪池、污水管渠、集水窖井、检查井、跌水井等设施。作为管渠排水体系有雨、污分流制；雨、污合流制；地面及管渠综合排水等方法。

E. 厕所　园厕是维护环境卫生不可缺少的，既要有其功能特征，外形外观，又不能过于讲究，喧宾夺主。要求有较好的通风、排污设备，应具有自动冲水和卫生用水设施。

④ 管理类建筑设施　主要指风景区、公园的管理设施，以及方便职工的各种设施。

A. 大门、围墙　园林大门在园林中突出醒目，给游人第一印象。依各类园林不同，大门的形象、内容、规模有很大差别，可分为以下几种形式：柱墩式、牌坊式、屋宇式、门廊式、墙门式、门楼式，以及其他形式的大门等(图 4.40)。

B. 其他管理设施　办公室、广播站、宿舍食堂、医疗卫生、治安保卫、温室荫棚、变电室、垃圾污水处理场等。

2) 园林小品

园林小品一般体形小，数量多，分布广，具有较强的装饰性。主要包括坐椅、园桌、展览牌、宣传牌、景墙、景窗、门洞、栅栏、栏杆、花格、花架、雕塑等。

(1) 坐椅、园桌　室外座位的目的主要是提供一个干净又稳固的地方供人就座。此外，座位也提供人们一个休息、等候、交谈、观赏景致、看书或用餐的场所。所以一般布置在安静、视野开阔、景色良好、游人需要休息之处。在广场四周及建筑旁，常常结合花台、挡土墙、栏杆、山石等而设置。要求舒适坚固、构造简单、制作方便、与周围环境协调、点缀风景、增加趣味。

(2) 展览牌、宣传牌　是进行科普宣传、政策教育的设施。一般设置在场地边沿，道路对景处或结合建筑、游廊、围墙、挡土墙灵活布置。根据具体环境情况，可做成直线、曲线或弧形。

(3) 景墙　围合与分割空间、有隔断、导游、障景、装饰等作用。根据材料、断面的不同，有高矮、曲直、虚实、光洁与粗糙、有檐与无檐等形式(图4.41)。

(4) 景窗、门洞　景窗有组织空间、采光、通风、添景等作用。园窗分什锦窗和镂花窗两类。什锦窗(图4.42)是在墙上连续布置不同形状的窗框，用以组织园林框景。镂花窗主要用于园景的装饰和漏景。门洞主要是有指示、导游、点景装饰的作用，好园门往往给人"引人入胜"、"别有洞天"的感觉。

图4.40　风景区大门

图4.41　北京皇城根公园景墙

图4.42　苏州园林里的景窗

(5) 栏杆　主要起防护、分割、装饰美化的作用，坐凳式栏杆还可供人休息。在园林中不宜过多、过高，要把防护、分割与美化装饰结合起来。石制栏杆粗壮坚固、朴素自然；钢筋混凝土栏杆可预制花纹，经久耐用；铁制栏杆占地少、布置灵活，结合防锈可漆成白、黑、绿等颜色。

(6) 花架　花架以植物材料为顶，在园林中的作用主要是供人歇足休息，观赏风景，在园林布局中如长廊一般，划分、组织空间，以及创造藤蔓植物生长的生物学条件。花架接近自然，融与环境之中，布局灵活。其表现形式有单柱双边悬挑花架、单柱单边悬挑花架、双柱花架等。结构类型有木花架、钢筋混凝土现浇花架、仿木预制成品花架、竹花架、仿竹花架、钢花架、不锈钢花架等(图4.43)。

(7) 雕塑　雕塑在园林中主要起表现园林意境、点缀装饰风景、丰富游览内容的作用。按功能分纪念性雕塑、主体性雕塑、装饰性雕塑。按形式分具象性雕塑和抽象性雕塑。常用作园林局部的主景。使用时根据园林性质、环境特点和和服务对象灵活布置(图4.44)。

图4.43　以紫藤为顶的花架

图4.44　公园广场上的雕塑

# 5 园林规划设计内容

## 5.1 园林规划设计的基本程序

园林可以理解为综合运用生物科学技术、工程技术和美学理论来保护和合理利用自然环境资源,协调环境与人类经济和社会发展,创造生态健全、景观优美、具有文化内涵和可持续发展的人居环境的科学和艺术。本章研究的内容主要包括城市绿地系统、风景名胜区、森林公园、各类公园、单位附属绿地、道路广场绿地等(详见图6.4)。园林规划设计的程序,即运用各类园林绿地规划设计的理论和方法,通过一定的技术和艺术手段,形成技术性文件(或图纸)的过程。

### 5.1.1 基本程序

各种项目的设计都要经过由浅入深、从粗到细、不断完善的过程。园林规划设计也不例外,作为设计项目中的一个类别,它必定要遵循一定的设计程序,设计者应先进行基地调查,熟悉物质环境、社会文化环境和视觉环境,然后对所有与设计有关的内容进行概括和分析,最后拿出合理的方案,完成各阶段设计。

1) 任务书阶段

设计任务书一般是由委托单位或业主依据使用规划和意图而提出的,经过审定和批准而作为设计主要依据的文件。从一个完整的设计任务书清单中可获知这样四类信息:①项目类型与名称、规划规模、范围与标准等;②用地概况描述及城市规划要求等;③投资规模建设标准及设计进度等;④委托单位(业主)的一些主观意图描述。

在任务书阶段,设计人员应充分了解设计项目的基本概况,包括建设规模、投资规模、项目的总体框架方向和基本实施,以及设计委托方关于设计深度和时间期限等内容。这些内容往往是整个设计的根本依据,从中可以确定哪些值得深入细致地调查和分析,哪些只要做一般的了解。在任务书阶段很少用到图面,常用以文字说明为主的文件。

2) 拟定工作计划

3) 基地调查和分析阶段

掌握了任务书阶段的内容之后,按照工作计划就应该着手进行基地调查,收集与基地有关的资料,补充并完善不完整的内容,对整个基地及环境状况进行综合分析。

(1) 基地现状调查 基地现状调查包括收集与基地有关的技术资料和进行实地勘察、测量两部分工作。有些技术资料可从有关部门查询得到,如基地所在地区的气象资料、基地地形及现状图、管线资料、城市规划资料等。对查询不到的但又是设计所必须的资料,可通过实地调查、勘察得到,如基地及环境的视觉质量、基地小气候条件等。若现有资料精度不够、不完整或与现状有出入,则应重新勘察或补测。基地现状调查及资料收集的内容有:

基地自然条件:地形,山体,土壤,植被,动物等;

气象资料:日照条件,温度,风,降雨,灾害性天气发生规律等;

历史人文资料:地区性质,历史文物,传统文化,生活习俗等;

人工设施:建筑及构筑物,道路和广场,各种管线等;

图纸资料:现状图,相关规划图等;

社会调查与公众意见:社会、经济和产业现状及规划,居民信息,环境质量,公众意见等;

视觉质量:基地现状景观,环境景观,视阈等;

基地范围及环境因子:物质环境,知觉环境,小气候,相关城市规划法规等;

现状调查及资料收集并不需将所有的内容一个不漏地调查清楚,应根据项目的类型、基地的规模、内外环境和使用目的分清主次,选择调查内容。主要的应深入详尽地调查,次要的可简要地了解。

(2) 基地分析　基地分析是在客观调查和主观评价的基础上,对基地及其环境的各种因素作出综合性的分析,使基地的潜力得到充分发挥,扬长避短。

基地分析包括多方面,譬如在地形资料的基础上进行坡级分析、排水类型分析;在土壤资料的基础上进行土壤承载分析;在气象资料的基础上进行日照分析、小气候分析;在基地现状景观基础上的景观特色分析;在基地周边交通状况基础上的流线分析等。

4) 方案设计阶段

当基地规模较大及所安排的内容较多时,就应该在方案设计之前先作出整个园林的用地规划或布置,保证功能合理,尽量利用基地条件,使诸项内容各得其所,然后再分区、分块进行各局部景区或景点的方案设计。若范围较小,功能不复杂,则可以直接进行方案设计。方案设计阶段本身又根据方案发展的情况分为方案的构思、方案的选择与确定以及方案的完成三部分。综合考虑任务书所要求的内容和基地及环境条件,提出一些方案构思和设想,权衡利弊确定一个较好的方案或几个方案构思拼合成的综合方案,最后加以完善并完成初步设计。该阶段的工作主要包括进行功能分区,结合基地条件、空间及视觉构图确定各种使用区的平面位置(包括交通的布置和分级、广场和停车场地的安排、建筑及入口的确定等内容)。常用的图面有功能关系图、功能分析图、方案构思图和各类规划及总平面图等。

5) 方案评审阶段

对于一些大型项目或有特别要求的项目,有关部门将组织方案评审,并形成评审意见;设计方应结合评审意见,对方案进行修改和调整,并形成最终方案。

6) 详细设计阶段

方案确定以后,就要全面地对整个方案进行各方面详细的设计,包括确定准确的形状、尺寸、色彩和材料。完成各局部详细的平立剖面图、详图、园景的透视图、表现整体设计的鸟瞰图等。

7) 施工图阶段

施工图阶段是将设计与施工连接起来的环节。根据所设计的方案,结合各工种的要求分别绘制出能具体、准确地指导施工的各种图面,这些图面应能清楚、准确地表示出各种设计的尺寸、位置、形状、材料、种类、数量、色彩以及构造和结构,完成施工平面图、地形设计图、种植平面图、园林建筑施工图等(图 5.1)

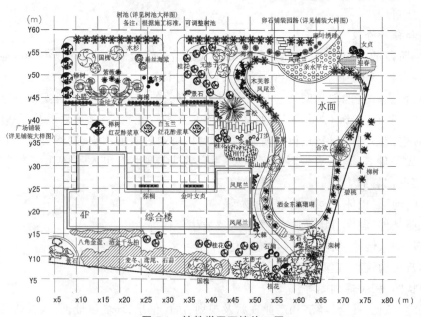

图 5.1　某教学区环境施工图

8）编制预算及文字说明

规划设计的步骤根据项目的大小,工程复杂的程度,可按具体情况增减。如项目不大,则方案阶段与详细设计阶段可结合进行。园林规划设计的步骤流程见(图 5.2)。

### 5.1.2 主要阶段设计文件的深度

承担项目设计单位的设计资质应与项目大小、复杂程度相一致。按现行规定,规划设计编制单位资质分为甲、乙、丙三级,分级标准以及所允许承担设计任务的范围都有明确的规定,低等级的设计单位不得越级承担工程项目的规划设计任务,设计单位必须严格保证规划设计质量。规划设计须经过方案比较,以保证方案的合理性。规划设计所使用的基础资料、引用的技术数据、技术条件等要确保准确、真实。

1）方案设计阶段

方案设计阶段设计文件由图纸和文字说明两部分组成。

(1) 图纸部分 图纸部分应包括:

① 建设场地的规划和现状位置图。图中要标明绿线轮廓、现状及规划中建筑物位置和周围环境。图的比例尺为 1:2 000~1:10 000。

② 近期和远期用地范围图。标明具体位置,有明确尺寸及坐标,图的比例尺为 1:500~1:2 000。

③ 总体规划平面图。要在用地范围内标明道路、广场、河湖、建筑、园林植物类型、出入口位置及地形竖向控制标高等。图的比例尺见表 5.1。

必要时可用适当比例尺的图示,进行功能分区、人流集散、游览流向分析。

④ 整体鸟瞰图。

⑤ 重点景区、园林建筑或构筑物、山石、树丛等主要景点,或景物的平面图或效果图,比例尺为 1:20~1:100。

⑥ 公用设备、管理用设施、管线的位置和走向图。

⑦ 重点改造地段的现状照片。

(2) 说明书 方案设计阶段设计文件文字说明部分应包括:

① 主要依据

A. 批准的任务书或摘录;

B. 所在地的气象、地理、地质概况;

C. 风景资源及人文资料;

D. 能源、公共设施、交通利用情况等。

② 规模和范围

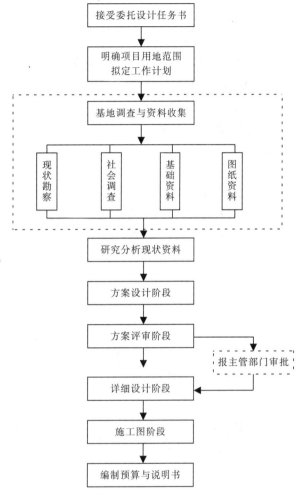

图 5.2　园林规划设计步骤流程图

表 5.1　总体规划平面图的比例尺

| 规划用地面积(hm²) | 比例尺 |
|---|---|
| <10 | 1:200~1:500 |
| >10<50 | 1:500~1:1 000 |
| >50<100 | 1:1 000~1:2 000 |
| >100 | 1:2 000~1:5 000 |

A. 规模、面积、游人容量;

B. 分期建设情况;

C. 设计项目组成;

D. 对生态环境、游憩、服务设施的技术分析。

③ 艺术构思

A. 主题立意;

B. 景区、景点布局的艺术效果分析;

C. 游览、休息线路布置。

④ 种植规划概况

A. 立地条件分析;

B. 天然植被与人工植被的类型分析;

C. 种苗来源情况;

D. 园林植物选择的原则。

⑤ 功能与效益

A. 执行国家政策、法令及有关规定的情况;

B. 对城市绿地系统和城市生活影响的预测;

C. 各种效益的评估。

⑥ 技术、经济指标

A. 用地平衡表;

B. 土石方概数、主要材料和能源消耗概数;

C. 总概算。

⑦ 需要在审批时决定的问题

A. 与城市规划的协调、拆迁、交通情况;

B. 施工条件、季节;

C. 投资。

(3) 设计文件编排顺序

① 总体规划图设计文件封面

② 总体规划图设计文件目录

③ 说明书

④ 总图与分图

⑤ 概算

规划设计文件的内容根据项目的性质、大小和工程复杂的程度,可按具体情况增减。

2) 详细设计阶段

详细设计阶段应在规划设计文件得到批准及待定问题得以解决后进行。文件包括设计图纸、说明书、工程量总表和概算。设计图表示的高程和距离均以"m"为单位,数据精确到小数点后两位。

(1) 图纸部分　详细设计阶段设计文件的图纸部分应包括:

① 总平面图

A. 用具体尺寸、标高表明道路、广场、河湖、建筑、假山、设备、管线等各专业设计或单独的子项目工程相互关系、周围环境的配合关系,必要时可用断面图加以明确;

B. 总平面图必须有准确的放线依据;

C. 总平面图的比例尺由 1:200~1:500,简单的工程设计可用 1:1 000。

② 在总平面图以外,必要时可分别增加竖向设计图、道路广场设计图、种植设计图、建筑设计图。

A. 竖向设计图

a. 分别表示现状和设计高程；

b. 在不同比例图纸上,用等高线表示地形时,其等高距则要求不同(见表5.2);

c. 图纸比例尺同总平面图。

B. 道路广场设计图

a. 广场外轮廓、道路宽度用具体尺寸标明；

b. 用方格网(或轴线、中心线)控制位置或线型；

c. 广场标高应标明中心部位和四周标高,道路转弯处应标出标高；

d. 标明排水方向,用地下管道排水时,要标明雨水口位置；

e. 比例尺同总平面图。

C. 种植设计图

a. 标明树林、树丛、孤立树和成片花卉位置；

b. 定出主要树种、种植植物、地被植物、草坪等；

c. 重点树木或树丛要标出与建筑、道路、水体的相对位置；

d. 比例尺同总平面图。

D. 建筑设计图

a. 注明建筑轮廓及其周围地形标高；

b. 与周围构筑物距离尺寸；

c. 与周围绿化种植的关系。

E. 综合管网图　标明各种管线平面位置和管线中心尺寸。

表5.2　不同比例尺图纸所用等高距

| 图纸比例 | 等高距要求(m) |
| --- | --- |
| 1:200 | 0.2 |
| 1:500 | 0.5 |
| 1:1000 | 1.0 |

(2) 详细设计阶段说明书

① 对照总体规划图文件中文字说明部分提出全面技术分析和技术处理措施；

② 各专业设计配合关系中关键部位的控制要求；

③ 材料、设备、造型、色彩的选择原则。

(3) 工程量总表

① 各园林植物种类、数量；

② 平整地面、堆山、挖填方数量；

③ 山石数量；

④ 广场、道路、铺装面积；

⑤ 驳岸、水池面积；

⑥ 各类园林小品数量；

⑦ 园灯、园椅等设备数量；

⑧ 园林建筑、服务、管理建筑、桥梁的数量、面积；

⑨ 各种管线长度,并尽可能标注出管径。

(4) 设计概算

① 根据概算定额,按照工程量计算工程基本费；

② 按照有关部门规定,计算增加的各种附加费；

③ 公园、绿地范围以外市政配套所用的附加费。

(5) 设计文件编排顺序

① 设计文件封面；

② 设计文件扉页；

③ 设计文件目录；

④ 设计文件说明书；

⑤ 图纸目录;

⑥ 总图与分图;

⑦ 工程量表;

⑧ 概算。

3) 施工图阶段

施工图设计文件包括施工图、文字说明和预算。施工图尺寸和高程均以"m"为单位,精确到小数点后两位。施工图设计分为种植、道路、广场、山石、水池、驳岸、建筑、土方、各种地下或架空线的施工设计。有两个以上专业工种在同一地段施工,需要有施工总平面图,并经过审核会签,在平面尺寸关系和高程上取得一致。在一个子项目内,各专业工种要同时按照专业规范进行审核会签。

(1) 施工总平面图

① 应以详细尺寸或坐标标明各类园林植物的种植位置,构筑物、地下管线位置,外轮廓。

② 施工总平面图中要注明基点、基线。基点要同时注明标高。

③ 为了减少误差,整形式平面要注明轴线与现状的关系;自然式道路、山丘种植要以方格网为控制依据。

④ 注明道路、广场、台承、建筑物、河湖水面、地下管沟上皮、山丘、绿地和古树根部的标高,它们的衔接部分亦要作相应的标注。

⑤ 图的比例尺为 1:100~1:500。

(2) 种植施工图

① 平面图

A. 在图上应按实际距离尺寸标注出各种园林植物品种、数量;

B. 标明与周围固定构筑物和地上地下管线距离的尺寸;

C. 施工放线依据;

D. 自然式种植可以用方格网控制距离和位置,方格网用 2 m×2 m~10 m×10 m,方格网尽量与测量图的方格线在方向上一致;

E. 现状保留树种,如属于古树名木,则要单独注明;

F. 图的比例尺为 1:100~1:500。

② 立面、剖面图

A. 在竖向上标明各园林植物之间的关系、园林植物与周围环境及地上地下管线设施之间的关系;

B. 标明施工时准备选用的园林植物的高度、体型;

C. 标明与山石的关系;

D. 图的比例尺为 1:20~1:50。

③ 局部放大图

A. 重点树丛、各树种关系、古树名木周围处理和覆层、混交林种植详细尺寸;

B. 花坛的花纹细部;

C. 与山石的关系。

④ 做法说明

A. 放线依据;

B. 与各市政设施、管线管理单位配合情况的交代;

C. 选用苗木的要求(品种、养护措施);

D. 栽植地区客土层的处理,客土或栽植土的土质要求;

E. 施肥要求;

F. 苗木供应规格发生变动的处理;

G. 重点地区采用大规格苗木采取号苗措施、苗木的编号与现场定位的方法;

H. 非植树季节的施工要求。

⑤ 苗木表

A. 种类或品种；

B. 规格、胸径以"cm"为单位，小数点后保留一位；冠径、高度以"m"为单位，精确到小数点后一位；

C. 观花类标明花色；

D. 数量。

⑥ 预算

根据有关主管部门批准的定额按实际工程量计算。

（3）竖向施工图

① 平面图

A. 现状与原地形标高；

B. 设计等高线，等高距为 0.25~0.5 m；

C. 土山山顶标高；

D. 水体驳岸、岸顶、岸底标高；

E. 池底高程用等高线表示，水面要标出最低、最高及常水位；

F. 建筑室内外标高，建筑出入口与室外标高；

G. 道路、折点处标高、纵坡坡度；

H. 绿地高程用等高线表示，画出排水方向、雨水口位置；

I. 图的比例尺为 1:100~1:500；

J. 必要时增加土方调配图，方格为 2 m×2 m~10 m×10 m，注明各方格点原地面标高、设计标高、填挖高度，列出土方平衡表。

② 剖面图

A. 在重点地区、坡度变化复杂地段增加剖面图；

B. 各关键部位标高；

C. 图的比例尺为 1:20~1:50。

③ 做法说明

A. 夯实程度；

B. 土质分析；

C. 微地形处理；

D. 客土处理。

④ 预算

根据有关主管部门批准的定额按实际工程量计算。

（4）园路、广场施工图

① 平面图

A. 路面总宽度及细部尺寸；

B. 放线用基点、基线、坐标；

C. 与周围构筑物、地上地下管线距离尺寸及对应标高；

D. 路面及广场高程、路面纵向坡度、路中标高、广场中心及四周标高、排水方向；

E. 水口位置，雨水口详图或注明标准图索引号；

F. 路面横向坡度；

G. 对现存物的处理；

H. 曲线园路线形标出转弯半径或用方格网 2 m×2 m~10 m×10 m；

I. 路面面层花纹；

J. 图的比例尺为 1:20~1:100。

② 剖面

A. 路面、广场纵横剖面上的标高；

B. 路面结构：表层、基础做法；

C. 图的比例尺为：1:20~1:500。

③ 局部放大图

A. 重点结合部；

B. 路面花纹。

④ 做法说明

A. 放线依据；

B. 路面强度；

C. 路面粗糙度；

D. 铺装缝线允许尺寸，以"mm"为单位；

E. 边牙与路面结合部做法、边牙与绿地结合部高程做法；

F. 异型铺装块与边牙衔接处理；

J. 正方形铺装块折点、转弯处做法。

⑤ 预算

根据有关主管部门批准的定额按实际工程量计算。

(5) 假山施工图

① 平面图

A. 山石平面位置、尺寸；

B. 山峰、制高点、山谷、山洞的平面位置、尺寸及各处高程；

C. 山石附近地形及构筑物、地下管线及与山石的距离尺寸；

D. 植物及其他设施的位置、尺寸；

E. 图的比例尺为：1:20~1:50。

② 剖面图

A. 山石各山峰的控制高程；

B. 山石基础结构；

C. 管线位置、管径；

D. 植物种植池的做法、尺寸、位置。

③ 立面或透视图

A. 山石层次、配置形式；

B. 山石大小与形状；

C. 与植物及其他设备的关系。

④ 做法说明

A. 堆石手法；

B. 接缝处理；

C. 山石纹理处理；

D. 山石形状、大小、纹理、色泽的选择原则；

E. 山石用量控制。

⑤ 预算

根据有关主管部门批准的定额按实际工程量计算。

(6) 水池施工图

① 平面图

A. 放线依据；
B. 与周围环境、构筑物、地上地下管线的距离尺寸；
C. 自然式水池轮廓可用方格网控制,方格网 2 m×2 m~10 m×10 m；
D. 周围地形标高与池岸标高；
E. 池岸岸顶标高、岸底标高；
F. 池底转折点、池底中心、池底标高、排水方向；
G. 进水口、排水口、溢水口的位置、标高；
H. 泵房、泵坑的位置、尺寸、标高。
② 剖面图
A. 池岸、池底进出水口高程；
B. 池岸、池底结构、表层(防护层)、防水层、基础做法；
C. 池岸与山石、绿地、树木接合部做法；
D. 池底种植水生植物做法。
③ 各单项土建工程详图
A. 泵房；
B. 泵坑；
C. 给排水、电气管线；
D. 配电装置；
E. 控制室。

## 5.2 城市绿地系统规划

### 5.2.1 城市绿地系统规划的性质与任务

1) 城市绿地系统规划的层次

城市绿地的规划设计分为多个层次。具体包括如下：

城市绿地系统专业规划，是城市总体规划阶段的多个专业规划之一，属城市总体规划的必要组成部分，该层次的规划主要涉及城市绿地在总体规划层次上的统筹安排。

城市绿地系统专项规划，也称"单独编制的专业规划"，它是对城市绿地系统专业规划的深化和细化。该规划不仅涉及城市总体规划层面，还涉及详细规划层面的绿地统筹和市域层面的绿地安排。城市绿地系统专项规划是对城市各类绿地及其物种在类型、规模、空间、时间等方面所进行的系统化配置及相关安排。

此外，还有城市绿地的控制性详细规划、城市绿地的修建性详细规划、城市绿地设计、城市绿地的扩初设计和施工图设计。

2) 城市绿地系统规划的任务

为保护和改善城市生态环境，优化城市人居环境，促进城市的可持续发展，城市绿地系统规划的主要任务包括以下方面。

(1) 根据城市的自然条件、社会经济条件、城市性质、发展目标、用地布局等要求，确定城市绿化建设的发展目标和规划指标；
(2) 研究城市地区和乡村地区的相互关系，结合城市自然地貌，统筹安排市域大环境绿化的空间布局；
(3) 确定城市绿地系统的规划结构，合理确定各类城市绿地的总体关系；
(4) 统筹安排各类城市绿地，分别确定其位置、性质、范围和发展指标；
(5) 城市绿化树种规划；

(6) 城市生物多样性保护与建设的目标、任务和措施；
(7) 城市古树名木的保护与现状的统筹安排；
(8) 制定分期建设规划，确定近期规划的具体项目和重点项目，提出建设规模估算；
(9) 从政策、法规、行政、技术经济等方面，提出城市绿地系统规划的实施措施；
(10) 编制城市绿地系统规划的图纸和文件。

### 5.2.2 城市绿地系统规划的目标与指标

1) 城市绿地系统规划的目标

20世纪末，中国城市的开发建设能力空前提高，在集中力量发展经济的热潮中，破坏生存环境的能力也空前提高了。人类社会在局部利益和宏观利益、眼前利益与长期利益等方面一直存在着客观矛盾，所以每当世界各国城市快速生长期的来临，也就意味着即将引发上述矛盾。

回顾世界城市发展的历史，从中国古代的"城市山林"，近代英国的"花园城市"，到欧洲及北美大陆的"公园运动"，直至当代的"生态城市"、"可持续发展"等，人类一直在矛盾与困境中不懈地追求着与自然共生共荣的理想。

我国从20世纪80年代起，一些沿海城市开始自发地提出创建"花园城市"、"森林城市"、"园林城市"等绿地建设目标，国内知名学者钱学森早在1990年就提出了建设"山水城市"的倡议。

1992年，建设部在城市环境综合整治（"绿化达标"、"全国园林绿化先进城市"）等政策的基础上，制定了国家"园林城市评选标准（试行）"。

国家园林城市政策有力地推动了我国城市绿化和生态环境的建设。科学的城市绿化建设涉及多方面的因素。2005年建设部新修订的《国家园林城市标准》中涉及组织管理、规划设计、景观保护、绿化建设、园林建设、生态建设、市政建设和特别条款等八个方面。2004年《国家生态园林标准（暂行）》中，提出了由城市生态环境、城市生活环境及城市基础设施组成的指标体系。其中，城市生态环境指标，包括了综合物种指数、本地植物指数、热岛效应程度、绿化覆盖率、人均公共绿地面积及绿地率等。城市绿化建设不再是单一的建设目标。

总的来看，从早期的"田园城市"、"绿色城市"、"花园城市"、"山水城市"、"森林城市"到近十几年来的国家或省级"园林城市"，作为城市发展的目标，都是对"人与自然在城市中和谐共生关系"的积极探索，而生态园林城市其根本目标是保护和改善城市生态环境、优化城市人居环境、促进城市的可持续发展。

2) 城市绿地系统的三大指标

城市绿地指标是反映城市绿化建设质量和数量的量化方式。目前，在城市绿地系统规划编制和国家园林城市评定考核中主要控制的三大绿地指标为：人均公园绿地面积（m²/人）、城市绿地率（%）和绿化覆盖率（%）。根据《城市绿化规划建设指标的规定》（建城〔1993〕784号）和《城市绿地分类标准》CJJ/T 85—2002，城市绿地指标的统计计算公式为：

(1) 人均公园绿地面积（m²/人）＝城市公园绿地面积 $G_1$ ÷ 城市人口数量

式中：公园绿地包括了综合公园 $G_{11}$（含市级公园和区域性公园），社区公园 $G_{12}$（含居住区公园和小区游园），专类公园 $G_{13}$（如儿童公园、动物园、植物园、历史名园、风景名胜公园、游乐公园、体育公园等其他公园），带状公园 $G_{14}$ 以及街旁绿地 $G_{15}$ 等。

(2) 城市绿地率（%）＝城市建成区内绿地面积之和 ÷ 城市的用地面积 × 100%

式中：城市建成区内绿地面积包括城市中的公园绿地 $G_1$、生产绿地 $G_2$、防护绿地 $G_3$ 和附属绿地 $G_4$ 的总和。

(3) 城市绿化覆盖率（%）＝城市内全部绿化种植垂直投影面积 ÷ 城市的用地面积 × 100%

城市建成区内绿化覆盖面积应包括各类绿地（公园绿地、生产绿地、防护绿地以及附属绿地）的实际绿化种植覆盖面积（含被绿化种植包围的水面）、屋顶绿化覆盖面积以及零散树木的覆盖面积，乔木树冠下的灌木和地被草地不重复计算。

3) 国家有关城市绿地规划的指标要求

(1) 城市用地标准　中国各类城市，特别是大城市，人均城市建设用地十分有限，详见表5.3。在《城市用地分类与规划建设用地标准》(GBJ 137—90) 中在对城市总体规划编制和修订时，人均单项用地绿地指标≥9.0 m²，其中公园绿地≥7.0 m²。

表 5.3　1994年我国城市建设人均建设用地面积统计 (m²)

| 规模\指标 | 总用地 | 居住 | 公共 | 工业 | 仓储 | 对外交通 | 道路广场 | 市政 | 绿地 | 特殊 | 新增 |
|---|---|---|---|---|---|---|---|---|---|---|---|
| 特大城市 | 71.89 | 21.2 | 8.86 | 18.30 | 3.91 | 3.98 | 4.76 | 2.42 | 4.88 | 3.60 | 3.30 |
| 大城市 | 87.92 | 28.2 | 8.62 | 23.23 | 4.70 | 5.40 | 5.92 | 2.71 | 5.87 | 3.25 | 2.58 |
| 中等城市 | 104.73 | 35.7 | 10.25 | 25.86 | 6.23 | 6.23 | 6.60 | 3.22 | 9.38 | 3.38 | 3.47 |
| 小城市 | 139.59 | 49.0 | 15.11 | 28.57 | 8.30 | 8.26 | 11.07 | 5.95 | 8.93 | 4.20 | 7.46 |

资料来源：转引自《风景园林汇刊》1996(6)

(2) 城市绿化规划建设指标的规定　1993年，根据《城市绿化条例》第九条，为加强城市绿化规划管理，提高城市绿化水平，国家建设部颁布了《城市绿化规划建设指标的规定》(建城〔1993〕784号)文件，提出了根据城市人均建设用地指标确定人均公共绿地面积指标(表5.4)。

表 5.4　城市人均建设用地指标与人均公共绿地面积指标

| 人均建设用地 (m²/人) | 人均公共绿地 (m²/人) | | 城市绿化覆盖率 (%) | | 城市绿地率 (%) | |
|---|---|---|---|---|---|---|
| | 2000年 | 2010年 | 2000年 | 2010年 | 2000年 | 2010年 |
| <75 | >5 | >6 | >30 | >35 | >25 | >30 |
| 75~105 | >5 | >7 | >30 | >35 | >25 | >30 |
| >105 | >7 | >8 | >30 | >35 | >25 | >30 |

(3) 国家园林城市标准　《国家园林城市标准》(建城〔2005〕43)见表5.5，对其他相关的指标也作出了相应的规定：街道绿化普及率达95%以上；城市街道绿化按道路长度普及率、达标率分别在95%和80%以上；市区干道绿化带面积不少于道路总用地面积的25%；各城区间的绿化指标差距逐年缩小，城市绿化覆盖率、绿地率相差在5个百分点、人均公共绿地面积差距在2 m²内；新建居住小区绿化面积占总用地面积的30%以上，辟有休息活动园地，改造旧居住区的绿化面积也不少于总用地面积的25%；全市生产绿地总面积占城市建成区面积的2%以上，苗木自给率达80%以上。

表 5.5　国家园林城市绿化指标要求

| | | 100万以上人口城市 | 50万~100万以上人口城市 | 50万以下人口城市 |
|---|---|---|---|---|
| 人均公共绿地率(%) | 秦岭淮河以南 | 7.5 | 8.0 | 9 |
| | 秦岭淮河以北 | 7 | 7.5 | 8.5 |
| 绿地率(%) | 秦岭淮河以南 | 31 | 33 | 35 |
| | 秦岭淮河以北 | 29 | 31 | 34 |
| 绿化覆盖率(%) | 秦岭淮河以南 | 36 | 38 | 40 |
| | 秦岭淮河以北 | 34 | 36 | 38 |

(4) 其他有关规定　2001年，国务院在《关于加强城市绿化建设的通知》(国发〔2001〕20号)中，对我国城市绿化建设目标提出了新的要求："到2005年建成区绿地率达到30%以上，全国城市规划建成区绿地率达到30%以上，绿化覆盖率达到35%以上，人均公共绿地面积达到8 m²以上，城市中心区人均公共绿地达到4 m²以上；到2010年，建成区绿地率达到35%以上，绿化覆盖率达到40%以上，人均公共绿地面积达到10 m²以上，城市中心区人均公共绿地达到6 m²以上。"

2004年，《国家生态园林城市标准(暂行)》中，提到我国城市绿化建设指标："建成区绿化覆盖率45%以上,人均公共绿地 12 m² 以上,绿地率 38%以上"。

### 5.2.3 城市绿地分类标准与用地选择

1) 城市绿地分类标准

2002 年 9 月 1 日起正式实施的《城市绿地分类标准》(CJJ/T 85—2002),将城市绿地分为 5 个大类、13 个中类(见表 5.6)、11 个小类。它们分别是:

5 大类:$G_1$ 公园绿地、$G_2$ 生产绿地、$G_3$ 防护绿地、$G_4$ 附属绿地、$G_5$ 其他绿地。

13 中类:公园绿地中的 $G_{11}$ 综合公园、$G_{12}$ 社区公园、$G_{13}$ 专类公园、$G_{14}$ 带状公园、$G_{15}$ 街旁绿地;附属绿地中的 $G_{41}$ 居住绿地、$G_{42}$ 公共设施绿地、$G_{43}$ 工业绿地、$G_{44}$ 仓储绿地、$G_{45}$ 对外交通绿地、$G_{46}$ 道路绿地、$G_{47}$ 市政设施绿地、$G_{48}$ 特殊绿地。

11 小类:综合公园中的 $G_{111}$ 全市性公园、$G_{112}$ 区域性公园;社区公园中的 $G_{121}$ 居住区公园、$G_{122}$ 小区游园;专类公园中的 $G_{131}$ 儿童公园、$G_{132}$ 动物园、$G_{133}$ 植物园、$G_{134}$ 历史名园、$G_{135}$ 风景名胜公园、$G_{136}$ 游乐公园、$G_{137}$ 其他专类公园。具体分类及内容见表 5.6。

2) 城市绿化用地的选择

城市公共绿地、防护绿地、生产绿地用地的选择与地形、地貌、用地现状和功能关系较大,必须认真

表 5.6 城市绿地分类标准(CJJ/T 85—2002)

| 大类 | 中类 | 小类 | 类别名称 | 大类 | 中类 | 小类 | 类别名称 |
|---|---|---|---|---|---|---|---|
| $G_1$ | | | 公园绿地 | $G_2$ | | | 生产绿地 |
| | | | 综合公园 | $G_3$ | | | 防护绿地 |
| | $G_{11}$ | $G_{111}$ | 全市性公园 | | | | 附属绿地 |
| | | $G_{112}$ | 区域性公园 | | $G_{41}$ | | 居住绿地 |
| | | | 社区公园 | | $G_{42}$ | | 公共设施绿地 |
| | $G_{12}$ | $G_{121}$ | 居住区公园 | | $G_{43}$ | | 工业绿地 |
| | | $G_{122}$ | 小区游园 | $G_4$ | $G_{44}$ | | 仓储绿地 |
| | | | 专类公园 | | $G_{45}$ | | 对外交通绿地 |
| | | $G_{131}$ | 儿童公园 | | $G_{46}$ | | 道路绿地 |
| | | $G_{132}$ | 动物园 | | $G_{47}$ | | 市政设施绿地 |
| | | $G_{133}$ | 植物园 | | $G_{48}$ | | 特殊绿地 |
| | $G_{13}$ | $G_{134}$ | 历史名园 | $G_5$ | | | 其他绿地 |
| | | $G_{135}$ | 风景名胜公园 | | | | |
| | | $G_{136}$ | 游乐公园 | | | | |
| | | $G_{137}$ | 其他专类公园 | | | | |
| | $G_{14}$ | | 带状公园 | | | | |
| | $G_{15}$ | | 街旁绿地 | | | | |

选择。街道、广场、滨河绿地、工厂区、居住区、公共建筑地段上的绿地都是按照属性的用地范围,一般无须选择。

(1) 公园绿地的选择

① 应选用各种现有公园、苗圃等绿地或现有林地、树丛等加以扩建、充实、提高或改造,增加必要的服务设施,不断提高园林艺术水平,适应改革开放与人民群众的需要。

② 要充分选择河、湖所在地,利用河流两岸、湖泊的外围创造带状、环状的公园绿地。充分利用地下水

位高、地形起伏大等不适宜于建筑而适宜绿化的地段,创造丰富多彩的园林景色。

③ 选择名胜古迹、革命遗址,配植绿化树木,既能显出城市绿化特色,又能起到教育广大群众的作用。

④ 结合旧城改造,在旧城建筑密度过高地段,有计划拆除部分劣质建筑,规划建设绿地、花园,以改善环境。

⑤ 要充分利用街头小块地,"见缝插绿"开辟多种小型公园,方便居民就近休息赏景。

(2) 生产绿地的选择　城市园林绿化的生产用地,占地面积较大,不能多用良田。常选择交通方便、土壤及水源条件较好的地方。既有利于育苗管理,又有利于苗木生长。

(3) 防护绿地的选择

① 防风林选在城市外围上风向与主导风向位置垂直的地方,以利阻挡风沙对城市的侵袭。

② 卫生防护林按工厂有害气体、噪音等对环境影响程度不同,选定有关地段设置不同防护林带。

③ 农田防护林选择在农田附近、利于防风的地带营造林网,形成长方形的网格(长边与风向垂直)。

④ 水土保持林带选在河岸、山腰、坡地等地带种植树林,固土、护坡、涵蓄水源,减少地面径流,防止水土流失。

(4) 郊区风景林地　郊区风景林地、森林公园绿地的选择尽可能地利用现有自然山水地貌,规划风景旅游、休养所、森林公园、自然保护区等。

### 5.2.4　城市绿地系统规划的原则

城市绿地系统规划,应置于城市总体规划之中,按照国家和地方有关城市园林绿化的法规,贯彻为生产服务、为生活服务的总方针。

1) 从实际出发,综合规划

无论总体与局部规划,都要从实际出发,紧密结合当地自然条件,以原有树林、绿地为基础,充分利用山丘、坡地、水旁、沟谷等处,尽可能少占良田,节约人力、物力,并与城市总体规划的城市规模、性质、人口、工业、公共建筑、居住区、道路、水系、农副业生产、地上地下设施等密切配合,统筹安排,做出内外协调、统筹兼顾、全面合理的绿地规划。

2) 远近结合,创造特色

根据城市的经济能力、施工条件、项目的轻重缓急,订出长远目标,做出近期安排,使规划能逐步得到实施。如一些老城市,人口集中稠密,绿地少,可在拆除建筑物的基地中,酌情划出部分面积,作为城市绿地,也可将城郊某些生产用地,逐步转化为城市公共绿地。一般城市应掌握先普及绿化,扩大绿色覆盖面,再逐步提高绿化质量与艺术水平,向花园式城市发展。

3) 功能多样,力求高效

规划时应将园林绿地的环保、防灾、娱乐与审美、体育、教育等多种功能综合设计,使其成为有机联系的整体。各种绿地应均衡、协调地分布于全市,并使服务半径合理,方便市民活动。大、小公园、绿地、林荫道、小游园的布局都要满足市民游乐、休息等多种需要。妥善安排噪音源外围绿化隔离带以及工业区与居住区间的防护林带。地震带上的城市须布置林荫道,用防火树种形成较宽的绿化带,以利防震、隔火及人流疏散。干道、滨河、水渠、铁路边、山丘、河湖等处树木、草坪,以及城区、郊区、住宅区、厂矿区、农田、菜地,要有明显分割,又能连成完整的绿地体系,以利充分发挥最佳生态效益、经济效益及社会效益。

4) 网络分割

各种公园绿地互相连接,构成网络,把以建筑为主的市区分割成小块,四周有绿地包围,整个城市外围也以绿带环绕。如此可充分发挥绿地的改善环境和防灾的功能。

5) 均匀分布,比例合理

规划时应考虑四个结合:点线面结合,大、中、小结合,集中与分散结合,重点与一般相结合,构成有机的整体。

#### 5.2.5 城市绿地系统结构布局的模式与手法

1) 结构布局的基本模式

结构布局是城市绿地系统的内在结构和外在表现的综合体现,其主要目标是使各类绿地合理分布、紧密联系,组成有机的绿地系统整体。通常情况下,系统布局有点状、环状、放射状、放射环状、网状、楔状、带状、指状等8种基本模式,如图5.3所示。

我国城市绿地空间布局常用的形式有以下4种。

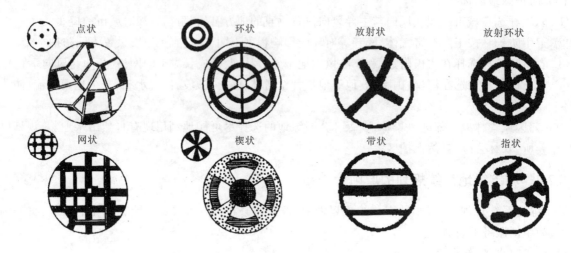

**图5.3 城市绿地布局的基本模式**
资料来源:李铮生. 城市园林绿地规划与设计[M].2版.北京:中国建筑工业出版社,2006.

(1) 点状绿地布局　将绿地成块状均匀的分布在城市中,方便居民使用,多应用于旧城改建中,如上海、天津、武汉、大连、青岛和佛山等城市。

(2) 网状绿地布局　多数是由于利用河湖水系、城市道路、旧城墙等因素,形成纵横向绿带、放射状绿带与环状绿地交织的绿地网。带状绿地布局有利于改善和表现城市的环境艺术风貌。

(3) 楔状绿地布局　利用从郊区伸入市中心由宽到窄的楔形绿地,称为楔状绿地。楔状绿地布局有利于将新鲜空气源源不断地引入市区,能较好的改善城市的通风条件,也有利于城市艺术面貌的体现,如合肥。

(4) 混合式绿地布局　它是前三种形式的综合利用,可以做到城市绿地布局的点、线、面结合,组成较完整的体系。其优点是能够使生活居住区获得最大的绿地接触面,方便居民游憩,有利于就近地区气候与城市环境卫生条件的改善,有利于丰富城市景观的艺术面貌。

2) 城市绿地布局手法

(1) 制定城市绿色空间系统建设总体目标　在调查研究的基础上,制定城市空间系统在不同发展时期的生态环境质量、绿化水平、社会服务、特色风貌等目标。借助"3S"等新技术,在定性基础上逐步提高定量化,使目标体系具有可操作性。

(2) 城市人群休闲行为的研究与预测　对城市居民和外来旅游者,进行调研和趋势预测:
① 价值观、心理需求、文化取向;
② 人口规模、人口特征(年龄、职业、性别、消费等);
③ 人群在城市绿色空间系统中流动、集散、停留时间等规律;
④ 休闲方式选择与休闲文化取向。

(3) 绿色空间序列规划　对城市空间进行调整,形成点形、带形、场形空间相结合的空间系统。绿色空间包括:公园绿地、城市滨水地带、运动场、游乐园、城市广场、主要街道、大型建筑庭院、居住区绿地、防护绿地、生产绿地等。规划要从用地规模、空间规模、空间序列组织、空间视线、环境效益等方面综合研究,做出定性、定量规划。

(4) 绿色空间功能规划　绿色空间功能规划包括生态效益功能、活动利用类型(游憩、娱乐、运动、集散、停留、展示、分隔、交通……)、人群交通和文化艺术表述等各项功能。规划要对城市各主要空间做出系统的主次功能认定。

(5) 绿色空间系统特色风貌规划　在总体特色风貌目标控制下充分考虑绿色主要空间,进行艺术风格、文化主题等方面规划。

(6) 绿化规划对"点、带、场"空间进行全面的绿化指标控制　基于各空间功能、生态指标、建设条件确定各空间绿化指标时效要求。绿化指标包括绿化覆盖率、绿地率、绿视率、郁闭度、叶面积系数等,绿化规划要对各主要空间植被特征加以规划。

(7) 空间环境规划　对城市主要绿色空间环境的人口容量进行测算,制定小生态环境目标(空气、湿度、温度、土壤、粉尘、噪音、风等)和环境保护治理措施。

(8) 论述城市绿色空间系统与区域生态系统的关系　城区与郊区绿地系统的协调关系,区域空间调节关系,休闲、旅游人口流动关系等。

(9) 城市园林绿地布局方式　城市园林绿地布局应采用点、线、面结合的方式,把绿地连成一个统一的整体,成为花园城市,充分发挥其改善气候、净化空气、美化环境等功能。

① "点"　主要指城市中的公园布局,其面积不大,而绿化质量要求较高。

② "线"　主要指城市道路两旁、滨河绿带、工厂及城市防护林带等,将它们相互联结组成纵横交错的绿带网,以美化街道、保护路面、防风、防尘、防噪声等。

③ "面"　指城市中的居住区、工厂、机关、学校、卫生等单位专用的园林绿地,是城市园林绿化面积最大的部分(图5.4)。

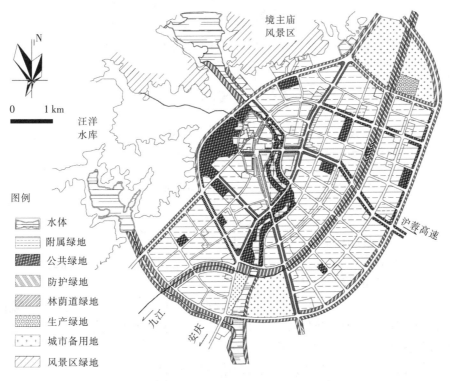

图 5.4　桐城市绿地系统规划图(1999—2010年)

#### 5.2.6 市域绿地系统规划

市域绿地系统规划需要统一考虑城市各类绿地的布局,保护和合理利用城市依托的自然环境,将城乡部分农用地(如耕地、园地、林地、牧草地、水域)、居民点及工矿用地、道路交通和未利用地(如荒草地、盐碱地、沼泽地、沙地、裸土地、裸岩、石砾地、田坎、其他)纳入规划之中。市域绿地系统规划是在城市行政管辖地域内对城市生态环境质量、居民休闲生活、城市景观和生物多样性保护有直接影响的绿化用地进行统筹,综合发挥城乡绿地的总体生态效益、社会效益和经济效益。

市域绿地系统包括市域内的林地、公路绿化、农田林网、风景名胜区、水源保护区、郊野公园、森林公园、自然保护区、湿地、垃圾填埋场恢复绿地、城市绿化隔离带以及城镇绿化用地等。

1) 市域绿地系统的规划原则

在编制城市市域绿地系统规划时,应综合考虑以下原则。

① 系统整合,建构城乡融合的生态绿地网络系统,优化城市空间布局(图5.5)。

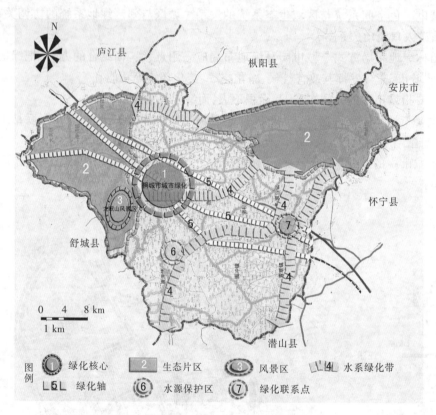

图5.5 桐城市市域绿地系统结构图(2005-2020年)

以"开敞空间优先"的原则规划城市绿地系统,完善城市功能,适应城市产业的空间调整和功能的转变,结合重要基础设施建设,保护和完善城市生态环境质量,促进城市空间的优化发展,提高城市综合功能。世界一些主要国家的首都,在城市近郊都辟有约两倍于城市建成区面积的城郊森林地带,以保证城市生态环境的质量,同时促进城市空间的布局。

② 以生态优先和可持续发展为前提,充分保护和合理利用自然资源,维护区域生态环境的平衡。

我国地域辽阔,地区性强,城市之间的自然条件差异很大。规划应根据城市生态适宜性要求,结合城市周围自然环境,充分发挥城郊绿化的生态环境效益。

③ 加强对生态敏感区的控制和管理,形成良好的市域生态结构。

改善并严格控制城市生态保护区,加强环境保护工作,整治大气、水体、噪声、固体废物污染源,做好污水、固体废物、危险品及危险装置的处理和防护工作。

④ 保护有历史意义、文化艺术和科学价值的文物古迹、历史建筑和历史街区,建设具有地域特色的绿地环境。

⑤ 加强不同管理部门间的合作,确保市域绿地系统规划的实施。

2) 分类规划要求

实现城乡一体化的市域绿地系统规划,会涉及大量的非城市建设用地,主要包括耕地、园地、林地、牧草地、水域和湿地及未利用土地。

(1) 耕地　耕地指种植农作物的土地,包括新开荒地、休闲地、轮歇地、草田轮作地;以种植农作物为主间有零星果树、桑树或其他树木的土地;耕种三年以上的滩地和海涂。

由于城镇的急剧扩张,我国耕地面积锐减,农业绿地的生产效益降低。规划须结合农业生产用地规划,考虑"山、水、田、林、路"综合协调,保护土地资源与环境,严格保护耕地用地。同时,将宜林地的耕地退耕还林,结合田间防护林的设计把农林建设考虑到城市大环境绿地规划中,发挥农作物的生态作用。

(2) 园地　园地是指种植以采集果、叶、根、茎等为主的集约经营的多年生木本和草本作物,覆盖度大于50%或每亩株数大于合理株数的70%的土地,包括果树苗圃等用地。

园地包括果园、桑园、茶园、橡胶园和其他园地。我国园地栽培历史久远,分布广泛,地域特征明显。规划应根据适应性原则,考虑栽种品种,积极改造低产园地,建设稳定高产园地,适当结合发展乡村旅游,提高综合效益。

(3) 林地　林地是指生长乔木、竹类、灌木、沿海红树林的土地,不包括居民绿化用地,以及铁路、公路、河流沟渠的护路、护草林。

市域绿地系统规划中,应结合国家生态林业工程规划,加快防护林体系建设,形成农田林网化的绿色网络,完善城市森林生态体系建设,发挥森林生态效益,改善城市生态环境。

(4) 牧草地　牧草地是指生长草本植物为主,用于畜牧业的土地。草本植被覆盖度一般在15%以上,干旱地区在5%以上,树木郁闭度在10%以下,用于牧业的均划为牧草地,包括以牧为主的疏林、灌木草地。

规划应保护城郊天然牧草地资源,控制放牧强度,实行科学轮牧,封滩育草;合理划定宜牧地,解决农牧争坡、林牧争山的矛盾,实行林牧结合。

(5) 水域和湿地　水域是指陆地水域和水利设施用地,不包括泄洪区和垦殖3年以上的滩地、海涂中的耕地、林地、居民点、道路等。陆地水域包括江河、湖泊、池塘、水库、沼泽、沿海滩涂等。它与人类的生存、繁衍、发展息息相关,是自然界最富生物多样性的生态景观和人类最重要的生存环境之一。

市域绿地系统规划应结合《全国湿地保护工程规划》,加强自然保护区的规划和管理,合理划定绿化生态保护带,积极恢复退化的湿地,保护湿地生态系统和改善湿地生态功能。

(6) 未利用土地　未利用土地主要是指难利用的土地。它包括荒草地、盐碱地、沼泽地、沙地、裸土地、裸岩石砾地、田坎和其他等八类用地。未利用土地一般需要治理才能利用或可持续利用。

### 5.2.7　城市绿地分类规划

1) 公园绿地 $G_1$

根据《城市绿地分类标准》(CJJ/T 85—2002),公园绿地包括综合公园、社区公园、专类公园、带状公园以及街旁绿地。它是城区绿地系统的主要组成部分,对城市生态环境、市民生活质量、城市景观等具有无可替代的积极作用。

(1) 综合公园 $G_{11}$ 和社区公园 $G_{12}$　各类综合公园绿地内容丰富,有相应的设施;社区公园为一定居住用地内的居民服务,具有一定的户外游憩功能和相应的设施。二者所形成的整体应相对的均匀分布,合理布局,满足城市居民的生活、户外活动所需,城市公园的服务半径参考数据见表5.7。

(2) 专类公园 $G_{13}$　除了综合性城市公园外,有条件的城市一般还设有多个专类公园,如儿童公园、植物园、动物园、科学公园、体育公园、文化与历史公园等。

(3) 带状公园 $G_{14}$　以绿化为主的可供市民游憩的狭长形绿地,常常沿城市道路、城墙、滨河、湖、海岸

表 5.7 城市综合公园和社区公园的合理服务半径

| 公园类型 | 面积规模(hm²) | 规划服务半径(m) | 居民步行来园所耗时间(min) |
|---|---|---|---|
| 市级综合公园 | ≥20 | 2 000~3 000 | 25~35 |
| 区级综合公园 | ≥10 | 1 000~2 000 | 15~20 |
| 居住区公园 | ≥4 | 500~800 | 8~12 |
| 小区游园 | ≥0.5 | 300~500 | 5~8 |

设置,对缓解交通造成的环境压力,改善城市面貌、改善生态环境具有显著的作用。带状公园的宽度一般不小于 8 m。

(4) 街旁绿地 $G_{15}$　街旁绿地是位于城市道路用地之外,相对独立成片的绿地。在历史保护区、旧城改建区,街旁绿地面积要求不小于 1 000 m²,绿化占地比例不小于 65%。街旁绿地在历史城市、特大城市中分布最广,利用率最高。

广场绿地属街旁绿地的一种特殊形式。

2) 生产绿地 $G_2$

生产绿地 $G_2$ 作为城市绿化的生产基地,要求土壤及灌溉条件较好,以利于培育及节约投资费用。它一般占地面积较大,受土地市场影响,现在易被置换到郊区。城市生产绿地规划总面积应占城市建成区面积的 2% 以上;苗木自给率满足城市各项绿化美化工程所用苗木 80% 以上。

加强苗圃、花圃、草圃等基地建设,通过园林植物的引种、育种工作,培育适应当地条件的具有特性、抗性优良品种,满足城市绿化建设需要。保护城市生物多样性,是生产绿地的重要职能。

3) 防护绿地 $G_3$

防护绿地 $G_3$ 的主要特征是对自然灾害或城市公害具有一定的防护功能,不宜兼作公园使用。其功能主要体现为:防沙固沙、降低风速并减少强风对城市的侵袭;降低大气中的 $CO_2$、$SO_2$ 等有害、有毒气体的含量,减少温室效应,降温保温,增加空气湿度,发挥生态效益;城市防护绿地有降低噪声、净化水体、净化土壤、降低有害微生物病害的基数、保护农田用地等作用;控制城市的无序发展,改善城市环境卫生和城市景观建设。具体来看,不同的防护林建设各有其特点。

(1) 卫生隔离带　卫生隔离带用于阻隔有害气体、气味、噪声等不良因素对其他城市用地的骚扰,通常介于工厂、污水处理厂、垃圾处理站、殡葬场地等与居住区之间。

(2) 道路防护绿带　道路防护绿带用于道路防风沙、防水土流失,并以农田防护为辅的防护体系,是构筑城市网络化生态绿地空间的重要框架。同时,改善道路两侧景观。不同的道路防护绿地,因使用对象的差异,防护林带的结构应有所差异。

(3) 城市高压走廊绿带　高压走廊绿带是指结合城市高压输电线走廊的规划,根据两侧情况设置一定宽度的防护绿地,以减少高压线对城市的不利影响,如安全、景观等方面。特别是对于那些沿城市主要景观道路、主要景观河道和城市中心区、风景名胜区、文物保护范围等区域内的供电线路,在改造和新建时不能采用地下电缆敷设时,宜设置一定的防护绿带。

(4) 防风林带　防风林带主要用于保护城市免受风沙侵袭,或者免受 6 m/s 以上的强风、台风的袭击。城市防风林带一般与主风向垂直,如北京、开封于西北部设置的城市防风林带。

4) 附属绿地 $G_4$

根据建设部《城市绿地分类标准》(CJJ/T 85—2002),附属绿地由以下绿地所组成。

(1) 居住区绿地 $G_{41}$　居住区绿地属于居住用地的一个组成部分。居住用地中,除去居住建筑用地、居住区内道路及广场用地、教育建筑用地、商业和公共建筑用地外,就是居住区绿地。它具体包括居住小区游园、宅旁绿地、居住区内公建庭园、居住区道路绿化用地等。

(2) 公共设施绿地 $G_{42}$　指公共设施用地范围内的绿地。如行政办公、商业金融、文化娱乐、体育卫生、科研教育等用地内的绿地。

(3) 工业绿地 $G_{43}$　工业绿地是指工业用地内的绿地。工业绿地应注意发挥绿化的生态效益以改善工厂环境质量,如吸收 $CO_2$、有害气体、放射性物质,吸滞粉尘和烟尘,降低噪声,调节和改善工厂小环境。工业绿地应从对社会及生态负责的角度,治理脏、乱、差的环境,树立企业绿色环保的现代工业品牌和形象。

(4) 仓储绿地 $G_{44}$　城市仓储用地内的绿地。

(5) 对外交通绿地 $G_{45}$　对外交通绿地涉及飞机场、火车站场、汽车站场和码头用地。它是城市的门户,车流、物流和人流的集散中心。对外交通绿地除了城市景观和生态功能外,应重点考虑多种流线的分割与疏导、停车遮阴、人流集散等候、机场驱鸟等特殊要求。

(6) 道路绿地 $G_{46}$　道路绿地指城市道路、广场用地内的绿化用地,包括道路绿带(行道树绿带、分车绿带、路侧绿带)、交通岛绿地(中心岛绿地、导向岛绿地、立体交叉岛)、停车场或广场绿地、铁路和高速公路在城市部分的绿化隔离带等。不包括居住区级道路以下的道路绿地。

道路绿地在城市中将各类绿地连成绿网,能改善城市生态环境、缓解热辐射、减轻交通噪声与尾气污染,确保交通安全与效率,美化城市风貌。

(7) 市政设施绿地 $G_{47}$　包括供应设施、交通设施、邮电通讯设施、环境卫生设施、施工与维修设施、殡葬设施等用地内部的绿地。

(8) 特殊绿地　包括军事用地、外事用地、保安用地范围内的绿地。

5) 其他绿地 $G_5$

其他绿地 $G_5$ 是指城市建设用地以外,但对城市生态环境质量、居民休闲生活、城市景观和生物多样性保护有显著影响的绿地。包括风景名胜区、水源保护区、郊野公园、森林公园、自然保护区、风景林地、城市绿化隔离带、野生动植物园、湿地、垃圾填埋场恢复绿地等。

(1) 风景名胜区　也称风景区,是指风景资源集中、环境优美、具有一定规模和游览条件,可供人们游览欣赏、休憩娱乐或进行科学文化活动的地域。我国风景名胜区由市县级、省级、国家重点风景名胜区组成,是不可再生的自然和文化遗产。

(2) 水源保护区　水源涵养林建设不仅可以固土护堤,涵养水源,改善水文状况,而且可以利用涵养林带,控制污染或有害物质进入水体,保护市民饮用水水源。一般水源涵养林可划分为核心林带、缓冲林带和延缓林带三个层面。核心林带为生态重点区,以建设生态林、景观林为主;缓冲林带为生态敏感区,可纳入农业结构调整范畴;延缓林带为生态保护区,以生态林、景观林为主,可结合种植业结构调整。

(3) 自然保护区　自然保护区是指对有代表性的自然生态系统、珍稀濒危野生动植物物种的天然集中分布区;有特殊意义的自然遗迹等保护对象所在的陆地、陆地水体或者海域,依法划出一定面积予以特殊保护和管理的区域。

(4) 湿地　湿地是生物多样性丰富的生态系统,在抵御洪水、调节径流、控制污染、改善气候、美化环境等方面起着重要作用,它既是天然蓄水库,又是众多野生动物,特别是珍稀水禽的栖息繁殖和越冬地,它还可以给人类提供水和食物,与人类生存息息相关,被称为"生命的摇篮"、"地球之肾"、和"鸟的乐园"。凡符合下列任一标准的湿地须严格保护:

① 一个生物地理区湿地类型的典型代表或特有类型湿地。
② 面积 $\geqslant$ 10 000 $hm^2$ 的单块湿地或多块湿地复合体,并具有重要生态学或水文学作用的湿地系统。
③ 具有濒危或渐危保护物种的湿地。
④ 具有中国特有植物或动物物种分布的湿地。
⑤ 20 000 只以上水鸟度过其生活史重要阶段的湿地,或者一种或一亚种水鸟总数的1%终生或生活史的某一阶段栖息的湿地。
⑥ 它是动物生活史特殊阶段赖以生存的生境。
⑦ 具有显著的历史或文化意义的湿地。

### 5.2.8 城市绿地系统规划的程序

(1) 现状调查及分析：进行现场踏勘及基础资料的收集，并对现状及基础资料进行各种分析。

(2) 确定规划依据，制订规划指导思想及原则。

(3) 对市域范围内的绿地系统进行规划。

(4) 构思布局结构形式：根据现状的特征及城市已有的布局特点，形成适合该城市的富有特色的布局结构，使各类绿地合理分布，形成完整的城市绿地系统，促进城市健康持续地发展。

(5) 定指标体系，制定合理的指标。

(6) 对各类绿地进行分类规划：按最新的"城市绿地分类标准"进行分类，分述各类绿地的规划原则、规划内容(要点)和规划指标，并确定相应的基调树种、骨干树种和一般树种的种类。

(7) 树种规划及古树名木保护规划：根据基础资料，确定树种规划的基本原则，选定骨干树种，推荐一般树种，制定各树种之间(如裸子植物与被子植物、常绿树种与落叶树种、乔木与灌木、木本植物与草本植物等)的比例，进行重点地段的树种配置，对古树名木的保护提出建议。

(8) 制定生物(重点是植物)多样性保护与建设规划：确定生物多样性的保护与建设的目标与指标，划分生物多样性保护的层次，完成物种、基因、生态系统、景观多样性规划，提出生物多样性保护的措施与生态管理对策以及珍稀濒危植物的保护与对策。

(9) 制定分期建设规划：依据各城市绿地自身发展规律与特点，确定近期、中期、远期的分期年限。近期规划应提出规划目标与重点，具体建设项目、规模和投资估算；中、远期建设规划的主要内容应包括建设项目、规划和投资匡算等。

(10) 提出实施的措施：为确保规划能顺利实施，应分别按法规性、行政性、技术性、经济性和政策性等几方面进行论述，提出相应的措施。

(11) 编写城市绿地系统规划文本，绘制城市绿地系统规划图(规划文件中应附说明书及基础资料汇编)。

(12) 报有关部门审批，审批通过后，规划文本及图纸同样具有法律效力。

### 5.2.9 城市园林绿化树种规划

1) 树种选择原则

合理选择树种利于城市的自然再生产、城市生物多样性的保护、城市特色的塑造以及城市绿化的养护管理。城市绿化树种选择应遵循以下原则。

(1) 尊重自然规律，以地带性植物树种为主　城市绿化树种选择应借鉴地带性植物群落的组成、结构特征和演替规律，顺应自然规律，选择对当地土壤和气候条件适应性强、有地方特色的植物作为城市绿化的主体，利用生物修复技术，构建多层次、功能多样性的植物群落，提高绿地稳定性和抗逆性。同时，可考虑选用一部分多年驯化的外来引进树种。

(2) 选择抗性强的树种　所谓抗性强是指对城市环境中工业设施、交通工具排出的"三废"，对酸、碱、旱、涝、砂性及坚硬土壤、气候、病虫等不利因素适应性强的植物品种。

(3) 既有观赏价值又有经济效益　城市绿化要求发挥绿地生态功能的同时，还要扩大观叶、观花、观形、观果、遮阴等树种的应用，发挥城市绿化的观赏、游憩价值乃至经济价值和健康保健价值。

(4) 速生树种与慢生树种相结合　植物生长需要一定的成形期，为减少城市绿化的成形时间和维持较长的观赏期，应充分利用速生树与慢生树的混合种植。速生树种(如悬铃木、泡桐、杨树等)成形时间较短，容易成荫，但寿命较短，影响城市绿地的质量与景观。慢生树种早期生长较慢，绿化成荫较迟，但寿命长，树木价值也高。所以，城市绿化的主要树种选择必须注意速生树种和慢生树种的更替衔接问题，分期分批逐步过渡。

(5) 注意城市绿化中的植物多样性　根据生态学原理，多样性有利于系统的整体稳定。城市绿化应丰富树种、植物资源，改善物种多样性的整体效能，注意乔、灌、藤、草本植物的综合利用，形成疏密有致、高低错落、季相变化丰富的城市人工植物群落。

我国的城市绿化资源丰富,在城市绿化树的选用中应依据其分类方法、经济价值、观赏特性及生长习性,适地适树,正确选用和合理配置自然植物群落。

2) 树种规划的技术经济指标

(1) 树种规划的基本方法

① 对地带性和外来引进驯化的树种,以及它们的生态习性、对环境的适应性、对有害污染物的抗性进行调查。调查中要注意不同立地条件下植物的生长情况,如城市不同小气候区、各种土壤条件的适应,以及污染源附近不同距离内的生长情况。

② 确定城市绿化中的基调树种、骨干树种和一般树种。

③ 根据"适地适树"原理,合理选择各类绿地绿化树种。

④ 制定主要的技术经济指标。

(2) 主要技术经济指标的确定　合理确定城市绿化树种的比例,根据各类绿地的性质和要求,主要安排好以下几方面的比例。

① 常绿树种与落叶树种的比例。有关资料显示:一般南方城市公园的常绿树比例较高,约为6:4,中原地区为5:5,北方地区的比例略低些,4:6为好。

② 裸子植物与被子植物的比例。如在上海植物群落结构中,常绿针叶、落叶针叶、落叶针阔混交林分别占6.49%、5.84%、2.60%。

③ 乔木与灌木的比例。城市绿化建设应提倡以乔木为主,通常乔灌株数比以6:4左右较好;草坪面积不高于总绿化面积的20%。

④ 木本植物、草本植物与地被植物的比例。

⑤ 乡土树种与外来树种的比例。

⑥ 速生与中生和慢生树种的比例。有关研究指出:北京的速生树与慢生树之比,旧城区为4:6,新建区5:5。

### 5.2.10 生物多样性与古树名木保护

生物多样性(biodiversity 或 biological diversity)是指所有来源的活的生物体中的变异性,这些来源除包括陆地、海洋和其他水生生态系统及其所构成的生态综合体外,还包括物种内、物种之间和生态系统的多样性,也可以指地球上所有的生物体及其所构成的综合体。

生物多样性由三个层次组成:即遗传多样性、物种多样性和生态系统多样性,它是个相当宏观的生态概念。

1) 生物多样性保护与建设的目标与指标

城市绿地系统规划应加强生物多样性保护,促进本地区生物多样性趋向丰富。建设部在《城市绿地系统规划编制纲要(试行)》中指出:在城市绿地系统规划编制中制定生物多样性保护计划。保护计划制定应包括以下内容。

① 对城市规划区内的生物多样性物种资源保护和利用进行调查,组织和编制《生物多样性保护规划》,协调生物多样性规划与城市总体规划和其他相关规划之间的关系,并制定实施计划。

② 合理规划布局城市绿地系统,建立城市生态绿色网络,疏通瓶颈、完善生境;加强城市自然植物群落和生态群落的保护,划定生态敏感区和景观保护区,划定绿线,严格保护以永续利用。

③ 构筑地域植被特征的城市生物多样性格局,加强地带性植物的保护与可持续利用,保护地带性生态系统。

④ 在城区和郊区合理划定保护区,保护城市的生物多样性和景观的多样性。

⑤ 对引进物种负面影响的预防。一些外来引进物种侵害性极强,可能引起其他植物难有栖息之地,导致一些本地物种的减少,甚至导致灭种。

⑥ 划定国家生物多样性保护区。从区域的角度出发,将生物多样性丰富和生态系统多样化的地区、稀有濒危物种自然分布的地区、物种多样性受到严重影响的地区、有独特的多样性生态系统的地区,以及跨

地区生物多样性重点地区等列入生物多样性保护区。

2) 保护的层次

生物多样性保护包括3个层次：生态系统多样性、物种多样性和基因多样性。此外，景观多样性也应纳入保护层面考虑。

（1）生态系统多样性保护　我国生态系统类自然保护区由5种类型组成，即森林生态系统、草原与草甸生态系统、荒漠生态系统、内陆湿地与水域生态系统和海洋与海岸生态系统。

划建风景名胜区和森林公园也是生态系统保护的重要措施。近年来，森林公园建设发展迅速，客观上保护了大批森林生态系统。

（2）物种多样性保护　物种多样性保护主要有就地保护和迁地保护两种方式。

（3）基因多样性保护　也称遗传多样性保护，主要是进行离体保存。

（4）景观多样性保护　我国地域辽阔，丰富多变的自然环境不仅构成了繁复的生物多样性空间格局，同时也形成多样的自然景观。在绿地建设中，应根据城市环境情况，结合生物多样性保护，保护多样化的城市景观。

3) 保护措施

（1）就地保护　按照《生物多样性公约》的定义，就地保护是指保护生态系统和自然生境以及在物种的自然环境中维护和恢复期可存活种群，对于驯化和栽培的物种而言，是在发展他们独特性状的环境中维护和恢复其可存活种群。

目前就地保护的最主要方法是在受保护物种分布的地区建设保护区，将有价值的自然生态系统和野生生物及其生态环境保护起来，这样不仅保护受保护物种，同时也保护同域分布的其他物种，保证生态系统的完整，为物种间的协同进化提供空间。

在保护区外对物种实施就地保护，通常都是针对濒危的原因采取具体的保护措施，改善物种的生存条件；在保护区周围地带对濒危动植物种类和生物资源的保护，也是属于保护区外的就地保护。此外，还有一种就地保护就是农田保存。

（2）迁地保护　迁地保护是指生物多样性的组成部分移到它们的自然环境之外进行保护。迁地保护主要包括以下几种形式：植物园、动物园、种植圃及试管苗库、超低温库、植物种子库、动物细胞库等各种引种繁殖设施。

生物多样性保护是一个系统工程，详细的保护措施可从以下方面入手。

① 根据国家生物多样性保护纲要（策略）制定本地区的保护纲要，确定具体、有效的行动计划。

② 正确认识生物多样性的价值，全面评价生物多样性。

③ 开展生物资源生态系统的调查、生态环境及物种变化的监测；建立健全城市绿地系统中生物多样性的调查、分类和编目，建立信息管理系统，以及自然保护区与风景名胜区的自然生态环境和物种资源的保护和观察监测，加强生物多样性的科学研究。

④ 可持续的利用生物资源。

尽量保护城市自然遗留地和自然植被，加强地带性植物生态型和变种的筛选和驯化，构筑具有区域特色和城市个性的绿色景观。同时，慎重引进国外特色物种，重点发展我国的优良品种。

⑤ 加强就地保护和迁地保护的建设和管理。

恢复和重建遭到破坏或退化的生态系统，选定一批关系全局的项目，投资一些重大生态建设项目，推动全面建设系统的生物多样性保护工作。

⑥ 健全管理法规，完善管理体系，加强管理部门之间的协调。

⑦ 建立可靠的财政机制，开展生态旅游开发，开拓保护资金的多渠道来源。

⑧ 加强专职干部培训和专业人才培养。

⑨ 扩大科学普及与宣传教育，促进全面深入的生物多样性保护，鼓励公众参与保护。

⑩ 加强国际交流与合作，进一步用好对外开放的政策，大力开展国际合作。

4）珍稀、濒危植物与古树名木保护

（1）珍稀、濒危植物　濒危植物是指与人类的关系密切、具有重要途径、数量十分稀少或极容易引起直接利用和生态环境的变化而处于受严重威胁状态的植物。

利用植物园和树木园，实施迁地保护是抢救珍稀、濒危植物的重要措施。

（2）古树名木　古树名木，一般是指在人类历史过程中保存下来的年代久远或具有重要科研、历史文化价值的树木。古树指树龄在100年以上的树木；名木指在历史上或社会上有重大影响的中外历代名人、领袖人物所植或者具有极其重要的历史、文化价值、纪念意义的树木。我国古树名木通常分为三种级别：国家一级古树树龄在500年以上；国家二级古树树龄在300~499年；国家三级古树树龄在100~299年。国家级名木不受树龄限制，不分级（关于开展古树名木普查建档工作的通知，全绿字〔2001〕15号）。古树名木是中华民族悠久历史与文化的象征，是绿色文物，活的化石，是自然界和前人留给我们的无价珍宝。在编制古树名木保护规划时，基本的工作步骤如下。

① 确定调查方案，并对参加调查的工作人员进行技术培训，使其掌握正确的调查方法以统一普查方法和技术标准。

② 对古树名木进行现场测量调查，并填写调查表内容。应用拍摄工具对树木的全貌和树干进行纪录。调查树木的种类、位置、树龄、树高、胸围（地围）、冠幅、生长势、立地条件、权属、管护责任单位或个人、传说记载，并对树木的特殊状况进行描述，包括奇特、怪异性状描述，如树体连生、基部分枝、雷击断梢、根干朽腐等。

③ 收集整理调查资料，进行必要性的信息化技术处理，分析城市古树名木保护的现状，提出保护建议。

④ 组织有关专家对调查结果进行论证，并建立动态的信息化管理。古树名木的现状调查是制定其具体保护措施的重要基础，国家林业局和全国绿化委员会对古树名木的现状调查提出调查应包括：位置、树龄、树高、立地条件、长势、权属及树木特殊状况的描述等多方面的情况，扎实做好保护工作的第一步。

## 5.3　风景名胜区规划

### 5.3.1　风景名胜区发展概况

1）风景名胜区概述

风景名胜区是经政府审定命名的风景名胜资源集中的地域。指风景资源集中、环境优美、具有一定规模和游览条件，可供人们游览欣赏、休憩娱乐或进行科学文化活动的地域。风景名胜区也称风景区，海外的国家公园相当于国家级风景区。

我国确定风景名胜区的标准是：具有观赏、文化或科学价值；自然景物、人文景物比较集中；环境优美，可供人们游览、休息，或进行科学文化教育活动；具有一定的规模和范围。因此，风景名胜区事业是国家社会公益事业，与国际上建立国家公园一样，我国建立风景名胜区，是要为国家保留一批珍贵的风景名胜资源（包括生物资源），同时科学地建设管理，合理地开发利用。

2）风景名胜资源分类

中国风景名胜区源于古代的名山大川和邑郊游憩地，历经数千年的不断发展，荟萃了自然之美和人文之胜，成为壮丽山河的精华，为当代留下了宝贵的自然与文化遗产及其无限的信息。我国的风景名胜资源众多，自然景物和人文景物异彩纷呈，景观类型极为丰富。

（1）自然资源　包括山川、河流、湖泊、海滨、岛屿、森林、动植物、特殊地质、地貌、溶洞、化石、天文气象等。

（2）人文资源　包括文物古迹、历史遗址、革命纪念地、园林、建筑、工程设施、宗教寺庙、民俗风情等。

3）风景名胜区的类型、特征和功能

(1) 风景名胜区的类型　按照景观类型来分,风景名胜区可以分为以下几类:

① 以山景取胜的风景区　如黄山、峨眉山、泰山、庐山、华山、衡山、武当山、嵩山、雁荡山、云南石林、崂山等。

② 以水景取胜的风景区　如无锡太湖、杭州西湖、昆明滇池、黄果树瀑布、天山天池等。

③ 山水结合、交相辉映的风景区　如黑龙江的五大连池、广西漓江、广东肇庆星湖、四川九寨沟、黄龙、台湾日月潭等。

④ 以历史古迹为主的风景区　如浙江普陀山、安徽九华山、山西五台山、承德避暑山庄与外八庙、襄阳隆中、河北清东陵等。

⑤ 休闲疗养避暑胜地　如秦皇岛市北戴河、浙江莫干山、广州白云山、青岛海滨。

⑥ 近代革命圣地　如江西井冈山、陕西延安、贵州遵义、河北西柏坡、江西瑞金等。

⑦ 自然保护区中的游览区　如湖北神农架自然保护区、云南西双版纳热带雨林自然保护区等。

⑧ 因现代工程建设而形成的风景区　如浙江新安江水库、北京密云水库、河南三门峡、湖北宜昌西陵峡(葛洲坝)等。

按照风景区的级别来划分,风景名胜区可以分为国家级重点风景名胜区、省级风景名胜区、市级风景名胜区和县级风景名胜区等四个等级类型。

我国风景名胜区的类型,可以按照用地规模与管理、景观特征原则,划分见表5.8。

表5.8　风景名胜区的类型

| 分类标准 | 主要类型 | 基本特点 |
| --- | --- | --- |
| 按规模分类 | 小型风景区 | 面积 20 km² |
| | 中型风景区 | 面积 21~100 km² |
| | 大型风景区 | 面积 101~500 km² |
| | 特大型风景区 | 面积 500 km² |
| 按管理分类 | 国家重点风景名胜区 | 具有重要观赏、文化或科学价值,景观独特,国内外著名,规模较大的定为国家重点风景名胜区。由省、自治区、直辖市人民政府提出风景名胜资源调查评价报告,报国务院审定公布 |
| | 省级风景名胜区 | 具有较重要观赏、文化或科学价值,景观有地方代表性,有一定规模和设施条件,在省内外有影响的定为省级风景名胜区。由市、县人民政府提出风景名胜资源调查评价报告,报省、自治区、直辖市人民政府审定公布,并报建设部备案 |
| | 市(县)级风景名胜区 | 具有一定观赏、文化或科学价值,环境优美,规模较小,设施简单,以接待本地区游人为主的定为市(县)级风景名胜区。由市、县主管部门组织有关部门提出风景名胜资源调查评价报告,报市、县人民政府审定公布,并报省级主管部门备案 |
| 按景观分类 | 山岳型 | 以山岳景观为主的风景名胜区。如安徽黄山、四川峨眉山、江西庐山、山东泰山等风景名胜区 |
| | 江湖型 | 以江河、湖泊等水体景观为主的风景区。如杭州西湖、苏州太湖等风景区 |
| | 山水结合型 | 山水景观相互结合的风景区。如桂林漓江、台湾日月潭、江西龙虎山等风景区 |
| | 名胜古迹型 | 以名胜古迹或重要纪念地为主的风景区。如西安临潼、江西井冈山等风景区 |
| | 现代工程 | 因现代工程建设而形成的风景区。如江西仙女湖、河北官厅等风景区 |

(2) 风景名胜区的特征

① 类型众多　既有山岳、湖泊、河川、瀑布、海滨、岛屿等众多自然景观类型的风景名胜区,也有以人文景观为主的风景名胜区。

② 自然景观奇特　在我国的许多风景名胜区中，自然景观绚丽多姿，极有特色，令人赞叹不已。

③ 自然景观与人文景观融为一体　我国的自然山川大都经受历史文化的影响，伴有不少文物古迹，以及诗词歌赋、神话传说，从不同的侧面体现中华民族的悠久历史和灿烂文化。如泰山、黄山两个风景名胜区，以"世界自然与文化遗产"列入了《世界遗产名录》。

(3) 风景名胜区的功能

① 保护风景名胜资源，维护自然生态平衡。

② 供人游览，开展娱乐活动。

③ 发挥美学价值，满足人们的精神享受。

④ 供人们特别是科技工作者开展科学研究活动。

⑤ 是向人们特别是青少年进行教育的良好园地。

### 5.3.2 风景名胜区规划的构成概念及风景资源评价

1) 风景名胜区规划的构成概念

风景名胜区规划工作与术语，不仅有其自身特点，还广泛涉及自然科学、社会科学和工程技术的定性、定量与规律性内容，风景名胜区规划的构成概念主要有以下几个：

(1) 风景名胜区规划　也称风景区规划，是保护培育、开发利用和经营管理风景区，并发挥其多种功能作用的统筹部署和具体安排。经相应的人民政府审查批准后的风景区规划，具有法律权威，必须严格执行。

(2) 风景资源　也称景源、景观资源、风景名胜资源、风景旅游资源，是指能引起审美与欣赏活动，可以作为风景游览对象和风景开发利用的事物与因素的总称。是构成风景环境的基本要素，是风景区产生环境效益、社会效益、经济效益的物质基础。

(3) 景点　由若干相互关联的景物所构成，具有相对独立性和完整性，并具有审美特征的基本境域单位。

(4) 景群　由若干相关景点所构成的景点群落或群体。

(5) 景区　在风景区规划中，根据景源类型、景观特征或游赏需求划分的一定用地范围，包含有较多的景物和景点或若干景群，形成相对独立的分区特征。

2) 风景资源评价

风景资源是指能引起审美与欣赏活动，可以作为风景游览对象和风景开发利用的事物与因素的总称。风景资源是构成风景环境的基本要素，是风景区产生环境效益、社会效益、经济效益的物质基础。

风景资源评价一般包括四个部分：调查、筛选与分类、评分与分级、评价结论。风景资源评价是风景区确定景区性质、发展对策，进行规划布局的重要依据，是风景名胜区规划的一项重要工作。

风景资源评价工作，需要遵循以下原则：第一，扎实做好现场踏勘工作，认真研究相关文献资料，以便为风景资源评价打好基础；第二，风景资源评价应采取定性概括与定量分析相结合、主观与客观评价相结合的方法，对风景资源进行综合评估；第三，根据风景资源的类别及其组合特点，选择适当的评价单元和评价指标。对独特或濒危景源，宜作单独评价。

(1) 风景资源分类表　《风景名胜区规划规范》(GB 50298—1999)的分类方法，以景观特色为主要划分原则，将风景资源划分为 2 个大类、8 个中类、74 个小类，详见表 5.9。

(2) 风景资源评价体系　风景资源的评价，有两种常用的方法，即定性评价和定量评价。

定性评价是比较传统的评价方法，侧重于经验概括，具有整体思维的观念，往往抓住风景资源的显著特点，采用艺术化的语言进行概括描述，例如"桂林山水甲天下"、"登泰山而小天下"、"华山天下雄"、"青城天下幽"、"武陵源的山，九寨沟的水"等等。这样的评价比较形象生动，富有艺术感染力，但是，也有很大的局限性，比较突出的是缺乏严格统一的评价标准，可比性差；评价语言偏重于文学描述，主观色彩较浓，经常带有不切实际的夸大成分。

定量评价侧重于数量统计分析，一般事先提出一套评价指标(因子)体系，再根据调查结果，对于风景资源进行赋值，然后计算各风景资源的得分，根据得分的多少评出资源的等级。定量评价方法具有明确统

表 5.9 风景资源分类表

| 大类 | 中类 | 小类 |
|---|---|---|
| 自然风景资源 | 天景 | (1)日月星光;(2)虹霞蜃景;(3)风雨阴晴;(4)气候景象;(5)自然声象;(6)云雾景观;(7)冰雪霜露;(8)其他天景 |
| | 地景 | (1)大尺度山地;(2)山景;(3)奇峰;(4)峡谷;(5)洞府;(6)石林石景;(7)沙景沙漠;(8)火山熔岩;(9)蚀余景观;(10)洲岛屿礁;(11)海岸景观;(12)海底地形;(13)地质珍迹;(14)其他地景 |
| | 水景 | (1)泉井;(2)溪流;(3)江河;(4)湖泊;(5)潭池;(6)瀑布跌水;(7)沼泽滩涂;(8)海湾海域;(9)冰雪冰川;(10)其他水景 |
| | 生景 | (1)森林;(2)草地草原;(3)古树名木;(4)珍稀生物;(5)植物生态类群;(6)动物群栖息地;(7)物候季相景观;(8)其他生物景观 |
| 人文风景资源 | 园景 | (1)历史名园;(2)现代公园;(3)植物园;(4)动物园;(5)庭宅花园;(6)专类游园;(7)陵园墓园;(8)其他园景 |
| | 建筑 | (1)风景建筑;(2)民居宗祠;(3)文娱建筑;(4)商业与服务建筑;(5)宫殿衙署;(6)宗教建筑;(7)纪念建筑;(8)公交建筑;(9)工程构筑物;(10)其他建筑 |
| | 胜迹 | (1)遗址遗迹;(2)摩崖题刻;(3)石窟;(4)雕塑;(5)纪念地;(6)科技工程;(7)游娱文体场地;(8)其他胜迹 |
| | 风物 | (1)节假庆典;(2)民族民俗;(3)宗教礼仪;(4)神话传说;(5)民间文艺;(6)地方人物;(7)地方物产;(8)其他风物 |

资料来源:中华人民共和国建设部.风景名胜区规划规范(GB 50298—1999)[S].中国建筑工业出版社,1999.

一的评价标准,易于操作,容易普及,但是也存在着一些缺陷:定量评价把资源的质量分解为几个单项的指标(因子),比较机械呆板,容易忽视资源的整体特征。

根据以上的分析可以看到,为了科学、准确、全面地评价风景资源,必须把定性评价和定量评价相互结合,缺一不可。在实际的工作中,可以定量评价为主,同时通过定性评价,整合、修正、反馈和检验定量评价工作的成果。

风景资源评价可以采用表5.10中的评价指标体系。

表 5.10 风景资源评价指标体系

| 综合评价层 | 赋值 | 项目评价层 | 因子评价层 |
|---|---|---|---|
| 景源价值 | 70~80 | (1)欣赏价值 | ①景感度;②奇特度;③完整度 |
| | | (2)科学价值 | ①科技值;②科普值;③科教值 |
| | | (3)历史价值 | ①年代值;②知名度;③人文值 |
| | | (4)保健价值 | ①生理值;②心理值;③应用值 |
| | | (5)游憩价值 | ①功利性;②舒适度;③承受力 |
| 环境水平 | 10~20 | (1)生态特征 | ①种类值;②结构值;③功能值 |
| | | (2)环境质量 | ①要素值;②等级值;③灾变率 |
| | | (3)设施状况 | ①水电能源;②工程管网;③环保设施 |
| | | (4)监护管理 | ①监测机能;②法规配套;③机构设置 |

续表 5.10

| 综合评价层 | 赋值 | 项目评价层 | 因子评价层 |
|---|---|---|---|
| 利用条件 | 5 | (1)交通通信 | ①便捷性;②可靠性;③效能 |
| | | (2)食宿接待 | ①能力;②标准;③规模 |
| | | (3)客源市场 | ①分布;②结构;③消费 |
| | | (4)运营管理 | ①职能体系;②经济结构;③居民社会 |
| 规模范围 | 5 | (1)面积 | |
| | | (2)体量 | |
| | | (3)空间 | |
| | | (4)容量 | |

资料来源:中华人民共和国建设部.风景名胜区规划规范(GB 50298—1999)[S].中国建筑工业出版社,1999.

在使用表 5.10 时,不同层次的风景资源评价应该选择适宜的评价层指标。当对风景区或部分较大景区进行评价时,宜选用综合评价层指标;当对景点或景群进行评价时,宜选用项目评价层指标;当对景物进行评价时,宜在因子评价层指标中选择。

在确定评价指标的权重时,须关注有利于体现评价对象的景观特征,突出特色。例如,在评价山水结合型风景区的风景资源时,应强调欣赏价值这个指标;在评价名胜古迹型的风景区时,则应加大历史价值的权重。

(3) 风景资源分级 根据风景资源评价单元的特征,以及不同层次的评价指标得分和吸引力范围,把风景资源等级划分为特级、一级、二级、三级、四级。

① 特级景源应具有珍贵、独特、世界遗产价值和意义,有世界奇迹般的吸引力。
② 一级景源应具有名贵、罕见、国家重点保护价值和国家代表性作用,在国内外著名和有国际吸引力。
③ 二级景源应具有重要、特殊、省级重点保护价值和地方代表性作用,在省内外闻名和有省际吸引力。
④ 三级景源应具有一定价值和游线辅助作用,有市县级保护价值和相关地区的吸引力。
⑤ 四级景源应具有一般价值和构景作用,有本风景区或当地的吸引力。

(4) 风景资源的空间分析 在对风景资源的数量、等级进行评价以后,还需要对风景资源的空间分布与组合状况进行分析,以便为后续的景区划分、游线组织等提供依据。这项工作可以结合风景资源分布与评价图来完成。主要任务是分析不同类型、不同等级的风景资源的空间分布状况,确定风景资源密集地区、风景资源类型组合丰富地区、高品位风景资源集中地区等典型区域。

(5) 风景资源评价的结论 综合以上各项分析结果,对于风景区的风景资源作出总结性评价。主要是评价风景资源的分项优势、劣势、潜力状态,概括风景资源的若干项综合特征,为风景区定性、发展对策、规划布局提供依据。

### 5.3.3 风景名胜区规划程序

风景名胜区规划一般分为总体规划、详细规划两个阶段进行。大型而又复杂的风景区,可以增编分区规划和景点规划,一些重点建设地段,也可以增编控制性详细规划或修建性详细规划。

从实际工作的步骤来看,风景名胜区规划工作分为资源调查分析、编制规划大纲、总体规划、方案决策、管理实施规划编制五个阶段。

1) 资源调查分析阶段

本阶段主要进行资源调查、资源分析、分类,并分别进行评价和收集基础资料汇编工作。编制规划工作除了收集规划所需的基础资料,对风景资源进行调查外,对风景资源的鉴定、评价、分级也是十分重要的,这不仅是为后阶段的规划大纲编制及总体规划提供有力依据,而且风景资源评价材料也是规划文件中的一个必要组成部分。

风景名胜区基础调查材料详见表5.11。

表5.11 风景名胜区基础资料调查类别表

| 大类 | 中类 | 小类 |
|---|---|---|
| 测量资料 | 地形图 | 小型风景区图纸比例为1:2 000~1:10 000；<br>中型风景区图纸比例为1:10 000~1:25 000；<br>大型风景区图纸比例为1:25 000~1:50 000；<br>特大型风景区图纸比例为1:50 000~1:200 000 |
| | 专业图 | 航拍图片、卫星图片、遥感影像图、地下岩洞与河流测图、地下工程与管网等专业测图 |
| 自然与资源条件 | 气象资料 | 温度、湿度、降水、蒸发、风向、风速、日照、冰冻等 |
| | 水文资料 | 江河湖海的水位、流量、流速、流向、水量、水温、洪水淹没线；江河区的流域情况、流域规划、河道整治规划、防洪设施；海滨区的潮汐、海流、浪涛；山区的山洪、泥石流、水土流失等 |
| | 地质资料 | 地质、地貌、土层、建设地段承载力；地震或重要地质灾害的评估；地下水存在形式、储量、水质、开采及补给条件 |
| | 自然资料 | 景源、生物资源、水土资源、农林牧副渔资源、能源、矿产资源等的分布、数量、开发利用价值等资料；自然保护对象及地段 |
| 人文与经济条件 | 历史与文化 | 历史沿革及变迁、文物、胜迹、风物、历史与文化保护对象及地段 |
| | 人口资料 | 常住人口的数量、年龄构成、劳动构成、教育状况、自然增长和机械增长；服务职工和暂住人口及其结构变化；游人及结构变化；居民、职工、游人分布状况 |
| | 行政区划 | 行政建制及区划、各类居民点及分布、城镇辖区、村界、乡界及其他相关地界 |
| | 经济社会 | 经济社会发展状况、计划及其发展战略；风景区范围的国民生产总值、财政、产业产值状况；国土规划、区域规划、相关专业考察报告及其规划 |
| | 企事业单位 | 主要农林牧副渔业和教科文卫军与工矿企事业单位的现状及发展资料；风景区管理现状 |
| 设施与基础工程条件 | 交通运输 | 风景区及其可依托的城镇的对外交通运输和内部交通运输的现状、规划及发展资料 |
| | 旅游设施 | 风景区及其可依托的城镇的旅行、游览、饮食、住宿、购物、娱乐、保健等设施的现状及发展资料 |
| | 基础工程 | 水电气热、环保、环卫、防灾等基础工程的现状及发展资料 |
| 土地与其他资料 | 土地利用 | 规划区内各类用地分布状况，历史上土地利用重大变更资料，土地资源分析评价资料 |
| | 建筑工程 | 各类主要建筑物、工程物、园景、场馆场地等项目的分布状况、用地面积、建筑面积、体量、质量、特点等资料 |
| | 环境资料 | 环境监测成果，三废排放的数量和危害情况；垃圾、灾变和其他影响环境的有害因素的分布及危害情况；地方病及其他有害公民健康的环境资料 |

2）编制规划大纲及论证阶段

本阶段工作是在充分了解基础资料的情况下，对风景区开发过程中的重大问题进行分析、论证。工作成果以文字为主及辅以必要的现状与规划图纸。

3）总体规划阶段

总体规划以已经评议审批过的规划大纲为依据，编制风景区规划说明书和绘制总体规划图纸，其编制说明书及图纸因各风景区的范围、等级、现状基础、服务对象、游人规模、开发程度的不同而有差异。

4）方案决策阶段

此阶段的工作主要是政府部门组织有关专家，对各项专业规划方案进行专业评议，对总体规划方案进行综合评议,并做出技术鉴定报告,经修改后的总体规划文件再报有关部门审批、定案。

5) 管理实施规划编制阶段

此阶段是风景区建设及管理的规划,主要包括:管理体制的调整和设置的建设以及人才规划;制定风景区保护管理条例及执行细则;旅游经营方式及导游组织方案的实施;各项建设的投资落实及设计方案制定;实施规划的具体步骤、计划及措施;经营管理体制及措施的建议规划。

6) 规划审批权限

风景区规划是一项综合性、政策性和技术性都很强的工作,必须在当地人民政府的领导下,广泛听取群众的意见,具体规划文件还要委托有经验的规划设计部门或科研部门及有资质的大专院校进行编制。

根据国家规定,各级风景名胜区规划的审批须按如下程序:

(1) 国家重点风景名胜区规划,由所在省、自治区、直辖市人民政府审查后,报国务院审批。

(2) 国家重点风景名胜区的详细规划,一般由所在省、自治区、直辖市建设厅(建委)审批,特殊重要的区域详细规划,经省级建设部门审查后报建设部审批。

(3) 省级风景名胜区规划,由风景名胜区管理机构所在市、县人民政府审查后,报省、自治区、直辖市人民政府审批,并向建设部备案。

(4) 市、县级风景名胜区规划,由风景名胜区管理机构所在的市、县城建部门审查后报市、县人民政府审批,并向省级城乡建设主管部门备案。

(5) 跨行政区的风景区规划,由相关政府联合审查上报审批。

(6) 位于城市范围的风景名胜区规划,如果与城市总体规划的审批权限相同时,应当纳入城市总体规划,一并上报审批。

经批准后的规划文件,具有法律效应,必须严格执行,任何组织和个人不得擅自改变。主管部门或管理机构认为确实需要对性质、范围、总体布局、游览容量等作重大修改或者需要增建重大工程项目时,必须经过风景名胜区主管部门同意,报原受理审批的人民政府批准。

### 5.3.4 风景名胜区总体规划

编制风景名胜区的总体规划,必须确定风景名胜区的范围、性质与发展目标,风景区的分区、结构与布局,风景区的容量、人口与生态原则等基本内容。

1) 范围、性质与发展目标

为便于总体布局、保护和管理,每个风景区必须有确定的范围和外围特定的保护地带。规定风景区范围的界限必须明确、易于标记和计量。

风景区的性质,必须依据风景区的典型景观特征、游览欣赏特点、资源类型、区位因素,以及发展对策与功能选择来确定。

风景区的发展目标,应根据风景区的性质和社会需求,提出适合本风景区的自我健全目标和社会作用目标两方面的内容。

2) 分区、结构与布局

风景名胜区包含风景游赏、游览服务、科研教育、生态保护等多项功能,为了科学合理地配置各项功能和设施,首先需要对风景区进行规划分区。

在风景名胜区的规划工作中,比较常用的是景区划分与功能分区这两种规划分区。

(1) 景区划分　为了组织风景游赏活动,须进行景区划分。景区是风景名胜区内部相对独立的功能单元。

(2) 功能分区　风景名胜区的功能分区,应该综合考虑风景名胜区的性质、规模和特点。一般来说,风景名胜区按照其功能构成可以划分为以下几个区:核心(生态)保护区、游览区、住宿接待、休疗养区、野营区、商业服务区、文化娱乐区、行政管理区、职工生活区、居民生活区、农林生产、农副业区等,各分区之间的关系可用图5.6表示。

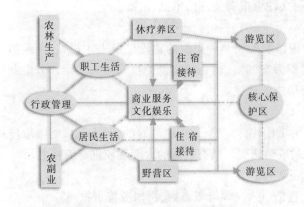

图 5.6 风景名胜区的功能结构

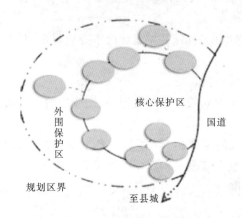

图 5.7 某风景名胜区的布局结构
资料来源：李铮生. 城市园林绿地规划与设计[M].2版.
北京：中国建筑工业出版社，2006

(3) 风景区的职能结构　不同的风景名胜区，具有不同的功能构成，相应形成不同的职能结构。风景区的职能结构可概括为三种基本类型。

① 单一型结构　在内容简单、功能单一的风景区，其构成主要是由游览欣赏对象组成的风景游赏系统，其结构为一个职能系统组成的单一型结构。这样的风景名胜区常常是地理位置远离城市、开发时间较短、基础设施薄弱。

② 复合型结构　在内容和功能均较丰富的风景区，其构成不仅有风景游赏对象，还有相应的旅行游览接待服务设施组成的旅游设施系统，其结构由风景游赏和旅游设施两大职能系统复合组成。

③ 综合型结构　在内容和功能均为复杂的风景区，其构成不仅有游赏对象、旅游设施，还有相当规模的居民生产、社会管理等组成的居民社区系统，其结构应由风景游赏、旅游设施、居民社区三大职能系统综合组成。

(4) 规划布局　风景名胜区的规划布局，是一个战略统筹过程。该过程在规划界线内，将规划对象和规划构思通过不同的规划策略和处理方式，全面系统地安排在适当位置，使规划对象的各组成要素、组成部分均能共同发挥应有的作用，创造最优整体。

风景名胜区的规划布局一般采用的形式有：集中形(块状)、线形(带状)、组团状(集团)、链珠形(串状)、放射形(枝状)、星座形(散点)等形态(图 5.7)。

3) 容量、人口及生态原则

(1) 风景区容量　风景区游人容量应随规划期限的不同而有变化。对一定规划范围的游人容量，应综合分析并满足该地区的生态允许标准、游览心理标准、功能技术标准等因素而确定。

① 生态允许标准应符合表 5.12 的规定。

表 5.12 游憩用地生态容量

| 用地类型 | 允许容量和用地指标 | |
|---|---|---|
| | (人/hm²) | (m²/人) |
| 针叶林地 | 2~3 | 3 300~5 000 |
| 阔叶林地 | 4~8 | 1 250~2 500 |
| 森林公园 | <20 | >500 |
| 疏林草地 | 20~25 | 400~500 |
| 草地公园 | <70 | >140 |
| 城镇公园 | 30~200 | 50~330 |
| 专用浴场 | <500 | >20 |
| 浴场水域 | 1 000~2 000 | 10~20 |
| 浴场沙滩 | 1 000~2 000 | 5~10 |

② 风景名胜区的人口构成如图 5.8 所示。

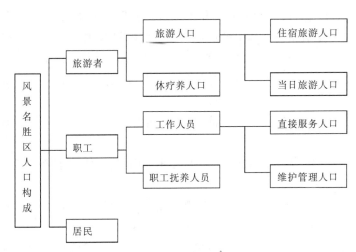

图 5.8 风景名胜区人口构成

其中,住宿旅游人口是指在规划区内留宿一天以上的游客;当日旅游人口指当天离去的游客;直接服务人口指规划区内从事游览接待服务的职工;维护管理人口是指从事风景名胜区的环境卫生、市政公用、文化教育等工作的职工;职工抚养人口是指由职工抚养的家属及其他非劳动人口;居民是指规划区范围内未从事游览服务工作的本地居民。

③ 游人容量应由一次性游人容量、日游人容量、年游人容量三个层次表示。一次性游人容量(亦称瞬时容量),单位以"人/次"表示;日游人容量,单位以"人次/日"表示;年游人容量,单位以"人次/年"表示。

④ 游人容量的计算方法宜分别采用线路法、卡口法、面积法、综合平衡法。

A. 线路法　以每个游人所占平均道路面积计,5~10 m²/人。

B. 面积法　以每个游人所占平均游览面积计。其中:主景景点 50~100 m²/人(景点面积);一般景点 100~400 m²/人(景点面积);浴场海域 10~20 m²/人(海拔 0~-2 m 以内水面)。

C. 卡口法　实测卡口处单位时间内通过的合理游人量,单位以"人次/单位时间"表示。

⑤ 风景区总人口容量测算应包括外来游人、服务职工、当地居民三类人口容量。当规划地区的居住人口密度超过 50 人/km² 时,宜测定用地的居民容量;当规划地区的居住人口密度超过 100 人/km² 时,必须测定用地的居民容量;居民容量应依据最重要的要素容量分析来确定,其常规要素应是淡水、用地、相关设施等。

(2) 风景区人口规模　风景区人口规模的预测应符合下列规定:人口发展规模应包括外来游人、服务职工、当地居民三类人口;一定用地范围内的人口发展规模不应大于其总人口容量;职工人口应包括直接服务人口和维护管理人口;居民人口应包括当地常住居民人口。

(3) 风景区的生态分区　风景区的生态原则应符合下列规定:制止对自然环境的人为消极作用,控制和降低人为负荷,分析游览时间、空间范围、游人容量、项目内容、开发强度等因素,并提出限制性规定或控制性指标;保持和维护原有生物种群、结构及其功能特征,保护典型而有示范性的自然综合体;提高自然环境的复苏能力,提高氧、水、生物量的再生能力与速度,提高其生态系统或自然环境对人为负荷的稳定性或承载力。

(4) 风景区的环境质量　风景区规划应控制和降低各项污染程度,其环境质量标准应符合下列规定:大气环境质量标准应符合 GB 3095—1996 中规定的一级标准;地面水环境质量一般应按 GB 3838—2002 中规定的一级标准执行;游泳用水应执行 GB 9667—1996 中规定的标准,海水浴场水质标准不应低于 GB 3097—1997 中规定的二类海水水质标准;生活饮用水标准应符合 GB 5749—2006 中的规定;风景区室外允许噪声应低于 GB 3096—93 中规定的"特别住宅区"的环境噪声标准值;放射防护标准应符合 GBJ8—74 中规定的有关标准。

### 5.3.5 风景名胜区专项规划

1) 风景游赏规划

风景游赏规划是风景区规划的主体部分。风景游赏规划通常包括景观特征分析和景象展示构思、游赏项目组织、风景结构单元组织、游线与游程安排等内容。

(1) 景观特征分析和景象展示构思　风景名胜区内景观丰富多样、各具特点,需要通过景观特征分析、发掘和概括其中最具特色与价值的景观主体,并通过景象展示构思,找到展示给观赏者的最佳手段和方法。风景名胜区内一般常见的景观主题可分为以下几类:

① 眺望为主的景观以登高俯视、远望为主。如黄山清凉台是观日出云海的理想之处,泰山日观峰可远望东海日出景观等。

② 水景为主的景观主要指包括溪水、泉水、瀑布、水潭等景观主题。如黄果树瀑布的瀑景、杭州的虎跑泉、无锡鼋头渚等。

③ 以山景为主的景观以突出的山峰、石林、山洞等作为主要的观赏主题。如桂林独秀峰、黄山天都峰、庐山五老峰等。

④ 植物为主的景观以观赏富有特色的植物群落或古树名木为主题。如北京香山红叶林、黄山迎客松、无锡梅园等景观。

⑤ 珍奇的自然景观主要指由于古地质现象遗留的痕迹或者由于气象原因形成的独特景观。如庐山"飞来石"(第四纪冰川搬运的巨砾),峨眉山的"佛光"等景观。

⑥ 以历史古迹为主的景观主要指拥有丰富的历史文化遗存,具有重要的文化价值的风景名胜区。如武当山金顶、龙虎山岩棺、四川都江堰等。

(2) 游赏项目组织　游赏项目的组织,应遵循"因地、因时、因景制宜"和突出特色这两个基本原则。同时,充分考虑风景资源特点、用地条件、游客需求、技术要求和地域文化等因素,选择协调适宜的游赏活动项目。

风景名胜区内通常开展的游赏项目见表 5.13。

表 5.13　风景名胜区游赏项目

| 游赏类别 | 游赏项目 |
| --- | --- |
| 野外游憩 | ①消闲散步;②郊游野游;③垂钓;④登山攀岩;⑤骑驭 |
| 审美欣赏 | ①览胜;②摄影;③写生;④寻幽;⑤访古;⑥寄情;⑦鉴赏;⑧品评;⑨写作;⑩创作 |
| 科技教育 | ①考察;②探胜探险;③观测研究;④科普;⑤教育;⑥采集;⑦寻根回归;⑧文博展览;⑨纪念;⑩宣传 |
| 娱乐体育 | ①游戏娱乐;②健身;③演艺;④体育;⑤水上水下运动;⑥冰雪活动;⑦沙草场活动;⑧其他体智技能运动 |
| 休养保健 | ①避暑避寒;②野营露营;③休养;④疗养;⑤温泉浴;⑥海水浴;⑦泥沙浴;⑧日光浴;⑨空气浴;⑩森林浴 |
| 其他 | ①民俗节庆;②社交聚会;③宗教礼仪;④购物商贸;⑤劳作体验 |

资料来源:中华人民共和国建设部.风景名胜区规划规范(GB 50298—1999)[S].中国建筑工业出版社,1999.

(3) 风景单元组织　风景单元组织可划分为景点组织和景区组织两个层次。景点组织,应包括景点的构成内容、特征、范围、容量;景点的主、次、配景和游赏序列组织;景点的设施配备;景点规划一览表等内容。景区组织,主要应包括:景区的构成内容、特征、范围、容量;景区的结构布局、主景、景观多样化组织;景区的游赏活动和游线组织;景区的设施和交通组织要点等内容。

(4) 游览组织与线路设计　风景资源的美,需要人们进入其中直接感受才能获得。要使游人获得良好的游览效果,需要精心进行游览组织和线路设计。

2) 服务设施规划

(1) 游览设施规划　风景名胜区的游览设施规划,须遵循以下基本原则:

① 因地制宜原则。

② 相对集中与适当分散相结合。

③ 与需求相适应的原则。

④ 分期建设的原则。

(2) 游览设施的类型与分级配置　游览设施主要包括旅行、游览、饮食、住宿、购物、娱乐、保健和其他等八类相关设施。规划须依据风景区、景区、景点的性质与功能,游人规模与结构,以及用地、淡水、环境等条件,配备相应种类、级别、规模的设施项目。

游览设施要发挥应有效能,就要有相应的级配结构和合理的定位布局,并能与风景游赏和居民社会两个职能系统相互协调。

各级设施基地应配备的游览设施见表5.14。

表5.14 游览设施分级配备

| 设施类型 | 设施项目 | 服务部 | 旅游点 | 旅游村 | 旅游镇 | 旅游城 | 备注 |
|---|---|---|---|---|---|---|---|
| 旅行 | 非机动交通 | ▲ | ▲ | ▲ | ▲ | ▲ | 步道、马道、自行车道、存车、修理 |
| | 邮电通信 | △ | △ | ▲ | ▲ | ▲ | 话亭、邮亭、邮电所、邮电局 |
| | 机动车船 | × | △ | △ | ▲ | ▲ | 车站、车场、码头、油站、道班 |
| | 火车站 | × | × | × | △ | △ | 对外交通,位于风景区外缘 |
| | 机场 | × | × | × | × | △ | 对外交通,位于风景区外缘 |
| 游览 | 导游小品 | ▲ | ▲ | ▲ | ▲ | ▲ | 标示、标志、公告牌、解说图片 |
| | 休憩庇护 | △ | ▲ | ▲ | ▲ | ▲ | 坐椅桌、风雨亭、避难屋、集散点 |
| | 环境卫生 | △ | ▲ | ▲ | ▲ | ▲ | 废弃物箱、公厕、盥洗处、垃圾站 |
| | 宣讲咨询 | × | △ | △ | ▲ | ▲ | 宣讲设施、模型、影视、游人中心 |
| | 公安设施 | × | △ | △ | ▲ | ▲ | 派出所、公安局、消防站、巡警 |
| 饮食 | 饮食点 | ▲ | ▲ | ▲ | ▲ | ▲ | 冷热饮料、乳品、面包、糕点、糖果 |
| | 饮食店 | △ | ▲ | ▲ | ▲ | ▲ | 包括快餐、小吃、野餐烧烤点 |
| | 一般餐厅 | × | △ | △ | ▲ | ▲ | 饭馆、饭铺、食堂 |
| | 中级餐厅 | × | × | △ | △ | ▲ | 有停车车位 |
| | 高级餐厅 | × | × | △ | △ | ▲ | 有停车车位 |
| 住宿 | 简易旅宿点 | × | ▲ | ▲ | ▲ | ▲ | 包括野营点、公用卫生间 |
| | 一般旅馆 | × | △ | ▲ | ▲ | ▲ | 六级旅馆、团体旅舍 |
| | 中级旅馆 | × | × | ▲ | ▲ | ▲ | 四、五级旅馆 |
| | 高级旅馆 | × | × | △ | △ | △ | 二、三级旅馆 |
| | 豪华旅馆 | × | × | △ | △ | △ | 一级旅馆 |
| 购物 | 小卖部、商亭 | ▲ | ▲ | ▲ | ▲ | ▲ | |
| | 商摊集市墟场 | × | △ | △ | ▲ | ▲ | 集散有时,场地稳定 |
| | 商店 | × | × | △ | ▲ | ▲ | 包括商业买卖街、步行街 |
| | 银行、金融 | × | × | △ | △ | ▲ | 储蓄所、银行 |
| | 大型综合商场 | × | × | × | △ | ▲ | |
| 娱乐 | 文博展览 | × | △ | △ | ▲ | ▲ | 文化、图书、博物、科技、展览等馆 |
| | 艺术表演 | × | △ | △ | △ | ▲ | 影剧院、音乐厅、杂技场、表演场 |
| | 游戏娱乐 | × | × | △ | △ | ▲ | 游乐场、歌舞厅、俱乐部、活动中心 |
| | 体育运动 | × | × | △ | △ | ▲ | 室内外各类体育运动健身竞赛场地 |
| | 其他游娱文体 | × | × | × | △ | △ | 其他游娱文体台站团体训练基地 |

续表 5.14

| 设施类型 | 设施项目 | 服务部 | 旅游点 | 旅游村 | 旅游镇 | 旅游城 | 备注 |
| --- | --- | --- | --- | --- | --- | --- | --- |
| 保健 | 门诊所 | △ | △ | ▲ | ▲ | ▲ | 无床位、卫生站 |
| | 医院 | × | × | △ | ▲ | ▲ | 有床位 |
| | 救护站 | × | × | △ | △ | ▲ | 无床位 |
| | 休养度假 | × | × | △ | △ | ▲ | 有床位 |
| | 疗养 | × | × | △ | △ | ▲ | 有床位 |
| 其他 | 审美欣赏 | ▲ | ▲ | ▲ | ▲ | ▲ | 景观、寄情、鉴赏、小品类设施 |
| | 科技教育 | △ | △ | ▲ | ▲ | ▲ | 观测、试验、科教、纪念设施 |
| | 社会民俗 | × | × | △ | △ | △ | 民俗、节庆、乡土设施 |
| | 宗教礼仪 | × | × | △ | △ | △ | 宗教设施、坛庙堂祠、社交礼制设施 |
| | 宜配新项目 | × | × | △ | △ | △ | 演化中的德智体技能和功能设施 |

\* 图标说明：禁止设置×；可以设置△；应该设置▲

资料来源：中华人民共和国建设部.风景名胜区规划规范(GB 50298—1999)[S].中国建筑工业出版社，1999.

(3) 游览设施的布局　游览设施的布局一般有以下几种形式。

① 分散布局　游览设施分散布置在各个风景点附近，这样布置的好处是方便游客使用，但是不利于管理，基础设施不经济或缺乏基础设施，设施的整体经营效果不佳，且极易降低景观的品质和导致开发性的破坏。

② 分片布局　即把各种等级或者各种类型的游览设施分片布置在若干特定的地段，相对集中，这样布置便于管理，但有时会造成服务区的功能呆板或配置不合理。

③ 集中布局　在风景区内或城镇边缘，集中开发建设旅游接待区。这样布置的优点很多，如服务区功能比较完善、综合接待能力强、用地效率高、便于管理等等。从经营管理角度来看，这样布局是较佳方式。但是，集中布局也有不足之处：首先，设施集中在服务基地，游客在游览过程中使用不便；另外，村镇的景观环境现状，要适应旅游的要求，整治任务艰巨。

综合以上的分析，风景区的设施布局要因地制宜，综合统筹。

3) 风景名胜区生态保护与环境管理

风景名胜区具有重要的科学和生态价值。随着城市化和工业化进程与自然生态环境冲突的加剧，风景名胜区的生态保育功能更加凸现其重要性。风景名胜区的生态保护和环境管理是风景区规划的关键内容。

在生态保护规划中，最常用的规划和管理方法是分类保护和分级保护。

(1) 分类保护　分类保护是依据保护对象的种类及其属性特征，并按土地利用方式来划分出相应类别的保护区。在同一个类型的保护区内，其保护原则和措施基本一致，便于识别和管理，便于和其他规划分区相衔接。

风景保护的分类主要包括：生态保护区、自然景观保护区、史迹保护区、风景恢复区、风景游览区和发展控制区等。

(2) 分级保护　在生态保护规划中，分级保护也是常用的规划和管理方法。这是以保护对象的价值和级别特征为主要依据，结合土地利用方式而划分出相应级别的保护区。在同一级别保护区内，其保护原则和措施应基本一致。风景保护的分级主要包括特级保护区、一级保护区、二级保护区和三级保护区等。其中，特级保护区也称科学保护区，相当于我国自然保护区的核心区，也类似分类保护中的生态保护区。

分类保护和分级保护这两种方法在风景区规划中都得到广泛应用，但其侧重点和特点有所不同。分类保护强调保护对象的种类和属性特点，突出其分区和培育作用；分级保护强调保护对象的价值和级别特点，突出其分级作用。

在实际的规划工作中,应针对风景区的具体情况、保护对象的级别、风景区所在地域的条件,选择分类或分级保护方法,或者以一种为主另一种为辅结合使用,形成综合分区,使保护培育、开发利用、经营管理三者有机结合。

(3) LAC 理论　环境容量提出了"极限"这一概念,即任何一个环境都存在一个承载力的极限。但是,这一极限并不局限于游客数量的极限,考虑到游人的活动性质与强度千差万别,问题可以转化为环境参承受能力的极限。

针对容量方法的不足,有关学者提出并发展了 LAC(limits of acceptable change)理论。史迪科 1980 年提出了解决环境容量问题的 3 个原则:第一,首要关注点应放在控制环境影响方面,而不是控制游客人数方面;第二,应该淡化对游客人数的管理,只有在非直接的方法行不通时,再来控制游客人数;第三,准确的环境监测指标数据是必须的,这样可以避免规划的偶然性和假定性。如果允许一个地区开展旅游活动,那么资源状况下降就是不可避免的,关键是要为可容忍的环境改变设定一个极限,当一个地区的资源状况到达预先设定的极限值时,必须采取措施,以阻止进一步的环境变化。

美国国家公园管理局根据 LAC 理论的基本框架,制定了"游客体验与资源保护"技术方法(VERP—the visitor experience and resource protection),在规划和管理实践中,取得了一定的成效。

4) 风景名胜区的基础设施规划

风景区基础工程设施,涉及交通运输、道路桥梁、邮电通信、给水排水、电力热力、燃气燃料、防洪防火、环保环卫等多种基础工程。其中,大多数项目已有国家或行业技术标准与规范。在规划中,必须严格遵照这些标准规范执行。

5) 风景名胜区土地利用协调规划

风景名胜区土地利用协调规划的主要目的是综合协调、有效控制各种土地利用方式,一般包括三方面内容,即用地评估、现状分析、协调规划。

土地资源分析评估,主要包括对土地资源的特点、数量、质量与潜力进行综合评估或专项评估,为估计土地利用潜力、确定规划目标、平衡用地矛盾及土地开发提供依据。

土地利用现状分析,是在风景区的自然、社会经济条件下,对全区各类土地的不同利用方式及其结构所作的分析,包括风景、社会、经济三方面效益的分析。通过分析,总结其土地利用的变化规律及保护、利用和管理上存在的问题。

土地利用协调规划,是在土地资源评估、土地利用现状分析、土地利用策略研究的基础上,根据规划的目标与任务,对各种用地进行需求预测和综合平衡,拟定各种用地指标,编制规划方案和编绘规划图纸。

风景区的用地分类应按土地使用的主导性质进行划分,应符合表 5.15 的规定。

表 5.15　风景名胜区土地利用分类及规划限定表

| 类别 | | 代号 | 用地名称 | 范围 | 规划限定 |
|---|---|---|---|---|---|
| 大类 | 中类 | | | | ▲ |
| 甲 | | | 风景游赏用地 | 游览欣赏对象集中区的用地。向游人开放 | ▲ |
| | | 甲1 | 风景点建设用地 | 各级风景结构单元(如景物、景点、景群、园苑、景区等)的用地 | ▲ |
| | | 甲2 | 风景保护用地 | 独立于景点以外的自然景观、史迹、生态等保护区用地 | ▲ |
| | | 甲3 | 风景恢复用地 | 独立于景点以外的需要重点恢复、培育、涵养和保持的对象用地 | ▲ |
| | | 甲4 | 野外游憩用地 | 独立于景点之外,人工设施较少的大型自然露天游憩场所 | ▲ |
| | | 甲5 | 其他观光用地 | 独立于上述四类用地之外的风景游赏用地。如宗教、风景林地等 | △ |

续表 5.15

| 类别 | 代号 | 用地名称 | 范围 | 规划限定 |
|---|---|---|---|---|
| 乙 |  | 游览设施用地 | 直接为游人服务而又独立于景点之外的旅行游览接待服务设施用地 | ▲ |
|  | 乙1 | 旅游点建设用地 | 独立设置的各级旅游基地如(组、点、村、镇、城等)的用地 | ▲ |
|  | 乙2 | 游娱文体用地 | 独立于旅游点外的游戏娱乐、文化体育、艺术表演用地 | ▲ |
|  | 乙3 | 休养保健用地 | 独立设置的避暑避寒、休养、疗养、医疗、保健、康复等用地 | ▲ |
|  | 乙4 | 购物商贸用地 | 独立设置的商贸、金融保险、集贸市场、食宿服务等设施用地 | △ |
|  | 乙5 | 其他游览设施地 | 上述四类之外，独立设置的游览设施用地，如公共浴场等用地 | △ |
| 丙 |  | 居民社会用地 | 间接为游人服务而又独立设置的居民社会、生产管理等用地 | △ |
|  | 丙1 | 居民点建设用地 | 独立设置的各级居民点(如组、点、村、镇、城等)的用地 | △ |
|  | 丙2 | 管理机构用地 | 独立设置的风景区管理机构、行政机构用地 | ▲ |
|  | 丙3 | 科技教育用地 | 独立地段的科技教育用地。如观测科研、广播、职教等用地 | △ |
|  | 丙4 | 工副业生产用地 | 为风景区服务而独立设置的各种工副业及附属设施用地 | △ |
|  | 丙5 | 其他居民社会用地 | 如殡葬设施等 | ○ |
| 丁 |  | 交通与工程用地 | 风景区自身需求的对外、内部交通通信与独立的基础工程用地 | ▲ |
|  | 丁1 | 对外交通通信用地 | 风景区入口同外部沟通的交通用地。位于风景区外缘 | ▲ |
|  | 丁2 | 内部交通通信用地 | 独立于风景点、旅游点、居民点之外的风景区内部联系交通 | △ |
|  | 丁3 | 供应工程用地 | 独立设置的水、电、气、热等工程及其附属设施用地 | △ |
|  | 丁4 | 环境工程用地 | 独立设置的环保、环卫、水保、垃圾、污物处理设施用地 | △ |
|  | 丁5 | 其他工程用地 | 如防洪水利、消防防灾、工程施工、养护管理设施等工程用地 | △ |
| 戊 |  | 林　地 | 生长乔木、竹类、灌木、沿海红树林等林木的土地,风景林不包括在内 | △ |
|  | 戊1 | 成林地 | 有林地,郁闭度大于30%的林地 | △ |
|  | 戊2 | 灌木林 | 覆盖度大于40%的灌木林地 | △ |
|  | 戊3 | 苗圃 | 固定的育苗地 | △ |
|  | 戊4 | 竹林 | 生长竹类的林地 | △ |
|  | 戊5 | 其他林地 | 如迹地、未成林造林地、郁闭度小于30%的林地 | ○ |
| 己 |  | 园　地 | 种植以采集果、叶、根、茎为主的集约经营的多年生作物 | △ |
|  | 己1 | 果园 | 种植果树的园地 | △ |
|  | 己2 | 桑园 | 种植桑树的园地 | △ |
|  | 己3 | 茶园 | 种植茶树的园地 | ○ |
|  | 己4 | 胶园 | 种植橡胶树的园地 | △ |
|  | 己5 | 其他园地 | 如花圃、苗圃、热作园地及其他多年生作物园地 | ○ |
| 庚 |  | 耕　地 |  | ○ |
|  | 庚1 | 菜地 | 种植蔬菜为主的耕地 | ○ |
|  | 庚2 | 水浇地 | 指水田菜地以外,一般年景能正常灌溉的耕地 | ○ |
|  | 庚3 | 水田 | 种植水生作物的耕地 | ○ |
|  | 庚4 | 旱地 | 无灌溉设施、靠降水生长作物的耕地 | ○ |
|  | 庚5 | 其他耕地 | 如季节性、一次性使用的耕地、望天田等 | ○ |

续表 5.15

| 类别 | 代号 | 用地名称 | 范围 | 规划限定 |
|---|---|---|---|---|
| 辛 | | 草 地 | | △ |
| | 辛1 | 天然牧草地 | 用于放牧或割草的草地、花草地 | ○ |
| | 辛2 | 改良牧草地 | 采用灌排水、施肥、松耙、补植进行改良的草地 | ○ |
| | 辛3 | 人工牧草地 | 人工种植牧草的草地 | ○ |
| | 辛4 | 人工草地 | 人工种植铺装的草地、草坪、花草地 | △ |
| | 辛5 | 其他草地 | 如荒草地、杂草地 | △ |
| 壬 | | 水 域 | | △ |
| | 壬1 | 江、河 | | △ |
| | 壬2 | 海域 | 海湾 | △ |
| | 壬3 | 海域 | 海湾 | △ |
| | 壬4 | 滩涂 | 包括沼泽、水中苇地 | △ |
| | 壬5 | 其他水域用地 | 冰川及永久积雪地、沟渠水工建筑地 | △ |
| 癸 | | 滞留用地 | 非风景区需求,但滞留在风景区内的各项用地 | × |
| | 癸1 | 滞留工厂仓储地 | | × |
| | 癸2 | 滞留事业单位地 | | × |
| | 癸3 | 滞留交通工程地 | | × |
| | 癸4 | 未利用地 | 因各种原因尚未使用的土地 | ○ |
| | 癸5 | 其他滞留用地 | | × |

\*图标说明:▲应该设置;△可以设置;○可保留不宜新置;×禁止设置;
资料来源:中华人民共和国建设部.风景名胜区规划规范(GB 50298—1999)[S].中国建筑工业出版社,1999.

### 5.3.6 风景名胜区规划成果

风景区规划的成果应包括风景区规划文本、规划图纸、规划说明书、基础资料汇编等四个部分。其中,风景区规划文本,是风景区规划成果的条文化表述,应简明扼要,以法规条文方式率直叙述规划中的主要内容或依据,以便相应的人民政府审查批准后,严格实施和执行。风景区的规划图纸应清晰准确,并符合表5.16中的规定。

表 5.16 风景名胜区规划图纸要求

| 图纸编编号及图纸资料名称 | 比例尺 风景区面积(km²) | | | | 制图选择 | | | 图纸特征 | 有些可与下列编号图纸合并 |
|---|---|---|---|---|---|---|---|---|---|
| | 20以下 | 20~100 | 100~500 | 500以上 | 综合型 | 复合型 | 单一型 | | |
| 1 现状(包括综合现状图) | 1:5 000 | 1:10 000 | 1::25 000 | 1:50 000 | ▲ | ▲ | ▲ | 标准地形图上制图 | |
| 2 景源评价与现状分析 | 1:5 000 | 1:10 000 | 1:25 000 | 1:50 000 | ▲ | △ | △ | 标准地形图上制图 | 1 |
| 3 规划设计总图 | 1:5 000 | 1:10 000 | 1:25 000 | 1:50 000 | ▲ | ▲ | ▲ | 标准地形图上制图 | |

续表 5.16

| 图纸资料名称 | 比例尺 | | | | 制图选择 | | | 图纸特征 | 有些可与下列编号图纸合并 |
|---|---|---|---|---|---|---|---|---|---|
| | 风景区面积(km²) | | | | 综合型 | 复合型 | 单一型 | | |
| | 20以下 | 20~100 | 100~500 | 500以上 | | | | | |
| 4 地理位置或区域分析 | 1:25 000 | 1:50 000 | 1:100 000 | 1:200 000 | ▲ | △ | △ | 可以简化制图 | |
| 5 风景游赏规划 | 1:5 000 | 1:10 000 | 1:25 000 | 1:50 000 | ▲ | ▲ | ▲ | 标准地形图上制图 | |
| 6 旅游设施配套规划 | 1:5 000 | 1:10 000 | 1:25 000 | 1:50 000 | ▲ | ▲ | △ | 标准地形图上制图 | 3 |
| 7 居民社会调控规划 | 1:5 000 | 1:10 000 | 1:25 000 | 1:50 000 | ▲ | △ | △ | 标准地形图上制图 | 3 |
| 8 风景保护培育规划 | 1:10 000 | 1:25 000 | 1:50 000 | 1:100 000 | ▲ | △ | △ | 可以简化制图 | 3或5 |
| 9 道路交通规划 | 1:10 000 | 1:25 000 | 1:50 000 | 1:100 000 | ▲ | △ | △ | 可以简化制图 | 3或6 |
| 10 基础工程规划 | 1:10 000 | 1:25 000 | 1:50 000 | 1:100 000 | ▲ | △ | △ | 可以简化制图 | 3或6 |
| 11 土地利用协调规划 | 1:10 000 | 1:25 000 | 1:50 000 | 1:100 000 | ▲ | ▲ | ▲ | 标准地形图上制图 | 3或7 |
| 12 近期发展规划 | 1:10 000 | 1:25 000 | 1:50 000 | 1:100 000 | ▲ | △ | △ | 标准地形图上制图 | 3 |

＊图标说明：▲应单独出图；△可作图纸

资料来源：中华人民共和国建设部.风景名胜区规划规范(GB 50298—1999)[S].中国建筑工业出版社,1999.

## 5.4 森林公园与农业观光园规划

### 5.4.1 森林公园规划

1) 森林公园概况

(1) 森林公园概述　森林公园是以良好的森林景观和生态环境为主体,融合自然景观与人文景观,利用森林的多种功能,以开展森林旅游为宗旨,为人们提供具有一定规模的游览、度假、休憩、保健疗养、科学教育、文化娱乐的场所。森林公园的名称多种多样,欧美国家称之为国家公园,日本称为国立公园,中国等国家称之为森林公园,国际自然及自然资源联盟(IUCN)统称国家公园。

世界上国家森林公园的发展已有100多年的历史,很多国家在长期的保护、管理和发展中取得了明显的成果,积累了宝贵的经验。据有关资料统计,自1972年以来,世界各国森林公园的数量发展很快,近30年间增加了1 000多处,总数达3 000多处,总面积已达4亿hm²。我国地域辽阔,森林旅游资源十分丰富,林区地貌、森林景观和人文景观各具特色,森林公园事业有着广阔的发展前景和巨大的开发潜力。但是与国外相比,我国的森林公园建设和森林旅游业发展起步要晚得多,经过多年的开发建设,目前我国已经形成了以森林景观为主体、地文景观、水体景观、天象景观、人文景观等资源有机结合而形成的多样化的森林风景资源的保护管理和开发建设体系。以森林公园为依托的森林旅游产业体系也已初具规模,森林旅游收入一直保持着快速增长态势,经济成效显著。森林公园逐渐成为人们休闲度假、游览观光、回归自然的重要目的地。

(2) 森林公园的类型　根据《森林公园管理办法》把森林公园分为以下三级：国家级森林公园、省级森林公园、市(县)级森林公园。国家级森林公园是指森林景观特别优美，人文景物比较集中，观赏、科学、文化价值高，地理位置特殊，具有一定的区域代表性，旅游服务设施齐全，有较高的知名度。省级森林公园是指森林景观优美，人文景物相对集中，观赏、科学、文化价值较高，在本行政区域内具有代表性，具备必要的旅游服务设施，有一定的知名度。市(县)级森林公园是指森林景观有特色，景点景物有一定的观赏、科学、文化价值，在当地知名度较高。

按照地域分布与景观特色分为山岳森林型、海滨森林型、冰川森林型、溶洞森林型、火山迹地森林型、湖泊森林型、草原森林型、海岛型、园林型(或称城郊型)等。山岳型森林公园在我国最为普遍，最早兴建的张家界国家森林公园即属此类，此外还有北京云蒙山、河北磐槌峰、山西黄崖洞、安徽天堂寨、四川瓦屋山、广西八角寨、甘肃莲花山、青海坎布拉等。海滨型森林公园是由沿海防护林所形成的海滨型森林公园，在我国从南到北均有分布，其中较为知名的河北海滨国家森林公园，辽宁首山、山东黄河口、福建大鹤海滨、广东东海岛等森林公园都以优质的海滨而享有盛誉。冰川型森林公园是以现代冰川与原始森林镶嵌共生为特色，例如四川省海螺沟森林公园，在陕西太白、朱雀、宁西等森林公园内都分布有大量冰川遗迹。溶洞型森林公园，如江西灵岩洞国家森林公园，是开发于唐代、兴盛于北宋的著名游览胜地，山西禹王洞、浙江双龙洞、江西萍乡、河南五龙洞、四川龙门洞、云南清华洞等森林公园均以溶洞景观为特色。火山迹地型森林公园，黑龙江火山口国家森林公园颇具代表性，长白山天池、吉林三角龙湾、广东西樵山、云南来凤山等森林公园也都拥有众多的火山熔岩景观。湖泊型森林公园是以大面积水体为特征，湖光山色相映生辉，浙江千岛湖国家森林公园因其拥有 5.3 万 $hm^2$ 水面，以及湖内 1 078 个岛屿而得名，辽宁库区、江西百岛、海南南湾、湖北清江、广西流溪河等都是具有代表性的湖泊型森林公园。草原型森林公园，如河北木兰围场国家森林公园处于草原、森林相连地带，清代为闻名遐迩的皇家猎苑，河北千松坝、内蒙古黄岗梁、海拉尔等也是典型的草原型森林公园。海岛型森林公园，山东长岛国家森林公园是我国最大的海岛型森林公园，辽宁长山群岛、浙江大鹿岛、福建平潭海岛、广东南澳海岛等也是典型的海岛型森林公园。园林型(或称城郊型)森林公园是地处市区或郊外，一般景点密集，面积不大，有较多人造景观和设施，如黑龙江哈尔滨、上海佘山、江苏虞山、浙江兰亭、福建福州、湖北玉泉寺、湖南夹山寺等森林公园亦受人们的喜爱。

2) 森林公园的建设管理

(1) 森林公园的管理　根据原林业部《森林公园管理办法》，县级以上地方人民政府林业主管部门主管本行政区内的森林公园工作。森林公园经营管理机构负责森林公园的规划、建设、经营和管理。森林公园经营管理机构对依法确定其管理的森林、林木、林地、野生动植物、水域、景点景物、各类设施等，享有经营管理权，其合法权益受法律保护，任何单位和个人不得侵犯。

森林公园的开发建设，可以由森林公园经营管理机构单独进行。由森林公园经营管理机构同其他单位或个人以合资、合作等方式联合进行的，不得改变森林公园经营管理机构的隶属关系。在国有林业局、国有林场、国有苗圃、集体林场等单位经营范围内建立森林公园的，应当依法设立经营管理机构；但在国有林场、国有苗圃经营范围内建立森林公园的，国有林场、国有苗圃经营管理机构也是森林公园的经营管理机构，仍属事业单位。

(2) 行业规范　为了有效地促进了森林公园的健康、持续发展，森林公园建设逐步走向法制化、规范化、标准化，加强行业管理。1992 年 7 月，林业部成立了森林公园管理办公室，各省(市、区)也相继成立了森林公园领导管理机构；1994 年 1 月，林业部颁布了《森林公园管理办法》；同年 12 月，又成立了"中国森林风景资源评价委员会"，规范了国家森林公园的审批程序；1996 年 1 月，林业部颁布了《森林公园总体设计规范》，为森林公园的总体设计提供了标准；1999 年国家质量技术监督局正式颁布了《森林公园风景资源质量等级评定》国家标准，使我国森林公园建设和管理逐步走向规范化、制度化。

2002 年，国家林业局下发《关于加强森林风景资源保护和管理通知》，指出加强森林风景资源的保护管理，是各级林业主管部门的重要职责，对当前森林风景资源开发建设中存在的问题进行全面检查，及时纠正。2003 年，对征占用国家级森林公园林地的申报审批程序进行了规范。

2005年7月,国家林业局公布实施了《国家级森林公园设立、撤销、合并、改变经营范围或者隶属关系审批管理办法》。目前有湖南、四川、贵州、山西、甘肃等10多个省颁布实施了本省区的《森林公园管理条例》或《森林公园管理办法》,为规范管理、依法管理创造了良好条件。加上《森林法》、《环境保护法》、《野生动物保护法》、《房地产法》等相关法律的实施,这在一定程度上保证了我国森林公园和森林公园生态旅游的健康发展。

(3) 中国国家森林公园专用标志　为进一步树立森林公园的良好形象,提高森林公园行业的社会影响力,凝练森林公园的文化内涵,2006年2月28日国家林业局发文正式启用中国国家森林公园专用标志,并印发了《中国国家森林公园专用标志使用暂行办法》。办法规定,国家级森林公园使用专用标志必须经国家林业局授权。中国国家森林公园专用标志属国家林业局专有官方标志,是国家森林公园的重要视觉形象。

图5.9　中国国家森林公园专用标志
资料来源:http://jdgylc.com/Article/ShowArticle.asp?ArticleID=71

凡申请使用中国国家森林公园专用标志,可由国家级森林公园经营管理机构经省级林业主管部门向国家林业局提出申请。其中湖南张家界、湖北神农架等230处国家级森林公园获得首批"中国国家森林公园专用标志"使用权(图5.9)。

3) 森林公园规划设计内容

(1) 总体布局与功能分区　森林公园总体布局必须全面贯彻有关各项方针、政策及法规。应有利于保护和改善生态环境,妥善处理开发利用与保护、游览、生产、服务及生活等诸多方面之间的关系。总体布局应从全局出发,统一安排;充分合理利用地域空间,因地制宜地满足森林公园多种功能需要。

根据《森林公园总体设计规范》及森林公园的地域特点、发展需要,可因地制宜地进行功能分区。一般森林公园区划系统包括游览区、游乐区、狩猎区、野营区、休养和疗养区、接待服务区、生态保护区、生产经营区、行政管理区、居民生活区等。其中游览区是为游客参与游览观光、森林游憩的区域,是森林公园的核心区域;游乐区是对于城市近郊森林公园,为添补景观,吸引游客,在条件允许的情况下,需建设大型游乐及体育活动项目时,应单独划分区域;狩猎区是为狩猎场建设用地;野营区是为开展野营、露宿、野炊等活动用地;休养和疗养区是主要供游客较长时间的休憩疗养、增进身心健康之用地;接待服务区是用于相对集中建设宾馆、饭店、购物、娱乐、医疗等接待服务项目及其配套设施;生态保护区以涵养水源、保持水土、维护公园生态环境为主要功能的区域;生产经营区是从事木材生产、林副产品等非森林旅游业的各种林业生产区域;行政管理区是为行政管理建设用地,主要建设项目为办公楼、仓库、车库、停车场等;居民生活区是为森林公园职工及公园区域内居民,集中建设住宅及其配套设施用地。

森林公园总体布局应在充分分析各种功能特点及其相互关系的基础上,以游览区为核心,合理组织各种功能系统,既要突出各功能区特点,又要注意总体的协调性,使各功能区之间相互配合、协调发展,构成一个有机整体。

(2) 环境容量与游客规模　环境容量的确定,其根本目的在于确定森林公园的合理游憩承载力,即一定时期,一定条件下,某一森林公园的最佳环境容量。确定环境容量既能对风景资源提供最佳保护,又能使尽量多的游人得到最大满足。因此,确定最佳环境容量时,必须综合比较生态环境容量、景观环境容量、社会经济环境容量及影响容量的诸多因子。

另外,在总体规划前,要对可行性研究提出的游客规模进行核实。根据森林公园所处的地理位置、景观吸引能力、公园改善后的旅游条件及客源市场需求程度,按年度分别预测国际与国内游客规模。对于已开展森林旅游的森林公园游客规模,可在充分分析旅游现状及发展趋势的基础上,按游人增长速度变化规律进行推算;未开展旅游的新建公园可参照条件类似的森林公园及风景区游客规模变化规律推算,也可依据与游客规模紧密相关的诸因素发展变化趋势预测公园的游客规模。

（3）景点与游览线路设计　景点设计内容包含景点平面布置、景点主题与特色、景点内各种建筑设施及其占地面积、体量、风格、色彩、材料及建设标准。景点布局应突出森林公园主题,从公园整体到局部都应围绕公园主题安排。总体布局应突出主要景区,以主要景区为中心;景区内应突出主要景点,以主要景点为中心;运用烘托与陪衬等手段,合理安排背景与配景。静态空间布局与动态序列布局紧密结合,处理好动与静之间的关系,使之协调,构成一个有机的艺术整体。

游览线路设计内容包括选择游览方式、组织游览线路、确定游览内容。游览方式有陆游、水游、空游、溶洞游览等。游览方式选择应合理利用地形、地势等自然地理条件,充分体现景点特点,紧密结合游览功能需要,因地因景制宜、统筹安排。游览线路要合理布局,便捷、安全,有鲜明的阶段性和空间序列变化的节奏感,由起景开始、发展、到高潮、结束,逐渐引人入胜。游览线路的组织应充分利用各种游览方式,形成有机结合,提供丰富的游览内容,使游客在尽可能短的时间内,观赏到景观精华,能感受和利用森林公园的多种效益功能。有利于森林公园景观资源和环境保护,有利于合理安排游人的行、食、住、购、娱等旅游服务设施。

（4）植物景观工程　森林旅游区的森林植被兼顾景观、休憩、疗养、保健、科研、保护生态环境等多种旅游功能。应根据需要,因地制宜地合理布局、统一安排。以保护好现有森林植被为前提,逐步形成多树种、多层次、乔、灌、藤、草相结合的较完整的区系植物群落,提高游览观光价值和防护功能。

在森林植物景观方面,应以现有森林植被为基础,按景观需要,结合造林(种草、种花)、改造和整形抚育等措施进行设计。不应大砍大造,应保持森林植被原始状态。对于森林公园内尚存的宜林地,应结合景观需要,进行人工造林(种草、种花),植株应自然配置。对于生长不良且无景观价值的残次林,或由于景观单调而切实需要调整的人工林,应进行改造。改造后的景观应具有特色,并应与总体相协调。植物景观应突出区系地带性植物群落的特色;充分利用森林植物群落结构、树种的干、花、叶、果等形态与色彩,形成不同结构景观与四季景观,并重点突出具有特色的植物景观。植物种类景观布局应突出局部特色和多样性,总体上应合理搭配、相互协调。

（5）保护工程　森林公园工程建设,应将保护放在首位,坚持开发与保护相结合的原则,确保自然生态环境的良性循环。保护工程设施的设置应因地制宜,就地取材,便于施工;保护工程设施须坚固、适用,并与周围景观相协调;保护工程设施宜进行艺术处理,起到点景、美景的作用。应根据保护对象的特性和科学管理的技术要求,确定适宜、有效的保护措施。对于危及物种生长、生存的病虫害、地方性疾病和污染现象,必须提出积极的防治措施。保护工程设计内容包括方案制订,保护对象分类,保护措施确定,保护设施设置等。

（6）旅游服务设施工程　旅游服务设施建设应与游客规模和游客需求相适应,高、中、低档相结合,季节性与永久性相结合。旅游服务基地选设,应有利于保护景观,方便旅游观光,为游客提供畅通、便捷、安全、舒适、经济的服务条件。旅游服务设施应满足不同文化层次、职业类型、年龄结构和消费层次游客的需要,使游客各得其所。休憩、服务性建筑物的位置、朝向、高度、体量、空间组合、造型、色彩及其使用功能,应与地形、地貌、山石、水体、植物等景观要素和自然环境统一协调;层数一般以不超过林木高度为宜;兼顾观览和点景作用的建筑物高度和层数应服从景观需要。休憩、服务建筑用地,不应超过森林公园陆地面积的2%。宾馆、饭店、招待所、休养所、疗养院、游乐场等永久性大型建筑,必须建在游览观光区的外围地带,不得破坏和影响公园景观。公园内景观最佳地段,不得设置餐厅及集中的服务设施。

（7）基础设施工程　基础设施工程主要包括道路交通和森林公园内的水、电、通信、燃气等布置。在森林公园的道路交通系统规划中,应注意游览道路的选线、走向和引导作用,根据游客的游行规律,组织游览程序,形成起、承、转、合的序列布局。应结合森林公园的具体环境特点,开发独具情调和特色的交通工具。

森林公园内的水、电、通信、消防等布置,不得破坏、影响景观,同时应符合安全、卫生、节约和便于维修的要求。电气、上下水工程的配套设施应设在隐蔽的地带。森林公园的基础设施工程应尽量与附近城镇联网,如经论证确有困难,可部分联网或自成体系,并为今后联网创造条件。

#### 5.4.2 农业观光园规划

1) 农业观光园区概况

(1) 农业观光园区概述 近年来,伴随全球农业的产业化发展,人们发现,现代农业不仅具有生产性功能,还具有改善生态环境质量,为人们提供观光、休闲、度假的生活性功能。随着收入的增加,闲暇时间的增多,生活节奏的加快以及竞争的日益激烈,人们渴望多样化的旅游,尤其希望能在典型的农村环境中放松自己。于是,农业与旅游业边缘交叉的新型产业——农业观光园应运而生。

农业观光园是随着都市生活水平和城市化程度的提高,以及人们环境意识的增强而逐渐出现的集科技示范、观光采摘、休闲度假于一体,经济效益、生态效益和社会效益相结合的综合园区。农业观光园的出现和存在,改变了传统农业仅专注于土地本身的大耕作农业的单一经营思想,客观的促进了旅游业和服务业的开发,有效地促进了城乡经济的快速发展。

农业观光最早是在西方发达国家兴起并发展起来,19世纪30年代欧洲就已开始了农业旅游。意大利在1865年就成立了"农业与旅游全国协会",专门介绍城市居民到农村去体味农业野趣,与农民同吃、同住、同劳作,或者在农民土地上搭起帐篷野营,或者在农民家中住宿。20世纪中后期,旅游代之以具有观光职能的观光农园,农园内的活动以观光为主,结合购、食、游、住等多种方式进行经营,并相应地产生了专职从业人员,这标志着观光农业不仅从农业和旅游业中独立出来,而且找到了旅游业与农业共同发展、相互结合的交汇点,标志着新型交叉产业的产生。20世纪80年代以来,随着人们旅游度假需求的日益增大,农业观光园由单纯观光的性质向度假、休闲等功能扩展,目前少数经济发达国家,又出现观光农园经营的高级形式,即农场主将农园分片租给个人家庭或小团体,假日里让他们享用。

中国是个古老的农业国,悠久的农业历史孕育了丰富的农耕文化。而且我国农业资源异常丰富,农业景观新奇多样,这些都是促进观光农业发展的内因。20世纪90年代以来,随着农业、旅游业的发展,农村条件的日益改善,为观光农业的发展提供了可能。世界各国观光农业发展的成功经验,也触发了中国观光农业的迅速发展。首先在深圳开办了一家荔枝观光园,随后又开办了一家采摘园,取得了一定效益。于是各地纷纷仿效,开办了各具特色的观光农业项目。目前我国观光农业旅游项目主要分布在北京、上海和广州等大城市的近郊,其中以珠江三角洲地区最为发达。如珠海农科奇观、顺德新世纪农业园、三水荷花世界、增城裕达隆花园、东莞绿色世界、中山海上庄园、番禺横沥旅游农庄、清远长青高科技农业园、番禺化龙农业大观园、深圳光明农场等。如上海旅游新区的孙桥现代农业园区、北京的锦绣大地农业观光园、苏州的大地园、无锡的大浮观光农业园和珠海农业科技基地。

(2) 类型 农业观光是把观光旅游与农业结合在一起的一种旅游活动,它的形式和类型很多。目前,农业观光园的类型划分尚无统一标准,各地大都是结合各自的主营项目和地方特色来划分和命名的。针对当前现状,可将农业观光园区分为四大类型。

综合观光型是指融合参与体验、休闲、教育、观赏等多种形态为一体的综合型农业观光项目。一般规模面积较大,园区成片分布,赏花观果的吸引力都比较大,容易形成大尺度的园林景观。景区可成片开发,形成区域发展的特色和优势,规划要求功能、旅游项目多样,景观优美、设施齐全、管理规范。

休闲度假型是指供都市人以休闲为主,具有以农业生产为主的生产景观、粗放的土地利用景观,以及特有的田园文化特征和田园生活方式。在这里,游客可以摆脱城市的喧嚣嘈杂,享受清新的空气和宁静的氛围,可以住农家房,吃农家饭,干农家活,享农家乐,充分享受浓郁的乡土风情和民俗文化。

科普教育型是指用先进农业技术和设施装备的高科技农业项目,向市民和学生展示现代农业科技成果,使他们受到教育,还可以为农业生产技术人员和大中学生提供观摩、学习、培训、实习和交流的场所。一般具有良好的科研基础优势和科技示范推广价值,种质资源丰富、科研力量比较雄厚和设备先进。

农事体验型是指游客参与体验农业劳作、农村生活以及乡土风俗活动,并在其中得到新、奇、劳动、收获等乐趣。参与体验型又可以分为三种形式。一是短期观光采摘购物项目,是在农产品收获季节吸引游客观赏田园风光,农业风景,采摘果实,购买新鲜农产品。二是租赁农园项目,是指向城市居民收取一定费用,将少量的果树、菜园、瓜园等租赁给他们,他们在节假日前来从事耕作、播种、灌溉、打药、采摘等全过程农事生产活动。三是民俗民风体验项目,是指市民到农村感受乡土生活和文化习俗。

2) 农业观光园规划设计内容

(1) 分区规划　农业观光园规划的目的是确定农业产业在园区中的基础地位,围绕农作物良种繁育、生物高新技术、蔬菜与花卉、畜禽水产养殖、农产品加工等产业,提高观光旅游、休闲度假等第三产业在园区景观规划中的决定作用。

分区规划应根据结构组织需要,将观光农业园区按不同性质和功能进行空间区划。分区要以市场为导向、结合本身的具体情况来确立其开发方向。目前所见的各类农业观光园的设计创意与表现形式不尽相同,而功能分区大体类似,即遵循农业的内在功能联系即提供乡村景观、体验交流场所和农产品生产、交易的场所。

农业观光园的功能分区是突出主体、协调各分区的手段。在规划时要注意动态游览与静态观赏相结合,保护农业环境。典型的观光农业园一般可分为生产区、示范区、观光区、管理服务区、休闲配套区等。其中观光区是吸引游客前来观赏、品尝、体验、度假的重要区域,通常以种植观赏性强、经济效益高的经济林木、花卉、农作物和乔木树种,吸引城市居民前来观光、休闲、求知、体验乡村生活,并以青少年为主要对象,采用多种形式宣传天然植物、经济作物、经济林木等的分类、栽培、保护知识,体现科学性、知识性、趣味性;也可以通过技术培训和提供优良苗木、花卉品种,推广农业高新技术,提高当地农民收入。例如秦皇岛市集发生态农业观光园就划分为特种蔬菜种植示范区、名优花卉种植示范区、特种畜禽养殖示范区、休闲餐饮娱乐区四个区域,建有百菜园、奇瓜园、空中花园、惊险桥、戏水摸鱼等30个景点,具有观、住、吃、购、玩五大功能。

(2) 交通道路规划　交通道路规划包括对外交通、园内交通、停车场地和交通附属用地等。对外交通是指由其他地区向园区主要入口处集中的外部交通。通常包括公路、桥梁的建造、汽车站点的设置等。园内交通主要包括车行道、步行道等。一般园区的内部交通道路可根据其宽度及其在园区中的导游作用分为主要道路、次要道路和游憩道路。

内部交通道路在规划时,应依照园林规划设计思路,从园林的使用功能出发,根据生态园地形、地貌、功能区域和风景点的分布,并结合园务管理活动需要,综合考虑,统一规划。不仅要考虑它对景观序列的组织作用,更要考虑其生态功能,比如廊道效应等。特别是农田群落系统往往比较脆弱,稳定性不强,在规划时应注意其廊道的分隔、连接功能,考虑其高位与低位的不同。园区布局主要采用自然式的园林布局,使生态园内景观美化而自然,突出生态园农业与自然相结合的特点。

(3) 栽培植物规划　栽培植物规划是农业观光园区内的特色规划。农业观光园区的栽培规划应当以园区所在的农业区为依据,挖掘特色,让游人真正地回归自然、感受乡野。栽培植物包括草本类型、木本类型和水生类型这3大类型。其中草本类型包括大田作物型(旱地作物与水田作物)、蔬菜、水果等作物型;木本类型包括经济林型、果树、草木间作类型以及其他人工林型;水生类型包括水面、水下植物。

在典型的农业观光园栽培植被规划中常见的有以下3种形式:生态林区包括珍稀物种生境及其保护区、水土保持和水源涵养林区;观赏(采摘)林区往往是木本栽培作物,一般位于主游览线、主景点附近,处于游览视阈范围内的植物群落,要求植物形态、色彩或质感有特殊视觉效果,其培育要求主要以满足观赏或采摘为目的;生产林区是农业观光园区的内核部分,是以生产林为主,限制或禁止游人入内,一般在规划中,生产林区处在游览视觉阴影区,地形缓,没有潜在生态问题的区域。

(4) 绿化规划　绿化规划是一个较细的规划,在尊重区域规划、生态规划、栽培植物规划等的前提下进行,均以不影响园内生态农业运作和园内区域功能需求出发来考虑,结合植物造景、游人活动、全园景观布局等要求进行合理规划。一般来说,农业观光园的绿化规划参照风景园林的绿化规划理论进行,原则是点、线、面相结合,乔、灌、草搭配,要求尽量模拟自然、不留人工痕迹。植物布局既达到各景区农业作物与绿化植物的协调统一,又要避免产生消极影响(如绿化植物与农作物争夺外界自然条件等)。当然对于那些在原有天然植被基础上做的农业观光园而言,更应尊重自然、突出特色。如四川的蜀南竹海,是国内最大的天然绿竹公园,以楠竹为主,还有绵竹、水竹等珍稀品种,在此基础上又综合开发忘忧谷、墨溪等,非常有特色,人们又谓之为"竹的王国"。

## 5.5 公园绿地规划设计

### 5.5.1 公园绿地概况

1) 公园绿地概述

城市公园简称公园,是指向公众开放,以游憩为主要功能,兼具生态、美化、防灾等作用的绿地。公园绿地是城市中的绿洲,是城市文明和繁荣的象征,一个功能齐全而独具特色的公园可以反映一个城市的文明进步水平和对人的需求的满足程度。很多情况下人们甚至会以一个城市公园数量的多少作为该城市生态建设和精神文明建设的一个重要指标。

城市公园性质的确立和广泛的设立,是伴随着西方国家近代社会历史而展开的,是近现代城市化及市民文化的产物。17世纪中叶,英国爆发了资产阶级革命,武装推翻了封建王朝,建立起土地贵族与大资产阶级联盟的君主立宪制政权,宣告资本主义社会制度的诞生。不久,法国也爆发了资产阶级革命,继而,革命的浪潮席卷全欧洲。在资产阶级"自由、平等、博爱"的口号下,新兴的资产阶级没收了封建领主及皇室的财产,把大大小小的宫苑和私园都向公众开放,并统称之为公园(public park)。这就为19世纪欧洲各大城市产生一批数量可观的公园打下了基础。此后,随着资本主义近代工业的发展,城市逐步扩大,人口大量增加,污染日益严重,在这样的历史条件下,资产阶级对城市也进行了某些改善,新辟一些公共绿地并建设公园就是其中的措施之一。然而,真正意义上进行设计和营造的公园则始于美国纽约的中央公园。1853年4月,在纽约中央公园设计竞赛的35个方案中,奥姆斯特德以"绿草地"为题的方案获得头奖。他在规划构思纽约中央公园中所提出的设计要点,后来被美国园林界归纳和总结为"奥姆斯特德原则"。

我国城市公园的由来可追溯至古代皇家园林与官宦、富商和士人的私家园林。现代意义的公园源于殖民者在我国开设租界,为了满足殖民者的游乐活动,把欧洲公园的理念带到了我国。最早的就是1868年在上海建造的"公花园"(黄浦公园)。辛亥革命后,我国广州、南京、昆明、汉口、北平、长沙、厦门等主要大城市出现了一批公园,进入自主建设公园的第一个较快发展时期。这一时期的公园大多数是在原有风景名胜的基础上整理改建而成的,有的是原有的古典园林,少数是在空地或农地上,参照欧洲公园特点建造的,这都为以后公园的发展建设打下了基础。中华人民共和国成立以后,我国政府除了以古代园林、古建筑或历史纪念地为基础建设了一批公园外,也建设了一批以绿化为主,辅以建筑,布置于城市或市郊的新型公园。这些公园意味着广大人民第一次有了娱乐和游憩的场所。

改革开放以来,特别是1992年随着创建园林城市的活动在全国普遍开展以来,配合城市建设的大发展,我国城市公园也经历了一个高速发展的阶段。在数量增长的同时,我国城市公园的质量也有了很大提高。公园加强了绿化美化工作,局部生态环境得到显著改善。许多历史文化遗址、遗迹和古树名木通过公园的建设得到了较好保护,成为市民了解和欣赏自然文化遗产的重要场所。城市公园对于满足广大市民日益增长的闲暇生活需要起到了不可替代的作用,在城市发展中占据越来越重要的地位。

2) 公园绿地的类型

城市公园的类型由于所处地理位置和功能要求的不同,呈现丰富多样的形态。为了规范绿地分类,建设部于2002年6月30日审查并批准了《城市绿地分类标准》,该标准对城市公园有了明确的分类。公园绿地包括综合公园、社区公园、专类公园、带状公园、街旁绿地等。

(1) 综合公园　综合公园指内容丰富,有相应设施,适合于公众开展各类户外活动的规模较大的绿地。综合公园又分为全市性公园和区域性公园。全市性公园指为全市居民服务,活动内容丰富、设施完善的绿地。区域性公园指为市区一定区域的居民服务,具有较丰富的活动内容和设施完善的绿地。综合公园要求自然条件良好,风景优美,植物种类丰富,内容设施较完备,规模较大,质量较好,能满足人们游览休息、文化娱乐等多种功能需求,一般可供市民半天到一天的活动。

全市性综合公园面积为 10~100 hm², 服务半径为 2 000~3 000 m, 居民乘车 30 分钟左右可以到达。一般大城市可设置数个,中、小城市可设一个,位置要求适中,以方便全体市民使用。区域性综合公园面积 5~10 hm², 服务半径 1 000~1 500 m, 步行 15 分钟可以到达。

(2) 社区公园　社区公园是指为一定居住用地范围内的居民服务,具有一定活动内容和设施的集中绿地。社区公园又分为居住区公园和小区游园。居住区公园指服务于一个居住区的居民,具有一定活动内容和设施,为居住区配套建设的集中绿地。居住区公园一般面积 2~5 hm², 服务半径 500~1 000 m, 步行 5~10 分钟可以到达。小区游园指为一个居住小区的居民服务,是居住小区配套建设的集中绿地,服务半径 300~500 m。

(3) 专类公园　专类公园是具有特定内容或形式,有一定游憩设施的绿地。专类公园又可分为儿童公园、动物园、植物园、历史名园、风景名胜公园、游乐公园等。

儿童公园指单独设置,为少年儿童提供游戏及开展科普、文体活动,有安全、完善设施的绿地;动物园指在人工饲养条件下,异地保护野生动物,供观赏、普及科学知识,进行科学研究和动物繁育,并具有良好设施的绿地;植物园指进行植物科学研究和引种驯化,并供观赏、游憩及开展科普活动的绿地;历史名园指历史悠久,知名度高,体现传统造园艺术并被审定为文物保护单位的园林,历史名园可以很好地反映一个城市的历史文脉,体现城市的历史文化风貌;风景名胜公园指位于城市建设用地范围内,以文物古迹、风景名胜点(区)为主形成的具有城市公园功能的绿地;游乐公园指具有大型游乐设施,单独设置,生态环境较好的绿地;其他专类公园还包括雕塑园、盆景园、体育公园、纪念性公园等。

(4) 带状公园　带状公园指沿城市道路、城墙、水滨等,有一定游憩设施的狭长形绿地。带状公园宽度一般在 10 m 以上,最窄处应能满足游人的通行、绿化种植带的延续以及小型休息设施布置要求。

(5) 街旁绿地　街旁绿地指位于城市道路用地之外,相对独立的绿地,包括街道广场绿地、小型沿街绿化用地等。其绿地率应不小于65%。

### 5.5.2 综合性公园规划设计内容

综合性公园是城市绿地系统的重要组成部分,它不仅为城市提供了大面积的绿地,而且具有丰富的户外游憩内容,适合各种年龄和职业的居民进行半日或一日甚至更多的游赏活动。综合性公园是群众性的文化教育、娱乐、休息场所,并对城市面貌、环境保护、社会生活起到重要的作用。综合性公园规划设计应结合现状条件对主要活动内容和设施进行构思,对划分功能或景区、出入口、园路、植物、建筑物等的位置、规模、造型等作综合设计。

1) 综合性公园出入口的安排

公园出入口的位置安排影响到公园内部的规划结构、功能分区和活动设施的布置。出入口设计,应根据城市规划和公园内部布局要求,确定游人主、次和专用出入口的位置。公园出入口一般分为主要出入口、次要出入口和专用出入口。主要出入口是为全市居民使用,它的确定取决于公园和城市规划的关系,园内分区的要求,以及地形的特点等,需全面衡量,综合确定。次要出入口是辅助性的,主要为附近居民或城市次要干道的人流服务。位置可设于人流来往的次要方向,还可设在公园有大量人流集散的设施附近,例如园内的表演厅、露天剧场等项目附近。专用出入口是根据公园管理工作的需要而设置的,方便管理和生产,专用出入口不供游人使用。

公园出入口的主要设施有大门建筑、出入口内外广场等。大门建筑主要功能为管理和售票,兼具小卖部、厕所、电话、问询、摄影、寄存、借游具等服务。造型风格要与公园及附近城市建筑风格相协调一致;出入口内外广场是指公园内、外集散广场和停车场等等,形式有对称式和自然式,也可以根据景观的需求设置一些园林小品,像花坛、喷泉、雕塑等等,要与公园布局和大门环境相协调一致。

2) 综合性公园的功能分区

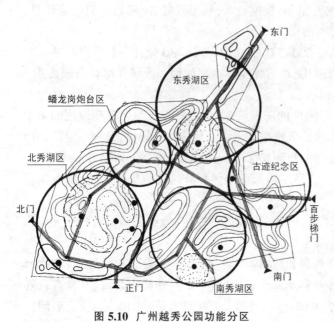

图5.10 广州越秀公园功能分区
资料来源:同济大学建筑系园林教研室编.公园规划与建筑图集[M].
北京:中国建筑工业出版社,1986.

游人在公园内有多种多样的游乐活动,而且不同年龄的人们的兴趣和爱好都不同,有的要求宁静的环境,有的要求热闹的气氛,因此将公园的活动内容进行分区布置。一般分为文化娱乐区、观赏游览区、安静休息区、儿童活动区、老人活动区、体育活动区、园务管理区及服务设施。

公园内的功能分区应该根据公园的规模进行划分,不能生硬的划分,尤其是对于面积较小的公园,分区比较困难时,要从活动内容上作整体合理的安排。面积较大的公园,规划设计时,功能分区比较重要,主要是使各类活动使用方便,互不干扰,尽可能按照自然环境和现状特点布置分区,要依据因地制宜的原则划分各功能区。当公园面积较小时,明确分区往往会有困难,常将各种不同性质的活动内容作整体的合理安排,有些项目可以作适当压缩或将一种活动的规模、设施减少合并到功能相近的区域内。例如广州最大的综合性园林——越秀公园是辛亥革命后孙中山先生提议将越秀山开辟为公园。园内有古迹纪念区、东秀湖区、北秀湖区、南秀湖区和蟠龙岗炮台区等5个部分组成(图5.10)。

(1) 文化娱乐区　文化娱乐区是开展科学文化教育,进行表演、游戏、游艺等活动的区域。它具有活动场所多、活动形式多、人流多等特点,气氛热闹,人声喧哗,是公园中的闹区。文化娱乐区常设于公园的中部,成为公园布局的构图中心,因此布置时要避免各项活动内容的干扰,为了避免干扰,可以利用树木、山石、土丘等加以隔离。公园内主要建筑往往会设在这个区域,例如展览馆、画廊、文艺宫、阅览室、剧场、舞场、青少年活动室等。文化娱乐设施应有良好的绿化条件,与自然景观融为一体,尽可能利用地形地貌特点,创造出景观优美、环境舒适、投资少、效果好的景区景点。

(2) 观赏游览区　观赏游览区占地面积大,主要功能是供人们游览、休息、赏景等活动,是游人喜欢的区域,为了达到观赏游览的效果,要求该区游人分布密度较小。一般选择现状、植被比较优越的地段,观赏游览区的行道参观路线是非常重要的,道路的铺设材料、宽度变化都应适应于景观的展示和动态观赏的要求。

(3) 安静休息区　安静休息区是专供游人安静休息、学习、交往和一些较为安静的活动,比如太极拳、漫步、气功等。一般安静休息区与喧闹的区域应能有一个自然的隔离,避免受干扰。因此布置时要远离出入口。该区景观要求比较高,可根据地形分散设置,选择有大片的风景林地、较为复杂的地形和丰富的自然景观(山、谷、河、湖、泉等)。采用园林造景要素巧妙地组织景观形成景色优美、环境舒坦、生态效益良好的区域。区内园林建筑和小品的布局宜分散,密度要合理,体量不易过大,应亲切宜人,色彩宜淡雅不宜华丽。

(4) 儿童活动区　儿童活动区主要是供儿童开展各种活动。儿童活动区在综合性公园中是一个相对独立的区域,不可与成人活动区混在一起。为方便进入公园之后尽快到达区内开展自己喜爱的活动,儿童活动区一般布置在公园的主入口附近。一般儿童游戏场设有沙坑、转椅、秋千、滑梯、浪船、跷跷板和电动设施等。儿童体育场应有涉水、攀梯、吊绳、滚筒、滑板、自行车、障碍跑、爬山等。科学园地应有农田、蔬菜园、果园、花卉园等。少年之家应有阅览室、游戏室、展览厅等。此外,在该区的设计中还应考虑家长的需要,设置坐椅、小卖部等服务设施。近年来,大量引进新的活动项目,以及新材料、新技术的应用,吸引大量的儿童,乐此不疲,经常光顾。

(5) 老人活动区　随着城市人口老龄化的速度加快,老年人在城市人口中所占的比例日益增大,公园中老年人活动区是公园绿地中使用率比较高的。老人活动区应设置在观赏游览区或安静休息区附近,要求环境幽雅、风景宜人。要设置一些适合老人活动的设施,比如下棋、压腿杠等。

(6) 体育活动区　该区主要功能是为广大青少年开展各项体育活动,具有游人多、集散时间短、对其他各项干扰大等特点。在该区可设各种球类、溜冰、游泳、划船等场地。另外,也可结合林间空地,开设简易活动场地,以便进行武术、太极拳、羽毛球等活动。

(7) 园务管理区　是为公园管理的需要而设置的,可设置办公室、值班室、广播室、食堂、花圃等。园务管理区要与街道有方便的联系,并设有专用出入口,不要与游人混杂,这个区域要隐蔽,不要暴露在风景游览的主要视线上。

(8) 服务设施　服务设施的项目内容在公园内的布置,受公园用地面积、规模大小、游人数量与游人分布情况的影响较大。在较大的公园可设有1~2个服务中心,或可按服务半径设置服务点。服务中心是为全园服务,应按导游线的安排结合活动项目的分布,设在游人集中、停留时间较长、地点适中的地方。服务点是为园内局部地区的游人服务的,应按服务半径的要求,在游人较多的地方设置。一般服务设施有饮食、休息、电话、问询、摄影、租借、小卖部等。

3) 综合性公园园路的布置

园路是公园的重要组成部分,起着组织空间、引导游览、交通联系并提供散步休息场所的作用。它像脉络一样,把公园的各个景区连成整体。园路本身又是风景园林的组成部分,蜿蜒起伏的曲线,精美的铺装图案,给人以美的享受。园路布局要从公园的使用功能出发,根据地形、地貌和景点的分布以及园务管理的综合考虑,统一规划,做到主次分明,功能明确。园路系统设计,应根据公园的规模、各分区的活动内容、游人容量和管理需要,确定园路的路线、分类分级,以及园桥、铺装场地的位置和特色要求。

园路类型有主干道、次干道、散步道和专用道。主干道是全园主道,宽4~6 m,通往公园各大区、主要建筑设施、风景点,具有引导游览的作用,易于识别方向,在游人大量集中地区,主园路要做到明显、通畅、便于集散。次干道是公园各区内的主道,宽2~4 m,引导游人到各景点、专类园,自成体系、自组织景观,对主路起辅导作用。散步道是为游人散步使用,宽1~2 m。专用道多为园务管理使用,在园内与游览路分开,应减少交叉,以免干扰游览。

园路的布局应做到主次分明,因地制宜,和地形密切配合。在布局时应考虑园路的回环性、疏密适度、曲折性、多样性和装饰性。将园路和景点布置结合起来,从而达到因景筑路、因路得景的效果。园路线形设计应与地形、水体、植物、建筑物、铺装场地及其他设施结合,形成完整的风景构图,创造连续展示园林景观的空间或欣赏前方景物的透视线。路的转折、衔接通顺,符合游人的行为规律。

4) 综合性公园的建筑设计

综合性公园的建筑布局应根据功能和景观要求及市政设施条件等,确定各类建筑物的位置、高度和空间关系,并提出平面形式和出入口位置。园中的建筑的作用主要是创造景观、开展文化娱乐活动和防风避雨。公园中的游览、休憩、服务性建筑应与地形、地貌、山石、水体、植物等其他造园要素统一协调,起造景作用,并方便游人使用。管理建筑如变电室、泵房等,在设置时即要隐蔽,又要有明显的标志。公园其他工程设施,也要满足游览、赏景、管理的需要。厕所等建筑物的位置应隐蔽又方便使用。

5) 综合性公园的种植设计

公园绿化种植布局要根据当地自然地理条件、城市特点、市民爱好,乔、灌、草结合,合理布局,创造生态效果良好,形态优美的植物景观。首先要选择基调树,形成公园植物景观基调。基调树一般用2~3种树,形成统一基调。北方地区的公园常绿树占30%~50%,落叶树占70%~50%;南方常绿树70%~90%。在树木搭配方面,混交林可占70%,单纯林占30%。其次要结合各功能区及景区特点,选择不同植物,突出各区特色。要利用植物的形态和季节变化,组合造景,创造不同气氛的空间。

### 5.5.3　主要专类公园规划设计

1) 植物园规划设计

(1) 植物园概述　植物园是植物科学研究机构,也是植物采集、鉴定、引种驯化、资源保存、栽培实验的中心,同时也是可供人们参观游览的公园。植物园的主要任务一是发掘野生植物资源,引进国内外重要的经济植物,调查收集稀有珍贵和濒危植物的种类,以丰富栽培植物的种类或品种。二是研究植物的生长发育规律,植物引种后的适应性和经济性状及遗传变异的规律,总结和提高植物引种驯化的理论和方法,同时植物园还担负着向公众普及植物科学知识的任务。

(2) 植物园的类型　植物园按其业务性质的不同可划分为以科研目的为主的植物园、以科普目的为主的植物园和为专业目的服务的植物园。按收集植物的种类可以划分为综合性植物园和专项搜集的植物园。综合性植物园是收集、培养多种不同种类的植物,并按不同种属、不同地理环境、不同生态类型等进行分区,供游人游览观赏,同时进行相应的科普教育及研究,如北京植物园、南京中山植物园、庐山植物园、武汉植物园、华南植物园、青岛植物园、杭州植物园、厦门植物园等。专项搜集的植物园是指根据一定的学科、专业内容布置的植物标本园、树木园、药圃等,如武汉大学树木园、广州中山大学标本园、南京药用植物园等。

(3) 植物园的组成部分　植物园的功能分区有科普展览区、科普教育区、科研实验及苗圃区以及职工生活区。科普展览区的目的在于把植物生长的自然规律,以及人类利用植物、改造植物的知识陈列和展览出来,供人们参观学习。科普教育区是集中设置科学普及教育内容及设施的区域。科研实验及苗圃区是供科学研究和生产的用地,主要指温室区和苗圃区。植物园内修建的职工生活区,包括宿舍、食堂、综合服务商店、车库等服务设施,总体布置同一般生活区。

(4) 植物园规划设计内容　首先确定建园的目的、性质、任务。确定植物园的用地面积、分区及各部分的用地比例。使各区之间既有分隔,又有联系,一方面有利于植物的生长和展出,另一方面有利于游人的观赏和休息。一般展览区用地面积较大,可占全园面积的40%~60%,苗圃及实验室区用地占25%~35%。

其次通过对园路进行分级、分类,形成合理的游览路线和科研生产专用路线。植物园道路系统的布局与公园有许多相似之处,一般可分为三级,主路宽4~6 m,是园中的主要交通路线,应便于交通运输,引导游人进入各主要展览区及主要建筑物;次路宽2~4 m,是各展览区内的主要道路,一般不通大型汽车,必要时可通行小型车辆;小路宽1.5~2 m,是深入到各展览小区内的游览路线,一般不通行车辆以步行为主,为方便游人近距离观赏植物及日常养护管理工作的需要而设。目前我国大型综合性植物园的道路设计入园后的主路多采用林荫道,形成绿茵夹道的气氛,其他道路多采用自然式的布置,同时要注意道路系统在植物园各区的联系、分隔、引导及园林构图中的作用。

对于植物园的排灌工程,由于植物园的植物既展览又兼科研,要求品种丰富,生长健壮,养护条件要求较高,因此,排灌系统的规划是一项十分重要的工作。一般利用地势的自然起伏,采用明排水或设暗沟,使地面水排入园内水体中,如距水体较远或排水不顺的地段,需铺设雨水管,辅助排出。一切灌溉系统均以埋设暗管为宜,避免明沟破坏园林景观。

植物园的绿化设计,应在满足其性质和功能需要的前提下,讲究园林艺术构图,使全园具有绿色覆盖,形成较稳定的植物群落。在形式上,以自然式为主,创造各种密林、疏林、树丛、孤植树、草地、花丛等景观。注意设置乔、灌、草相结合的立体、混交绿地。

2) 动物园规划设计

(1) 动物园概述　动物园是集中饲养、展览和研究动物及少量优良野生动物品种的可供人们游览的公园。其主要任务是普及动物科学知识、宣传动物与人的利害关系及经济价值等,为中小学生提供动物知识的直观教材,为大专院校提供实习基地。

(2) 动物园分类与规模　动物园一般依据规模分类,可以分为4大类。一是全国性大型动物园,一般展出品种在700个左右,用地面积宜在60 hm² 以上,如北京动物园、上海动物园。二是综合性中型动物园,一般展出品种在400个左右,用地面积宜在15~60 hm² 以上,如哈尔滨、西安、成都动物园。三是特色性中型动物园,一般展出品种在200个左右,用地面积宜在20~60 hm² 以上,如杭州、南宁等省会城市动物园,以展出本省、本地区特产的动物为主。四是小型动物园,指附设在综合性公园内的动物园展览区,如南京红山动物园、上海杨浦公园动物展览区,一般展出品种在200个以下,用地面积宜在15 hm² 以下。

(3) 动物园的组成部分　动物园的功能分区有宣传教育与科学研究区,是科普、科研活动中心,由动物科普馆组成,设在动物园出入口附近。动物展览区,由各种动物的笼舍组成,占用最大面积。服务休息区,为游人设置的休息亭廊、接待室、餐饮、小卖部等,便于游人使用。经营管理区,包括行政办公室、饲料站、兽医站、检疫站等,应设在隐蔽处,用绿化与展区、科普区相隔离,但又要联系方便。职工生活区,为了避免干扰和保持环境卫生,一般设在园外。

(4) 动物园规划设计内容　首先确定动物园的规划布局。布局形式常见的有三种。一是自然式布局,是利用动物园用地范围内的地形地势,模仿动物各种生存的自然环境,在其中布置各类动物的笼舍,是较为理想的方式。如杭州动物园利用地形地势布置动物笼舍,创造出模拟各种自然景观的意境。二是建筑式布局,是在用地范围内,用一系列的笼舍建筑组成动物展览区,自然绿化面积少。这种布局形势一般在小城市,动物品种数量不多的情况下采用。三是混合式布局,是根据动物园不同地段的情况,分别采用自然式或建筑式布局形式,如北京动物园。

动物的笼舍和服务建筑应与出入口、广场、导游线相协调,形成串联、并联、放射、混合等方式,以方便游人全面或重点参观。游览路线一般逆时针展开,主要道路和专用道路要求能通行汽车,以便管理使用。主体建筑设在主要出入口的开阔地上、全园主要轴线上或全园制高点上。外围应围墙、隔离沟和林地,设置方便的出入口、专用出入口,以防动物出园伤害人畜。

动物园的绿化设计首先要维护动物生活,结合动物生态习性和生活环境,创造自然的生态模式。在园的外围应设置宽 30 m 的防风、防尘、杀菌林带。在陈列区,特别是兽舍旁,应结合动物的生态习性,表现动物原产地的景观,既不能阻挡游人的视线,又要满足游人夏季遮阳的需要。在休息游览区,可结合干道、广场,种植林荫树、花坛、花架。在大面积的生产区,可结合生产种植果树、生产饲料。

3) 儿童公园规划设计

(1) 儿童公园概述　儿童公园是城市中儿童游戏、娱乐、开展体育活动,并从中得到文化科学普及知识的专类公园。其主要任务是使儿童在活动中锻炼身体,增长知识,培养优良的社会风尚。

(2) 儿童公园的类型　儿童公园的类型有综合性儿童公园、特色性儿童公园以及小型儿童公园。其中综合性儿童公园有市属和区属两种。综合性儿童公园内容比较全面,能满足多种活动的要求,可设有各种球场、游戏场、小游泳池、电动游戏、露天剧场、少年科技站、障碍活动场、戏水池、阅览室、小卖部等。特色性儿童公园是以突出某一类活动内容为特色,并有着较为完整的系统。小型儿童公园通常设在城市综合性公园内,作用与综合儿童公园相似,特点是占地较少,设施简单,规模较小,如北京紫竹公园中的儿童公园。

(3) 儿童公园的组成部分　儿童公园针对儿童在不同年龄阶段所表现的不同生理、心理特点、活动要求、活动能力和兴趣爱好,保证儿童活动的安全性,应对儿童公园进行功能分区,一般可分为幼儿活动区、学龄儿童活动区、体育活动区、娱乐及少年科学活动区和管理办公区。

幼儿活动区属学龄前 6 岁以下儿童活动的场地。其设施有供游戏使用的小房子、休息亭廊、凉亭,供室外活动的草坪、沙坑、铺装场地,供游戏用的设备玩具、学步用的栏杆、攀登用的梯架、跳跃用的跳台等。这些活动设施的尺寸要符合这个年龄段的儿童使用。

学龄儿童活动区是学龄儿童游戏活动的场地。设有供集体活动的场地及水上活动的设施及戏水池、障碍活动场地、攀登架等。同时也可设有室内活动的少年之家、科普游戏室、电动游艺室、图书阅览室等。有条件的地方可设小型动、植物角(区)等。

体育活动区是进行体育活动的场地,可设有障碍活动区。娱乐及少年科学活动区,设有各种娱乐活动项目和科普教育设施等,如小型表演厅、电影厅等。管理办公区设有管理办公用房,与各活动区之间应设有一定的隔离设施。

(4) 儿童公园规划设计内容　首先要按不同年龄儿童使用比例、心理及活动特点来划分空间。要创造优良的自然环境,绿化用地占全园用地的 50% 以上,保持全园绿化覆盖率在 70% 以上,并注意通风、光照。大门设置道路网、雕塑等,要简明、醒目,以便幼儿寻找。建筑、小品设施要求形象生动,色彩鲜明,主题突出,比例尺度小,易为儿童接受。

儿童公园一般位于城市生活区内,为了创造良好的自然环境,周围需栽培浓密的乔灌木作为屏障。园内各区也应有绿化适当分隔,尤其幼儿活动区要保证安全,少种占用儿童活动空间的花灌木。注意园内夏季遮阴和冬季阳光的需要,种植落叶乔木作为行道和庭荫树。儿童游戏器械场地,要种植高大落叶乔木进行遮阴且不影响游戏器械的正常使用。

4) 主题公园规划设计

(1) 主题公园概述 主题公园也称为主题游乐园或主题乐园,是在城市游乐园的基础上发展起来,它是以一个特定的内容为主题,人为建造出与其氛围相应的民俗、历史、文化和游乐空间,使游人能切身感受、亲自参与一个特定内容的主题游乐地;是集特定的文化主题内容和相应的游乐设施为一体的游览空间,其内容给人以知识性和趣味性;结合相应的园林环境,使得特色突出、个性鲜明,使游人得到美的感受,较一般游乐园更加丰富多彩,更具有吸引力。

主题公园是公园的一种延展,是以一定文化为背景,主要依托人造景观的大型公园。因其主题明确,重点突出,从而更具有个性魅力,更能激发人们探求知识的欲望,更能满足活动的需求。1955年美国的沃尔特·迪斯尼形成了一个天才的设想,即把在银幕上形成的全世界喜闻乐见的卡通形象物化为一个乐园,于是世界上第一个现代意义上的主题公园——美国加利福尼亚州的迪斯尼乐园诞生了。迪斯尼乐园的发展和商业扩张,启动和刺激了主题公园的发展。

我国第一个真正意义上的主题公园是深圳的"锦绣中华",由此带动了国内主题公园建设的第一个高潮。主题公园的涌现,在客观上顺应了人们对休闲娱乐的需求。它融主题性、游乐性、休闲性于一体的游乐方式,丰富生动的文化内涵,参与性、互动性的娱乐设计都是特色所在,特别是相比其他公园增加了高科技的含量。

(2) 主题的种类 历史类是采用原形环境片段截取的手法,根据历史的发展追溯人类发展的历程以及展望未来,如杭州的宋城、上海影视乐园的"老上海"、美国迪斯尼乐园中的"美国主要大街"、"开拓乐园"等。异国他乡类是按空间线索展示不同的地域、不同民族的风俗、文化景观,让游人可以领略到异国他乡的风土人情。如北京的世界公园、中华民族园、深圳世界之窗、昆明云南民族村等。文学类是指以文学作品中描述的场景、人物作为主题,进行景观布置。如三国城、水泊梁山宫、封神演义宫、西游记宫等。影视类指以影视作品中展示的电影、电视场景作为主题进行规划立意,常常结合实际的影视拍摄进行布置,做到拍摄与游览两者并重。如涿州的影视城、北京北普陀影视城、东阳横店影视城等。科学技术类是以现代科技发展与未来的展望作为主题,有人可以参观、学习并参与到未来科技世界,提前感受未来的生活。如杭州的未来世界游乐园、奥兰多的"未来世界"、美国迪斯尼乐园中的"未来世界"等。自然生态类是以自然界的生态环境、野生动物、野生植物、海洋生物等作为主题。如我国各地已经兴建的野生动物园、海洋馆等。

(3) 主题公园的组成部分 首先游览区是主题公园的主要功能区,游人主要进行观赏景物、欣赏表演、参与活动等,是乐园中面积最大,内容、设施最为丰富的功能区。一般又可以把游览区分为几个景区或叫做主题区域。其次是服务区,大型主题公园的配套服务设施内容很多,如餐饮、导游、购物、住宿、娱乐、安全保卫、救护、通讯等。一般在进行功能服务区布局时多采用入口区域集中设置和全园呈网状散点设置相结合的形式。

(4) 主题公园规划设计内容 在空间与环境方面,大中型主题公园常采用自然的山水园林与现代化娱乐公园相结合的手法。风景园林设计中常用的竖向设计、水体设计、建筑布局、道路系统、种植设计以及空间组合、空间变换、立意、借景等造景手法的运用可以为公园创造优美、丰富的游乐环境。在内容与主题的设计上,运用"游戏规则"来诱导人们对环境的体察、感知,激发人们对活动的参与性。其突出的特点是让游客以从未经历过的新奇、有趣的方式参与到游乐活动之中。通过游戏参与,成功诱发人们对环境的兴趣。

在塑造游乐环境方面,常常采用中国传统庙会手法。中国传统的庙会的布局是将大型的马戏杂技或武术等表演场置于中心部位,四周用活动设施、大篷车等创造一个围合空间——中心广场,各处有路通向广场,形成一个气氛的活动区域,各种活动内容在广场附近展开。

对于游览区的规划设计,首先保持各景区的独立性,即各景区应有自己的中心内涵,有一个围绕展开景区核心,在内容与其他景区有所不同,在环境上各区之间有相应的造景要素隔开。其次强调景区的连贯性,作为整体环境的组成部分,各个景区是互通的、共享的。第三,明确景区的主次关系,几个景区共同构成公园游览区域,必有1~2个景区作为公园的中心主景区,起到公园的游览作用。主景区要从空间规模上、景观构成上、游览组织上起到主景的作用,其他几个景区或大或小与之相得益彰地进行组织布局。游览区的节点是各游览区之间的连接点或转折点,一般设于中央广场、主要道路的尽端、交点、地形制高点、水面中央,或在道路的转折处、交叉点、小片开阔地等处通过雕塑、小型游乐机械、一定面积绿地等连接和过渡不同的游览空间。

在植物景观方面,采用多种植物配置式与各区呼应,绿地形式采用现代园林艺术手法,成片、成丛、成林,讲究群体色彩效应,乔、灌、草相结合,形成复合式绿化层次。植物选择上立足于当地乡土树种,合理引进优良品系。充分利用植物的季相变化来增加公园的色彩和时空的变幻,做到四季有景。

## 5.6 道路及广场绿地规划设计

### 5.6.1 道路绿地概况

1) 城市道路绿地概述

道路广场绿地是指道路和广场用地范围内的绿地,包括行道树绿带、分车绿带、交通岛绿地、交通广场绿地和停车场绿地。城市道路是一个城市的构成骨架,道路绿地是在建立了城市和城市交通,即有了道路的基础上发展起来的。道路绿地的规划布局、形式,以及市民在道路上进行活动所形成的城市人文环境,反映了一个城市的生产力发展水平、市民的审美意识、生活习俗、精神面貌、文化修养和道德水准等。

2) 道路绿地的组成(图5.11)

道路绿地分为道路绿带、交通岛绿地、广场绿地和停车场绿地。道路绿带是指道路红线范围内的带状绿地。道路绿带分为分车绿带、行道树绿带和路侧绿带。分车绿带是车行道之间可以绿化的分隔带,其位于上下行机动车道之间的为中间分车绿带,而位于机动车道与非机动车道之间或同方向机动车道之间的是两侧分车绿带。行道树绿带是指布设在人行道与车行道之间,以种植行道树为主的绿带。路侧绿带是指在道路侧方,布设在人行道边缘至道路红线之间的绿带。交通岛绿地是指可绿化的交通岛用地。交通岛绿地分为中心岛绿地、导向岛绿地和立体交叉绿岛。其中中心岛绿地是指位于交叉路口上可绿化的中心岛用地。导向岛绿地是指位于交叉路口上可绿化的导向岛用地。立体交叉绿岛是指互通式立体交叉干道与匝道围合的绿化用地。广场、停车场绿地指广场、停车场用地范围内的绿化用地。

3) 道路绿地断面布置形式

道路绿地是道路环境中的重要景观元素。道路绿地的带状或块状绿化的"线"可以使城市绿地连成一个整体,可以美化街景,衬托和改善城市面貌。因此,道路绿地的形式直接关系到人对城市的印象。现代化大城市有很多不同形式的道路,其道路绿地的形式、类型也因此丰富多彩。

道路绿地的布置形式取决于城市道路的断面形式,我国现有城市中道路可分为一板式、两板式、三板式等,道路绿地相应地出现了一板两带式、两

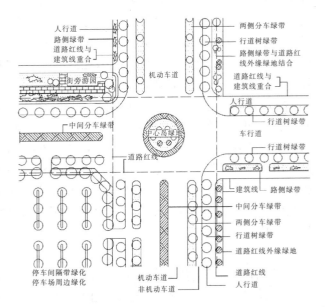

**图5.11 城市道路绿地的组成部分**

资料来源:中国城市规划设计研究院.城市道路绿化规划与设计规范(CJJ 75-97)[S].中国建筑工业出版社,1998.

板三带式、三板四带式、四板五带式等断面形式。一板二带式是指一条车道、两条绿化带,这是最常见的形式,多用于城市次干道或车辆较少的街道。二板三带式是指分成单向行驶的两条车行道和两条行道树,中间以一条绿带分隔,多用于高速公路和入城道路。三板四带式是指利用两条分车绿带把车行道分成三块,中间为机动车道,两侧为非机动车道,连同车道两侧的行道树有四条绿带。四板五带式是指利用三条分车绿带将车行道分成四块板,连同车行道两侧的两条人行道绿带构成四板五带式断面绿化形式。其他形式是指依道路所处地理位置、环境条件不同,产生许多特殊情况,如在道路窄、山坡旁、湖边,则只有一条绿带,一条路形成一板一带式。

### 5.6.2 道路绿地规划设计内容

1) 道路绿带绿化设计

(1) 道路绿带设计要求 在城市交通道路中,由于车速高,绿化带设计应最大限度地满足道路的安全要求,以低矮的灌木和草坪为主,形式也应简洁。在城市中心道路中,以方便公交车辆和行人通行为目的,绿化带的设计在满足交通安全前提下,应重点考虑美化的作用,做到形式多样,色彩丰富,有一定的高度变化。除了常见的与道路平行的绿化带,还可以设计曲线式、折线式或宽窄不一的自由式绿化带以限制车速。绿化带的宽度和道路宽度比例要适宜,宽阔的道路绿化带也要宽,单排绿化带要比双排宽。

(2) 道路绿带的常见种植形式 道路绿带的常见种植形式有以绿篱为主的绿化带、草坪为主的绿化带、乔木为主的绿化带和图案式绿化带。以绿篱为主的绿化带的绿化效果较为明显,绿量大,色彩丰富,高度也有变化,缺点是修剪管理工作量大。以草坪为主的绿化带,适合于宽度在 2.5 m 以上的绿化带。一种是草坪上植宿根花卉或乔木,亦可种植花灌木。另一种是以草坪为主,草坪上布置少量花卉和小灌木,可以是自然式或简单的图案。以乔木为主的绿化带,这是应大力提倡的绿化带种植形式,绿量最大,环境效益最明显,树下可种植耐阴草坪和花卉,美化效果明显,特别适合宽阔的城市道路。图案式绿化带一般位于城市新区,由于新修的道路十分宽阔,其中绿化带宽度多在 5 m 以上,以灌木、花卉、草坪组合成各种图案,有几何形式也有自由曲线式,修剪整齐,色彩丰富,装饰效果好。

(3) 行道树绿带设计 行道树是设置在人行道和车行道之间,其作用主要是为行人及非机动车庇荫。行道树种植方式,通常有树带式和树池式两种。树带式是在人行道和车行道之间留出一条不加铺装的种植带的种植方式。但种植带在人行横道人流比较集中的公共建筑前要留出铺装通道。宽度一般不小于 1.5 m。此种植方式一般适用于交通及人流不大的路段。树池式是在交通量大,行人较多,路面人行道又窄的路段采用树池形式种植行道树,即树池式。树池的形状可以是正方形,其规格以 1.5 m×1.5 m 为宜;亦可为长方形,以 1.2 m×2 m 为宜;还可为圆形,直径不小于 1.5 m 为宜。另外,设计行道树时还应注意与路口、电线杆、公交车站的处理,应保证安全所需的最小距离。

行道树树种应选择当地的乡土树种或引种后生长良好的树种,树干要挺拔、树形端正、体形优美、树冠冠幅大、枝叶茂密、遮阴效果好的树种,对土壤、水分、肥料要求不高,耐修剪、病虫害少,抗性较强的树种。行道树定干高应根据其功能要求、交通状况道路性质、宽度,以及行道树与车行道的距离、树木分级等确定。

(4) 分车绿带的设计 道路分车带是分隔城市道路交通的绿化带,在车行道上设立分车带的目的是将人流与车流分开,机动车与非机动车分开,保证不同速度的车辆安全行驶。分车带常见的种植形式有封闭式种植和开敞式种植两种。封闭式种植是形成以植物封闭道路的境界,在分车带上种植单行或双行的丛生灌木或慢生常绿树,可起到绿色隔墙作用。开敞式种植是分车带上种植草皮、低矮灌木或较大株行距的大乔木。

(5) 路侧绿带设计 路侧绿带是指在道路两侧、布设在人行道边缘至道路红线之间、宽度不超过 8 m (含 8 m)的绿带。当路侧绿带宽度超过 8 m 时,不论是否位于道路红线范围内,都应计入街头绿地、防护绿地等相应的绿地类型中,按城市绿地计算,不再按道路绿地计算。

路侧绿带布设有 3 种情形:①是建筑红线与道路红线重合,路侧绿带毗邻建筑布设;②是建筑退后红线留出人行道,路侧绿带位于两条人行道之间;③是建筑退后红线在道路红线外侧留出绿地,路侧绿带与道路红线外侧绿地结合布置。路侧绿带设计要兼顾街景与沿街建筑的需要,应在整体上保持绿带连续、完整及景观统一。

路侧绿带宽度大于8 m时,可设计成开放式绿地,方便行人进出、游憩,提高绿地的功能作用。开放式绿地中,绿化用地面积不得小于该段绿带总面积的70%。濒临江、河、湖、海等水体的路侧绿地,应结合水面与岸线地形设计成滨水绿带。滨水绿带的绿化应在道路和水面之间留出透景线。路侧道路护坡绿化应结合工程措施栽植地被植物或攀缘植物。

2) 交通岛绿化设计

交通岛是为指控制车流行驶路线和保护行人安全,布设在交叉口范围内车辆行驶通过的路面上的岛屿状构造物。起到引导行车方向,渠化交通的作用。交通岛绿地是指可绿化的交通岛用地。交通岛绿地分为中心岛绿地、导向岛绿地和立体交叉绿岛。其主要功能是诱导交通、美化市容、通过绿化辅助交通设施显示道路的空间界限,起到分界线的作用。通过在交通岛周边的合理种植,强化交通岛外缘的线性,有利于驾驶员的行车视线,特别是在雪天、雾天、雨天,可弥补交通标线的不足。

(1) 中心岛绿地绿化设计 中心岛是设置在交叉口中央,用来组织左转弯车辆交通和分隔对向车流的交通岛,习惯称转盘。中心岛的形状主要取决于相交道路中心线的角度、交通量大小和等级等具体条件,一般多用圆形,也有椭圆形、卵形、圆角方形和菱形等。常规中心岛直径在25 m以上,我国大中城市多采用40~80 m。

中心岛绿化是道路绿化的一种特殊形式。原则上只具有观赏作用,是不许游人进入的装饰性绿地。布置形式有规则式、自然式、抽象式等。中心岛外侧汇集了多处路口,为了便于绕行车辆的驾驶员准确、快速识别各路口,中心岛不宜密植乔木、常绿小乔木或大灌木。为保持行车视线通透,绿化以草坪、花卉为主,或选用几种不同质感、不同颜色的低矮的常绿树、花灌木和草坪组成模纹花坛,图案应简洁,曲线优美,色彩明快。

(2) 导向岛绿地绿化设计 导向岛是用以指引行车方向,约束车道,使车辆减速转弯,保证行车安全。在环形交叉进出口道路中间应设置交通导向岛,并延伸到道路中间隔离带。导向岛绿地是指位于交叉路口上可绿化的导向岛用地。导向岛绿化应选用地被植物、花坛或草坪。交叉口绿地是由道路转角处的行道树、交通岛以及一些装饰性绿地组成。为了保证驾驶员能及时看到车辆行驶情况和交通管制信号,在道路交叉口必须为司机留出一定的安全距离,使司机在这段距离内能看到对面开来的车辆,并有充分刹车和停车的时间不致发生事故。这种发觉对方汽车立即刹车而能够停车的距离称之为"安全视距"或"停车视距",这个视距主要与车速有关。根据相交道路所选用的停车视距,可在交叉口平面上绘出一个三角形,称为"视距三角形"(图5.12)。

在视距三角形内不允许有任何阻碍视线的东西,但交叉口处,个别伸入视距三角形内的行道树株距在6 m以上、干高在2.5 m以上、树干直径在0.4 m以内是允许的,因为司机仍可通过空隙看到交叉口附近车辆的行驶情况。如果布置防护绿篱或其他装饰性绿地,株高也不得超过0.7 m。

(3) 立体交叉绿岛绿化设计 立体交叉是指两条道路在不同平面上的交叉。立体交叉使两条道路上的车流可各自保持其原来车速前进,而互不干扰,是保证行车快速、安全的措施。立体交叉分为分离式和互通式两类,分离式立体交叉分隧道式和跨路桥式,其上、下道路之间没有匝道连通。这种立体交叉不增占土地,构造简单,一般不能形成专门的绿化地段,只作行道树的延续而已。互通式立体交叉除设隧道或跨路桥外,还设置有连通上、下道路

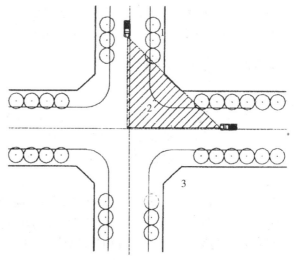

1. 边缘树木　2. 视距三角形　3. 建筑物转角

**图5.12　视距三角形示意图**

资料来源:杨淑秋.道路系统绿化美化[M].
北京:中国林业出版社,2007.

的匝道。互通式立体交叉一般由主、次干道和匝道组成,为了保证车辆安全和保持规定的转弯半径,匝道和主次干道之间形成若干块空地,这些空地通常称为绿岛,作为绿化用地和停车场用。而立体交叉的外围到建筑红线的整个地段,除根据城镇规划安排市政设施外,应该充分绿化起来,这些绿地可称为外围绿地。

立体交叉绿岛的绿化布置要服从立体交叉的交通功能,使司机有足够的安全视距。绿岛是立体交叉中面积比较大的绿化地段,因处于不同高度的主、干道之间,常常形成较大的坡度,应设挡土墙减缓绿地的坡度,一般坡度以不超过5%为宜,较大的绿岛内还需考虑安装喷灌系统。绿岛一般应种植开阔的草坪,草坪上点缀具有较高观赏价值的常绿树和花灌木,也可以种植一些宿根花卉,构成一幅壮观的图景。立体交叉外围绿化树种的选择和种植方式,要和道路伸展方向绿化建筑物不同性质结合起来,和周围的建筑物、道路、路灯、地下设施及地下各种管线密切配合,做到地上地下合理布置,才能取得较好的绿化效果。

3) 停车场绿化设计

停车场是指城市中集中露天停放车辆的场所。按车辆性质可分机动车和非机动车停车场;按使用对象可分为专用和公用停车场;按设置地点可分为路外和路上停车场。城市公共停车场是指在道路外独立地段为社会机动车和自行车设置的露天场地。

(1) 机动车停车场的绿地设计 车辆停放方式关系到车位组织、停车面积以及停车设施的规划设计。车辆停放方式有三个基本类型,即平行式、垂直式和斜列式。停车场的绿化可以分为周边式、树林式和建筑前的广场兼作停车场3种形式。一般较小的停车场适用于周边式,这种形式上四周种植落叶乔木、常绿乔木、花灌木、草坪或围以栏杆,场内地面全部硬质铺装。由于场地周边有绿化带,界限清楚,便于管理。对防尘、减弱噪声有一定作用,但场地内没有树木遮阴,夏季烈日暴晒,对车辆损伤厉害。近年来,为了改善环境,提高绿化率,停车场纷纷采用草坪砖作铺装材料。树林式多用于面积较大的停车场,场地内种植成行、成列的落叶乔木。由于场内有绿化带,形成浓阴,夏季气温比道路上低,适宜人和车停留,还可兼作一般绿地,不停车时,人们可进入休息。

建筑前的广场兼作停车场。因靠近建筑物而使用方便,是目前运用最多的停车场形式。这种形式的绿化布置灵活,多结合基础栽植、前庭绿化和部分行道树设计。设计时绿化既要衬托建筑,又要能给车辆起一定的遮阳和隐蔽效果,故一般种植乔木和高绿篱或结合灌木。

(2) 自行车停车场的设置与绿化 应结合道路、广场和公共建筑布置,划定专门用地合理安排。一般为露天设置,也可加盖雨棚。自行车停车场出入口不应少于2个。出入口宽度应满足两辆车同时推行进出,一般2.5~3.5 m。场内停车区应分组安排,每组长度以15~20 m。自行车停车场应充分利用树荫遮阳防晒。庇荫乔木枝下净高应大于2.2 m。地面尽可能铺装,减少泥沙、灰尘等污染环境。有的城市利用立交桥下涵洞开辟自行车停车场,既解决了自行车防晒避雨问题,又部分缓解人行道拥挤,受到市民欢迎。

### 5.6.3 广场绿地设计

1) 城市广场概述

城市广场是城市道路交通系统中具有多种功能的空间,是人们政治、文化活动的中心,也是公共建筑最为集中的地方。到目前为止,城市广场还没有一个达成共识的定义。一般认为广场是由建筑物、街道和绿地等围合或限定形成的城市公共活动空间,是城市空间环境中最具有公共性、最富艺术魅力、最能反映城市文化特性的开放空间。

"广场"一词源于古希腊,最初用于议政和市场,是人们进行户外活动和社交的场所,其特点、位置是松散和不固定的。从古罗马时代开始,广场的使用功能逐步由集会、市场扩大到宗教、礼仪、纪念和娱乐等,广场也开始固定为某些公共建筑前附属的外部场地。中世纪意大利的广场功能和空间形态进一步拓展,城市广场已成为城市的"心脏",在高度密集的城市中心区创造出具有视觉、空间和尺度连续性的公共空间。从文艺复兴以后直至资本主义早期,西方的城市广场在功能上经历了从简单到多样化的过程。到18世纪,城市广场发展已经具有经济和技术的基础。广场的建设具有计划性,形式多样,脱离了教堂和市政厅,由宗教政治中心向政治经济中心转变。

由于历史和文化背景等原因,我国古代城市缺乏西方集会、论坛式的广场。中国古城广场一类存在于封建统治城市中心,体现整体规划,形状方正,讲求轴线对称,如天安门广场。另一类存在于结合交通、贸易、宗教活动之需的城镇空地,如庙前广场、商业广场、交通广场、市政广场等,此类广场多呈不规整的自由形状,空间流通,常用牌坊、照壁、旗杆等小品,形成围而不堵的效果。

现代城市广场不再仅仅是市政广场,较大的建筑庭院、建筑之间的开阔地等也具有广场的性质。城市广场作为开放空间,其作用进一步贴近人的生活,市民乐于在此交谈、观赏和娱乐。广场的建设开始出现市民化、商业化、多样化趋势,在形式、内容和功能上都满足现代城市社会、经济发展的需要。

2) 城市广场的分类

城市广场如果以广场的尺度关系可以分为国家性政治广场、市政广场等,这类广场用于国务活动、检阅、集会、联欢等大型活动的特大广场;用于街区休闲活动、庭院式广场等的中小尺度广场。以广场的空间形态可以分为开敞性广场(如露天市场、体育场等)和封闭性广场,如室内商场、体育馆等。以广场的材料构成可以分为以硬质材料为主的广场、以绿化材料为主的广场和以水为主的广场等。通常,城市广场以广场的使用功能分类可以分为集会性广场、纪念性广场、交通性广场、商业性广场和文化娱乐休闲广场。

集会性广场是指用于政治、文化集会、庆典、游行、检阅、礼仪、传统民间节日活动的广场,集会广场一般都位于城市中心地区,最能反映城市的面貌,是城市的主广场。这类广场往往采用几何图形,而且要简洁、开朗,例如北京天安门广场、上海市人民广场、昆明市中心广场和莫斯科红场等,均可供群众集会游行和节日联欢之用。纪念性广场是为了缅怀历史事件和历史人物,在城市中修建的一种主要用于纪念性活动的广场。交通性广场是城市道路用地的组成部分,是城市交通的连接枢纽,能够合理的组织交通。商业性广场包括集市广场、购物广场,现代的商业广场是集购物、休息、娱乐、观赏、饮食、社会交往为一体的,是社会文化生活的重要组成部分。文化娱乐休闲广场是城市居民日常生活中重要的行为场所,是城市中分布最广泛、形式最多样的广场,包括花园广场、文化广场、运动广场、游戏广场等类型,比如美国亚特兰大落水广场、太原的五一广场、郑州绿城广场。

3) 各类广场绿地的设计内容

不同类型的广场应有不同的风格和形式,尤其是广场的性质功能,更是进行园林绿化设计的切入点。城市广场绿化设计是以满足广场的功能设计要求为目的,利用植物的色(叶)、相、姿态变化进行布置,适当运用园林小品和硬质铺装等园林手段,最终形成美观、实用的广场环境。

(1) 集会广场　集会广场一般都位于城市中心地区。这类性质的广场,也是政治集会、政府重大活动的公共场所。在规划设计时,应根据游行检阅、群众集会、节日联欢的规模和其他设置用地需要,同时要注意合理地布置广场与相接道路的交通路线,以保证人群、车辆的安全、迅速汇集与疏散。常用的广场几何图形为矩形、正方形、梯形、圆形或其他几何形状的组合。不论哪一种形状,其比例应协调,对于长与宽比例大于3倍的广场,无论从交通组织、建筑布局、艺术造型和绿地设计等方面都会产生不良的效果。因此,一般长宽比例以4:3、3:2、2:1为宜。广场的宽度与四周建筑物的高度也应有适当的比例,一般以3~6倍为宜。

集会广场是反映城市面貌的重要部位,因而,在广场设计时要与周围的建筑布局协调,无论平面立面、透视感觉、空间组织、色彩和形体对比等,都应起到相互烘托、相互辉映的作用,反映出中心广场非常壮丽的景观。在集会广场设计中应充分考虑功能要求,以满足人们集会、庆典等活动要求。这类广场的绿化设计大多以大面积草坪为主,在大草坪上和边角地带点缀几组红叶小檗、黄杨和金叶女贞等彩叶矮灌木,或由彩叶矮灌木组合成线条流畅、造型明快、色彩富于变化的图案。广场中心一般不设置绿地,多为水泥铺设,但在节日又不举行集会时可布置活动花卉、盆花摆放等,以创造节日新鲜、繁荣的欢乐气氛。在主席台、观礼台两侧、背面则需绿化,常配置常绿树,树种要与广场四周建筑相协调,达到美化广场及城市的效果。另外,在广场横断面设计中,在保证排水的情况下,应尽量减少坡度,以使场地平坦。

(2) 纪念广场　纪念性广场的主题是因某些名人或历史事件,因而在设计过程中,应充分渲染这一主题,通过在广场中心或侧面设置突出的纪念雕塑、纪念碑、纪念塔、纪念物和纪念性建筑作为标志物,按一定的布局形式,满足纪念氛围的要求。

纪念广场的设计应体现良好的观赏效果,以供人们瞻仰。绿化设计要合理地组织交通,满足最大人流集散的要求。广场后侧或纪念物周围的绿化风格要完善,要根据主题突出绿化风格,如陵园、陵墓类的广场的绿化要体现出庄严、肃穆的气氛,多用常绿草坪和松柏类常绿乔、灌木;纪念历史事件的广场应体现事件的特征(可以通过主题雕塑),并结合休闲绿地及小游园的设置,为人们提供休憩的场地。

(3) 交通广场　交通广场包括站前广场和道路交通广场。作为城市交通枢纽的重要设施之一,交通广场不仅具有组织和管理交通的功能,也具有修饰街景的作用,特别是站前广场备有多种设施,如人行道、车道、公共交通换乘站、停车场、人群集散地、交通岛、公共设施(休息亭、公共电话、厕所)、绿地以及排水、照明等。交通广场绿地设计的形式分为绿岛、周边式和地段式。绿岛是交通广场中心的安全岛,可种植乔木、灌木并与绿篱相结合。面积较大的绿岛可设地下通道,围以栏杆,面积较小的绿岛可布置大花坛,种植一年生或多年生花卉,组成各种图案,或种植草皮,以花卉点缀。周边式绿化是在广场周围地进行绿化,种植草皮、矮花木,或围以绿篱;地段式绿化是将广场上除行车路线外的地段全部绿化,种植除高大乔木外,花草、灌木皆可,形式活泼,不拘一格。特大交通广场常与街心小游园相结合,如沈阳市中山广场,大连市劳动广场等。

交通广场绿地设计要有利于组成交通网,满足车辆集散要求,种植必须服从交通安全,构成完整的色彩鲜明的绿化体系。交通广场可以从竖向空间布局上进行规划设计,以解决复杂的交通问题,分隔车流和人流。它应满足畅通无阻、联系方便的要求,有足够的面积及空间以满足车流、人流的安全需要。由于要保证车辆、行人顺利及安全地通行,组织简捷明了的交叉口,现代城市中常采用环形交叉口广场,特别是 4 条以上的车道交叉时,环交广场设计采用更多。

(4) 商业广场　商业广场包括集市广场、购物广场,用于集市贸易、购物等活动,或者在商业中心区以室内外结合的方式把室内商场与露天、半露天市场结合在一起。随着城市主要商业区和商业街的大型化、综合化和步行化的发展,商业区广场的作用显得越来越重要,人们在长时间的购物后,往往希望能在喧嚣的闹市中找一处相对宁静的场所稍做休息。因此,商业广场这一公共开敞空间要具备广场和绿地的双重特征。所以在注重投资的经济效益的同时,应兼顾环境效益和社会效益,从而达到促进商业繁荣的目的。商业广场大多采用步行街的布置方式,使商业活动区集中,既便于购物,又可避免人流与车流的交叉,同时可供人们休息、游览、饮食等。商业性广场宜布置各种城市中具有特色的广场设施。

(5) 文化娱乐休闲广场　任何传统和现代广场均有文化娱乐休闲的性质,尤其在现代社会中,文化娱乐休闲广场已成为广大民众最喜爱的重要户外活动场所,它可有效地缓解市民工作的精神压力和疲劳。文化娱乐休闲广场的绿地设计首先应做到广场空间具有层次性,常利用地面高差、绿化、建筑小品、铺地色彩、图案等多种空间限定手法对内部空间作第二次、第三次限定,以满足广场内从集会、庆典、表演等聚集活动到较私密性的情侣、朋友交谈等的空间要求。其次,在广场文化塑造方面,常利用具有鲜明的城市文化特征的小品、雕塑,以及具有传统文化特色的灯具、铺地图案、坐椅等元素烘托广场的城市地方文化特色,使其达到文化性、趣味性、识别性、功能性等多层作用。在现代城市中应当有计划地修建大量的文化娱乐休闲广场,以满足广大民众的需求。

# 5.7　居住区绿地规划设计

## 5.7.1　居住区绿地概况

1) 居住区绿地概述

居住区绿地是指在城市规划中确定的居住用地范围内的绿地和居住区公园,包括居住区、居住小区以及城市规划中零散居住用地内的绿地。居住区绿地在城市绿地中占有较大比重,是居民日常使用频率最高的绿地类型。近年来随着城市化进程的加快,人民生活水平的提高,各地居住区绿地不断增加。居住区的绿化环境,不仅直接关系到居民的生活质量,而且已经成为体现一个城市景观风貌的一个重要标志。

作为城市园林绿地系统的重要组成部分,居住区绿地为生活在喧闹都市的人们营造了接近自然、生态良好的温馨家园,对提高居民生活环境质量,增进居民的身心健康至关重要。同时,居住区绿地对于改善居住区小气候,防风、降尘,调节光、温度、湿度和空气以及防灾避难等都起到良好的作用。

2) 居住区绿地的组成及定额指标

(1) 组成　居住区绿地由居住区公共绿地、宅旁及庭院绿地、道路绿地和配套公建设施绿地等4大类组成。

公共绿地是指为一定居住用地范围内的居民服务,具有一定活动内容和设施的集中绿地,是居住区居民公共使用的绿地。

宅旁及庭院绿地是指居住建筑四旁的绿化用地及居民庭院绿地,包括住宅前后及两栋住宅之间的绿地。宅旁及庭院绿地,遍及整个住宅区,是居住区绿地内总面积最大、居民最经常使用的一种绿地形式。它和居民的日常生活有密切关系,一般只供本幢居民使用,尤其适宜于学龄前儿童和老人。

居住区道路绿地是居住区内道路红线以内的绿地,其连接城市干道,具有遮阴、防护、丰富道路景观等功能,一般根据道路的分级、地形、交通情况等进行布置。道路绿地是联系居住区内各项绿地的纽带,对居住区的通风、调节空气温度、减少交通噪音及美化街景有良好的作用,它占地少、管理方便,对居住区的面貌有着极大的影响。

配套公共设施绿地指居住区内各类公共建筑和公用设施如中小学校、托儿所、文化站、物业管理站等内部的绿化用地,是居住区绿地的重要组成部分。其绿化布置要首先应满足公共建筑和公共设施的功能要求,同时要考虑与周围环境的关系。

(2) 居住区绿地的定额指标　居住区绿地定额指标,是指居住区内每个居民所占的园林绿地面积,用以反映一个居住区绿地数量的多少、质量的好坏以及居民的生活福利水平,也是评价城市环境质量的标准和城市居民精神文明的标志之一。目前我国衡量居住区绿地的几个主要指标有:居住区人均公共绿地面积、居住区绿地率和居住区绿化覆盖率。

① 人均公共绿地面积包括公共花园、儿童游戏场、道路交叉口绿地、广场花坛等以花园形式布置的绿地,用居住区内人均占有面积表示,反映居住区的绿化水平。

人均公共绿地面积($m^2$/人) = 小区全部公共绿地面积/居住区总人口;

根据《城市居住区规划设计规范》规定居住区内公共绿地的总指标,应根据居住人口规模分别达到:组团不少于0.5 $m^2$/人,小区(含组团)不少于1.0 $m^2$/人,居住区(含小区和组团)不少于1.5 $m^2$/人,并应根据居住区规划组织结构类型统一安排、灵活使用。旧区改造可酌情降低,但不得低于相应指标的70%。

② 绿地率为居住区用地范围内各类绿地的总和占居住区用地的比率(%):

绿地率 = [(公共绿地面积+其他绿地面积)/规划总用地]×100%,

其中绿地应包括:公共绿地、宅旁绿地、公共服务设施所属绿地和道路绿地(即道路红线内的绿地),不应包括屋顶、晒台的人工绿地。根据《城市居住区规划设计规范》规定居住区绿地面积至少应占总用地的30%,一般新建区绿地率要在40%~60%,旧区改造不低于25%。

③ 绿化覆盖率指居住区用地上栽植的全部乔、灌木的垂直投影面积,以及花卉、草坪等被植物的覆盖面积与居住区总面积的百分比,反映居住区绿化的生态效益。覆盖面积只计算一层,不重复计算。

## 5.7.2　居住区绿地规划设计内容

1) 居住区绿地规划总体布局

居住区绿地的基本任务就是为居民创造一个安静、卫生、舒适的生活环境,促进居民的身心健康。居住区绿地设计在内容设置上要健全,首先要满足功能要求,划分不同的功能区域。根据居民的不同要求布置休息、文化娱乐、体育锻炼、儿童游戏及人际交往等活动场地和设施。其次满足园林审美和游览要求,以景取胜,充分利用地形、水体、植物及园林建筑,营造园林景观,创造园林意境。园林空间的组织与园路的布局应结合园林景观和活动场地的布局,兼顾游览交通和展示园景两方面的功能。第三,形成优美自然的绿化景观和优良的生态环境,居住区绿地应保持合理的绿化用地比例,发挥园林植物群落在形成公园景观和公园良好生态环境中的主导作用。

居住区绿地规划布局之前,应综合考虑周边环境、路网结构、公建与住宅布局、群体组合、绿地系统及空间环境等的内在联系,采用集中与分散,重点与一般,点、线、面相结合,以居住区公园(居住小区中心游园)为中心,以道路绿化为网络,以住宅间绿化为基础,构成一个完善的有机整体,并与城市绿化系统相协调。

居住区绿地的布局形式一般可分为自然式、规则式、混合式。其中规则式又可有对称规则式、不对称规则式;混合式则为自然式和规则式的结合。规则式即几何图形式,园路、广场、水体等依循一定的几何图案进行布置。对称的规则式则有明显的主轴线,沿主轴线,道路、绿化、建筑小品等成对称式布局,给人以庄重、规整的感觉,但形式较呆板,不够活泼。不对称的规则式相对自然一些,无明显的轴线,给人以整齐、明快的感觉。多适合于小型绿地——小游园、组团绿地。自然式(又称自由式)是指布局灵活,采用曲折迂回的道路,充分利用自然地形,如池塘、坡地、山丘等,给人以自由活泼、富于自然气息之感,绿化种植也采用自然式。同时利用建筑挖槽挖出的土方,进行地形改造,有利于自然景观的构建和土方的就地平衡。混合式是指规划式与自由式的结合,可根据地形或功能上的特点,既有自然式的灵活布局,又有规则式的整齐。既能与四周建筑广场相协调,又有兼顾自然景观的艺术效果,适合于中型及以上规模的景园。

2) 居住区各类绿地规划设计

(1) 公共绿地规划设计　居住区公共绿地为居民构建户外生活空间,满足各种游憩活动的需要,包括儿童游戏、运动、健身锻炼、散步、休息、游览、文化、娱乐等。另外公共绿地还能利用各种环境设施如树木、草地、花卉、水体、人工建筑小品、铺地等手段创建美好的户外环境。居住区公共绿地设置根据居住区不同的规划组织结构类型,设置相应的中心公共绿地,包括居住区公园(居住区级)、小游园(小区级)和组团绿地(组团级),以及儿童游戏场和其他的块状、带状公共绿地等。居住区级公园是居住区绿地中规模最大、服务范围最广的一种绿地,是为整个居住区的居民服务的。通常布置在居住区中心位置,最好与居住区的商业文娱中心结合在一起,以方便居民使用。居民步行到居住区公园应在10分钟左右的路程,服务半径以800~1 000 m为宜,最小用地不得少于1 hm²。居住区公园面积通常较大,相当于城市小型公园。其规划布局与城市的市、区级综合性公园相似,有明确的功能分区和清晰的浏览路线,内容比较丰富,设施比较齐全;有一定的地形地貌、小型水体、功能分区和景色分区;构成要素除树木花草外,有适当比例的小品建筑、场地设施;居住区公园由于面积较市、区级公园小,空间布局较为紧凑,各功能区或景区空间节奏变化较快。跟城市公园相比,居住区公园内的游人比较单一,主要是本居住区的居民,尤其以老年人和小孩为主,因此在规划设计中,在内容、设施、位置、形式等各方面,要考虑到使用人群的游赏与使用方便。另外,游园时间比较集中,多在一早一晚,特别是夏季的晚上是游园高峰。因此,宜加强照明设施,灯具造型,夜香植物的布置(图5.13)。

图 5.13　居住区级公园
资料来源:http://jz.zhulong.com/

居住小区中心游园是为居民提供工余、饭后活动休息的场所,利用率高,要求位置适中,方便居民前往。服务半径以300~500 m为宜,最小面积不能小于0.4 hm²。小游园的规划设计应与小区总体规划密切配合,综合考虑,使小游园能妥善地与周围城市园林绿地衔接,尤其要注意小游园与道路绿化的衔接。同时应充分利用自然地形和原有绿化基础,并尽可能和小区公共活动或商业服务中心结合起来布置,使小游园因能方便到达而吸引居民前往。小游园仍以绿化为主,多设些坐椅让居民在这里休息和交往,适当开辟铺装地面的活动场地,也可以有些简单的儿童游戏设施。小游园面积不大,内容简洁朴实,具有特色,绿化效果明显,受居民的喜爱,可丰富小区的面貌。小游园主要设置应包括花木、草坪、健身休憩设施和铺装地面等。园内布局要有一定的功能划分。小游园平面布置形式通常有三种:规则式,即园路、广场、水体等依循一定的几何图案进行布置,有明显的主轴线,分为规则对称或规则不对称,给人以整齐、明快的感觉;自由式,即布局灵活,能充分利用自然地形、山丘、坡地、池塘等,迂回曲折的道路穿插其间,给人以自由活泼,富于自然气息之感;混合式,是规则式及自由式相结合的布置,既有自由式的灵活布局,又有规则式的整齐,与周围建筑、广场协调一致。小区游园面积小,又为住宅建筑所包围,因此要有适当的尺度感,总的说来宜小不宜大,宜精不宜粗,宜轻巧不宜笨拙,使之起到画龙点睛的效果。小游园的园林建筑及小品有亭、廊、榭、棚架、水池、喷泉、花坪、花台、栏杆、坐凳,以及雕塑、垃圾桶、宣传栏等(图5.14)。

图5.14　居住区小游园

资料来源:http://jz.zhulong.com/

组团绿地是直接靠近住宅的公共绿地,通常是结合居住建筑组布置,服务对象是组团内居民,主要为老人和儿童就近活动、休息提供场所。居住区组团绿地主要应设置花木、草坪、桌椅等,面积不应小于0.04 hm²。组团绿地的布置要注意出入口的位置,道路、广场的布置要与绿地周围的道路系统及人流方向结合起来考虑。同时绿地内要有足够的铺装地面,以方便居民休息活动,也有利于绿地的清洁卫生。一个居住小区往往有多个组团绿地。根据组团绿地在住宅组团内的相对位置的不同,大体上有周边式住宅中间、行列式住宅山墙之间、扩大行列式住宅间距、住宅组团的一角、两组团之间、一面或两面临街、与公共建筑结合布置以及自由式布置等种类。这些组团绿地从布局、内容及植物配置要各有特色,或形成景观序列(图5.15)。组团绿地的布置方式有开敞式,即居民可以进入绿地内休息活动,不以绿篱或栏杆与周围分隔;半封闭式,以绿篱或栏杆与周围有分隔,但留有若干出入口;封闭式,绿地以绿篱、栏杆所隔离,居民不能进入绿地,亦无活动休息场地,可望而不可即,使用效果较差。

(2)宅旁及庭院绿地设计　宅旁绿地,即位于住宅四周或两幢住宅之间的绿地,同居民关系最密切,是使用最为频繁的室外空间。庭院绿地是住宅建筑围成的绿化空间,其功能主要是美化生活环境,阻挡外界视线、噪声和灰尘,满足居民就近休息赏景、幼儿就近玩耍等需要,为居民创造一个安静、卫生、舒适、优美的生活环境(图5.17)。

图5.15　组团绿地

资料来源:http://jz.zhulong.com/

图5.16　宅旁绿地

资料来源:http://www.landscape.cn/

宅旁及庭院绿地通常以封闭式观赏绿地为主。在绿化布局方面,树种的选择要体现多样化,以丰富绿化面貌。行列式住宅容易造成单调感,甚至不易辨认外形相同的住宅,因此可以选择不同的树种,不同布置方式,成为识别的标志,起到区别不同行列,不同住宅单元的作用。由于住宅附近管线比较密集,如自来水管、污水管、雨水管、煤气管、热力管、化粪池等,应根据管线分布情况,选择合适的植物,并在树木栽植时要留够距离,以免后患。树木的栽植不要影响住宅的通风采光,特别是南向窗前尽量避免栽植乔木,尤其是常绿乔木,在冬天由于常绿树木的遮挡,使室内晒不到太阳,而有阴冷之感,是不可取的,若要栽植一般应在窗外 5 m 之外。绿化布置要注意尺度感,以免由于树种选择不当而造成拥挤、狭窄的不良心理感觉,树木的高度、行数、大小要与庭院的面积、建筑间距、层数相适应。

(3) 道路绿化设计　道路绿化如同绿色的网络,将居住区各类绿化联系起来,是居民上班工作,日常生活的必经之地,对居住区的绿化面貌有着极大的影响,有利于居住区的通风,改善小气候,减少交通噪音的影响,还可以保护路面,美化街景,以少量的用地,增加居住区的绿化覆盖面积。道路绿化布置的方式,要结合道路横断面、所处位置、地上地下管线状况等进行综合考虑。居住区道路不仅是交通、职工上下班的通道,往往也是居民散步的场所。主要道路应绿树成荫,树木配植的方式、树种的选择应不同于城市街道,形成不同市区街道的气氛,使乔木、灌木、绿篱、草地、花卉相结合,显得更为生动活泼。

根据居住区的规模和要求,居住区道路绿地可分为主干道旁的绿化、次干道旁的绿化和住宅小路的绿化。居住区主干道是联系各小区及居住区内外的主要道路,除了行人外,车辆交通比较频繁,红线宽度一般不小于 20 m,车道宽一般 9 m 左右。主干道路面宽阔,行道树的栽植要考虑行人的遮阴与车辆交通的安全,在交叉口及转弯处要留有安全视距;宜选用姿态优美、冠大荫浓的乔木进行行列式栽植;各条主干树种选择应有所区别,体现变化统一的原则;中央分车绿带可用低矮花灌和草皮布置;在人行道与居住建筑之间,可多行列植或丛植乔灌木,以利于防止尘埃和阻挡噪声;人行道绿带还可用耐阴花、灌木和草本花卉种植形成花境,借以丰富道路景观;或结合建筑山墙、路边空地采取自然式种植,布置小游园和游憩场地。

居住区次干道是联系居住区主干道和小区内各住宅组团之间的道路,宽 6~8 m。作为组织和联系小区各项绿地的纽带,小区道路对居住小区的绿化面貌有很大作用。这里以人行为主,也常是居民散步之地,绿化布置应着重考虑居民观赏、游憩需要,丰富多彩、生动活泼。树木配置要活泼多样,根据居住建筑的布置、道路走向以及所处位置、周围环境等加以考虑。树种选择上可以多选小乔木及开花灌木,特别是一些开花繁密的树种,叶色变化的树种,如合欢、樱花、五角枫、红叶李、乌桕、栾树等。每条道路又可选择不同树种和不同断面种植形式,使每条路各有个性,在一条路上以某一二种花木为主体,形成如合欢路、樱花路、紫薇路、丁香路等。

住宅小路是指组团级道路,是联系各住宅的道路,一般宽 3~5 m,使用功能以通行自行车和行人为主。小路交叉口有时可适当放宽,与休息场地结合布置,也显得灵活多样,丰富道路景观。行列式住宅各条小路,从树种选择到配置方式宜采取多样化,形成不同景观,也便于识别家门。

(4) 配套公建设施绿地的布置　居住区的配套公建也称公用服务设施,一般包括公共建筑及其场地,还有附属设备等。配套公建设施绿地一般规模不大,但是也发挥着改善居住区小气候、美化环境及丰富生活等积极的作用,是居住区绿地的重要组成部分。

由于居住区用地范围内配置的公共服务设施种类较多,而且与居民的日常生活活动直接相关,因此各类公共服务设施的绿地要符合不同的功能要求。例如在学校内要有操场、试验园地等;幼儿园内应设置活动场地、动植物试验场等;医疗机构的绿地可考虑有利于病员候诊休息的绿地等。

配套公建设施绿地在布置时要考虑使用方便,结合周围环境,用地紧凑,能够改善环境及构成良好的建筑面貌,若能与小区公共绿地相邻布置,连成一片,扩大绿色视野,则效果更佳。植物配置要考虑景观、遮阴、分隔、防护的要求,掌握好植物的特性,并结合公共建筑的性质来选择树种。

3) 居住区绿地的植物配置(表 5.17)

绿化是创造舒适、卫生、优美的游嬉环境的重要条件之一。居住区绿地最贴近居民生活。所以居住区绿地应以植物为主进行布局。居住区绿化既要有统一的格调,又要在布局、树种的选择等方面做到多样且各具特色,以提高居住区绿化艺术水平,营造优美的环境景观。

植物的配置应注意以下几个方面:首先要确定居住区的基调树种(主要用于行道树和庭荫树),以免显

表 5.17 植物配置种植方式

| 组合名称 | 组合形态及效果 | 种植方式 |
|---|---|---|
| 孤植 | 突出树木的个体美,可成为开阔空间的主景 | 多选用粗壮高大、体形优美,树冠较大的乔木 |
| 对植 | 突出树木的整体美,外形整齐美观,高矮大小基本一致 | 以乔、灌木为主,在轴线两侧对称种植 |
| 丛植 | 以多种植物组合成的观赏主体,形成多层次绿化结构 | 由遮阳为主的丛植多由数株乔木组成;以观赏为主的多由乔、灌木混交组成 |
| 树群 | 以观赏树组成,表现整体造型美,产生起伏变化的背景效果,衬托前景或建筑物 | 由数株同类或异类树种混合种植,一般树群长宽比不超过3:1,长度不超过60 m |
| 草坪 | 分观赏草坪、游憩草坪、运动草坪、交通安全草坪、护坡草皮,主要种植矮小草本植物,通常成为绿地景观的前景 | 按草坪用途选择品种,一般容许坡度为1%~5%,适宜坡度为2%~3% |

得杂乱无章。其次居住区内各组团、各类绿地由具有各自的特色树种,但植物材料的种类不宜太多,植物配置要讲究时间和空间景观的有序变化。采用常绿树与阔叶树、速生树与慢生树、乔木与灌木相结合,不同花期的草花与木本花卉相结合,使绿地一年四季都有良好的景观效果。使之产生春则繁花似锦,夏则绿荫暗香,秋则霜叶似火,冬则翠绿常延的景致。植物配置方式要多种多样,运用孤植、对植、丛植、群植、带植等园林艺术配植手法,做到立体配合、比例适当,构成多层次的复合结构,既满足生态效益的要求,又能达到观赏的景观效果。要注意与建筑物、地下管网有适当的距离,以免影响建筑的通风、采光,影响树木的生长和破坏地下管网。

适用居住区种植的植物分为乔木、灌木、藤本植物、草本植物、花卉及竹类等。植物配置按形式分为规则式和自由式,配置组合基本有如下几种:孤植、对植、丛植、树群和草坪(表5.17)。

在居住区绿化中,为了更好地创造出舒适、卫生、宁静、优美的生活、休息、游憩的环境,要注意植物的配置和树种的选择。宜选择生长健壮、管理粗放、病虫害少、有地方特色的乡土树种。还可栽植些有经济价值的植物,特别在庭院、专用绿地内可多载既好看又实惠的植物,如核桃、樱桃、月季、葡萄、连翘、麦冬、垂盆草等。在夏热冬冷地区,注意选择树形优美、冠大荫浓的落叶阔叶乔木,以利居民夏季遮阴、冬季晒太阳。充分考虑园林植物的保健作用,注意选择松柏类、香料和香花植物等。在公共绿地的重点地段或居住庭院中,以及儿童游戏场附近,注意选择常绿乔木和开花灌木,以及宿根、球根花卉和自播繁衍能力强的1~2年生花卉。在房前屋后光照不足地段,注意选择耐阴植物,在院落围墙和建筑墙面,注意选择攀缘植物,实行立体绿化和遮蔽丑陋之物。

植物材料的种类不宜太多,又要避免单调,力求以植物材料形成特色,使统一中有变化。各组团、各类绿地在统一基调的基础上,又各有特色树种,如玉兰院、桂花院、丁香路、樱花街等。攀缘植物可以绿化建筑墙面、各种围栏、矮墙,提高居住区立体绿化效果,如地棉、五叶地锦、凌霄、常春藤等。

4) 居住区绿地的小品设施

小品在居住区绿地中能够美化环境、组织空间、方便居民使用。一个设计得体的小品可起到画龙点睛的作用。在现在的居住区绿地设计中,常常将坐椅、路灯、园灯、儿童游戏设施、围墙、栏杆、售货亭、垃圾筒等结合起来,做到功能性与装饰性结合一体,是一种既美观又经济、实用的方法。

居住区绿地的小品设施分为建筑小品、装饰小品、公用设施小品、游憩设施小品和工程设施小品。建筑小品主要指休息亭、廊、书报亭、商品陈列窗、出入口、小桥等,可布置在公共绿地或行人休息广场及主要出入口,或用过街楼、雨篷、雕塑喷水池、花台等组成入口广场。

装饰小品主要指雕刻、水池、喷水池、叠石、壁画、花坛等。装饰小品是美化居住区环境的重要内容,它除了能活泼和丰富居住区面貌外还可成为居住区的主要标志。

公用设施主要指路牌、垃圾桶、路障、饮水处、邮筒、晒衣架、公共厕所、电话亭、交通岗亭、公共交通候车棚、灯柱、灯具等。公用设施小品名目和数量繁多,在满足使用要求的前提下,其造型和色彩等都应精心考虑,如垃圾桶、公厕等小品,它们与居民的生活密切相关,既要方便群众,又不能设置过多。照明灯具其造型、高度和规划布置应视不同的功能和艺术要求而定。

游憩设施小品主要指戏水池、游戏器械、沙坑、坐凳、桌子等。游憩设施小品主要结合公共绿地,人行道、广场等布置。桌、椅、凳等游憩小品,一般结合儿童、成年或老年人休息活动场地布置,布置在林荫道或休息广场内。游戏器械可分攀登、滑、转、爬、荡、吊等器械,它对增进儿童的身心健康,培养机智勇敢精神等方面都有很大作用,而各种形状不同、色彩不一的器械是形成居住区环境面貌多样化的重要因素。

工程设施小品主要指斜坡和护坡、台阶、挡土墙、道路缘石、雨水口、窨井盖、管线支架等。工程设施小品布置应结合地形、符合工程技术要求。如地形起伏地区设置挡墙、护坡、踏步等工程设施,并加以艺术处理,往往会为居住区增添特色。

## 5.8 附属绿地规划设计

### 5.8.1 附属绿地规划概况

1) 附属绿地的概述

附属绿地是指城市建设用地中绿地之外的各类用地中的附属绿化用地。根据国家现行标准《城市用地分类与规划建设用地标准》(GBJ 137—90)的规定,附属绿地不列入城市用地分类中的"绿地"类,而从属于各类建设用地之中。包括附属在公共设施用地、工业用地、仓储用地、对外交通用地、道路广场用地、市政公用设施用地和特殊用地中的绿化用地。附属绿地不单独参与城市用地平衡,其功能服从于其所附属的城市建设用地的性质。

附属绿地不仅在城市绿地系统中占有重要比例,而且在地域上与城市在职职工和居民、市民较为接近,是城市绿化的基础。因此,附属绿地的建设也是城市绿化中的一个重要方面,加强对附属绿地建设规划是十分必要的。

2) 附属绿地的类型

居住绿地是指城市居住用地内社区公园以外的绿地,包括组团绿地、宅旁绿地、配套公建绿地、小区道路绿地等。它的主要功能是改善居住环境,供居民日常户外活动(这些活动包括休憩、游戏、健身、社交、儿童活动等等);公共设施绿地指居住区级以上的公共设施的附属绿地,如医院、电影院、体育馆、商业中心等的附属绿地;工业绿地是指工业用地范围内的绿化用地,其主要功能是减轻有害物质对工人及附近居民的危害;仓储绿地指仓储用地内的绿地;对外交通绿地指对外公路、铁路用地范围内的绿地;道路绿地指居住区级以上的城市道路广场用地范围内的绿化用地,包括行道树绿带、分车绿带、交通岛绿地、交通广场和停车场绿地等;市政设施绿地是指市政公用设施用地内的绿地,包括水厂、污水处理厂、垃圾处理站等用地范围内的绿地;特殊绿地指特殊用地内的绿地,包括军事、外事、保安等用地范围内的绿地。

3) 附属绿地的规划要求

对于居住用地的附属绿地的绿地率,根据《城市居住区规划设计规范》规定居住区绿地面积(含社区公园)至少应占总用地的30%,一般新建区绿地率要在40%~60%,旧区改造不低于25%;公共设施附属绿地,在满足生态功能的同时,还应结合公建自身特点加强其外向景观特色,道路两旁的公共设施与高层建筑应预留绿色广场,要与道路景观和城市景观相协调。公共设施绿地率为30%以上,宾馆、疗养院、学校、医院、体育、文化娱乐、机关等公共设施绿地率达到35%以上,其中,传染病医院还应当建设宽度不少于50 m 的防护绿地。位于中心区以内的各种公共设施用地的绿地率可在以上基础上降低5~10个百分点;工业绿地率规划指标必须控制在20%以上,产生有害气体及污染的工厂绿地率不低于30%,并设立不少于50 m 的防护林带;仓储附属绿地风格宜简洁、美观,绿地布局和植物选择、配置,首先要满足交通要求,便于装卸、运输与安全防火等要求,一般规划仓储绿地率为20%以上;对外交通绿地,绿地率不低于20%;道路绿地率应符合下列规定,园林景观路绿地率不得小于40%,红线宽度大于50 m 的道路绿地率不得小于30%,红线宽度在40~50 m的道路绿地率不得小于25%,红线宽度小于40 m的道路绿地率不得小于20%;市政公用设施附属绿地应以卫生防护功能为主,结合市政公用设施类型选择绿化方式,创造绿色景观,市政公用设施附属绿地率为30%以上;特殊绿地含军事、外事、保安等用地范围内的绿地,绿地率不低于35%。

### 5.8.2 主要附属绿地规划设计内容

1) 工矿企业绿地规划设计

(1) 工矿企业绿地概述　工矿企业的园林绿化是城市绿化的重要组成部分。园林绿化不仅能美化厂容,吸收有害气体,阻滞尘埃,降低噪声,改善环境,而且使职工有一个清新优美的劳动环境,有利于振奋精神,提高劳动效率。

工矿企业绿地一般包括厂前区绿地、生产区绿地、仓库区绿地及其他绿地。工矿企业的厂前区是全厂行政、技术、科研中心,是联系城市和生产区的枢纽,是连接职工居住区和厂区的纽带。厂前区一般由主要出入口、门卫、行政办公楼、科研楼、中心实验楼以及食堂、幼托、医疗所组成。厂前区绿地一般为广场绿地、建筑周围绿地等。厂前区面貌体现了工厂的形象特色。生产区是企业的核心,生产车间、生产装置根据生产操作、工艺流程、安全生产规程要求进行布置。生产区绿地比较零碎分散,呈条带状和团状分布在道路两侧或车间周围。仓库区是原料和产品堆放、保管和储运区域,分布着仓库和露天堆场,绿地与生产区基本相同,多为边角地带。为保证生产,绿化不可能占据较多的用地。其他绿地主要指工业企业周围的防护林绿化、全厂性的游园、企业内部的水源地绿化、备用地绿化以及花圃、果园等。

(2) 工矿企业绿地的规划设计内容　厂前区在一定程度上代表着工厂的形象,体现工厂的面貌,同时也是工厂文明生产的象征。因此,厂前区的绿化要美观、整齐、大方,还要方便车辆通行和人流集散。绿地一般多采用规则式或混合式。入口处的布置要富于装饰性和观赏性,强调入口空间。广场周边、道路两侧的行道树,选用冠大荫浓、耐修剪、生长快的乔木,或树姿优美、高大雄伟的常绿乔木,形成外围景观或林荫道。花坛、草坪及建筑周围的基础绿带或用修剪整齐的常绿绿篱围边,点缀色彩鲜艳的花灌木、宿根花卉,或植草坪,用彩色叶灌木形成模纹图案。

生产车间周围的绿化要根据车间生产特点及其对环境的要求进行设计,为车间生产创造所需要的环境条件,防止和减轻车间污染物对周围环境的影响和危害,满足车间生产安全、检修、运输等方面对环境的要求,为工人提供良好的短暂休息用地。一般情况下,车间周围的绿地设计,首先要考虑有利于生产和室内通风采光,距车间6~8 m内不宜栽植高大乔木。其次,要把车间出、入口两侧绿地作为重点绿化美化地段。由于各类车间生产性质不同,对环境要求也不同,必须根据车间具体情况因地制宜地进行绿化设计。

仓库区的绿化设计,要考虑消防、交通运输和装卸方便等要求,选用防火树种,禁用易燃树种,疏植高大乔木,间距7~10 m,绿化布置宜简洁。在仓库周围要留出5~7 m宽的消防通道。装有易燃物的贮罐,周围应以草坪为主,防护堤内不种植物。露天堆场绿化,在不影响物品堆放、车辆进出、装卸的条件下,周边栽植高大、防火、隔尘效果好的常绿阔叶树,外围加以隔离。

厂区道路是厂区绿化的重要组成部分,它反映一个工厂的绿化面貌和特色,是职工接触最多的绿化地区,是厂内绿化体系中线的形式,厂区内道路绿化应在道路设计中统一考虑和布置,与道路两侧的建筑物、构筑物、各种地上地下管线、道路协调布置。由于工厂的特点,厂区道路绿化首先要满足厂内道路运输的安全视距的要求,其次要处理好与各种地上、地下管线的关系,使绿化与管线相互配合,既不影响美观也不相互干扰。第三要满足夏季对遮阴、冬季对阳光的要求,一般在道路两旁各种一行落叶乔木,形成行列式的林荫道,以满足遮阴和美观的要求。

工厂企业根据厂区内的立地条件作厂区规划要因地制宜地开辟小游园,满足职工工作之余休息、放松、消除疲劳、锻炼、聊天、观赏的需要,这对提高劳动生产率、保证安全生产、开展职工业余文化娱乐活动有重要意义,对美化厂容厂貌有着重要的作用。游园绿地应选择在职工休息易于到达的场地,如有自然地形可以利用则更好。工厂小游园可以和工人俱乐部、阅览室、体育活动场地、大礼堂、办公楼、厂前区结合布置,也可利用厂内山丘、水面和车间之间大块空地,辟建小游园,以便于创造优美自然的园林艺术空间,通过对各种观赏植物、园林建筑及小品、道路、铺装、水池、坐椅等的合理组织与安排,形成优美自然的园林环境。

工厂防护林带设计是工厂绿化的重要组成部分,尤其是对那些产生有害排出物或生产要求卫生防护很高的工厂更为重要。工厂防护林带的主要作用是滤滞粉尘、净化空气、吸收有毒气体、减轻污染,保护、改善厂区乃至城镇环境。根据《工厂企业设计卫生标准》的规定,凡产生有害因素的工业企业与生活区之间应设置一定的卫生防护距离,并在此距离内进行绿化。因此,结合不同企业的特点,应该选择不同的乡土树种、抗污染树种结合的形式和合理的结构形式及位置布置卫生防护林,以发挥其最佳作用。林带结构以乔灌混交的紧密结构和半通透结构为主,外轮廓保持梯形或屋脊形,防护效果较好。

2) 学校绿地规划设计

(1) 学校绿地概述　学校绿地为师生创造一个防暑、防寒、防风、防尘、防噪、安静的学习和工作环境。通过美丽的花坛、花架、花池、草坪、乔灌木等复层绿化,为广大师生提供休息、文化娱乐和体育活动的场所。校园内大量的植物材料,可以丰富学生的科学知识,提高学生认识自然的能力。丰富的树种种群,通过挂牌标明树种,整个校园成为植物学知识的学习园地。同时也可通过在校园内建造有纪念意义的雕塑、小品,种植纪念树,对学生进行爱国爱校教育。校园绿化与学校的规模、类型、地理位置、经济条件、自然条件等密切相关。我国各地、各级、各类学校,除遵循一般的园林绿化原则之外,还要与学校性质、级别、类型相结合,及与该校教学、实验、实习相结合。

一般校园内包括教学区、行政管理区、学生生活区、教职工生活区、体育活动区等功能分区。校园内的建筑环境多种多样,不同性质、不同级别的学校其规模大小、环境状况、建筑风格各不相同。学校园林绿化要能创造出符合各种建筑功能的绿化美化环境,使多种多样、风格不同的建筑形体统一在绿化的整体之中,并使人工建筑景观与绿色的自然景观协调统一,达到艺术性、功能性与科学性的协调一致。各种环境绿化相互渗透、相互结合,使整个校园不仅环境质量好,而且有整体美的风貌。

校园绿化应因地制宜进行规划、设计和选择植物种类。学校的园林绿化建设要以绿化植物造景为主,树种选择无毒无刺、无污染或无刺激性异味,对人体健康无损害的树木花草为宜;力求实现彩化、香化、富有季相变化的自然景观,以达到陶冶情操、促进身心健康的目标。

(2) 大学校园绿地规划设计内容　大学校园绿地由教学科研区、学生生活区、教职工住宅区和校园道路绿地组成。教学科研区是学校的主体,包括教学楼、实验楼、图书馆以及行政办公楼等建筑,该区常常与学校大门主出入口综合布置,体现学校的面貌和特色。教学科研区要保持安静的学习和研究环境,其绿地沿建筑周围、道路两侧呈条带状或团块状布置。学生生活区为学生生活、活动区域,分布有学生宿舍、食堂、浴室、商店等生活服务设施及部分体育活动器械,有的学校将学生体育活动中心设在学生生活区内或附近。该区与教学科研区、体育活动区、校园绿化景区、城市交通及商业服务有密切联系。该区绿地沿建筑、道路分布,比较零碎、分散。教职工住宅区为教工生活、居住区域,其绿化主要是在居住建筑附近和道路两侧,一般单独布置,位于校园一隅,以求安静、清幽。校园道路分布于校园中的道路系统,分隔各功能区,具有交通运输功能。道路绿地位于道路两侧,除行道树外,道路两侧绿地与相邻的功能区绿地融合。

学校的绿化及其用地规划与学校特点是密切相关的,应统一规划,全面设计。一般校园绿化面积应占全校总用地面积的50%~70%,才能真正发挥绿化效益。根据学校各部分建筑功能的不同,在布局上,既要作好区域分割,避免相互干扰,又要相互联系,形成统一的整体。树种选择上,要注意选择那些适于本地气候和本校土壤环境的高大挺拔、生长健壮、树龄长、观赏价值高、病虫害少、易管理的乔灌木。

教学科研区绿地是主要满足全校师生教学、科研、实验和学习的需要,绿地应为师生提供一个安静、优美的环境,同时为学生提供一个课间可以进行适当活动的绿色空间。在教学科研区绿地中,校前区绿地尤为重要。它是位于大门至学校主楼之间的广阔空间,一般是由学校出入口与行政、办公区组成,与工厂厂前区一样,是学校的门面和标志,体现学校面貌。校前区绿化应以装饰观赏为主,衬托大门及主体建筑,突出安静、优美、庄重、大方的高等学府校园环境。校前区绿化设计以规则式绿地为主,以校门、办公楼入口为中心轴线,布置广场、花坛、水池、喷泉、雕塑和国旗台等,两侧对称布置装饰或休息性绿地,或在开阔的草地上种植树丛,点缀花灌木,达到自然活泼的效果,或植绿篱、草坪、花灌木,低矮开朗,富有图案装饰性。校前区绿地常绿树应占较大比例。

对于教学楼与教学楼之间、实验室与图书馆、报告厅之间的空间场地的绿化,首先应保证安静的教学环境,在不影响教学楼内通风采光的条件下,多植落叶乔灌木。为满足学生课间休息,楼附近要留出小型活动场地、地面铺装。实验楼的绿化同教学楼,还要根据不同实验室的特殊要求,在选择树种时,综合考虑防火、防爆及空气洁净程度等因素。

由于大学生对于集体活动、互相交往的需求较强,所以在校园绿地中应创造一些适于他们进行集体活动、谈心、演讲、小规模的文艺演出、静坐休息、思考的绿地环境,这就需要设置不同的园林绿地空间,空间大小应多样、类型也宜丰富变化,如草坪广场、铺装广场、疏林广场空间、庭院空间、半封闭空间、开敞空间,通过各种空间的创造,满足其各种不同的使用要求。

在校园中为做好各分区的过渡,一般在教学区或行政管理区与生活区之间设置小游园。小游园是学校园林绿化的重要组成部分,它的设置要根据不同学校特点,充分利用自然山丘、水塘、河流、林地等自然条件,合理布局,创造特色,并力求经济、美观。小游园也可和学校的电影院、俱乐部、图书馆、人防设施等总体规划相结合,统一规划设计。其内部结构布局紧凑灵活,空间处理虚实并举,植物配置须有景可观,全园富有诗情画意。游园形式要与周围的环境相协调一致。

教职工住宅区绿地可以校园绿化基调为前提,根据场地大小,兼顾交通、休息、活动、观赏诸功能,因地制宜进行设计。楼间距较小时,在楼梯口之间只进行基础栽植。场地较大时,可结合行道树,形成封闭式的观赏性绿地。或庭院式布置,铺装地面、花坛、基础绿带和树池结合,形成良好的生活、休息环境。

校园道路是连接校内各区域的纽带,其绿化布置是学校绿化的重要组成部分。道路有通直的主体干道,有区域之间的环道,有区域内部的通道。主体干道较宽,两侧种植高大乔木形成林荫道,构成道路绿地的主体和骨架。浓阴覆盖有利于师生们的工作、学习和生活。在行道树外侧植草坪或点缀花灌木,形成色彩、层次丰富的道路侧旁景观。

(3) 中小学绿地设计内容  中小学用地分为建筑用地(包括办公楼、教学及实验楼、广场道路及生活杂务院)、体育场地和自然科学实验用地。中小学建筑用地绿化,往往沿道路广场、建筑周边和围墙边呈条带状分布,以建筑为主体,以绿化衬托、美化。因此,绿化设计既要考虑建筑物的使用功能,如通风采光,遮阴、交通、集散,又要考虑建筑物的体量、色彩等。大门出入口、建筑门厅及庭院,可作为校园绿化的重点,结合建筑、广场及主要道路进行绿化布置,注意色彩层次的对比变化。配置四季花木、建花坛、铺草坪、植绿篱、衬托大门及建筑物入口空间和正立面景观,丰富校园景色,构筑校园文化。建筑物前后作低矮的基础栽植,5 m 内不植高大乔木。两山墙处植高大乔木,以防日晒。庭院中也可植乔木,设置乒乓球台、阅报栏等文体设施,供学生课余活动之用。校园道路绿化,以遮阴为主,植乔灌木。

体育场地主要供学生开展各种体育活动。一般小学操场较小,或以楼前后的庭院代之。中学单独设立较大的操场,可划分标准运动跑道、足球场、篮球场及其他体育活动用地。运动场周围植高大遮阴落叶乔木,少种花灌木。地面铺草坪(除跑道外),尽量不硬化。运动场要留出较大空地供活动用,空间通视,保证学生安全和体育比赛的进行。学校周围沿围墙植绿篱或乔灌木林带,与外界环境相对隔离,避免相互干扰。中小学绿化树种选择与幼儿园相同。树木应挂牌,标明树种名称,便于学生识别、学习。

(4) 幼儿园绿地设计内容  幼儿园是对3~6岁幼儿进行学龄前教育的机构,在居住区规划中多布置在独立地段,也有设立在住宅底层的。它的建筑布局有分散式、集中式两类。托幼机构的总平面一般分为主体建筑区、辅助建筑区和户外活动场地三部分。其中户外活动场地又分为公共活动场地、班组活动场地、自然科学基地和休息场地。

公共活动场地是幼儿进行集体活动、游戏的场地,也是绿地的重点地区。该区绿化应根据场地大小,结合各种游戏活动器械的布置,适当设置小亭、花架、涉水池、沙坑。在活动器械附近,以种植遮阴的落叶乔木为主,角隅处适当点缀花灌木,场地应开阔通畅,不能影响儿童活动。班组活动场地一般不设游乐器械,通常选择无毒无刺的植物,场地可根据面积大小,采用40%~60%铺装,图案要新颖、别致,符合不同年龄段的幼儿爱好。

有条件的托幼机构有自然科学基地,还可设花园、菜园、小动物饲养、种植果树区等地,以培养儿童观察能力及热爱科学、热爱劳动的品质。自然科学基地可设置在全园一角,用篱笆隔离,里面种植少量果树、油料、药用等经济植物。整个室外活动场地,应尽量铺设草坪,在周围种植成行的乔灌木,形成浓密的防护带,起防风、防尘和隔离噪音作用。休息场地一般在建筑物附近,特别是儿童主体建筑附近,不宜栽高大乔木以避免使室内通风、透光受影响,一般乔木应距建筑 8~10 m 以外,可以做一些基础种植。主入口附近可布置儿童喜爱的色彩鲜艳、造型可爱活泼的小品、花坛等,起美观及标志性作用外,还可为接送儿童的家长提供休息场地。

3) 医疗机构绿地设计

(1) 医疗机构概述　现代医疗机构是一个复杂的整体,需合理地组织医疗程序,更好地创造卫生条件,这是绿地规划设计的首要任务,要保证病人、医务人员、工作人员的便利、休息、工作中的安静和必要的卫生隔离。按医院的性质和规模,一般将其分为综合医院、专科医院及其他门诊性质的门诊部、防治所及较长时期医疗的疗养院等。综合医院一般设有内、外科的门诊部和住院部,医科门类较齐全,可治疗各种疾病。专科医院是设某一科或几个相关科的医院,医科门类较单一,专治某种或几种疾病,如儿童医院、口腔医院、传染病医院等。传染病医院及需要隔离的医院一般设在城市郊区。小型卫生院指设有内外科门诊的卫生院、卫生所和诊所。休、疗养院指用于恢复工作疲劳,增进身心健康,预防疾病或治疗各种慢性病的医疗服务机构。

医疗机构一般由门诊部、住院部、辅助医疗部分、行政管理部门和总务部门组成。门诊部是接纳各种病人,对病情进行诊断,确定门诊治疗或住院治疗的地方,同时也进行防治保健工作。门诊部的位置,一方面要便于患者就诊,靠近街道设置,另外又要保证治疗需要的卫生和安静条件,门诊部建筑一般要退后红线 10~25 m。住院部主要为病房,是医院的主要组成部分,并有单独的出入口,其位置安排在总平面中安静、卫生条件好的地方。要尽可能避免一切外来干扰或刺激,以创造安静、卫生、适用的治疗和疗养环境。辅助医疗部分主要由手术部、中心供应部、药房、X 光室、理疗室和化验室等部分组成。大型医院中可按门诊部和住院部各设一套辅助医疗用房,中小型则合用。行政管理部门主要是对全院的业务、行政与总务进行管理,可单独设在一幢楼内,也可设在门诊部门。总务部门属于供应和服务性质,一般都设在较偏僻一角,与医务部分有联系又有隔离。这部分用房包括厨房、锅炉房、洗衣房、事务及杂用房、制药间、车库及维修、保障部门等。

(2) 综合医院的绿地规划设计内容　医院绿化一般分为门诊部绿化、住院部绿化和其他区域绿化。由于组成部分功能不同,绿化形式和内容也有差异。门诊部靠近医院主要出入口,与城市街道相临,人流比较集中,在大门内外、门诊楼前要留出一定缓冲地带或集散广场。根据医院条件和场地大小,因地制宜布置绿化,以美化装饰、周边基础栽植为主,广场中可设置喷泉、水池、雕塑、花坛,周边疏植高大遮阴乔木。门诊部绿化要注意室内通风采光,并与街道绿化相协调。住院部位于门诊部后,医院中部较安静地段。住院部庭院要精心布置,根据场地大小确定绿地形式和设施内容,创造安静、优美的环境,供病人室外活动及疗养。绿地应与建筑、道路结合,有条件的可设置小型广场、花坛、草坪、树丛、水池、喷泉、雕塑、花架、坐椅等,布置成花园或有起伏变化的自然式游园,并利用植物来组织空间。植物配置要有丰富的色彩和明显的季相变化,使病人能感到自然界季节的交替,以调节情绪,提高疗效。常绿树种与花灌木应占 30% 左右。其他区域包括辅助医疗的药库、制剂室、解剖室、太平间等,总务部门包括食堂、浴室、洗衣房及宿舍区,往往位于医院后部单独设置,相对隔离。

(3) 专科医院绿化的规划设计内容　儿童医院主要接受年龄在 14 周岁以下的病儿。其绿地除具有综合性医院的功能外,还要考虑儿童的一些特点。在绿化布置中要安排儿童活动场地及儿童活动的设施,其外形、色彩、尺度都要符合儿童的心理与需要。树种选择要避免种子飞扬、有臭(异)味、有毒、有刺的植物,以及引起过敏的植物,还可以布置些图案式样的装饰物及园林小品。良好的绿化环境和优美的布置,可减弱患儿对医院、疾病的心理恐惧。传染病院主要接受有急性传染病、呼吸道系统疾病的病人。医院周围的防护隔离带的作用就显得突出,其宽度应比一般医院宽,50 m 的林带由乔灌木组成,并将常绿树与落叶树一起布置,使之在冬天也能起到良好的防护效果。在不同病区之间也要适当隔离,利用绿地把不同病人组织到不同空间中休息、活动,以防交叉感染。病人活动区布置一定的场地和设施,以供病人进行散步、下棋、聊天、打拳等活动,为他们提供良好的环境。总之,医疗单位的绿化,应注意隔离作用,避免各区相互干扰。植物应选择有净化空气、杀菌、有助疗效作用的种类,也可选用果树、药用植物,以易于管理为主。

4) 机关单位绿地规划设计

(1) 机关单位绿地概述 机关单位绿地是指党政机关、行政事业单位、各种团体及部队管界内的环境绿地,也是城市园林绿地系统的重要组成部分。搞好机关单位的园林绿化,不仅为工作人员创造良好的户外活动环境,闲暇时间得到身体放松和精神享受,也给前来联系公务和办事的客人留下美好印象,提高单位的知名度和荣誉度,是提高城市绿化覆盖率的一条重要途径,对绿化美化市容,保持城市生态环境的平衡,具有举足轻重的作用。机关单位绿地还是机关单位乃至城市管理水平、文明程度、文化品位、面貌和形象的反映。

由于机关单位往往位于街道侧旁,其建筑物又是街道景观的组成部分。因此,园林绿化要结合文明城市、园林城市、卫生和旅游城市的创建工作,结合城市建造和改造,逐步实施"拆墙透绿"工程,拆除沿街围墙或用透绿墙、栏杆墙代替,使单位绿地和街道绿地相互融合、渗透、补充、统一和谐。新建和改造的机关单位,在规划阶段就进行控制,尽可能扩大绿地面积,提高绿地率。在建设过程中,通过审批、检查、验收等环节,严格把关,确保绿化美化工程得以实施。大力发展垂直绿化和立体绿化,使机关单位在有限的绿化空间内取得较大的绿化效果,增加绿量。机关单位绿地主要包括入口处绿地、办公楼前绿地(主要建筑物前)、附属建筑旁绿地、庭院休息绿地(小游园)、道路绿地等。

(2) 机关单位绿地的规划设计内容 大门入口处是单位形象的缩影,入口处绿地也是单位绿化的重点之一。绿地的形式、色彩和风格要与入口空间、大门建筑统一协调,设计时应充分考虑,以形成机关单位的特色和风格。一般大门外两侧采用规则式种植,以树冠规整、耐修剪的常绿树种为主,与大门形成强烈对比,或对植于大门两侧,衬托大门建筑,强调入口空间。在大门对景位置可设计成花坛、喷泉、假山、雕塑、树丛、树坛及影壁等,其周围的绿化要突出整体效果,从色彩到形式起到衬托作用。

办公楼绿地可分为办公楼入口处绿地、楼前装饰性绿地(此绿地有时与大门处前广场绿地合二为一)及楼周围基础绿地。大门入口至办公楼前,根据空间和场地的大小,往往规划成广场,供人流交通集散和停车。大楼前的广场在满足人流、交通、停车等功能的条件下,可设置喷泉、假山、雕塑、花坛、树坛等,作为入口的对景,两侧可布置绿地。办公楼前绿地以规则式、封闭式为主,对办公楼及空间起装饰衬托美化作用。装饰性绿地以草坪为底,绿篱围边,点缀一些观赏价值较高的常绿树和花灌木,低矮开敞,或做成模纹图案,富有装饰效果。办公楼前广场两侧绿地,视广场大小而定,场地小宜设计成封闭性绿地,起绿化美化作用,场地大可建成开放式绿地,兼休息功能。

楼前基础种植从功能上看,能将行人与楼下办公室隔离,以保证室内安静;从环境上看楼前基础种植是办公楼与楼前绿地的衔接和过渡。因此,植物种植宜简洁、明快,多用绿篱和树形较整齐的花灌木,以突出建筑立面及楼前装饰性绿地,并能保证室内的通风采光。在建筑的阴面,宜选择一些耐阴植物绿化,如珍珠梅、金银木、八仙花、元宝枫、圆柏、云杉等,还可种植地锦进行垂直绿化。在建筑物两侧宜规则式种植常绿树及开花小灌木;为防西晒也可种植高大乔木,但要离建筑物 5 m 以外种植。

附属建筑绿地指食堂、锅炉房、供变电室、车库、仓库、杂物堆放等建筑及围墙内的绿地。这些地方的绿化首先要满足使用功能,如堆放煤渣、垃圾、车辆停放、人流交通、供变电要求等。其次要对杂乱的、不卫生的、不美观之处进行遮蔽处理,用植物形成隔离带,阻挡视线,起卫生、防护隔离和美化作用。

道路绿地也是机关单位绿化的重点,它贯穿于机关单位各组成部分之间,起着交通、空间和景观的联系和分隔作用。道路绿化应根据道路及绿地的宽度,可采用行道树及绿化带种植方式。在采用行道树种植的绿地形式时,由于机关单位道路较窄,建筑物之间空间较小,植物一般选用具有较好的观赏性、分枝点较高的乔木为主。种植时应注意其株距可小于城市道路的行道树种植的株距,一般在 5 m 左右,同时要处理好行道树与管线之间的距离。行道树的种类不宜繁杂,以 2~3 种为宜。

# 6 园林管理

## 6.1 概述

### 6.1.1 相关概念

园林行业是基础建设的重要构成之一,至今已发展成为包括设计、施工、管理以及养护和其他服务在内的综合的技术经济系统,是以建设、维护和调整并提供技术服务为主要构成(兼文化构成)的从业人员及相关物资的系统。

管理是实现组织目标,利用职权,统筹协调兼顾各方面利益而进行的一种控制过程。其目的是建立一个充满创造力的体系,以便系统在当今急剧变化的环境中,得以持续、高效、低能耗、多功能的运作。

经济是在资源有限的条件下,人们所进行的获取(含创建)或控制一定形式的物质、能量、信息来满足社会成员或集团福利需要的程序行为。

经济管理是为了达到特定的经济目的,在人群中对人类行为所进行的程序制定、执行和调节。

园林管理是指为了达到改善环境、保护生态、发展经济、提高居民生活质量等目的,对园林行业中的各种人类行为所进行的程序指定、执行和调节,是对整个园林系统进行的经济管理(图6.1)。

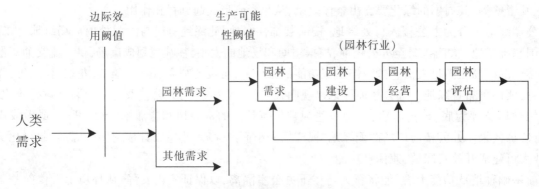

**图 6.1 园林经济及技术系统流程图**
资料来源:张祥平,黄凯.园林经济管理[M].北京:气象出版社,2001.

### 6.1.2 园林管理系统及其特点

1) 园林管理系统

园林产品的实现,有一整套运作程序(图6.2),因而对于这一复杂体系——园林的管理则需要运用系统原理,而园林管理本身也是一个系统,由若干个工作系统组成,如筹划建设和审批管理是决策系统,园林规划设计及实施管理是执行系统,对园林产品实现过程的监督检查和反应反响是反馈系统,为了保证系统的顺利运转,需要有园林管理的法律法规、制度政策等,这是保障系统,这些工作系统相互联系、相互影响。

(1) 决策系统　决策系统中的筹划建设是前期管理工作,审批管理是后期管理,这是一个动态连续过程。其间包括对于规划设计单位的资格审查与选择。

(2) 执行系统　园林规划设计实施管理属于执行系统,主要包括规划设计、建设施工、工程监理、组织验收管理等。

(3) 反馈系统　园林产品在生产过程中的监督检查、群众参与，以及建成后的反应反响等，都属于园林管理的反馈系统。这些都有助于决策系统、执行系统的顺利实施，并能进行合理的修改与完善。

(4) 保障系统　园林管理系统的保障条件很多，比如组织、人员、体制、财力、物力、技术等等。其中尤其以法律法规、制度政策保障最为重要，可以最大限度地减少人为因素的干扰，是园林管理实施的基础与关键。

组织管理是一项有组织、有目标的社会实践活动。其系统构成包括 5 要素：管理目标、管理者、被管理者、管理对象、管理中介。园林管理作为组织管理的一个分支，也包括上述 5 项要素。除此之外，必须要有一定的运行机制来保障园林管理的顺利进行。保证运转与操作的协调与灵便，防止决策的失误，使管理发挥最大的效能并实现管理目标。通常园林管理包含协调机制、调控机制、反馈机制等。

2) 园林管理的特点

作为一个系统，在园林管理过程中，必须进行程序制定，也就是对于人类行为进行时间排序，如园林管理系统就可分为园林决策（筹建）、园林规划设计（规划、设计、审批）、园林建设（组织、施工、验收）、园林经营管理、信息反馈等阶段。其中每一个阶段又可以进行更细致的程序制定，直至最后的操作环节。园林管理对于园林行业的质量保证和顺利发展起着至关重要的作用。有着与其他管理程序不同的一些特点。

(1) 城市是园林行业的主要载体　园林是人们用来改善居住环境和休憩环境的重要手段之一，其主要有两大动因：一是人口增长，人类需求增加，原有环境不能满足人类发展需要；二是人类发展破坏了原有环境，而日益恶化的环境不再适宜人类的居住与休憩，必须要得到改善。而这两大因素在城市里显得更为突出，因此，园林行业在城市里的发展及管理就更为迫切和必须。所以说城市是园林行业的主要载体。

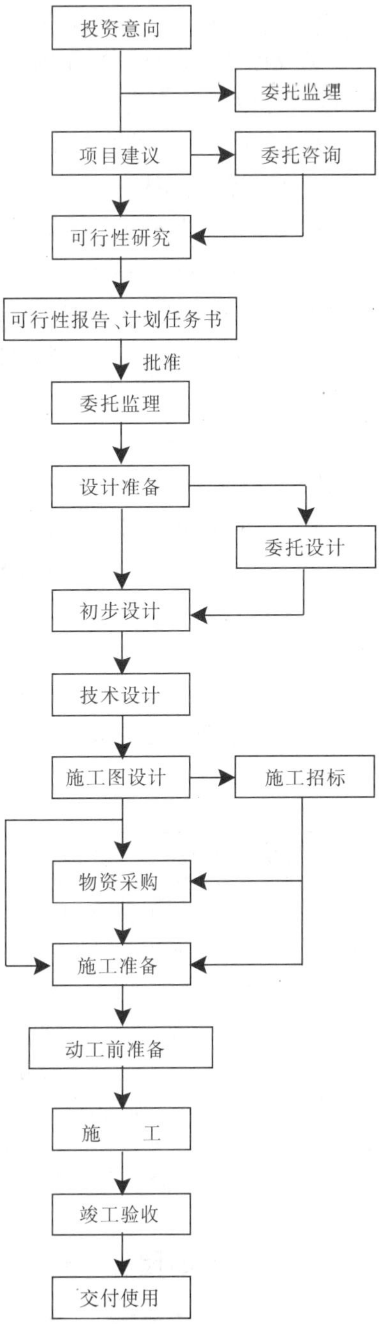

**图 6.2　园林工程建设程序**

资料来源：张祥平，黄凯.园林经济管理[M].
北京：气象出版社，2001.

(2) 园林既可能是公共产品，也可能是法人产品　园林空间作为一个行业的"产品"，既可能是公共产品，也可能是法人产品。所谓公共产品，是政府向居民提供的各种服务的总称；而法人产品则是依法注册的单位或个人通过市场提供的合法产品与劳务。也就是说，园林既可以是政府提供，也可能由单位或个人提供，在我国目前阶段，由政府提供的园林产品对于人民群众来说更为主要，也更为重要，因为它们除了经济效益外，更注重社会效益和生态效益等。

(3) 涉及活物管理　由于植物是园林行业中一种至关重要的元素，而且除此之外，动物和微生物等也经常成为园林行业涉及的方面，因此在整个管理过程中，大量涉及具有生命的元素，使园林行业与众不同。活物管理把生产建设（提供有效生产量）的过程和园林经营（提供实现效益量）的过程紧密衔接在一起。

### 6.1.3　园林的质量管理与数量管理

1) 园林的质量管理

"质"是一物区别于他物的特征,"质量"是有关特征的特异程序,即鲜明程度。质量管理是为了达到一定的质量或标准而进行的程序制定、执行和调节。全面质量管理就是把有关程序层层分解到每一个已知的基础环节,并根据经验教训以及制定者和执行人所发现的影响质量的原因,对新的环节与特征加以数量化并纳入程序,或对旧的特征制定新的指标。质量标准是根据人的需要而确定的,例如对于园林在生态、审美、文化、使用率、经济性等方面提出质量标准,来判断园林产品是否达到预期的目标。

园林行业的质量管理一般可以分为以下几个方面:园林决策的质量管理;园林规划设计的质量管理;园林生产、建设(施工)的质量管理;园林养护的质量管理;园林经营的质量管理等。

对于园林行业的质量管理,除了园林规划设计本身涉及的创造性构思外,其余方面都程序性较强,因此标准化程度越高,制度规程越细致、完善,就越易于控制质量。同时也有必要引入公众参与来加强监督与质量管理。

2) 园林的数量管理

数量管理的目的是在一定的建设(设计、生产、施工、养护等)时期内,以较少的投入获取一定的产出;或者在较少的时间内,以一定的投入获取一定的产出。数量管理主要包括调度、定额、进度等几方面内容。调度是为了一定的目的,对于可支配的人力、物力、财力以及相关行为进行空间上的分工、定位,对于不同行为及其结果进行时间上的关联和事先安排。为了完成调度计划、组织生产、考核成本,必须要进行预算和定额管理。但由于在实际执行过程中,往往因现实条件变化而出现误差,因此,除了实施标准化定额制或是承包定额制外,还必须对园林建设实际进度进行有效管理,特别是对关键工序要定期检查进展情况,及时改进。有关变量及数量化参见表6.1。

表 6.1 经济系统变量及数量化

| 外部环境变量 | | 内在变量 | 系统管理变量 | 行为管理变量 | 程序管理变量 | 数量化 |
| --- | --- | --- | --- | --- | --- | --- |
| 大环境<br>1.文化背景<br>2.政治法律<br>3.科学技术<br>4.经济水平<br>5.通讯、协调 | 小环境<br>1.供给者<br>2.需求者<br>3.竞争者 | 1.管理机构<br>2.执行者<br>3.决策程序<br>4.非正式组织<br>5.生态与资源<br>6.科技状况 | 1.系统模拟与预测<br>2.功能反馈与调节<br>3.信息中心 | 1.学习与校正<br>2.激励活力<br>3.协调秩序 | 1.计划<br>2.组织<br>3.调度(指挥)<br>4.通讯、协调 | 1.经济决策数量化<br>2.重要目标数量化<br>3.主要变量数量化<br>4.结果反馈数量化<br>5.质量标准数量化 |

资料来源:张祥平,黄凯.园林经济管理[M].北京:气象出版社,2001.

### 6.1.4 城市的园林管理机构

无论进行质量管理,还是进行数量管理,都是以某些专职、半专职人员的存在为前提的。这些人被称为管理人员,而由管理人员形成的分工明确的合作性组织(正式组织)称为管理机构。管理机构是经济系统发展到同域分层之后的产物,随着信息技术的发展,管理机构从"大环境"来看将更加知识化、通才化;从"小环境"来看将更加信息化、商业化。管理机构对内将更加程序化、专业化、协调化;对外将更加灵活(非程序)化、多样(非专业)化、可调化。

管理机构的基本特征是"分层"和"协调"。分层的层次数目与有关单位的整体规模及工艺技术的复杂程度(结构)直接相关。协调程序是指下层服从上层指挥,同层之间的配合,以及上层对下层建议的反应程度,并与管理水平直接相关。

城市园林系统的管理机构如图6.3所示,这是一个可供参考的园林系统机构示意,其中"市园林局"是体系中的核心管理机构。

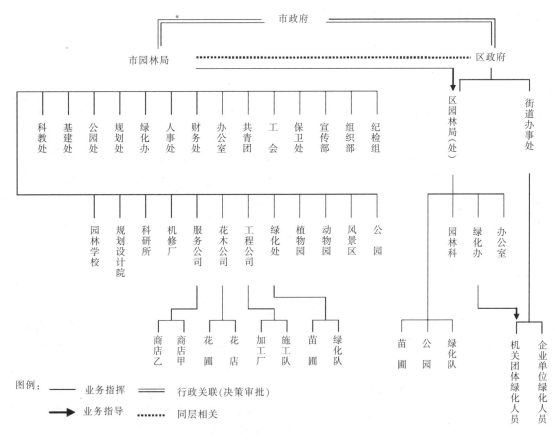

图 6.3 城市园林系统机构示意

资料来源:张祥平,黄凯.园林经济管理[M].北京:气象出版社,2001.

### 6.1.5 城市的园林需求

城市对园林的需求可以分为两个方面:一是作为基础设施;一是作为休闲、放松、怡情设施。

作为基础设施,应由政府作为公共产品提供给全体市民。由于园林中的植物具有改善环境的特点,因此园林在改善城市环境方面具有无法替代的作用,其直接关系到城市居民的生活、工作环境质量,关系到人们的健康与寿命,这也正是园林能成为日益重要的公共产品的重要因素。另外,随着人们生活水平的日益提高,工作节奏的加快,城市居民需要放松休闲的场所,政府为人们提供园林空间,也是改善生活品质、建设和谐社会的工作之一。因此,对于作为公共产品的园林的需求,正越来越成为市民日常的需求。

作为休闲、娱乐、放松、怡情的设施,园林既可以由政府提供,也可以由单位或个人提供。由单位或个人提供的园林产品,则可以为全体市民服务,也可以只为部分人群服务。

园林需求的上升,与人们的个人收入增长和消费结构改变密切相关,同时也与人们的闲暇时间增多有关。旅游观光就是极为典型的一种园林需求,而且是在个人收入和闲暇时间达到一定程度的情况下才会发生。这种需求可以是对本地的园林需求(一般以公共产品为主),也可以是对异地的园林需求(通常是法人产品),这就造成了对于园林产品不同的管理模式,包括最初的决策,中期的规划设计与建设,后期的经营、管理,评价反馈,以及进行决策调整,修订规划,建设改造等等一系列进程。

## 6.2 园林决策管理

### 6.2.1 决策

决策是为了一定的目的而进行的对于人、财、物的组成成分、比例结构及相关行为的时间、地点的选择及确认。

园林作为城市经济系统中一项重要的基础设施,有多少资源可以用于园林建设和维护?在什么时候、什么地点进行园林建设?如何落实园林建设的资源?相关程序如何制定?这些决策直接决定了有无园林供给、有多少园林供给、什么地区的消费者在什么时候得到园林供给、供给的园林品质高低等。

园林的供给与决策者、决策指标、决策程序这三者有关。通常情况下,在其他条件相同时,总是会优先选择需求较大、效益较好、施工方便的地方进行园林建设。

### 6.2.2 园林决策者

决策者是能够选择或将其决策付诸实施的人,因此是能够支配人员或财务的人。园林决策者是影响园林供给的重要因素,因此,通常来说集体决策比个人决策更合理,有公众参与的专家决策比领导决策更合理。

(1) 园林决策受决策者的决策目的影响最大。决策目的不同将直接导致资源的分配差异和最后结果不同。所以,必须确立合理的决策指标,来引导决策者作出最优、有效、满意的决策。最优、有效、满意是系统权衡与决策的三个层次。在现实的决策过程中,只能以"最优"为引导,以努力实现能够接近目标的"有效",或者至少达到不会背离目标的"满意"。"满意"就是虽然不够有效,但还过得去。一个城市的园林建设即使暂时不能满足市民的需要,但也不能让大多数市民都觉得不满。

(2) 决策程序对决策者有着重要影响。具有反馈机制的程序比不具有反馈机制的程序更能使决策者产生相对合理、相对有效的决策,以避免失误和减少损失。

(3) 决策者本身也会影响到决策的制定。由于不同的决策者拥有的学识、经验、专业知识、知识结构等各不相同,基于自身的能力学识,往往会作出不同的决策。此外,决策者个人的道德素养、职业操守、心理素质甚至性格、脾气、情绪等,都有可能影响到决策的制定。

### 6.2.3 园林决策指标

决策指标是数量化的决策目的或目标。合理、恰当的决策指标,将有助于决策者作出正确的决策,至少也是"满意"的决策。

1) 国民收入

园林作为一种因社会经济发展和生活品质提高而产生的产品,与国民收入,也就是经济实力密切相关。随着经济的发展,人们的生活水平不断提高,文化需求、审美需求、回归自然需求、精神需求、享受需求等就相应增加,园林正是在这些需求的增长过程中,日益受到重视和需要并发展壮大起来的。

2) 刺激需求

"刺激需求"是社会发展到一定阶段之后的必然,其合理性在于:要维护整个市场竞争社会的秩序。为了维系秩序去刺激需求时,会不得不在人格、资源、环境等方面支付必要的代价,但如果失去秩序,大多数人的需要都会得不到满足。因此,园林行业需要控制在合理的规模内。

3) 保障比积

保障比积是供养比、生态比与覆盖比之积。社会的发展,促使人们生活环境水平提高。生态环境的改善会提高人们对经济系统的满意程度,游园、休闲、放松有助于社会闲暇时间的非功利耗散,而且环境的改善和园林产品的增加,有助于减少犯罪或其他非法行为,这对于稳定社会秩序,建设和谐社会,满足社会成员的福利需求有很大的贡献。因此,保障比积作为决策指标将有助于决策者意识到园林供给的重要性。

### 6.2.4 园林决策程序与多目标评价

1) 园林决策程序

决策程序是指从有关事项或问题提上日程开始,直到决策形成的整个过程或各阶段系列。经济决策中的"事项"依重要性可分为:新建项目(含改造和扩大规模)、转变生产经营方向、人员调整(含增减)、技术(含工艺)改造等。决策程序一般可分为非程序化决策和程序化决策。

非程序化决策是指只有一个或两个阶段的程序,通常是指在遇到新的情况下,一次性的、偶然性的决策。由于其目标和指标都不十分明确,因此往往要依靠决策者的学术水平、判断能力、直觉和创造力等。随着计算机的不断发展,系统模拟预测技术不断开发,越来越多的非程序化决策将逐步过渡到程序化决策。

程序化决策至少包括3个阶段,即情报阶段、拟出方案阶段(提交决策机构讨论)和确定方案阶段(按一定程序表决)。与非程序化决策主要区别在于增加了"拟出方案阶段"(那些只有一个阶段的非程序化决策还缺少"情报阶段")。"拟出方案阶段"的核心内容是把有关问题归属或关联到系统内的子系统中去或是系统以外的外部关联,然后根据各个方案对于确定的目的或目标的接近或背离,来拟出最优、有效或满意的方案,以实现决策的目的或目标。

由于与园林供给相关联的方面很多,如生态、经济、文化、福利等等,因此需要制定不同的参量和指标,来确定各个方面的影响。比如绿量、绿地面积、绿地率等指标来反映生态方面的影响;用投入产出比、经济利润等模拟对经济系统的影响;用类别面积复合比、人文评价来反映对文化和审美方面的影响;用人均绿地面积、绿地布局结构等来反映对福利需要的影响等。但通常只有把以上各个方面的目标以及相关参量、指标综合考虑,通过多目标评价,才有可能提出最优、有效,至少也是满意的方案。而且,因为所有的行为与决策,都受到"需求"与"资源"的双重制约,所以在此过程中,不能奉行"不全宁无"的理想主义,而应依照现有条件提出方案,以达到某一时间的最佳成果,并随着条件的改善逐步改进与完善方案,以达到决策新的最佳平衡。

2) 多目标评价

多目标评价是把某一决策的若干相互制约的后果纳入同一评价过程的方法或技术。相互制约的后果是指该决策对满足人类不同侧面的需求表现出的不同的正负有效性。如果某一决策在各方面都能有效满足人们的需求,或者在决策过程中某个决策只需要满足某一个需求时,就不必使用多目标评价。然而在现实生活中,由于社会系统的复杂性以及人们需求的多样性,决定了只从一个目标来评价决策,往往是不全面的、不够合理的,结果也往往会顾此失彼。因此,多目标评价越来越多的应用于"拟出决策"和"评价决策",这也就是我们常说的兼顾社会效益、经济效益和生态效益的体现。

多目标评价主要包括5个步骤:①草拟两个或两个以上的方案;②对参与评价的两个或两个以上的目标进行定性、定量,即确定决策指标;③对不同方案实现各目标的有效性进行标准化;④对不同目标加权;⑤根据之前确定的决策指标和权重,对不同的方案进行综合评分,取优汰劣,作出决策或确定方案。在多目标评价过程中,应由多人进行评价,并依据多数人的评价为准,避免决策过多受个人因素影响。

### 6.2.5 园林决策参照

决策者在决策过程中,除了全新的创造性决策外,往往会选择一些以前或是其他地区、其他团体相类似的决策作为参照。以过去的决策作为参照称为时间参照;以其他地区或团体的决策作为参照称称为空间参照。一般情况,"参照"就是"继承"与"模仿",时间参照主要指"继承",而空间参照主要指"模仿"。时间参照往往优于空间参照,因为模仿是人类从猿人时代就具有的生理行为,而继承则是人类发展为智人之后与语言学习相关的文化行为,况且,时间参照行为是在大致相似的环境中进行的,而空间参照却要在不同的环境中进行。这也是文化行为相对稳定的原因,所以,决策参照应以时间参照为主。

时间参照的可靠性的大小,取决于从较长历程还是较短历程的周期性事件中取得决策依据。空间参照的可靠性的大小,则取决于从类似的区域还是从差异较大的区域的周期性事件中取得决策依据。利用时空参照来拟出决策方案,可以简化程序,并借鉴前人和他人的经验教训,减少决策失误。

由于社会进步和时代发展,简单的继承与模仿都已不能满足需求,而必须依据当时、当地的各种因素,由适宜的决策者,按照确定的决策指标,通过合理的决策程序,并利用决策参照或进行创造性决策,才能获得最优、有效或是满意的决策,以满足人们相应的合理的不断增长的需求。

## 6.3 园林规划设计管理

获得最优、有效,或者满意的园林决策的目的,是为了使该行为获得效益,而园林规划设计则是保障决策得以实施的重要步骤。效益就是人类行为(消耗)所导致的效果之中对人类有益的部分,可以分为生态效益、社会效益、经济效益三类,其分别与人类的生理行为、文化行为、技术行为相关。在规划设计过程中,我们就是要尽可能寻找最优的方案,以兼顾这三类效益。

园林规划设计是基于科学与艺术的观点与方法,探究人与自然的关系,以协调人地关系和可持续发展为根本目标,进行空间规划设计和管理,主要包括园林规划和园林设计两个方面。前者是指在较大尺度范围内,基于对自然、社会、人文以及环境评价等状况的认识,协调人与自然的关系,并对规划范围进行结构性划分,制定出总体的园林建设基本方针、目标与措施,具体说是为某些使用目的安排最合适的地方和在特定地方安排最恰当的土地利用,反映未来空间发展的总体环境风貌;而后者就是对这个特定地方的设计,对其未来空间面貌进行具体的的表现,制定具体的园林建设措施与目标。

### 6.3.1 规划设计法规体系

园林规划设计管理很重要的一个方面就是有相关的法规体系,这一体系由既有分工、区别,又有内在联系的、相互协调的各种法律、法规和规章制度组成,一般包括以下几个部分:

1) 纵向体系

纵向体系包括法律、行政法规、地方性法规、国务院部门规章和地方政府规章等。其特点是各个层面的法规文件构成与国家各个层级组织的构成相一致。其构成原则是下一层次制定的法规文件必须符合上一层次的法律、法规,不得违背上一层次法律、法规的精神与原则。

2) 横向体系

园林法规的横向体系,是由基本法(主干法)、配套法(辅助法)和相关法组成。

3) 专业技术标准和技术规范

专业技术标准与规范,是规范园林行业内部的技术行为的标准,一般可分为两级:国家规范和地方规范。国家规范大多由建设部组织编制,可分为三类:综合类基本规范、园林规划设计编制规范、各分项规划设计规范。

4) 规划设计成果

规划设计成果包括文字、图纸以及施工图等,经过相关主管部门审核批准后,成为园林建设的依据。

除了以上法规体系保障外,园林规划设计的质量管理一般主要包括三个一级程序环节:提出要求(功能、总体结构、文化审美和投入资金等)、选择设计人、对设计方案进行评价和筛选。除此之外,还必须对整个规划设计过程进行质量控制。

### 6.3.2 规划设计程序

我们在园林规划设计时,必须要考虑解决存在的问题,创造出所需要的环境质量,因此这是一个处理好一系列设计要素之间的关系、处理好众多设计要素与用地之间的关系,以及满足用户提出的要求的过程,称为"设计程序",也可以理解为一个解决问题的程序,必须经历一系列分析、创造性的思考过程和成果制作过程。设计程序有助于设计者进行收集和利用全部与设计有关的因素,使设计尽可能达到预期的效果,从而获得最优、有效,至少也是满意的方案,完成园林规划设计任务,达到美学与功能的和谐。

设计程序包括一系列可遵循的步骤,园林规划设计程序主要包括以下步骤:承担规划设计任务;研究和分析工作(包括规划设计范围的现状调查);规划设计;扩初设计;施工图;施工;养护及经营管理;评价、反馈及改造(时间长,有些缺少这一步骤)。

所有的规划设计程序都应该在一定的管理控制下进行(施工管理、养护、经营管理以及评估管理在后面章节叙述)。

### 6.3.3 城市绿地系统规划管理

规划设计前期管理是指对具体规划设计开始前的程序进行的管理。包括资源再配置和结构性管理等。这是开始园林规划设计工作之前,必须要进行的控制性目标,属于城市绿地系统规划范畴。

1) 城市绿地系统规划

城市绿地系统规划是城市总体规划的专项规划,是对城市总体规划的深化和细化。城市绿地系统规划是在深入调查研究的基础上,根据城市总体规划中的城市性质、发展目标、用地布局等规定,着重解决绿地的系统结构,合理安排城市各类园林绿地建设和市域大环境绿化的空间布局,科学制定各类城市绿地的发展指标,建立各类绿地体系,确定城市绿化特色,以及建立城市绿化建设途径(包括政策、资金、技术、时间、宣传等等),达到保护和改善城市生态环境、优化城市人居环境、促进城市可持续发展的目的。这些基于对城市现有问题和建设目标的研究和把握,对绿地规划、建设、管理的宏观引导和控制,是以相对较为微观技术层面的公园绿地设计所无法替代的。较理想的状况是建立与城市规划各个阶段相对应的,由总体的、宏观的到局部的、微观的,既划分为城市绿地系统规划、绿地分区规划、绿地控制性详细规划、绿地修建性详细规划等不同阶段的绿地规划体系,以应对在不同范围内绿地建设面临的不同问题。

城市绿地系统规划由城市规划行政主管部门和城市园林行政主管部门共同负责编制,并纳入城市总体规划。规划中要按规定标准划定绿化用地面积,力求公共绿地分层次合理布局;根据实际情况,分别采取点、线、面、环等多种形式,切实提高城市绿化水平。城市绿地系统规划必须严格实行城市绿化"绿线"管理制度,明确划定各类绿地范围控制线。绿线一经确定,未经法定程序,不得随意更改。

城市绿地系统规划成果应包括:规划文本、规划说明书、规划图则和规划基础资料四个部分。其中,依法批准的规划文本与规划图则具有同等法律效力。

2) 城市绿地系统规划管理步骤

一个城市在园林供给总量确定之后,必须要进行绿地系统的规划,第一步就是对于配置给园林业的资源进行再配置,达到合理的布局和适度的规模,以保障配置的资源获得最佳,至少是较好的规模效益。因而适度规模和合理布局就显得非常重要。适度规模就是当有关单位扩大或缩小时,就会导致规模效益减少的规模。对于园林行业来说,规模太大不利于为更多的市民提供服务,因为园林都有一个服务半径;规模太小不能满足本地区居民的需求,必然使园林的功能和使用空间减少。而合理的布局则可以增加园林的使用人群,提高园林的使用效率。

第二步就是关于建立哪些子系统以及这些子系统之间的构成关系的问题,因为这涉及结构效益的问题。结构效益就是因结构不同而导致的不同经济效益、社会效益和生态效益。通常对于一个城市来说,园林行业至少包括5个一级子系统:①苗圃、花圃与草圃等(生产绿地);②公园、广场、游园等(公园绿地);③道路、单位等绿地(附属绿地);④水源涵养林、防风林、高压走廊绿带等(防护绿地);⑤风景名胜区、水源保护区、郊野公园、风景林地等(其他绿地)。这些子系统在生产、经营管理以及提供服务等方面各有特点,相辅相成,共同构建城市绿地景观系统。但是,由于一个城市的园林供给总量在一定时期总是相对确定的,因而增加了一个子系统的供给量,必然会减少另一个子系统的供给量,而且每一个子系统的规模也需要适度。此外,由于园林效益要兼顾生态效益、社会效益和经济效益,因此其结构效益还与一定的环境、文化以及经济发展阶段有关。

第三步则是对于一定规模(第一步)、一定结构(第二步)的园林决策作出更具体的实施设计,即采用一定技术设备和耗料(物)、适当的管理与技能(人)、利用一定的劳动时间(时)和土地(空)来形成关于园林建设的规划设计。

### 6.3.4 园林规划设计管理

园林规划设计管理是指在园林规划设计的过程中对整个过程的合理优化组织。其过程是根据项目的具体情况和自身特点,来确定规划设计方案,科学有效的组织规划设计过程,合理的安排时间进度,规范质量管理,并在规划设计过程中协调好与甲方的沟通与交流等。

1) 园林规划设计

园林规划设计是利用相关知识,对指定的土地进行规划、设计、管理,本着尊重自然、以人为本等原则,最终创造出对人有益、使人愉悦的空间环境。其通过对土地的了解和理解,对土地以及一切人类户外空间的问题进行科学理性的分析,设计问题的解决方案和途径,并监理设计的实现。其通过图纸和文字的表述,把设计理念、设计意图、平面布局、具体形态、材料、技艺等表达出来。

根据解决问题的性质、内容和尺度的不同,园林规划设计包含两个方向:园林规划和园林设计。在很多情况下,一个项目往往规划和设计都会涉及。

园林规划设计与建筑学、城市规划、环境艺术、市政工程设计等都有紧密的联系,而又有很大的差异。视觉景观形象、环境生态绿化和大众行为心理被称之为现代园林规划设计的三要素。

园林规划设计涉及的面非常广泛,大到对自然环境中各物质要素的评估和规划,以及对人类社会文化载体的创造等;小到对构成景观元素内容的环境节点细部的创造性设计和建设。按其工作范围可分为宏观园林规划设计、中观园林规划设计和微观园林规划设计3个层面,如图6.4所示。

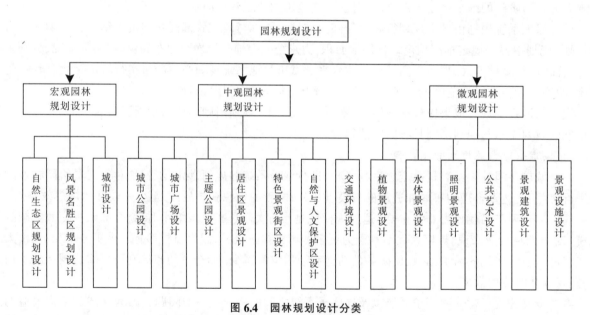

图6.4 园林规划设计分类

资料来源:中国建筑装饰协会.景观设计师培训考试教材[M].北京:中国建筑工业出版社,2006.

2) 园林规划设计质量管理

园林规划设计的质量管理包括"外部"管理和"内部"管理两方面。"外部"管理主要有3个程序环节:提出要求(如功能和总体结构等)、选择设计人、对规划设计方案进行评价和筛选。这3个环节除与特定的园林项目本身相关外,还受到项目总面积和总投资规模的制约。通常对于较大面积和有充足投资的项目,会采取招投标的方式选择设计人,并聘请专家进行评价,有时候还会进行公示,让人民群众参与评价,再综合各方意见,确定规划设计方案。而小型的园林建设则不会如此复杂。

"内部"管理主要是设计单位内部,对于规划设计方案质量和时间的控制。通常设计单位会在接到设计项目后,成立项目组,采用项目负责人制度,以项目负责人为主要项目进度和质量控制人,较大的设计单位还会有技术指导组(委员会)来协助控制质量和进度。除此之外,在制度和程序上,好的设计单位往往以ISO质量管理体系以及结合自身特点制定的内部管理制度来控制设计过程。

在整个规划设计过程中,要求严格管理每一个环节,从接受项目开始,合同管理、收集资料、踏勘现场、初步方案、汇报沟通、修改方案、汇报论证、确定方案、扩初设计、施工图设计、施工交底、现场解决问题等,每个环节都处在合理的质量和时间控制中,使整个规划设计过程逐步推进,有序进行。一旦因实际情况发生改变,应及时调整设计内容及时间进度,以适应新的安排。

3) 园林规划设计数量管理

园林管理的数量管理主要包括以下内容:

(1) 调度　为了获得有效生产量,必须使得土地、工具设备、人员、材料以及后勤保障在一定时间内集中于同一区域,即完成调度计划,这是提高时空符合度的重要内容之一。调度是为了一定的目的对于可支配的人力、物力、财力及相关行为进行空间上的分工、定位,以及对于不同行为及其结果进行时间上的关联和实现安排。对于园林规划设计来说,主要是确定项目组,提供电脑、纸笔等工作用设备工具,提供相关资料、资金、交通工具,提供文印等后勤保障,协调其他相关部门为项目组提供协助,以及项目组内部的分工调度等。

(2) 定额　为了完成调度计划,组织生产,考核成本,必须要进行预算和定额管理。对于园林规划设计来说,这一点控制较少,主要是减少无效消耗、避免浪费。对于项目来说,要根据投资控制,来编制工程项目的概预算和经济技术指标。

(3) 进度　由于规划设计的进度要求往往在设计合同中已经确定,因而必须进行严格控制,以免拖延。但在实际执行过程中,经常会因为条件变化而出现误差,所以需要对实际进度进行有效管理,及时调整,以符合新的需要。

### 6.3.5 园林评价管理

园林产品实现后,有一个重要的步骤,就是评价与反馈。这里包括两个方面,一是设计者本身根据已经建设完成的项目的实际状况,对自己的设计作出评价;二是使用者对该设计作出评价和信息反馈。这些信息非常重要,可以帮助设计者总结经验教训,为今后的设计提供依据,使设计水平不断提高,设计的项目更符合使用者的需求。因此,也可以说评价也是规划设计程序的一部分。

评价内容主要包括规模合理度、景观效果、使用舒适度、设施完备度、全民使用度、使用效率等方面。这些内容通过各种渠道收集汇总后,得出评价结果,为今后的设计做好总结与归纳。

信息反馈,应该贯穿于整个园林产品的形成过程中。从决策开始,就引入全民参与的机制,通过市民的需求和决策者依据具体情况,综合得出决策结论。在设计过程中,应了解使用者和专家的想法、意见和要求,采纳其中合理的部分,进行规划设计的修改与完善。建成以后,继续倾听反馈意见,了解哪些是当时没有预见的情况,总结经验教训,为规划设计水平的提高和进步,打下基础。

## 6.4 园林建设管理

园林建设管理主要包括园林施工、项目监理以及园林养护等方面的管理,是对园林规划设计实施的质量保障,能控制实施过程按照设计要求进行,并对因实际情况变化而出现的问题及时做出合理的变更,以达到最好的结果。

### 6.4.1 园林施工管理

在园林产品的实现过程中,规划设计工作是构想,是蓝图,而要把蓝图变成现实的物质成果,就必须要进行工程施工。园林工程施工是指通过有效的组织方法和技术措施,按照设计要求,根据合同规定的工期,全面完成园林规划设计内容的全过程。

园林施工管理则是对整个园林施工过程的合理优化组织。其过程是根据工程项目的具体情况和自身特点,结合具体的施工对象来确定施工方案,科学有效的组织生产要素,合理的安排时间进度,规范工程质量管理,完善施工安全措施,并在施工过程中指挥和协调劳动力资源等。

1) 园林工程施工程序

(1) 园林建设程序

① 园林建设程序　园林建设是城市基本建设的重要组成部分,通常按照基本建设程序进行。基本建设程序是指某个建设项目在整个建设过程中各阶段、各步骤应遵循的先后顺序。因而,园林建设程序应该是:确定建设地点与规模;对拟建设项目进行可行性研究;编制设计任务书;开展规划设计工作;报批基本建设计划;进行施工前准备;组织工程施工以及工程竣工验收等。归纳起来,主要包括计划(决策)、规划设计、施工和验收4个阶段。

A. 计划　计划是对拟建项目进行调查、论证、决策,确定建设地点和规模,写出项目可行性报告,编制计划任务书,报主管部门论证审核,送相关部门审批等。其中项目任务书是项目建设确立的前提,其内容主要包括:建设单位、建设性质、建设项目类别、建设单位负责人、建设地点、建设依据、建设规模、工程内容、建设期限、投资概算、效益评估、协作关系、环境保护等。

B. 设计　依据批准的计划任务书,进行项目的勘察设计,并编制设计概算。设计成果是组织工程建设的重要的技术资料,是项目施工的依据。一般园林规划设计分为三个阶段:方案设计、扩初设计和施工图设计。所有园林项目都应该按照程序进行,并编制项目概算和预算,施工图设计不得改变计划任务书与前期设计确定的要求与内容。

C. 施工　建设单位依据确定的工程项目计划和规划设计成果,以及其他相关资料交给相关施工单位(通常是工程施工中标单位)。施工单位根据所获资料做好施工图预算和施工组织设计编制工作,并严格按照施工图、工程合同及工程质量要求等,做好施工组织,搞好施工现场管理,确保施工质量。

D. 验收　工程项目竣工后的程序,由建设单位召集有关单位(设计单位、施工单位、监理单位等)和质检部门,根据规划设计要求和施工质量验收规范进行竣工验收,同时办理竣工交付使用手续。

园林施工程序是指已经确定的建设工程项目在整个施工阶段必须遵循的先后顺序,是施工管理的重要依据。在施工过程中,如能按照施工程序组织施工,对保证施工工期、施工质量、施工安全和控制施工成本有重要的意义。

② 施工前准备　施工组织中有一项重要工作就是安排合理的施工准备期。其主要任务是领会设计意图,掌握工程特点,了解工程质量要求,熟悉施工现场,合理组织施工力量等,主要包括以下几方面工作:

A. 技术准备　施工单位应该根据施工合同的要求,认真审核施工图,领会设计意图;收集相关经济技术资料、自然条件资料,对施工现场进行实地勘察,了解基址现状情况;施工单位编制施工预算和施工组织设计,并制定出相应的施工规范、安全措施、岗位职责、管理条例等等。建设单位则要组织做好施工图交底、技术交底和预算会审等工作。

B. 生产准备　在施工之前,要把施工中所需要的各种材料、构配件、施工机具等按计划组织到位,并做好验收以及出入库记录;组织施工机械进场、安装并调试好;确定苗木供应计划;选定石料、木料等材料。同时,根据施工规模、技术要求、施工期限等,合理组织施工力量,落实岗位责任,建立劳动组织,做好劳动力调配,减少人力浪费。

③ 施工现场准备　在施工前还必须做好现场准备工作,主要包括以下几方面:

A. 界定施工范围,注意地下管线,保护古树名木等。

B. 进行施工现场工程测量,设置平面控制点与高程控制点。

C. 做好"四通一平",即水通、路通、电力通、电信通和场地平整工作。

D. 搭设临时设施,主要包括施工用的临时仓库、办公室、宿舍、食堂以及必要的附属设施,如临时抽水泵站、材料加工场等,有时还需铺设临时管线等。

④ 后勤保障工作　施工现场应配备简易医疗点和其他设施,做好劳动保护工作和消防、用电等安全工作。

(2) 园林建设项目招投标

园林建设项目招投标包括招标与投标两方面,是国际上通用的比较成熟的而且较为科学合理的工程承包发包方式。这是以建设单位作为建设工程的发包者,用招标的方式择优选定设计、施工单位;而设计、施工单位为承包者,用投标的方式承接设计、施工任务。在园林工程项目建设中推行招投标制度,其根本目的就是控制工期,保证工程质量,控制工程造价,提高经济效益,健全市场竞争机制。

① 园林工程招标　园林工程招标,是指招标人将其拟发包的内容、要求等对外公布,招引或邀请多家符合要求的承包单位参与承包工程建设任务的竞争,以便择优选择承包单位。

在项目招标之前,园林工程项目必须具备以下条件:

A. 项目概算已经得到批准。

B. 项目建设已经正式列入计划。

C. 施工现场征地工作以及"四通一平"(水通、路通、电通、电信通和场地平整)已经完成。

D. 所有设计资料已经落实并被相关部门批准。

E. 建设资金已经落实并经批准。

F. 有政府相关部门对工程项目进行招标的批文等。

国内工程施工招标多采用项目工程总招标和特殊专业工程招标等方法。在园林工程施工招标中,最为常用的是公开招标、邀请招标两种方式。公开招标也称无限竞争性招标,由招标单位公开发布招标信息,招请承包商参加投标竞争。凡符合规定条件的承包商均可以参加投标,投标报名单位数量没有限制,入围参加投标单位由建设单位进行资格预审和抽签决定。邀请招标也称有限竞争性选择招标,由招标单位向符合招标工程资质要求,具有良好信誉的施工单位发出参与投标的邀请,招标过程不公开,所邀请的投标单位不得低于3个。

工程施工招标一般分为3个阶段:招标准备阶段、招标投标阶段和决标成交阶段(图6.5所示)。招标准备阶段主要包括提出招标申请、编制招标文件和确定标底等3个步骤。在建设单位的招标申请被批准后,就可以进入招标投标阶段的工作,其内容主要包括:通过各种媒体,如报刊、电台、电视、网络等发布公告或直接向有承包条件的单位发投标邀请函;对投标单位进行资格预审,筛选出投标单位,如果选出的单位较多,应该通过抽签确定合理数量的参加投标单位;组织投标人进行现场考察以及招标工程交底;招标单位召开招标预备会并答疑等。该阶段结束后就由投标单位进行投标标书的编制,接着就进入决标成交阶段,其主要内容是开标、评标、决标和签订施工承包合同。

② 园林工程投标　园林工程投标是指投标人愿意按照招标人规定的条件承包工程,编制投标标书,提出工程造价、工期、施工方案和保证工程质量的措施,在规定的期限内向招标人投函,请求承包工程建设任务。

参加投标的单位必须按照招标文件向招标人递交以下有关资料:企业营业执照和资质证书;企业简介与资金情况;企

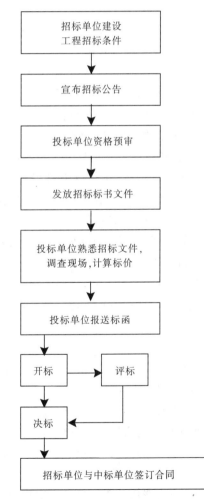

图6.5　工程项目招投标程序

资料来源:浙江省建设厅城建处,杭州蓝天职业培训学校.园林施工管理[M].北京:中国建筑工业出版社,2005.

业施工技术力量以及机械设备状况;近三年承建的主要工程及其质量情况;异地投标时取得的当地承包工程许可证;现有施工任务,含在建项目与尚未开工项目等。

园林工程项目投标要按照一定的程序进行(图6.6),其主要过程包括:

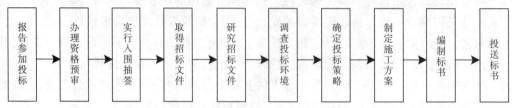

**图6.6　工程项目投标的一般程序**

资料来源:浙江省建设厅城建处,杭州蓝天职业培训学校.园林施工管理[M].北京:中国建筑工业出版社,2005.

A. 根据招标公告,分析招标工程的条件,再依据自身的实力,选择投标工程。

B. 在招标期限内提出投标申请,向招标人提交有关资料。

C. 接受招标单位的资格审查。

D. 从招标单位领取招标文件、图纸以及必要的资料。

E. 熟悉招标文件,参加现场勘察。

F. 编制投标书,落实施工方案和标价。

G. 在规定的时间内,向招标人报送投标书。

H. 开标、评标与决标。

I. 中标人与招标人签订承包合同。

(3) 园林施工合同的签订

在施工前签订工程承包合同是一项重要工作,也是一项必要的工作,因为园林工程施工涉及多方面内容,除了施工单位和建设单位良好的信誉和协作关系外,双方还必须通过具有法律效力合同明确权利和义务关系,以确保工程建设任务的顺利进行。

工程施工承包合同是工程建设单位(发包方)和施工单位(承包方)根据国家基本建设的有关规定,为完成特定的工程项目而明确相互间权利和义务的协议。施工单位向建设单位承诺按时、按质、按量为建设单位施工;建设单位则按规定提供技术文件,组织竣工验收并支付工程款。施工合同一经签订,即具有法律约束力。施工合同的签订,有利于规范双方的行为,有利于对工程施工的管理,有利于工程建设的顺利进行。

签订施工合同有以下原则:合法原则;平等自愿;公平、诚信原则;过错责任原则。

在工程施工合同中应明确工程承包方式,也就是指承包方与发包方之间的经济关系的形式。承包方式受承包内容、具体环境、工程规模等影响,有不同的形式(图6.7)。在园林工程中,最为常见的承包方式有以下几种:

① 建设全过程承包　这种承包方式也叫"统包"或"一揽子承包",即通常所说的"交钥匙",是一种由承包方对工程全面负责的总承包,发包方一般仅提出工程要求和工期,其他均由承包方负责,主要用于各种大型建设项目。

② 阶段承包　这是指某一阶段工作的承包方式,如可行性研究、勘察设计、工程施工等。在施工阶段,根据承包内容的不同,还可以分为包工包料、包工部分包料和包工不包料三种方式。

③ 专项承包　这是指承包某一建设阶段的某一专门项目。这些项目往往专业性强、技术要求高,需由专业施工单位承包施工。

④ 招标费用包干　这是指工程通过招投标竞争,优胜者得以和建设单位签订承包合同的一种先进承包方式,也是国际上通用的获得承包任务的主要方式。根据竞标内容不同又可分为招标费用包干、实际建设费用包干、施工图预算包干等包干方式。

⑤ 委托包干　也称协商承包,即不需要经过投标竞争,而由业主与承包商协商,签订委托其承包某项

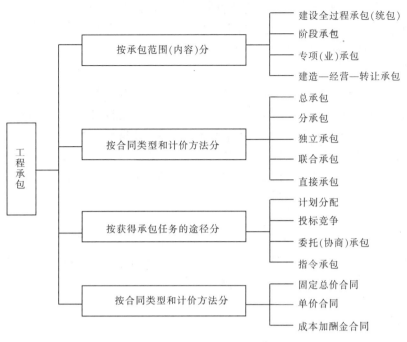

图 6.7 工程承包分类

资料来源:浙江省建设厅城建处,杭州蓝天职业培训学校.园林施工管理[M].北京:中国建筑工业出版社,2005.

工程的合同。这种方式一般多用于资信好的习惯性客户。

⑥ 分承包 也称为分包是指承包者不直接与建设单位发生关系,而是从总承包单位分包某一部分工程(如土方工程、混凝土工程等)或某项专业工程(如假山工程、喷泉工程等),并对总承包商负责的承包方式。

2）园林工程施工组织设计

施工组织设计是对拟建工程的施工提出全面的规划、部署与组织安排,是用来指导工程施工的技术性文件。其核心内容是如何科学合理的安排好劳动力、材料、设备、资金和施工方法等5个主要方面。园林施工组织设计,应根据园林工程的特点与要求,以先进科学的施工方法和组织方式,使人力、物力与财力、时间与空间、技术与经济、计划与组织等各个方面都能合理优化,从而保证施工任务按时保质保量的顺利进行。

(1) 施工组织设计的作用 施工组织设计是我国应用于工程施工中的科学管理手段之一,是长期工程建设实践经验的总结,是组织现场施工的基本文件。科学、合理、切合实际、操作性强的施工组织设计,具有重要的作用:

① 合理的施工组织设计,体现了园林工程的特点,对现场施工具有实践指导作用。
② 能够按事先设计好的程序组织施工,能保证正常的施工秩序。
③ 能及时做好施工前的准备工作,并能按施工进度搞好材料、机具、劳动力资源配置。
④ 能使施工管理人员明确工作职责,充分发挥主观能动性。
⑤ 能很好地协调各方面的关系,解决施工过程中出现的各种情况,使现场施工保持协调、均衡、文明、安全。

(2) 施工组织设计的分类 依据编制对象的不同,可以编制出深度不一、层次不同的施工组织设计,实际情况中通常有施工组织总设计、单位工程施工组织设计和分项工程作业设计3种。

① 施工组织总设计 该施工组织设计是以整个建设项目为编制对象,依照已经审批的初步设计文件拟定总体施工规划,是工程施工全局性、指导性文件。该施工组织设计一般由施工单位组织编制,重点解决施工期限、施工顺序、施工方法、临时设施、材料设备以及施工现场总平面布置等关键内容。

② 单位工程施工组织设计 该施工组织设计是根据会审后的施工图,以单位工程为编制对象,用于

指导工程施工的技术文件。其依照施工组织总设计的主要原则确定单位工程施工组织与安排,不得与施工组织总设计相抵触,其编制重点在于:工程概况与施工条件,施工方案与施工方法,施工进度与计划,劳动力及其他资源配置,施工现场平面布置,以及施工技术措施和主要技术经济指标、施工质量、安全及文明施工、劳动保护措施等。

③ 分项工程作业设计　该施工组织设计是就单位工程中的某些特别重要部位或施工难度大、技术较复杂,需要采取特殊措施施工的分项工程编制的,具有较强的针对性的技术文件。其所阐述的施工方法、施工进度、施工措施、技术要求等更详尽具体,如大型假山叠石工程、喷泉水池防水工程等。

(3) 施工组织设计的原则　施工组织设计要做到科学、实用,就必须在编制技术上遵循施工规律、理论和方法,同时要吸收在工程施工实践中积累的成功经验,因此,在编制施工组织设计时应该贯彻以下几个原则:

① 依照国家政策、法律、法规和工程承包合同施工。

② 充分理解设计图纸,符合设计要求和园林工程的特点,体现园林综合艺术。

③ 采用先进的施工技术和管理方法,选择合理的施工方案,做到施工组织在技术上是先进的、经济上是合理的、操作上是安全的、指标上是优化的,以提高效率与效益。

④ 合理安排施工计划,搞好综合平衡,做到均衡施工。

⑤ 采取切实可行的措施,确保施工质量和施工安全,重视工程收尾工作,提高工效,推行全面的质量管理体系和监理工程师监督检查体系。

(4) 施工组织设计的程序　施工组织设计必须按照一定的先后顺序进行编制(图6.8),才能保证其科学性和合理性。

施工组织设计的编制程序如下:

① 熟悉工程施工图,领会设计意图,认真收集、分析自然条件和技术经济条件资料。

② 将工程合理分项并计算各自工程量,确定工期。

③ 确定施工方案、施工方法,进行经济技术比较,选择最优方案。

④ 利用横道图或网络计划技术编制施工进度计划。

⑤ 制定施工必需的设备、材料、构件和劳动力计划。

⑥ 布置临时设施,做好"四通一平"工作。

⑦ 编制施工准备工作计划。

⑧ 绘出施工平面布置图。

⑨ 计算技术经济指标,确定劳动定额。

⑩ 拟定质量、工期、安全、文明施工等措施,必要时还要制定园林工程季节性施工和苗木养护期保活等措施。

⑪ 成文审批。

(5) 施工组织设计的主要内容　园林工程施工组织设计的内容一般由工程项目的范围、性质、特点、施工条件、景观要求等来确定。由于在编制的过程中有深度上的不同,必然会反映在内容上也有差异,但不管什么样的施工组织设计都应该包括以下几方面:工程概况、施工方案、施工进度和施工现场平面布置图,也就是通常所说的"一图一表一案"。

① 工程概况　工程概况是对拟建工程的基本性描述,目的是通过工程概况了解工程的基本情况,明确任务量、难易程度、质量要求等,以便合理制定施工方法、施工措施、施工进度计划和施工现场平面布置图。

工程概况应该说明以下内容:工程的性质、规模、服务对象、建设地点、工期、承包方式、投资额度和投资方式;施工和设计单位名称、上级要求、图纸情况;施工现场地质土壤、水文气象等;园林建筑数量以及结构特征;特殊施工措施、施工力量、施工条件;材料来源及供应情况;"四通一平"条件;机具准备、临时设施解决方法、劳动力组织及技术协作水平等。

② 确定施工方案　施工方案的优选是施工组织设计最重要的环节,而根据工程的实际施工条件提出

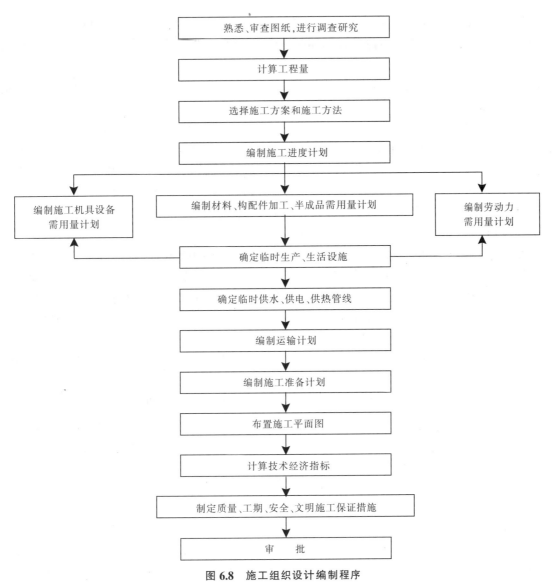

**图 6.8 施工组织设计编制程序**

资料来源:浙江省建设厅城建处,杭州蓝天职业培训学校.园林施工管理[M].北京:中国建筑工业出版社,2005.

合理的施工方法,制定施工技术措施是优选施工方案的基础。

A. 拟定施工方法。要求所拟定的施工方法重点突出、技术先进、成本合理;要特别注意结合施工单位现有技术力量、施工习惯、劳动组织特点等;要根据具体情况,合理利用机械作业的多样性和先进性;要对关键工程的重要工序或分项工程、特殊结构工程以及专业性比较强的工程等制定详细具体的施工方法。

B. 制定施工措施。确定施工方法不单要提出具体的操作方法和施工注意事项,还要提出质量要求及相应采取的技术措施。主要包括:施工技术规范、操作规程;质量控制指标和相关检查标准;夜间与季节性施工措施;降低工程施工成本措施;施工安全与消防措施;现场文明施工及环境保护措施等。

C. 施工方案技术经济比较。由于园林工程的复杂和多样,某些分项工程或某个施工阶段往往可能有几种施工方法,构成多种施工方案,因此,需要进行施工方案的技术经济比较,来确定一个合理有效的施工方案。施工方案的技术经济比较分析主要有定性分析和定量分析两种,前者是结合经验进行一般的优缺点比较;后者则是通过计算,获得劳动力需求、材料消耗、工期长短以及成本费用等经济技术指标,然后比较分析,从中获取最优方案。

③ 制定施工进度计划 施工进度计划是在预定工期内以施工方案为基础编制的,要求以最低的施工成本来合理的安排施工顺序和施工进度,用来全面控制施工进度,并为编制基层作业计划以及各种资源供

应提供依据。其编制的步骤是：将工程项目分类及确定工程量→计算劳动量和机械台班数→确定工期→解决工程各工序间相互搭接问题→编排施工进度→按施工进度提出劳动力、材料和机具的需要计划等。

按上述步骤获得的计算结果通常要填入横道图(条形图)，在编制施工进度计划过程中必须确定如下因素：

A. 工程项目分类。将分部工程按施工顺序列出，分部工程划分不宜过多，要和预算定额内容一致，重点放在关键工序，并注意彼此间的衔接。根据目前现行的《园林工程预算定额》，园林工程通常分为：土方工程、基础垫层工程、砌筑工程、混凝土及钢筋混凝土工程、地面工程、抹灰工程、园林绿化工程、假山与雕塑工程、水景工程、园路及园桥工程、园林建筑小品工程、给排水及管线工程等十二项。

B. 工程量计算。按施工图和工程量计算方法逐项计算，注意工程量计算单位要一致。

C. 劳动量和机械台班数确定。

D. 工期确定。合理工期应满足三个条件，即最小劳动组合、最小工作面和最适宜的工作人数。

E. 进度计划编制。进度计划的编制要满足总工期的安排，通常先确定关键工序或消耗劳动力和工时最多的工序，然后其他工序配合、穿插或平行作业，达到施工的连续性、均衡性、衔接性。如计划需要调整，可通过改变工期或各工序开始和结束的时间等方法。施工进度计划的编制通常采用条形图法和网络图法这两种方法。

F. 劳动力、材料和机具的需要量准备。施工进度计划编制后就进行劳动资源的配置，组织劳动力，调配各种材料和机具，确定进场时间。

④ 施工现场平面布置图　施工现场平面布置图是指导工程现场施工的平面布置简图，它主要解决施工现场的合理工作面问题，其设计依据是工程施工图、施工方案和施工进度计划，所用图纸比例一般为 1:200 或 1:500。

施工现场平面布置图主要包括以下内容：

A. 工程施工范围。

B. 建造临时性建筑的位置与范围。

C. 已有的建筑物和地下管道。

D. 施工道路、进出口位置。

E. 测量基线、控制点位置。

F. 材料、设备和机具堆放点，机械安装地点。

G. 供水、供电线路、泵房及临时排水设施。

H. 消防设施位置。

施工现场平面布置图设计的原则是：

A. 在满足现场施工的前提下，尽量减少占用施工用地，平面空间合理有序。

B. 尽可能利用场地周边原有建筑做临时用房，或沿周边布置；临时道路宜简，且有合理进出口；供水供电线路要最短，以尽可能减少成本，减少临时设施和临时管线。

C. 要最大限度减少现场运输，特别是场内的多次搬运，因此，施工道路要环形设置，工序要合理安排，材料堆放点要有利于施工进行，并做到按施工进度组织生产材料。

D. 要符合劳动保护、施工安全和消防要求。

⑤ 横道图和网络图计划技术

A. 施工组织方式。在组织工程施工时，通常采用3种组织方式：顺序施工、平行施工、流水施工。

顺序施工是按照施工过程中各分部(分项)工程的先后顺序，前一个施工过程(或工序)完全完工后才开始下一个施工过程(或工序)的一种组织生产方式。这是一种最简单、最基本的组织方式，其特点是同时投入的劳动力资源较少，组织简单，材料供应单一，但劳动生产率低，工期较长，不能适应大型工程的需要。

平行施工是将一个工作范围内的相同施工过程同时组织施工，完成后再同时进行下一个施工过程的施工方式。平行施工的特点是最大限度地利用了工作面,工期最短,但同一时间内需提供的相同劳动资源成倍增加,施工管理复杂,所以通常只在工期较紧时采用。

流水施工是把若干个同类型的施工对象划分成多个施工段,组织若干个在施工工艺上有密切联系的专业班组相继进行施工,依次在各个施工段上重复完成相同的施工内容。流水施工的特点是在同一施工段上各施工过程保持顺序施工的特点,而不同的施工过程在不同的施工段上又最大限度地保持了平行施工的特点。不同的专业施工班组能连续施工,充分利用时间,施工期较短;施工工人和设备机具能在施工段间转移,保持了连续施工的特点,使施工具有持续性、均衡性和节奏性。

B. 横道图法与网络图法。施工组织设计要求合理安排施工顺序和施工进度计划,目前施工中表示工程进度计划的方法最常见的是横道图(条形图)法和网络图法两种。

横道图是以时间参数为依据的,其特点是编制方法简单、直观易懂,至今在园林施工中仍应用广泛。但这种方法也有明显的不足,它不能全面反映各工序之间的相互联系以及彼此间的影响;不能建立数理逻辑关系,因而无法进行系统的时间分析,不能确定重点工序,不利于发挥施工潜力,更不能通过先进的计算机技术进行优化。因而,往往导致编制的进度计划过于保守或脱离实际,也难以准确预测、妥善处理和监控计划执行中出现的各种情况。

网络图计划技术是将施工进度看作一个系统模型,系统中可以清楚看出各工序之间的逻辑制约关系,重点工序和影响工期的主要因素一目了然。而且,由于网络图是有方向的有序模型,便于利用计算机进行技术优化。所以说,它较横道图更科学、更严密,更利于调动一切积极因素,是工程施工中进行现代化建设管理的主要手段。

C. 横道图计划技术。横道图也称条形图,是应用简单的施工进度计划方式,在园林施工中广泛采用。其常见的主要有作业顺序表和详细进度表两种。

从作业顺序表中,可以看出各工序的实际情况和作业量完成情况,但工种间的关系不清楚,影响工期的重点工序也不明确,不适合较复杂的施工管理。详细进度表是应用最为普遍的横道图计划,其由两部分组成:左边以工序(或工种、分项工程)为纵坐标,包括工程量、各工种工期、定额以及劳动量等指标;右边以工期为横坐标,以线框或线条表示工程进度。

利用横道图表示施工详细进度计划的目的是对施工进度合理控制,并能根据计划随时检查施工过程,达到保证顺利施工,降低成本,按期完成,满足总工期的需要。

3) 园林工程施工管理

施工管理是施工单位进行企业管理的重要方面,是对施工任务和施工现场所进行的全事务性的监控管理工作。包括从承接施工任务开始到进行施工前准备工作、技术设计、施工组织设计、组织现场施工、竣工验收、交付使用的全过程。

(1) 施工管理概述

① 园林工程施工管理的任务

园林工程施工管理是施工单位在特定的基址,按照设计图纸要求进行的实际施工的综合性管理活动,是具体落实规划意图和设计内容的极其重要的手段。它的基本任务是根据建设项目的要求,依据已经审批的技术图纸和施工方案,对现场全面合理组织,使劳动资源得到合理配置,保证建设项目按预定目标优质、快速、低耗、安全地完成。

② 园林工程施工管理的作用

A. 加强施工管理是保证项目按计划顺利完成的重要条件,是在施工全过程中落实施工方案、遵循施工进度的基础,并且有利于合理组织劳动资源,适当调度劳动力,减少资源浪费,降低施工成本。

B. 加强施工管理能够保证园林设计意图的实现,并确保园林艺术能通过工程手段充分表现出来。

C. 加强施工管理能够协调好各部门、各施工环节间的关系,及时发现施工过程中可能出现的问题,并通过相应的措施予以解决。

D. 有利于劳动保护、劳动安全和鼓励技术创新,促进新技术的应用与发展。

E. 能够保证各种规章制度、生产责任制、技术标准、施工规范以及劳动定额等得到遵循和落实。

③ 园林工程施工管理的特点

A. 园林工程的艺术性。园林工程的最大特点是一门艺术工程,它融科学性、技术性、艺术性于一体。园林艺术是一门综合艺术,涉及造型艺术、建筑艺术等诸多艺术领域,要求竣工的项目符合设计要求,达到预定功能。这就要求施工时必须注意园林工程的艺术性。

B. 园林工程材料的多样性。由于构成园林的山、水、树、石、路、桥、建筑等要素的多样性也使得园林工程的施工材料具有多样性。一方面要为植物的多样性创造适宜的生态环境,另一方面还要考虑各种造园材料在不同的建园环境中的运用。

C. 园林工程的复杂性。园林工程的复杂性主要表现在工程规模日趋大型化,要求协同作业日益增多,加之新技术、新材料的推广运用,对施工管理提出了更高的要求。园林工程是涉及内容广泛的建设工程,施工中要涉及地形处理、建筑基础、驳岸护坡、园路假山、植物种植等各方面。有时因为不同的工序需要将工作面不断转移,导致劳动资源也跟随转移,这种复杂的施工环节要求有全盘观念,有条不紊的实施。

D. 园林工程施工受自然条件影响大。

园林工程多为露天作业,施工过程中经常受到自然条件的影响,因此,搞好雨季施工、夏季施工、台风期施工、冬季施工等是安排施工进度计划时必须要考虑的方面。

E. 施工的安全性要求高。园林设施多为人们直接利用、欣赏和接触的,同时还要受到节假日人流量激增的考验,因此,必须有足够的安全性。园林施工中的每一个环节、每一个分项,都必须严把质量关。

④ 园林工程施工管理的主要内容 园林施工管理是指施工单位对园林工程项目施工过程所实施的组织管理活动,这是一项综合性的管理活动,其主要内容包括:

A. 工程管理。该管理是指对工程项目的全面组织管理。其重要环节是做好施工前准备工作,搞好投标签约,拟定最优的施工方案,合理安排施工进度,平衡协调各种施工力量,优化配置各种生产要素。通过各种管理图表和日程计划进行科学合理的工程管理,将施工中可能出现的问题纳入工程计划内,做好预防防范工作。

B. 质量管理。该管理的首要任务是确定质量方针、目标和职责,核心是建立有效的质量体系。通过质量策划、质量控制、质量保证、质量改进等,确保质量方针、目标的实施和实现,例如企业通过ISO质量体系的认证,可以较好的保障质量管理的实施。

C. 安全管理。搞好安全管理是保证工程顺利施工的重要环节。在施工前要建立相应的安全管理组织,拟定安全管理规范,制定安全技术措施,完善管理制度,并要做好施工全过程的安全监督工作,一旦发现问题要及时妥善解决。

D. 成本管理。在工程施工管理中要有成本意识,加强预算管理,进行施工项目成本预测,制定施工成本计划,做好经济技术分析,严格施工成本控制。既要保证工程质量,符合工期要求,又要讲究目标管理效益。

E. 劳务管理。工程施工要注意施工队伍的建设,除必要的劳务合同、后勤保障外,还要做好劳动保险工作,加强职业技术培训,采取合理的奖惩制度,调动施工人员的工作积极性和主观能动性,制定先进合理的劳动定额,优化劳动组合,严格劳动纪律,明确生产岗位责任,健全考核制度等。

(2) 施工现场组织管理 现场施工管理就是对现场的施工过程进行管理,依据施工计划和施工组织设计,对拟建工程项目在施工过程中的进度、质量、安全、节约和现场平面布置等方面进行指挥、协调和控制,以达到不断提高施工过程经济效益的目的。

① 组织施工 组织施工是依据施工方案对施工现场有计划、有组织的均衡施工活动,其必须做好三方面的工作:

A. 施工中要有全局意识。园林工程是一项综合性艺术工程,工种复杂、材料繁多、施工技术要求高,因此要求现场施工管理要全面到位、统筹安排。

B. 组织施工要科学、合理和实际。施工组织设计中拟定的施工方案、施工进度、施工方法是科学合理组织施工的基础,应该认真执行。

C. 施工过程要做到全面监控。由于施工过程是复杂的工程实施活动,各个环节都有可能出现一些未被考虑在施工组织设计中而突发的问题,这就需要根据现场情况及时调整和解决,以保证施工质量和施工进度。

② 施工作业计划的编制  施工作业计划是施工单位根据年度计划和季度计划,对其基层施工组织在特定时间内以月度施工计划的形式下达施工任务的一种管理形式。虽然下达的施工期限很短,但对保障年度计划的顺利完成意义重大。

A. 施工作业计划编制的原则。集中力量保证重点工序施工,加快工程进度的原则;坚持年、季、月计划相结合,合理、均衡、协调和连续的原则;坚持实事求是、量力而行的原则;注重施工管理目标效益的原则;制定技术措施时,充分发挥民主的原则等。

B. 施工作业计划编制的依据。相应的年度计划、季度计划;企业多年来基层施工管理的经验;国家以及企业颁布的施工规范规程;上个月计划完成情况;各种先进合理的定额指标;工程投标文件、施工承包合同和资金准备情况等。

C. 施工作业计划编制的方法。施工作业计划的编制因为工程条件和施工单位的管理习惯不同而有所差异,计划的内容也有繁简之分。在编制的方法上,主要采用定额控制法、经验估算法和重要指标控制法 3 种。

定额控制法是利用工期定额、材料消耗定额、机械台班定额和劳动力定额等测算各项计划指标的完成情况,编制出计划表的一种方法。经验估算法是参考上一年度计划完成的情况以及施工经验估算当前的各项计划指标的一种方法。重要指标控制法是先确定施工过程中哪几个工序为重点控制指标,从而制定出重点指标计划,再编制其他指标计划的一种方法。在实际工作中,有时可以几种方法结合起来进行编制。

D. 施工作业计划的内容:

a. 年度计划和季度计划总表;

b. 依据季度计划编制出月份工程计划总表,并将本月内完成和未完成的工作量,按计划形象进度形式填入表中;

c. 按月工程计划汇总表中的本月计划形象进度确定各单项工程(或工序)本月的日程进度,用横道图表示,并求出用工数量;

d. 利用施工日进度计划确定月份的劳动力计划,按园林工程各分项填入表中;

e. 将相关内容填入技术组织措施和降低成本计划表;

f. 综合月工程计划汇总表和施工日程进度表,制定必要的材料、机具的月计划表;

在编制计划表时,一般应将法定休息日和节假日扣除,此外,通常在雨季或冬季等时间,还应留出总工作天数的 5%~8%,作为机动时间,使得工期留有余地。

③ 施工任务单的使用  施工任务单是由园林施工单位按季度施工计划给施工单位或施工队所属班组下达施工任务的一种管理方式,通过施工任务单,基层施工班组(队)施工任务和工程范围更加明确,对工程的工期、安全、质量、技术、节约等要求更能全面把握,这有利于对工人进行考核,有利于施工组织。

④ 施工平面图管理  施工平面图管理是指根据施工现场平面布置图对施工现场水平工作面的全面控制活动,其目的是充分发挥施工场地的工作面特性,合理组织劳动资源,按进度计划有序施工。园林工程施工范围广、工序多、工作面分散,因此必须做好施工平面的管理,只有这样,才能统筹全局,照顾到各个施工点,进行资源的合理配置,发挥机具的效率,保证工程施工的快速、优质、低耗,达到施工管理的目的与目标。为此,要做到以下几点:

A. 现场平面布置图是施工总平面图管理的依据,应认真予以落实。

B. 在实际施工过程中,如果发现现场平面布置图有不符合现场的情况,要根据具体的施工条件提出修改意见,但必须以不影响施工进度和施工质量为前提。

C. 平面管理的实质是水平工作面的合理组织,因此,要依据施工进度、材料供应、季节条件以及原有景观特点来作出劳动力安排,争取保证质量、缩短工期。

D. 在现有的开放游览场所内施工,要注意保障该地的秩序和环境,材料堆放、货物运输、施工过程等,都要有一定的限制,避免造成混乱和麻烦。

E. 平面管理要注意灵活性与机动性。对不同的工序或不同的施工阶段要采取相应的措施以保证施工的顺利进行,如雨季施工要做好临时排水,突击施工要增加劳动力等。

F. 平面管理和高架作业管理一样,都必须重视生产安全。施工人员要有足够的工作面和相应的保护措施,注意经常性检查,掌握现场动态,消除安全隐患,加强消防意识,确保施工安全。

⑤ 施工过程中的检查与监督　园林施工中,必须重视现场检查与监督工作,把其视为保证工程质量必不可少的环节,消除任何可能出现的隐患,并使该项工作贯穿于整个施工过程中。

根据检查对象的不同可将施工检查分为材料检查和中间作业检查两类:材料检查是指对施工所需的材料、设备的质量和数量的确认记录;中间作业检查是施工过程中作业结果的检查验收,分施工阶段检查和隐蔽工程验收两种。

A. 材料检查　是对所需材料进行必要的检查。检查材料时,要出示检查申请、材料入库记录、抽样指定申请、试验填报表和证明书等,同时必须注意以下几点:物资采购要符合国家技术质量标准,不得购买假冒伪劣产品和材料;所购材料必须有产品合格证、质量检验证、厂家名称和有效使用期等;做好材料进出库的检查登记工作;绿化材料要根据苗木质量标准验收,保证植物的健康、优美、成活;检查员要认真履行职责,填报好各种检查表格,实事求是,并做好造册存档。

B. 中间作业检查　这是在工程竣工前对各工序施工状况的检查,要做好如下几点:对一般的工序可按日或施工阶段进行检查,检查时要准备好施工合同、施工说明书、施工图、施工现场照片、各种质量证明材料和试验结果等;园林工程施工要把园林景观的艺术效果作为重要的评价指标,对其进行检验,通过形状、尺寸、质地、色彩搭配等确认;对园林绿化材料的检查,要以绿化材料标准、栽植成活率和生长状况为主,并做到多次检查验收。对于隐蔽工程,如基础工程、地下管线工程等,要及时申请检查验收,等检查合格后再进行下道工序;在检查中如发现问题,要尽快提出处理意见,需返工的确定返工期限,需修整的要制定相应的技术措施,并要将具体内容登记入册。

⑥ 施工调度　施工调度时保证合理工作面上的资源优化,是结合有效使用机械、合理组织劳动力的一种施工管理手段。它是实现正确指挥施工的重要步骤,是组织施工中各个环节、专业、工种协调运作的中心。其核心任务是通过检查、监督计划和施工合同的执行情况,及时全面的掌握施工进度和质量、安全、消耗的第一手资料,协调各施工单位(或各工序)之间协作配合关系,搞好劳动力的科学组织,使各工作面发挥出最高的工作效率。调度的基本要素是平均合理、保证重点、兼顾全局。调度的方法是积累和取平。作为施工管理的重要环节,施工调度要注意以下几点:

A. 为减少频繁的劳动力资源调配,施工组织设计必须切合实际、科学合理,并将调度工作建立在计划管理的基础之上。

B. 施工调度着重在劳动力以及机械设备上的调配,为此要对劳动力的技术水平、操作能力、机械性能、效率等有准确的把握。

C. 施工调度时要确保关键工序的施工,不得抽调关键工序的施工力量。

D. 施工调度要密切配合时间进度的要求,结合具体的施工条件,因地、因时制宜,做到时间和空间的优化组合。

E. 调度工作要具有及时性、准确性和预测性等。

综合上述施工现场管理的各项工作,实质上是一种科学的循环工作法,即 PDCA 循环法。这里 P 指计划(Plan),D 指实施(Do),C 指检查(Check),A 指处理(Action)。PDCA 这4个步骤贯穿于施工全过程,并在不断的实施中优化提高形成循环。要做到科学操作 PDCA,必须制定行之有效的技术措施,而"5W1H"工作方法就很有实践意义。

"5W1H"代表的意思是:Why(为什么要制定这些措施或手段);What(这些措施或手段的落实要达到什么样的目的);Where(这些措施或手段应实施于哪个工序、哪个部门);When(在什么时间内完成);Who(由谁来执行);How(实际施工中应如何贯彻落实这些措施)。"5W1H"的实施保证了 PDCA 的实现,从而确保了工程施工进度和施工质量,最终达到施工管理的目的和目标。

(3) 竣工验收管理　工程竣工验收是建设单位对施工单位承包工程进行的最后施工检验和接收,它是园林工程的最后环节,是施工管理的最后阶段。搞好工程竣工验收,可以使工程尽早交付使用,尽快发挥其投资效益。同时通过验收能及时发现工程收尾中可能出现的问题,并采取相应的有效措施予以解决,确保工程早日投入使用。工程竣工验收要做好以下几方面的工作:

① 施工现场收尾工作　工程施工完成后,施工单位应全面准备工程的交工验收工作,对收尾工程中的尾工,特别是零星分散、易被忽视的地方要尽快完成,以免影响整个工程的全面竣工验收。

清理现场时,要注意施工现场的整体性,不得损坏已经完工的设施,不得损伤栽植的树木花草,各种废料垃圾要择点堆放并运离工地,能继续利用的剩余物资要清点入库。此后,施工单位应先自检,一些功能性设施和景点要预先检测并试运行,一切正常后开始准备竣工验收资料。

② 竣工验收资料的准备　竣工验收资料是工程项目重要的技术档案文件,施工单位在工程施工时就要注意积累,并派专人负责,按施工进度整理造册,妥善保管,以保证竣工验收资料的完整。其主要包括:工程竣工图和工程一览表;施工图、合同等设计文件(包括全套施工图和有关设计文件、批准的计划任务书、工程合同及合同补充条款、施工执照、图纸会审记录、设计说明书、设计施工变更联系单、工程施工例会记录等);材料、设备的质量合格证,各种检测记录;开竣工报告、土建施工记录、各类结构说明、基础处理记录、重点地段施工登记等;隐蔽工程以及中间交工验收证明和说明书;全工地测量成果资料及相关说明;管网安装及初步测试结果记录;种植成活检查结果;新材料、新工艺、新方法的使用记录;本行业或上级制定的相关技术资料;各类材料的合格证、检测报告、复验单等;分批次工程质量自检表;其他工程竣工时应提交的相关书面资料;施工总结报告等。

③ 竣工验收的依据

A. 已被批准的计划任务书和相关文件。

B. 双方签订的工程承包合同。

C. 设计图纸和设计说明书。

D. 图纸会审记录、设计变更与技术核定单。

E. 国家和行业现行的施工质量验收规定。

F. 有关施工记录和构件、材料等的合格证明。

G. 园林管理条例以及各种设计规范等。

④ 竣工验收的标准

A. 工程项目根据合同的规定和设计图纸的要求已经全部施工完毕,并达到国家规定的质量标准,能满足绿地开放或使用的要求。

B. 施工现场已经全面竣工清理,符合验收要求。

C. 技术档案、资料齐全。

D. 竣工决算完成等。

⑤ 办理竣工验收手续　建设单位接到由施工单位递交的验收资料后,要会同有关部门组织工程的验收。验收合格后,合同双方应签订竣工交接签收证书,施工单位应将全套验收材料整理好,交建设单位存档。同时办理工程移交,并根据合同规定办理工程结算手续,结清工程款项。有养护要求的,必须在养护期满后再进行绿化的竣工验收手续。

4) 施工现场管理

(1) 施工现场的质量管理　施工现场质量管理一般分为施工前的质量管理、施工过程中的质量管理和工程竣工验收的质量管理。在整个施工过程中要有全面的质量管理意识,搞好施工现场管理,是园林作品能满足设计要求以及工程质量的关键环节。园林作品的质量应该包括园林作品质量和施工过程质量两部分,前者以安全程度、景观水平、外观造型、使用年限、功能要求、使用舒适度及经济效益等为主;后者以工作质量为主。因而,对上述全过程的质量管理构成了园林工程项目质量全面监控的重点内容。

① 施工现场质量影响因素的控制　目前,施工现场质量管理通常采用"4M1E"控制模式。"4M1E"是指施工人员控制(Men)、机械设备控制(Machinery)、材料控制(Material)、施工工艺控制(Means)和环境因素控制(Environment)。

A. 施工人员因素的控制。施工过程中要加强对员工的劳动纪律教育和职业责任教育;要提供技术培训,完善工作岗位责任;建立公平合理的竞争机制和持证上岗制度;杜绝违章作业的情况发生。

B. 机械设备因素的控制。机械设备是施工中重要的劳动手段,也是保证施工质量和施工进度的关键因素。因此,必须做好施工机械的选择和维护工作,遵守操作规程,实行定机、定人、定岗的"三定"制度。

C. 材料因素的控制。要严格材料的采购制度,重视材料的入库工作,除了有质量合格证外,还要进行材料的抽样检测,各种配比要准确;植物材料要按国家或地方标准购入。

D. 施工工艺因素的控制。施工工艺的控制主要表现在施工方法的选择是否合理,施工顺序是否妥当,施工组织设计是否符合施工现场的条件等。

E. 环境因素的控制。环境因素包括工程技术环境(地质、水文等)、施工管理环境(质量保证体系、管理制度等)、劳动环境(劳动组合、工作面等)等。这些因素直接影响到施工工序的衔接和劳动力潜力的发挥。

② 施工前的质量管理　施工前的质量管理主要做好两方面的工作:

A. "4M1E"的全面控制:要对施工队伍及人员的技术资质;施工机械设备的性能;原材料、各种配件的规格和质量,施工方案及保证工程质量的技术措施;施工现场、技术、管理、环境的质量进行审核,以保证"4M1E"处于受控状态。

B. 建立施工现场质量保证体系:根据工程质量管理目标,结合工程特点和施工现场条件,建立质量管理制度和质量保障体系,编制现场质量管理目标框图,用以监控施工质量。

③ 施工过程中的质量管理　施工过程中的质量管理是整个施工阶段现场施工质量控制的中心环节,因而,要确定每道工序的质量管理控制点,并制定保证措施。

④ 施工现场的工程验收质量管理　施工现场的工程验收质量管理主要包括施工现场竣工的预验收、竣工正式验收和工程质量评定工作等。

A. 拟定质量重要管理点。对现场施工的各个工序,特别是将那些需要加强控制的环节和关键性工序作为质量管理的重点。

B. 做好质量检验和评定工作。工程质量的判断方法很多,目前应用于园林工程施工中的质检方法主要有直方图、因果图和控制图等。这些方法均需选取一定的样本,依据质量特性绘制成质量评价图,用于对施工对象作出质量判断。

(2) 施工现场的技术管理　技术是人类为了实现社会需求而创造和发展起来的手段、方法和技能的总称,是技术工作中技术人才、技术设备和技术资料等技术要素的综合。

技术管理是指对企业全部生产技术工作的计划、组织、指挥、协调和监督,是对各项技术活动的技术要素进行科学管理的总和。搞好技术管理工作,有利于提高企业技术水平,充分发挥现有设备能力,提高劳动生产率,降低生产成本,提高企业管理效益,增强施工企业的竞争力。

① 技术管理的组成　施工企业的技术管理工作主要由施工技术准备、施工过程技术工作和技术开发工作3方面组成(图6.9)。

② 技术管理的特点

A. 技术管理的综合性。园林工程是工程技术和艺术的有机结合,要保证园林产品发挥应有的功能作用,必须重视各方面的技术工作,施工中技术的运用不是单一的,而是综合的。

B. 技术管理的相关性。这一特点在园林工程中具有特殊意义。在园林工程施工中,很多的工序都具有相关性,如栽植工程中的起苗、运苗、植苗和养护管理,其上道工序技术运用得当,不仅保证了质量,还为下道工序打好基础,从而确保整个项目的施工质量。

C. 技术管理的多样性。园林工程中技术的应用,主要是绿化施工和建筑施工,但两者使用的材料是多样的,选择的施工方法也是多样的,这就需要与之相适应的工程技术,所以说,园林工程技术具有多样性。

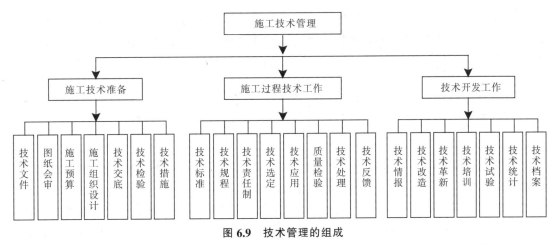

**图 6.9 技术管理的组成**

资料来源:浙江省建设厅城建处,杭州蓝天职业培训学校.园林施工管理[M].北京:中国建筑工业出版社,2005.

D. 技术管理的季节性。园林工程施工受气候因素影响较大,季节性强,特别是土方工程、栽植工程等,必须根据季节和气候条件的不同,选择合适的技术措施。

③ 技术管理的内容

A. 建立技术管理体系,完善技术管理制度。建立健全技术管理机构,形成单位内以技术为导向的网络管理体系。要在该体系中强化高级技术人才的核心作用,重视各类技术人员的相互协作。园林施工单位还应制定和完善技术管理制度,主要包括:图纸会审制度、技术交底制度、计划管理制度、材料检查制度和基层统计管理制度等。

B. 建立技术责任制。落实领导任期技术责任制,明确技术职责范围。领导任期技术责任制是由总工程师、工程师和技术组长构成的以总工程师为核心的三级技术管理制度,其主要职责是:全面负责本单位的技术工作和技术管理工作;组织、编制单位的技术发展计划,负责技术创新和科研工作;组织会审各种设计图纸,解决工程中关键技术问题;制定技术操作规程、技术标准和安全措施;组织技术培训,提高职工业务技术水平等。

(3) 施工现场的安全生产管理 安全生产管理是在施工中避免生产事故,杜绝劳动伤害,保证良好施工环境的管理活动,是保护施工人员安全健康的企业管理制度,是搞好工程施工的重要措施。在园林工程施工中,要把安全工作落实到工程计划、设计、施工、检查等环节中去,把握施工中重要的安全管理点,做到防患于未然,安全生产。施工现场的安全生产管理主要有以下几方面内容:

A. 各级领导和职工要强化安全意识,明确安全生产的思想,加强劳动纪律,克服麻痹大意思想,把安全意识融入施工的任何一个环节中。

B. 建立完善的安全生产体系,有相应的安全组织,并配备专人负责。

C. 制定必要的安全管理制度,包括安全技术教育制度、安全检查制度、安全保护制度、安全技术措施制度、安全考勤制度、伤害事故报告制度和安全应急制度等。

D. 施工中必须严格贯彻执行各种技术规范和操作规程。

E. 制定具体的施工现场安全措施。

F. 施工中应该避免伤害事故的发生,一旦发生安全事故,必须严肃认真的对待,采取果断措施,减少人员伤亡和财产损失,防止事故扩大,同时查明原因、分清责任,并采取有效措施,避免类似事故的再次发生。

(4) 施工现场的文明施工、环境保护管理 施工现场的文明施工和环境保护管理已经成为当前工程施工管理过程中必不可少的一个方面,体现出施工单位的整体素质和管理水平。主要包括文明施工的制度及措施和卫生、环保的制度及措施。如施工现场四周应按规定设置连续的围栏,围栏必须稳固、整洁、美观;不得在围栏外堆放施工材料、垃圾等;施工现场文明施工要有严格的分片包干和个人岗位责任制,做到整个现场清洁整齐;工人操作地点和周围必须清洁整齐,要做到干活脚底清,活完料净;生活区设置一定数量的生活垃圾容器,并落实专人管理;宿舍及其周围经常保持清洁、优美;办公室的环境整齐清洁;伙房、食堂、卖饭处、茶亭要整洁卫生,炊事员经体检,身体健康,并严格执行食堂卫生管理制度和食品卫生操作制度;工地施工不扰民,应针对施工工具设置防尘和防噪音措施,做到不超标(施工现场规定噪声不超过85 dB)等。

### 6.4.2 园林工程建设监理

1) 工程监理概述

(1) 工程建设监理的概念　监理是指有关执行者根据一定的行为准则,对某些行为进行监督管理,使这些行为符合准则要求,并协助行为主体实现其行为目的。

建设工程监理是指针对工程项目建设,社会化、专业化的建设工程监理单位接受业主的委托和授权,根据国家批准的工程项目建设文件、有关工程建设的法律、法规和建设工程监理合同,以及其他工程建设合同所进行的旨在实现项目投资目的的微观监督管理活动。

(2) 工程建设监理的内涵

① 工程建设监理是针对工程建设所实施的监督管理活动。建设工程监理对象包括新建、改建和扩建的各种工程项目。

② 工程建设监理是以监理单位为主体实施的管理。社会化、专业化的工程建设监理单位及其监理工程师,是工程建设监理的行为主体。监理单位要按照独立、自主的原则,以"公正的第三方"的身份开展工程建设监理活动。

③ 工程建设监理的实施需要业主委托和授权。业主和监理单位的关系是委托和被委托、授权与被授权的关系,是合同关系,是需求与供给的关系,是委托和服务的关系。工程建设监理单位是工程建设项目管理服务的主体,而不是工程建设项目管理的主体。

④ 工程建设监理是有明确依据的工程建设行为。工程建设监理是严格按照国家批准的工程项目建设文件、有关工程建设的法律、法规、工程建设监理合同和其他工程建设合同实施的。

⑤ 现阶段工程建设监理主要发生在项目建设的实施阶段。工程建设监理活动主要出现在工程项目建设的设计、招标、施工、竣工验收和养护管理阶段。其目的是协助业主在预定的投资、进度、质量目标内建成项目,主要内容是进行投资、进度和质量控制、合同管理、组织协调,这些活动也主要发生在项目建设的实施阶段。

⑥ 工程建设监理活动是针对一个具体的工程项目展开的,是微观性质的监督管理活动。

(3) 工程建设监理的任务　工程建设监理的中心任务就是对经过科学规划所确定的工程或项目的三大目标(投资目标、进度目标、质量目标)进行有效协调和控制。这三大目标是既相互关联,又相互制约的工程建设监理控制的目标系统。

工程建设监理是一种提供脑力劳动服务的行业,由于工程建设监理行业的存在,使工程建设项目的经济效益更高、建设速度更快、工程质量更好,它能够使粗放型的工程管理转变为科学的工程建设项目管理,因此,工程建设三大目标的控制应当成为工程建设监理的中心任务。

(4) 工程建设监理的特性

① 服务性　服务性是工程建设监理的根本属性。工程建设监理的服务性表现在:它既不同于承包商的直接生产活动,也不同于业主的直接投资活动。工程建设监理服务的对象是项目业主,所提供的服务是按照建设工程监理合同来进行的,是受法律约束和保护的。在市场经济条件下,监理工程师没有义务也不允许为承包商提供服务。

② 公正性　公正性是指监理工程师在处理监理事务过程中,不受他方非正常因素的干扰,依据与工程相关的合同、法规、规范、设计文件等,基于事实,维护和保障业主的合法权益,但不能建立在损害或侵犯承包商合法权益的基础上。公正性也是咨询监理业的国际惯例。

③ 独立性　工程建设监理的独立性,首先是指监理单位应该作为独立法人,与项目业主和承包商没

有任何隶属关系。只有保持独立性,监理单位才能正确的思考问题,进行合理判断,作出公正的决定。监理的独立性是公正性的基础和前提。

④ 科学性　工程建设监理是为项目业主提供的一种高智能的技术服务,应当遵循科学的准则。监理的科学性主要包括两个方面:一个是监理组织的科学性,另一个是监理运作的科学性。

(5) 工程建设监理的类型　工程建设监理有政府监理和社会监理之分,分别从宏观和微观层次进行监督管理,其职能性质和监理范围有很大的不同。

① 政府监理　政府监理是指建设主管部门对建设单位的建设行为实施的强制性监理和对社会监理单位实行的监督管理。对社会监理单位的管理包括两方面:一是对社会监理单位的资质管理,并为工商行政管理机关确认营业资格和颁发营业执照提供依据;二是对社会监理单位的监理业务活动进行监督,包括监督其行为是否合法,调节其与业主之间的争议等。

② 社会监理　社会监理是指监理单位受建设单位的委托,对工程建设实施的监理。它不是政府的建设监理机构或附属机构,不行使政府建设监理的职能,也不代表政府。它是企事业单位,只接受业主的委托和授权,行使业主管理工程建设的部分职能。

政府监理和社会监理相辅相成,共同构成我国监理制度的完整系统。

(6) 工程建设监理的模式　不同的组织管理模式有不同的合同体系和不同的管理特点,而不同的组织管理模式又决定了其监理模式,监理模式和建设工程组织管理模式对建设工程的规划、控制、协调起着重要的作用。

① 平行承包发包模式与监理模式　平行承包发包,是指业主将建设工程的设计、施工以及材料设备采购等任务经过分解分别发包给若干个设计单位、施工单位和材料设备供应单位,并分别与之签订合同。其优点是有利于缩短工期;有利于质量控制;有利于项目业主择优选择承建单位。其缺点是合同数量多,关系复杂,造成合同管理困难;投资控制难度大。

其监理模式主要有两种形式:一是业主委托一家监理单位监理;二是业主委托多家监理单位监理。

② 设计或施工总分包模式与监理模式　设计或施工总分包是指业主将全部设计或施工任务发包给一个设计单位或施工单位作为总包单位,总包单位可以将其任务的一部分再分包给其他设计单位或施工单位,形成一个设计总合同或施工总合同及若干个分包合同的结构模式。其优点是有利于工程建设的组织;有利于控制投资;有利于质量控制;有利于工期控制。其缺点是建设周期较长;总包的报价较高。

其监理模式通常是业主委托一家监理单位进行项目实施阶段的全过程监理。

③ 项目总承包模式与监理模式　项目总承包模式是指业主将工程设计、施工、材料设备采购等工作全部发包给一家承包公司,由其进行实质性设计、施工和采购工作,最后向项目业主交出一个已达到预期目标和目的的工程。其优点是合同关系简单,组织协调工作量小;缩短建设周期;有利于投资控制。其缺点是招标发包工作难度较大;业主择优选择承包方范围小;质量控制难度大。

其监理模式一般宜采用业主委托一家监理单位进行监理的模式。

④ 项目总承包管理模式与监理模式　项目总承包管理模式是指业主将项目建设任务发包给专门从事项目组织管理的单位,再由它分包给若干设计、施工和材料设备供应单位,并在实施中进行项目管理。其优缺点是对合同管理、组织协调比较有利,对进度和投资控制也有利;分包的设计、施工和材料设备供应单才是项目实施的基本力量,监理单位对分包的确认就十分关键;项目总承包管理单位自身经济实力一般比较弱,但承担的风险相对较大。

其监理模式以业主委托一家监理单位进行监理为宜,这样便于监理单位对项目总承包管理合同和项目总承包管理单位进行分包等活动的管理。

(7) 工程建设监理的目标控制

① 控制的概念　控制活动是指管理人员按计划标准来衡量所取得的成果,纠正实际过程中发生的偏差,以保证预定的计划目标得以实现的管理活动。控制过程可以用程序准确地表示出来(图6.10)。

② 控制的基本环节

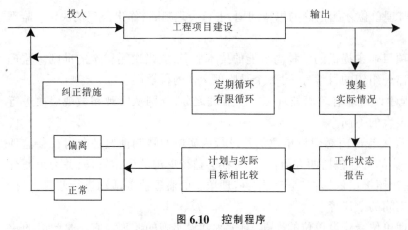

图 6.10 控制程序

资料来源：韩东锋等.园林工程建设监理[M].北京：化学工业出版社，2005.

　　A. 投入——按计划的要求进行投入。
　　B. 转换——做好从投入到产出转换过程的控制工作。
　　C. 反馈——控制过程中必不可少的基础工作。
　　D. 对比——以确定是否偏离（测量器）。
　　E. 纠正——取得控制应有的效果（调节器）。

③ 园林工程建设目标的被动控制与主动控制

　　A. 主动控制　是指控制部门、控制人员预先分析实际目标成果与计划目标偏离的可能性，并以此为前提拟定和采取各项预防性措施，要使计划目标得以实现。

　　其措施要详细调查并研究外部条件，确定有利、不利及潜在因素，并考虑到计划中；用科学的方法指定计划，进行计划可行性分析；高质量地做好组织工作；制定必要的备用方案，以应付可能出现的意外情况；计划留有一定的余地；加强信息管理工作等。

　　B. 被动控制　是指当系统按照计划进行时，管理人员对计划实施的实际情况进行跟踪，把它输出的工程项目建设信息进行加工、整理，再传递给控制部门，使控制人员从中发现问题，找出偏差，并寻求和确定解决问题、纠正偏差的方案，然后再回送到计划实施系统付诸实施，使得计划目标一旦出现偏差就能得以纠正。其特点是一种针对当前工作滞后的反馈式控制方式。

　　C. 主动控制和被动控制的关系　两者是实现园林工程建设项目目标控制时常用控制方法，缺一不可。有效的控制是将主动控制与被动控制紧密结合起来，力求加大主动控制在控制过程中的比例，同时进行定期、连续的被动控制，这样才能更好地完成工程建设项目目标控制的根本任务。

④ 园林工程建设监理的三大目标控制

　　A. 投资控制　工程投资控制是指在整个工程建设项目的实施阶段开展管理活动，力求使工程建设项目在满足质量和进度要求的前提下，实现工程建设项目实际投资额不超过计划投资额。该投资控制是微观性投资控制，包括工程建设决策阶段、设计阶段、施工准备阶段、施工阶段的投资控制和项目竣工后的投资分析。

　　B. 进度控制　是指实现工程建设项目总目标的过程中，监理工程师进行监督、协调工作，使工程项目建设的实际进度符合工程建设项目进度计划的要求，使工程建设项目按计划要求的时间动工和开展工作。包括对工程建设全过程的控制；对整个工程建设项目结构的控制；对工程建设项目有关的工作实施进度控制；对影响进度的各项因素实施控制等。

　　C. 质量控制　是指在力求实现工程建设项目总目标的过程中，为满足工程建设项目总体质量要求所开展的有关监督管理活动。质量控制的目的是在施工过程中，对分类、分项、整体进行质量监管，并达到预期质量目标。只有全面质量管理才能有效地达到预期目标。全面质量管理（TQM）的特点是全面的质量管理；全过程的质量管理；全员的质量管理；多种多样的质量管理方法。

　　工程建设项目的三大控制目标投资目标（投资省）、进度目标（工期短）、质量目标（质量优）之间既是矛盾对立的关系，也是统一的关系。在进行三大目标控制时，要努力做到力求三大目标的统一；针对整个目标系统实施控制；追求目标系统的整体效果；抓住监理工作的主要矛盾和矛盾的主要方面。

⑤ 园林工程建设项目实施各阶段目标控制任务　规划设计阶段工程建设项目实施目标控制的任务：是通过目标规划与计划、动态控制、组织协调、合理管理、信息管理，力求使工程设计能够达到保障工程建设项目的安全可靠性，满足适用性和经济性，保证设计工期要求，使设计阶段的各项工作能够在预定的投

资目标、进度目标、质量目标内予以完成。

招标阶段工程建设项目实施目标控制的任务:通过编制施工招标文件、编制标底、做好投标单位资格预审、组织评标和定标、参加合同谈判等工作,根据公开、公正、公平的原则,协助项目业主选择理想的施工承包单位,力求以合理的价格、先进的技术、较高的管理水平、较短的时间、较好的质量来完成工程施工任务。

施工阶段工程建设项目实施目标控制的任务:通过投资控制、进度控制、质量控制,努力实现实际发生的费用不超过计划投资,实际施工进度达到计划施工进度要求,并且按标准达到预定的施工质量要求。

⑥ 园林工程建设监理目标控制的措施　其措施包括组织措施、技术措施、经济措施、合同措施等。这些措施的落实将能较好地实现三大控制目标。

2) 园林工程建设规划设计阶段的监理

(1) 园林工程建设项目准备阶段的监理　园林工程建设项目从拟建到论证结束称为准备阶段。监理工作的主要内容包括拟定建设项目建议书,进行项目可行性研究,市场调查与预测,以及建设项目的经济评价、风险分析、投资概算等工作。

(2) 园林工程建设规划设计阶段监理工作的内容

① 接受建设单位委托规划设计监理任务。

② 规划设计准备阶段的监理任务　协助建设单位向城市规划部门申请规划设计条件通知书;协助编制设计纲要;协助业主进行委托规划设计;协助业主准备规划设计需要的基础资料。

③ 规划设计阶段的监理任务　参与规划设计单位的设计方案比选;配合规划设计进度,及时提供规划设计需要的基础性资料;协调设计单位与政府有关部门的关系,协调各规划设计单位和各专业设计之间的关系;进行监督检查规划设计的进度、规划设计的质量、规划设计的投资和履行合同的情况;设计变更管理等。

④ 协助业主进行规划设计成果的验收　参与规划设计方案的审核;参与主要设备、材料清单的审核;参与进行概预算的审核;参与图纸审核等。

⑤ 参与规划设计图纸的交底与会审。

(3) 园林工程建设委托监理的招投标及其合同管理

① 园林工程建设监理招标　包括选择招标委托监理的内容;监理单位的资格预审;编制监理招标文件;园林工程建设监理的开标、评标、决标等。

② 园林工程建设监理投标　包括监理单位接受资格预审;编制投标文件;按时递送投标文件;接到中标通知书后签订监理合同。

③ 园林工程建设委托合同的管理　主要包括签约双方确认;合同的一般叙述;监理单位的义务;监理单位的服务范围和内容;服务费用与支付;业主的义务与提供的服务;保障业主权益的条款;保障监理单位权益的条款;总括条款;签字确认等。

(4) 园林工程建设勘察设计阶段监理　园林工程实施阶段的第一项工作就是工程的勘察设计。其主要包括收集资料、现场踏勘和编制工程勘察设计报告等内容。

园林工程建设勘察设计阶段监理主要任务是确定勘察任务,选择勘察队伍,督促勘察单位按期、按质、按量完成勘察任务,提供满足工程建设要求的勘查成果。其工作内容主要包括勘察前的编制勘察任务书和委托勘察;准备勘察时为勘察单位准备基础资料和审查勘查单位提出的勘察纲要;现场勘察阶段的进度、质量的监督管理和检查并协助业主审定勘察报告、签署勘察费用的支付;勘察成果利用阶段的签发补勘通知书和协调勘察工作与设计、施工的配合等。

3) 园林工程建设准备阶段的监理

(1) 园林工程建设监理实施程序　在业主与监理单位签订园林工程建设委托监理合同以后,监理单位应根据合同要求组织建设工程监理的实施。

① 确定项目总监理工程师,成立项目监理机构。

② 收集与熟悉监理相关资料。包括反映园林工程项目特征的有关资料;反映当地工程建设政策、法规的

有关资料;反映园林工程所在地区技术经济状况等建设条件的资料;类似工程项目建设情况的有关资料等。

③ 编制工程建设监理规划。

④ 制定各专业监理实施细则。

⑤ 规范化的开展监理工作,包括三个方面:工作的时序性、职责分工的严密性、工作目标的确定性。

⑥ 参与验收,签署工程建设监理意见。

⑦ 向业主提交建设工程的监理档案资料。

⑧ 监理工作总结包括两个部分:向业主提交的监理工作总结和向监理单位提交的监理工作总结。

(2) 编制园林工程建设监理的系列文件

① 监理系列文件主要包括的内容

A. 监理大纲　也称监理方案,是监理单位在监理投标时编写的监理文件,通常包括:监理单位拟派往项目上的主要监理人员,并对其资质进行介绍;监理方案;监理阶段性成果等。

B. 监理规划　是监理单位在同项目法人签订监理委托合同后,由项目总监理工程师主持、有关专业监理工程师参加,在监理大纲的基础上,结合项目的具体情况,在广泛收集工程信息和资料的前提下,制订的指导整个项目监理,组织开展监理工作的技术组织文件。

C. 项目监理细则　又称项目监理(工作)实施细则。它是在项目监理规划的基础上,由项目监理组织的各有关部门,根据监理规划的要求,在部门负责人主持下,针对所分担的具体监理任务和工作,结合项目具体情况和掌握的工程信息制定的指导具体监理业务实施的文件。

② 编制依据

A. 工程项目外部环境调查研究资料。

B. 工程建设方面的法律、法规及各种规范、标准。

C. 政府批准的工程建设文件。

D. 工程建设监理合同的有关条文。

E. 工程实施过程输出的有关工程信息。

F. 项目监理大纲中的有关规定等。

③ 编制要求

A. 监理规划的基本内容构成应当力求统一。

B. 监理规划的具体内容应当具有针对性。

C. 监理规划的表达方式应当标准化。

D. 项目总监理工程师是监理规划编写的主持人。

E. 监理规划应当把握工程项目运行的脉搏。

F. 监理规划要分阶段编写。

G. 监理规划要经过审核并批准。

(3) 监理规划内容

① 工程项目概况　包括工程项目名称、工程项目地点、工程项目组成及建设规模、主要建筑结构类型、预计工程投资总额及组成、工程项目计划工期、工程质量等级、工程项目设计单位及施工承包单位、工程项目结构图及编码系统等 9 项。

② 工程项目建设监理阶段、范围和目标。

③ 园林工程项目建设监理工作内容　包括设计阶段建设监理工作的主要内容;施工招标阶段建设监理工作的主要内容;材料物资采购供应监理工作的主要内容等。

④ 施工阶段监理　包括施工阶段的质量控制、进度控制、投资控制以及合同管理和协调工作。

(4) 园林工程建设施工招投标监理　招投标服务是监理工程师一项很专业化的工作,其工作的好坏直接影响着整个工程的质量、进度和投资,以及施工阶段监理任务的完成。项目总监理工程师及其监理团队要按照招标方式和程序,帮助业主做好以下工作:

① 选定招标方式。一般有公开招标和邀请招标两种方式。
② 编制和审核园林工程的招标文件。
③ 协助业主单位对投标单位的资质进行审查。
④ 组织招标。
⑤ 协助业主进行园林工程招标的开标、评标和议标。

(5) 园林工程建设施工合同监理

① 园林工程施工合同监理的任务

A. 建立开发现代化的园林工程施工市场。

B. 努力推行法人责任制、招投标制、工程监理制和合同管理制。

C. 全面提高园林工程建设管理水平,培育和发展园林工程市场经济。

② 园林工程施工合同监理的措施

A. 健全园林工程合同管理法规,依法管理。

B. 建立和发展有形园林工程市场。

C. 完善园林工程合同管理评估制度。

D. 推行园林工程合同管理目标制。

E. 园林工程合同管理部门必须严格执法。

③ 园林工程施工合同监理的方法

A. 普及合同法制教育,培训合同管理人才。

B. 设立专门合同管理机构并配备专业的合同管理人员。

C. 积极推行合同示范文本制度。

D. 开展对合同履行情况的检查评比活动。

E. 建立合同管理的微机信息系统。

F. 借鉴和采用国际通用规范和先进经验。

(6) 园林工程施工准备工作的监理

① 园林工程施工准备工作的内容　园林工程项目施工准备工作按其性质及内容通常包括技术准备、物资准备、劳动组织准备、施工现场准备和施工场外准备等。

技术准备包括熟悉、审查施工图纸和有关的设计资料;原始资料的调查分析;编制施工图预算和施工预算;编制施工组织设计等。

物资准备包括建筑材料的准备、植物材料的准备、构配件和制品的加工准备、建筑安装机具的准备、生产工艺设备的准备等。

劳动组织准备包括建立拟建工程项目的领导机构;建立精干的施工队伍;集结施工力量、组织劳动力进场;对施工队伍、工人进行施工组织设计、计划和技术交底;建立健全各项管理制度等。

施工现场准备主要包括做好施工现场的控制网测量;做好"四通一平";做好施工现场的补充勘察;按照施工总平面图的布置,建造临时设施;安置施工机具并检查、安装、调试;按指定地点堆放材料、构配件等;按照建筑材料的需要量制订计划,及时提供建筑材料的试验申请计划;按照施工组织设计的要求,落实各项技术措施;按照设计资料和施工组织设计的要求,认真进行新技术项目的试制和试验;建立各项规章制度和安全措施等。

施工场外准备包括材料、构配件等加工与订货;做好分包工作和签订分包合同;向上级提交开工申请等。

② 园林工程建设项目开工前的监理协调　园林工程建设项目开工前的监理协调主要包括监理组织内部的协调;监理与业主的协调;监理和承包商的协调;监理和设计单位的协调;监理和政府部门及其他单位的协调。

监理组织内部的协调包括监理组织内部人际关系的协调;项目监理系统内部组织关系的协调;项目监

理系统内部需求关系的协调。

坚持监理程序和严格按合同办事有助于协调工作的规范化、科学化,有助于工作的顺利进行。

4) 园林工程建设施工阶段的监理

(1) 园林工程建设施工阶段的质量控制

① 园林工程建设施工阶段的工作特点　施工阶段工作量最大,投入最多,持续时间最长,动态性强,涉及的单位数量最多,相关信息内容广泛、时间性强、数量大,存在众多因素的干扰,是实体形成的阶段,必须严格进行系统过程控制等。

② 园林工程建设项目质量的控制实施　园林工程建设项目质量控制按其实施者不同,由三方面组成:业主方面的质量控制——工程建设监理的质量控制,其特点是外部的、横向的控制;政府方面的质量控制——政府监督机构的质量监督,其特点是外部的、纵向的控制;承建商方面的质量控制——承建商在施工过程中的质量控制,其特点是内部的、自身的控制。

园林工程建设项目质量控制常按工程实体质量形成过程的实践阶段分为事前控制、事中控制和事后控制,工程质量的控制重点在事前控制和事中控制。

园林工程建设施工阶段质量监理的依据是共同性依据和专门性技术法规及标准。

园林工程建设施工阶段质量监理的内容包括,对承包商的质量控制工作的监控;在施工过程中进行质量跟踪监控;对设计变更的控制;施工过程中的检查验收;处理已经发生的质量问题或质量事故;下达停工指令来控制施工质量等。

施工过程中所形成的产品质量控制有以下几个方面:对分部、分项工程的验收;组织对机械设备的运转检查;组织单位工程或整个工程的竣工验收。

对分包商的管理包括对分包商资质的审批;对分包商施工过程中的监理管理。

监理工程师对工程质量监理的手段有:履行合同、旁站监督、见证监理、巡视监理、平行检查、测量、试验、严格执行监理程序、下达指令性文件和拒绝支付。

监理工程师对工序质量监督控制包括对工序活动条件的监控和对工序活动效果的监督控制。

③ 园林工程建设质量的安全控制　园林工程建设质量的安全控制主要包括对质量事故的处理;对施工安全措施的审核及对施工现场安全的控制两个方面。

(2) 园林工程建设施工阶段的进度控制

① 影响工程施工进度的因素　相关单位进度、设计变更因素、材料物资供应进度、资金因素、不利施工的条件、技术因素、施工组织不当、不可预见的因素等。

② 进度控制的方法　有行政方法、经济方法、技术管理方法等。

③ 进度控制的措施　有组织措施、技术措施、合同措施、经济措施、信息管理措施等。

④ 监理工程师进度控制的主要任务

A. 进行环境和施工现场调查分析,编制项目进度规划和总进度计划,编制准备工作详细计划并控制其执行。

B. 签发开工通知书。

C. 审核总承包单位、分承包单位及物资供应单位的进度控制计划,并在其实施过程中,通过履行监理职责,监督、检查、控制、协调各项进度计划的实施。

D. 通过审批承包单位进度付款,对其进度实施动态控制。妥善处理承包单位的进度索赔。

⑤ 资源供应的进度控制　资源进度控制,是指一定的资源(人力、物力、财力)条件下,实现工程项目一次性特定目标的过程对资源的需求进行计划、组织、协调和控制。监理工程师在其中的作用主要是:审核资源供应单位的供应计划;监督检查订货,协助办理有关事宜;监督资源供应计划的实施等。

(3) 园林工程建设施工阶段的造价控制

① 施工阶段造价控制的目标　园林工程建设项目在施工阶段的造价控制目标值分为总目标值、分目标值、细目标值。在工程项目施工过程中要采用有效措施,控制投资的支出,将实际支出值与造价控制的目

标值进行比较,作出分析和预测,加强对各种干扰因素的控制,确保建设项目造价控制目标的实现。

② 施工阶段造价控制的任务

A. 编制建设项目招标、投标、发包阶段的投资控制详细的工作流程图和细则。

B. 审核标底,将其与投资计划进行比较;审核招标文件中与投资相关的内容;对投标文件中主要施工技术方案作出技术经济论证等。

C. 编制施工阶段造价控制详细的工作流程图和投资计划。

D. 建立健全施工阶段造价控制的措施。

E. 监督施工过程中各方合同的履行情况。

F. 处理好施工过程中的索赔工作等。

G. 依据施工合同的有关条款、施工图等,对工程项目造价目标进行风险分析,制定防范性措施。

③ 施工阶段造价控制的措施  措施主要有组织措施、经济措施、技术措施和合同措施等。

④ 工程计量  这是监理工程师对施工图、进度款的预算和结算进行审核。对预算的审核是对项目的预控,对进度款的审核是控制阶段拨款,对结算的审核是最终核定项目的实际投资。监理单位重点是审核结算。主要手段是审核工程量、审核定额单价(审查换算单价、审查补充单价)、审查直接费用、审查间接费用等。

⑤ 园林工程建设项目投资的结算审核管理  按现行规定,园林工程价款结算依据一般工程投资结算方式,主要有按月结算、竣工后一次结算和按双方约定的方式计算等三种方式。

工程费用支付的程序为:承包商提出付款申请→报驻地监理工程师办公室→上报高级驻地监理工程师办公室→上报总监→报告业主(业主审批并支付)。

⑥ 工程变更控制  工程变更包括设计变更、进度计划变更、施工条件变更以及业主同意的新增工程项目变更等。

5) 园林工程交工验收和养护管理期的监理

工程的交工验收是施工的最后一个法定程序,其包括工程中间的交工验收、工程交工验收和工程项目的竣工验收。

(1) 园林工程交工验收的依据和标准

① 园林工程交工验收的依据  有关工程招投标合同和施工合同,各种园林工程(土建、安装、道路、绿化等)施工和验收标准、规范,各项工程资料,符合交工条件的已完成工程及竣工图。

② 园林工程交工验收的标准  某些工程遵循现行建设工程质量验收体系,借鉴工程质量标准的主要内容进行验收;借鉴相关行业标准,精选补充现行标准;依据现行的工程施工及其验收规范;区分强制性标准和推荐性标准,采用将工程分解成若干部分,选用相关、相应或相近工种标准进行。

(2) 园林工程竣工验收  监理工程师在竣工验收前要做好以下准备工作:编制竣工验收的工作计划;整理、汇集各种经济与技术资料;拟定竣工验收条件、验收依据和验收必备技术资料。

监理工程师在接到承包人递交的竣工验收申请,确认工程满足要求后,应报告业主,并由业主、承包商、设计单位、接管单位、主管部门、环保单位、监理单位、质量监督站及地方有关部门等组成验收委员会。

竣工验收分为验收准备、初步验收(预验收)和正式验收3个阶段。

(3) 园林工程项目的交接  在完成竣工验收和质量评定工作结束后,标志着园林建设工程项目的投资建设已经完成,并将投入使用。此时建设单位应努力完善各项准备条件,争取园林建设成果早日发挥效益;施工单位应抓紧处理工程遗留的问题以尽快交付建设单位;监理单位应督促双方尽快完成收尾和移交工作。

园林工程项目的交接分为工程收尾和工程移交两个阶段。

(4) 园林工程竣工结算  工程竣工结算是指工程完成并达到验收标准,取得竣工验收合格证后,园林施工单位与建设单位之间办理的工程财务结算。在此过程中,专业监理工程师要审核承包单位报送的竣工结算报表,总监理工程师要审定竣工结算报表。

(5) 园林工程竣工项目的养护管理　园林建设工程项目交付使用后,在一定时期内施工单位应到建设单位进行工程回访,对该项建设工程的相关内容实行养护管理和维修。在回访与养护管理过程中,监理单位应始终参与。

6) 园林工程建设监理的信息管理

(1) 信息的分类　信息是以数据形式(包括文字、语言、数值、图表、图像、计算机多媒体文件等形式)表达的客观事实,是一种加工或处理成特定形式的数据。在园林工程建设监理中,主要有以下类型。

① 按照园林工程建设监理控制目标分　投资控制信息、质量控制信息和进度控制信息。

② 按照园林工程建设监理信息来源分　工程建设内部信息和工程建设外部信息。

③ 按照园林工程建设监理信息稳定程度分　固定信息和流动信息。

④ 按照园林工程建设监理活动层次分　总监理工程师所需信息、各专业监理工程师所需信息和监理员所需信息。

⑤ 按照园林工程建设监理阶段分为　项目建设前期的信息、施工阶段的信息和竣工阶段的信息。

(2) 园林工程建设监理信息管理的基本任务　是实施最优控制、进行合理决策和妥善协调项目建设各有关单位之间的关系。

(3) 园林工程建设监理信息管理的内容

① 园林工程建设监理信息的收集　包括对工程建设前期信息的收集;工程建设设计阶段信息的收集;施工招标阶段信息的收集;工程施工阶段信息的收集;工程竣工阶段信息的收集等。

② 监理信息的加工整理和储存　包括监理信息的加工整理、储存、流动和使用等方面。

(4) 园林工程建设监理信息系统　按照工程建设监理工作的主要内容,即对建设项目的工期、质量、投资等三大目标实行动态控制,确保三大目标得到最合理的实现,相应的,工程建设监理信息系统应由四个子系统组成,即进度控制子系统、质量控制子系统、投资控制子系统和合同管理子系统。各子系统之间既相互独立,有其自身目标控制的内容和方法,又相互联系,互为其他子系统提供信息与支持。

### 6.4.3　园林养护管理

园林建设不同于一般基础建设,其质量具有较强的可塑性,即园林工程不是一蹴而就的固定产品,而是在不断生长变化中的一个生命体,它的效果不是短时间内所能确定和一成不变的,而是有一个逐步提高和逐步完善的塑造过程。这就需要加强园林产品的养护管理,特别是其中唯一使用的具有生命的造景元素——植物。这一特点使得养护管理成为园林建设质量管理中至关重要的部分。

1) 绿化养护管理

植物是造园要素中最为重要,也是最为特殊的一种,因为其具有生命。俗话说"三分种,七分管",栽植后的养护管理,对于植物的自身生长和形态塑造,以及与其他景观元素共同营造园林艺术环境,都至关重要的作用。

(1) 草坪的养护管理　主要内容包括:浇水、施肥、刈剪、除杂草、防践踏保护、更新复壮、排水和防治病虫害等。

(2) 树木的养护管理　园林树木的养护管理是园林产品养护管理中极其重要的一环,包括两个方面的内容:一是"养护",根据不同园林树木的生长需要和某些特定的要求,及时对树木采取施肥、浇水(灌水与排水)、中耕除草、整形修剪、防治病虫害等园艺技术措施;另一方面是"管理",如看管围护、清扫保洁等。

(3) 古树名木的养护管理　古树名木是活着的文物古迹,不仅有历史文化价值,还有科研和生态价值。古树名木的养护管理,要求更高,应根据树木衰老期向心更新的特点来进行。不要随意改变其生长的环境条件,防止引起可能的树木生长不良,加速衰老,甚至死亡;养护管理措施必须符合树木自身的生物学特性;防治土壤板结,改善土壤透气性;改善水、肥条件;实时监测,防治病虫害;及时治伤、修残;注意更新修剪,促其复壮;提供支撑保护,防止风折;建立生长情况档案,记录养护管理措施和生长状况,供以后参考等。

(4) 花坛植物的养护管理　花坛是城市园林建设的重要组成部分,由于其土壤条件受到一定的限制,并主要使用花卉作为植物材料,其养护管理与陆地栽植有一定的差异,主要包括:浇水、施肥、中耕除草、修剪、补植、防治病虫害等。

2) 其他养护管理

园林产品中,除了植物的养护管理外,其他如园路、园桥、水景、假山、建构筑物、小品设施等,也需要进行养护管理,以到达减少损坏、降低支出、长期使用的目的。

(1) 设备的养护管理　设备的养护管理主要是指设备的保养维修管理,主要包括环境调节、合理操作、清扫润滑、定期检修以及及时排除故障等。由于园林施工和园林经营具有季节性强的特点,因此,可以尽可能地在旅游淡季或闲置时期进行检修保养。

(2) 设施的养护管理　园林中的各种设施,由于使用频繁程度较大,安全性和景观性要求较高,因此必须重视平时的养护管理。

① 清洁卫生　保持清洁卫生是最基本的养护管理要求,主要包括清扫各处杂物垃圾、打扫消毒厕所、清除水面污物、清洁建筑物及设施表面等。通常应实行分片包干形式:定人、定点、定指标,并按规定在相关地方设立垃圾箱、吸烟点、卫生间等,同时还可以在适当的地方设置指示牌和宣传标语等。

② 加强管理,制止随意刻涂等不文明行为　随意刻涂是部分游人很特异的一种行为,对园林设施,特别是一些文物古迹损害极大,因此必须严格制止。

③ 修缮维护　设施在使用过程中不可避免会有消耗和损耗,为了能延长使用时间,修缮维护应及时进行,并可以采用间作休养、轮流开放的方式来修缮保护。对于园林设施应经常性检查,发现问题及时修缮,特别是对于文物古迹和涉及游客安全的设施,还需要每3~5年大修1次,以保证其寿命和安全性。

④ 防范违章建筑和设施　这主要是为了防止受经济利益驱动,增加规划设计以外的设施,特别是一些商业经营性设施。

## 6.5 园林经营管理

### 6.5.1 经营

1) 经营的概念

经营是为了减少无效消耗而进行的各种防御灾害破坏和促进物质金钱流通的程序行为,如安全、商业、财务、服务等。

生产出来的产品或施工完成的建筑,往往要通过公共分配系统或市场分配系统才能用来满足社会成员或集团的福利需要。这种不只是面向物质、能量、信息而且面向"人"的经济活动,被称为"经营"。经营的主要目的,不是积累有效生产量,而是减少无效消耗量——使得产品或建设能够"应用"或"运转"。

2) 经营内容

(1) 安全

① 防护、减轻自然灾害,如防雷、防虫、防鼠,保护基础设施、注意维修保养、清理环境卫生等。

② 防护人为破坏,防人为失火、防爆炸、防偷盗抢劫等。

(2) 商业　包括采购推销和包装运输。这是物质(含能源信息源)管理的重要内容——作为"商品"形态的产品、物资、设备等物质的管理。物质管理是物资管理、产品管理、设备管理、活物管理和基础设施管理的统称。

(3) 财务　包括理财、聚财和保险。理财包括预算、收入、支出、决算、监督;聚财包括生产经营的盈利、征收、募捐、储蓄、发行债券股票货币和非法的聚财方式;保险包括投保和理赔。

(4) 服务　是为了促进物与钱的周转而发展起来的——它与安全、商业、财务行为之间有不少重合,却又有所不同——它所提供的各种"服务"常常是以信息成分为主,与物质形态的"商品"和金钱都有所不同。服务行为包括面向法人、面向个人和兼营3个方面。

3)园林经营的特点

园林经营不是纯粹的商业性经营,而是包括生产、养护、服务等等,因而对于市场的依赖较小,而对于公共分配系统的依赖较大。此外,其经营的优劣在很大程度上取决于内部的管理水平。园林产品有其特殊性,因此,园林经营者必须结合自身特点进行调度,合理安排好服务项目并提高服务质量,更好地为广大人民群众服务。

### 6.5.2 物资与产品管理

1)物资管理

物资管理包括制定物资计划和采购计划,对物资采购、物资储备和物资取用等进行管理,保证园林产品实现过程的顺利、高效,并保质保量按时完成。

2)产品管理

产品管理包括产品储存、产品包装、产品定价、产品流通和售后服务及信息反馈等,做好产品管理有利于人们对园林产品的使用和园林产品的更新、完善和升级换代。

### 6.5.3 设备管理

设备管理包括设备安装和调试管理、设备高效运行管理、设备保养维修管理、设备折旧报废管理和设备更新换代管理等。做好设备管理能保证施工设备的正常运转和使用,从而保证施工进度和施工安全。

### 6.5.4 活物管理

活物管理是园林经营与其他经营项目不同的方面,常称为"养护"。"养"与"护"分别涉及技术行为和文化行为两个方面,相应的管理程序涉及"规程"和"法规"。活物管理包括植物和动物两部分:植物的管理包含土、水、肥、草、虫、病等,此外还要注意整形修剪、培育改良、更新复壮和避免人为损害等;动物管理要保证其基本生活环境和正常生长外,还要要有专业的管理人员来管理动物的繁殖、驯化等,并避免游人对其的侵犯与伤害。

### 6.5.5 基础设施管理

一般说来,基础设施(如建构筑物、道路、桌椅、管道、线路等)都是比较牢固、经久耐用的,无需纳入日常管理范围,只需定期检查,发现问题及时维修即可。但是,园林中的基础设施,使用频繁,相对损耗较大,使用者又是被服务对象,对有关设施要求较高却不一定会非常爱惜,因此,往往需要经营者加强管理。主要有以下一些方面:保持清洁卫生;防止随意涂刻;及时修缮处理;防范违章搭建等等。

### 6.5.6 财务管理

1)财务管理概念

财务是关于货币或金钱的事务。在市场竞争社会中,财务管理几乎成了调节经济活力与经济秩序的唯一杠杆。财务管理可分为国家、地区或部门、基层单位、家庭或个人等4个层次,其中,收支管理分为预算、支出、收入、决算、监督等5项内容。

2)财务管理内容

(1)预算管理 预算是相对独立的经济实体对于未来年度(或若干年)的收入与支出所列出的尽可能完整、准确的数据构成。园林单位常介于企业单位和事业单位之间,其基层单位的预算支出主要是工资、物资、管理费用等,支出与收入可用来评价单位的资金财务效益。

对于没有经常性收入的园林单位,预算管理是全额式的,即所需预算支出全部由上级主管部门中的相应预算拨款,所取得的收入也全部上缴;对于有经常性业务收入的园林单位,预算管理是差额式的,即单位预算中的一部分支出由园林的收入来支付,大于收入的支出部分由上级预算拨款来支付,而大于支出的收入部分上缴,作为上级预算的收入。

(2) 收入管理　收入管理就是由财务职能机构核准、纳入、记录每一项收入,并加以汇总。收入管理的重点是在经营过程中所获得的收入,即出售产品和提供服务所获得的收入。收入管理的主要措施是对每一项收入都建立相关的票、据、凭证,然后在财务部门汇总核对。

(3) 支出管理　支出管理是由财务职能机构核准、付出,记录每一项支出,并加以汇总。过多或过少的支出影响物和钱的周转。支出的管理措施是每一项都要有收款人签章,除稳定日常性支出(如工资)外,还要有票据等凭证,有主管人签章和付款人签章。

(4) 决算管理　决算是相对独立的经济实体对于过去年度(或若干年)的实际收入与支出所列出的完整、详尽、准确的数据构成。它与该年度(或若干年)预算的差异源于实际收支环节出现的各种变化以及预算外收支。决算结果比预算方案具有更强的实践性,一般都成为后续预算的基础构成。

(5) 财务监督　财务监督就是对金钱的监督。为了维护经济系统的正常秩序,满足社会中各成员和集团的福利需求,必须对财务进行监督,堵塞财务漏洞,打击违法谋利,促进货币的正常周转。

财务监督通常有两套机构同时进行,即财务职能机构和审计机构,以及股份制企业中的会计部门和监事会。财务监督有抽查和定期监督两方面。定期财务监督的主要方式就是清点对账,如盘点、年终收支清理等。

3) 财务管理指标

财务管理的综合性指标是资金利润率和资金周转率——资金周转次数或资金周转天数。园林产品同样不可避免的有资金周转情况,通过有效的保护、利用、开发、经营,使园林产品得以持续生存与发展。

### 6.5.7　人员与信息管理

人员管理是技能管理、智能管理(以上两方面可以合称为人力管理或劳动管理)、人才管理和群体管理的总称。它与物质管理的区别在于管理对象的非标准性、非稳定性和非叠加性。人员管理主要包括选用、训考、升调、工资奖惩、福利、劳动(健康)保护、退休、抚恤等内容。

信息管理是法规管理、新闻管理、档案管理、通讯管理和情报管理的统称。对于经济管理来说,主要包括资源、人口、总需求、总投入、供养比、覆盖比等宏观信息的管理以及技术、科研成果、原料、产品或服务市场等微观信息的管理。具体到园林部门,主要是微观信息管理,其中档案(数据库)管理是重要手段。园林行业的档案(数据库)可分为财务档案(数据库)、人事档案(数据库)、技术档案(数据库)、文书档案(数据库)等4类。各类可进一步细分:财务档案(数据库)可分为物资、设备、活物、基础设施、财务等;人事档案(数据库)可分为干部、专业人员、劳动力、户籍、人才等;技术档案(数据库)可分为资源、专利、工具设备、工程(工艺)设计、生产(施工)实施中的规程及调度定额和最后结果等;文书档案(数据库)可分为史实、法规、决议、建议等。

# 7 园林专业素养

## 7.1 园林专业素质

专业素质是指从事某种职业活动掌握和运用专业知识、专业技能的水平。影响和制约专业素质的因素很多,主要包括:受教育程度、实践经验、社会环境等。

园林服务于公众或私人业主,为其提供宜人的生活外部环境,园林是人类精神生活的寄托和载体,因此它不能是纯粹个人情感的表现,不像绘画艺术那样可以"为艺术而艺术"。园林设计师的作品必须反映公众观念,它需要设计师有崇高的思想道德情操;具有创新的设计能力;具备现代设计的理论基础和适合的设计表达能力。

### 7.1.1 创新的设计能力

设计在某种意义上讲是一种预知,即将现实中的各个具体和抽象的信息在设计者的意识中,通过"审思默想"的方式进行整合,然后再将头脑中虚拟的整体时空结构"落实"到图纸上。但设计又不能是设计者的人为预设,因为真正的创新设计方案不但会令用户惊奇,有时也会出乎设计者自己的意料。因此,设计应当是一种创新,是设计者通过对未来事物、对未知事物的体察而获得的感悟。但是,究竟什么是"创新"呢?

创新,就是作为活动主体的人所从事的产生新思想和新事物的活动,其根本特征是变革、进步和超越。对于园林设计人员而言,具有超越或改变既有事物规范的能力,能够突破自己既有的知识技术范畴就可以算是一种创新。创新是园林设计的必由之路,设计师在进行园林设计的过程中,常会碰到这样一些问题,如甲方想法太多,拿不定主意,还要提出很多模糊不清的甚至相互矛盾的要求,或受多种条件的限制,或者一味追求他人风格,从而使设计者陷入被动的状态。这样,最终会使设计方案显得平庸、无力、主题不鲜明。要掌握园林设计的主动权,设计师必须要有自己的主见,并结合甲方想法中的合理成分,使设计思维主动优化,努力创新,不断完善设计方案,肯定设计的创意性和设计中的情感诱发,并产生灵感让情感体现与理性发挥达到最佳境界。

随着我国园林业的不断完善和发展,设计师应对已知的设计因素和设计意图进行分析和研究,从视觉效果、整体把握和细节处理等方面进行不断总结。设计师要发挥独创性,运用与众不同的表现角度和表现手法,使园林设计具有创新性,可以从以下5个方面着手:

1) 将创造性思维运用到园林设计中

设计过程中总存在着思维活动,而且这种思维活动非常复杂,它是多种思维方式的整合,可称之为设计思维。设计思维是科学思维的逻辑性和艺术思维的形象性的有机整合,艺术思维在设计思维中具有相对独立和相对重要的位置。设计思维的核心是创造性思维,创造性思维对于一个设计师来说是十分重要的,它贯穿于整个设计的始终,具有主动性、目的性、预见性、求异性、发散性、独创性和灵活性等特征。

创造性思维是形成创造力、产生创造成果的思维形式。根据不同的方式与性质,创造性思维可分为形象思维与概念(抽象)思维、直觉思维与分析思维、发散思维与聚合思维、正向思维与逆向思维等多种不同的方式。就其思维方式、思维结果而言,只要思维对象是新颖的,思维中采用的方式、材料是新颖的,我们都称之为创造性思维。

创造性思维不同于一般的理性思维或逻辑思维方式,而较多地借助于形象思维的形式来进行创造性活动。但形象思维并不是绝对否定抽象思维或逻辑思维,而是以形象为主要思维工具的同时,以深层的意识,以理性逻辑为指导而进行的。蜜蜂能构筑六角形蜂巢,但其头脑中并没有形象思维的工具,而园林设计师在构建六角形形体时,则必然有一个建筑的基本概念在起着主导作用,所以形象思维并非排斥理性思维与逻辑思维,而是从感性形象向观念形象或理性形象升华的过程。

用创业园设计构思来展示创新设计思维与概念传达的思考过程。创业园位于安徽省合肥市西南部合肥政务文化新市区内,是合肥市政务文化新区规划的6个主题公园之一,规划定位其是植物造景为主自然布局的公园。自然式园林赋予什么主题?政务文化新区的高标准、高速度、高质量的建设,凝聚一批有志之士的心血,先后有不同领域近20位院士的指导与参与,是新世纪的创业史,因此,命名为创业园。

如何体现创业主题?随着社会的发展,城市化的推进,工业化在带给人类快捷方便的同时,也使人类远离大自然,精神压力加大,民族性、地域性大幅度降低,表现人们的怀旧情结(纪念与历史)、运用"天人合一"的思想是现代园林设计内涵的源泉。

在农耕社会,士大夫躬耕林泉,艺园植蔬,常被看作勤劳自律的美德。所谓"朝为田舍郎,暮登天子堂"。《管子·大匡》中写道:"用力不农,不事贤,行此三者,有罪无赦。"从中可以看出,农业与国家安危、与贤德是紧密相依的,关注农业,在今天仍为国家之基础,是事业的开端。因此,用农耕文化来表现创业主体。

选用农具——犁、牛来表现农耕文化。"善其事,必先利其器",生产工具是生产力的一个重要因素,一定类型的生产工具标志着一定发展水平的生产力。江南农民在长期生产实践中创造出一种轻便的短曲辕犁,又称江东犁,克服了唐以前笨重长直辕犁的回转困难,耕地费力的缺点,表达了江南人创新精神和江南地域特色(图7.1)。神农氏即炎帝,是中国上古传说中的神话人物"三皇"之一。相传神农"人身牛首",他是农业和医药的发明者。他以木制耒耜(后发展为犁)等农具,传授农业生产技术,播种五谷。周叔均,是始作牛耕,牛在农业生产中起到了重要作用。在现代,勤奋、开拓、奉献的老黄牛的精神是为国家作出贡献人士精神的写照。

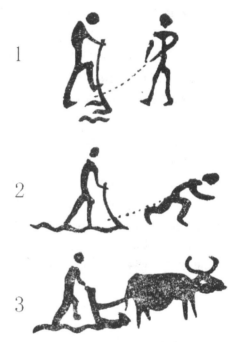

图7.1 农耕演变过程示意图

园内的园路和中心广场为抽象的淮河流域农用的犁;一池三山的总体布局,同广场、"犁"组合在一起,整个园子的构图抽象出一头正在辛勤耕耘的耕牛;起伏的丘陵与坡地是安徽省丘陵地貌的表现(图7.2)。

因此,在园林设计实践中,设计师通过务实层面的训练,蓄积足够创作素材的同时,借由创意启发的创造性思维,使自己掌握园林设计创意的精髓,将更有助于设计者游刃于园林作品创作中。

2) 用设计的语言表达文化内涵

园林设计的艺术特色是在不经意中自然而然显露出来的,是人们在使用的过程中无意之中体会到的,那些过分强调文化内涵,欲把中外文明史全都汇集于一处的设计,常常会有堆砌繁复,令人窒息之感;而没有文化内容的设计又显得空间呆板,缺乏品位。如同一部优秀音乐作品一样,好的园林设计必须有其明确的主题,并且通过特殊的设计语言表现出特定

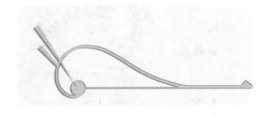

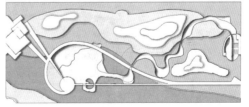

图7.2 创业园设计构思图

图7.3 合肥政务新区创业园总平面图

的文化内涵(图7.3)。

园林设计要融合当地文化,掌握它的发展趋势,挖掘蕴藏着丰富的文化特征、城市风貌、历史遗迹,了解当地的气候、民风、民俗、生活习惯和周围环境特点,把握基本的创作风格及思路,运用园林文学,借鉴诗文,创造园林意境;引用传说,加深文化内涵;题名题联,赋予诗情画意。充分利用设计的语言表达文化内涵,达到与当地风土人情、文化氛围相融合的境界。

随着科学技术发展,新技术、新材料在园林规划设计中开始大量使用,比如说激光、光纤、不锈钢等等这些材料都已经在园林设计作品中大量的使用。这些新的技术的推广和应用给园林设计师在创作上扩展了思路,开拓了创作的空间。

今天的园林应当源于传统,而又有现代的设计新思路,现代的科学技术、建筑艺术、园艺水平及现代生活方式应在园林中充分体现,它们应当是现代社会的产物,也是现代思想文化的一种表现。只有代表一个时代文化精髓的艺术品才具有真正的、持久的魅力,才能真正地流芳百世。

3) 掌握和运用园林设计的基本原则与规律

园林设计是一种认知过程,是对园林设计学的原理、法则的具体应用,园林设计师的想象与创意必须借由一系列严谨客观的运作过程,才可能落实为真实的作品,园林设计师只有努力提高自己的素质,才会有创新的力作。园林专业创造力的呈现不仅在于大范围的分区构想、配置计划或设计的细部与材料的运用,它更在于对园林设计基本原则与规律的掌握和运用。正如同David Best所言:"艺术家的创意观点和想象力,必须能够穿透浪漫的幻觉,才能展露出真实客观的理性概念。"他更进一步提出3点说明:①人需要透过想象力才能看清楚真实;②人必须高度理解并掌握媒介,才能够自由地表达真实;③只有娴熟传统的手法,才有可能发展创意或想象的观点。

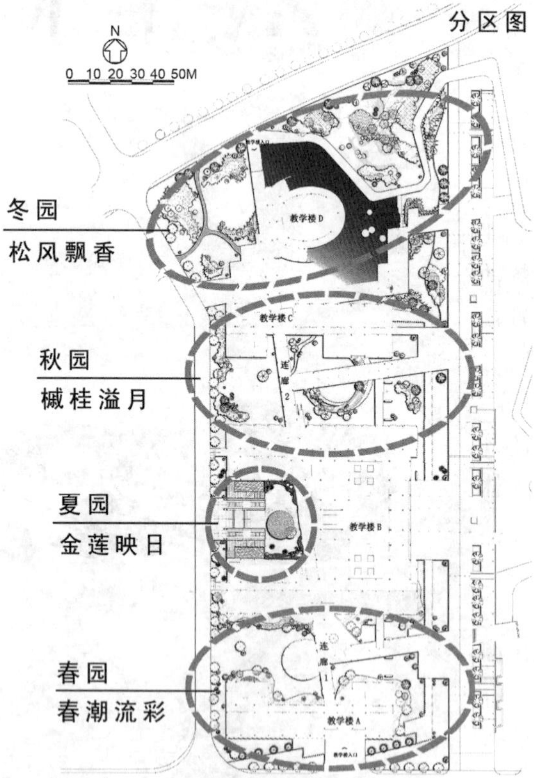

以安徽大学新区北教学区植物景观设计实例来表现园林设计师的创意,体现如何应用园林设计学的原理、法则落实到设计作品的过程。新区北教学区以围合式建筑群景观模式为主,四栋主教学楼由连廊贯穿,其间形成相对独立的内庭院空间。庭院内部地势较平坦,无障碍物。

设计者紧扣庭院式建筑的布局形式,将文化意境与功能使用相联系,将教学区内空间按四季分为四个景区:春潮流彩、金莲映日、槭桂溢月、松风飘香(图7.4)。吸取古典园林庭院植物配置方式的精华,体现不同的空间内涵与场所精神:春潮流彩——运用春季开花植物呈现出的繁花似锦的蓬勃景象,象征着风华正茂的大学生在知识的海洋中徜徉;金莲映日——微微隆起的地形上盛开的夏日黄花和沿边的洁白花朵预示着大学生蒸蒸日上的学业,相互竞争的景象;槭桂溢月——蕴涵了在霜霞月朗的收获季节,满载着希望与喜悦的学子正在摘取学术桂冠;松风飘香——积蓄着一种迎接挑战的激情和力量。设计者巧妙地将对比与协调、节奏与韵律、象征与联想等艺术形式应用到植物配置设

图7.4 北教学楼植物景观分区图

计中,利用植物不同物种、色彩搭配及植物高低组合,形成富于变化的景观构图。

对比与协调:金连映日景区中伏起的地形上盛开着夏日黄花的金丝桃,给人以热烈、奔放的感觉,显示了充满活力的青年学子蓬勃向上的景象,周边点缀白色的葱兰花,休闲淡雅,给人留下柔和、纯朴的印象,也柔化了鲜艳的色彩,以去彰显之意。而绿色是植物景观的调和剂,无论形、色等的千差万别,总能起到调和的共性(图7.5)。

节奏与韵律:春潮流彩景区(图7.6)中波澜起伏的地被线条形成的植物景观外轮廓呈现了春潮涌动、流光溢彩的景观,与乔木、灌木疏密相间地点缀组合在一起,是植物自然配置方式中节奏与韵律的最好体现。松风飘香景区中植物群落布局好似被劲风吹后的景象(图7.7),而植物群落构成的富于变化的林冠线(图7.8)、林缘线,表现了起伏曲折的韵律美。

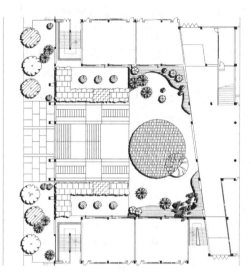

图 7.5 对比与协调

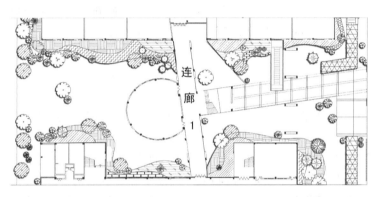

图 7.6 波澜起伏的节奏与韵律

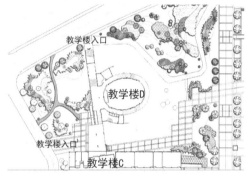

图 7.7 植物群落布局呈现的节奏

图 7.8 植物群落林冠线表现出起伏曲折的韵律

象征与联想:槭桂溢月景区中以乌桕、鸡爪槭、红枫等秋色叶树种为主,艳红秋叶透露出火一样的激情。桂花是月中之树,杜甫有诗道:"赏月延秋桂",故庭院中地被形成的"弯月"上种植芳香袭人的桂花,槭桂溢月的意境油然而生(图7.9)。

园林设计作品应给人以高雅、不落俗套的感觉,是园林设计师基于对于设计基本原理、法则恰到好处把握,以及在实践中不断积累经验,不断探索刻意求新,从而掌握规律,总结经验,提高审美水平,开阔视野进行创作的结果。园林设计师只有遵循园林设计的基本

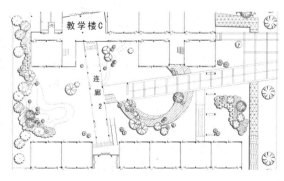

图 7.9 植物配置形成的象征与联想

原则与规律,高度理解并掌握图示语言,才能充分表达具体的设计思维。对于既有的技术与观念,只要充分知晓,才可能进一步凝聚想象与创意。正如同诗词等文学创作,其格律似乎是镣铐,却也是激发文学家创造高妙技巧的考验,引发诗人内在精力与最高贵的创造,迫使他们出奇制胜的机缘。

4) 情感的积淀可产生出设计的感染力

园林设计的感染力与设计师的情感有着紧密的关系,设计师强烈的创作欲望必将极大地调动起自己的生活和文化素质的积淀。设计师日常各种生活素材的收集,各种文化素养的吸收,各种风土人情的感受,积累到一定程度就会倾注于自己的设计中。空间的大小、色彩的协调与对比、线条的流畅、材料的选择与变化,都蕴含和表达着设计师的情感和创造力。园林设计的形式语言带有设计师的情感和创造力,很容易被人感知并产生共鸣,带来生理、心理、感官的愉悦。设计师的创作欲望愈强烈,情感愈充沛,则其灵感呼之欲出。创新意识所渲染和形成的氛围是园林设计过程中不可缺少的因素。

5) 不因时尚影响个性化设计

曾几何时,欧式风格的园林设计适应了人们当时对时尚的追求,但后来又因其式样呆板,缺乏个性,遭到大多数人的怀疑和拒绝。因此,设计师一定要把握住时代的脉搏和民族的个性。园林设计既要有时代感,又要兼有民族性,要以独特的眼光进行创意性的设计,充分显示出崭新的风格。在设计意识上应体现出社会的进步、民族的使命感。园林设计整体的多元化和部分个性化的发展,使人们对设计形态、设计情感产生了更高的要求,促使更新的题材和形式出现。园林设计中反映出的轻松、简洁、独特、浪漫、新奇的趣味性和深沉、朴实得体及超前意识,体现出别具一格,风华正茂的态势,是一种时尚和个性化在园林设计发展变化中的体现。

## 7.1.2 扎实的理论基础

园林是创造人与自然和谐境域的学科,不但有着悠久的历史发展进程,而且非常重视传承和创新并举。人与天地万物是不可分割的共同体,人类社会需要天人和谐,这正是园林发展的恒动力,从而产生了探求自然、保护自然、利用自然、再现自然和超越自然的社会主动力。正因为这样,哲学与科技先贤创立了审美哲理和山水文化,成为园林发展的科学基础与战略思想;人文与诗画大师确立了师法自然的创作原则,成为园林发展的人文精神;能文善画的造园家和园林设计师,创作了无数的园林作品,成为园林发展的典型范例和遗产宝库,这些也为园林基本理论的形成奠定了坚实的基础。

园林设计师所遵循的基础理论,反映着人类生存、生活、发展的基本需求和基本规律,因而具有长效性和积累性的特征。例如,在人与天、人与人、人工与自然、物质与精神、人的自我开发与完善等山水文化中,充满着唯物辩证思维,在园林的基本任务、功能作用、结构体系、欣赏与评价、创作原理、成败关键等方面的理论及成果,都有着长盛不衰的表现;又如,园林设计师的图画、文史、书法、技艺、体验、调研和整合等基本技能训练方面,也是由浅入深、并趋向熟能生巧的过程,在景观资源、素材、组织、意境、格调、手法、工艺、技术等专业设计能力方面,也是逐步提高,并得以积累;再如,关于游记、园记、图咏、史书、专著、文物等文化遗产,都可以传承并发扬光大。正是由于理论长效、技能渐进、能力提升都是可以积淀的,所以园林从业人员的基本理论具有学无止境的特征。

园林设计是一门融合艺术与科学的学科,园林设计包含的范围很广泛,相应也和许多学科有密切的关系。随着我国社会的不断发展,对新一代园林工作者所掌握的理论基础也有了更高的要求,作为一名优秀的园林设计师,除了具备相应专业的知识(如有园林设计、城市规划、建筑学、结构与材料)之外,更要不断加深哲学、科学、文化、艺术的素养,因为任何一种健康的审美情趣都是建立在较完整的文化结构之上的。为达到最好的设计应用,它必须涵盖包括建筑、植物、城市规划以及经济学、社会学等知识和设计理论。

园林设计的边缘学科性质决定了园林设计师应该把握现代设计的基本理论和相关学科的基本知识。他不必也不可能是相关学科领域的专门人才,不具备该学科纵向深入研究的能力,但他必须能够运用这些学科的研究成果,并在横向的多学科联系融合中实现其综合价值。园林设计师不是工程师,不是艺术家,也不是市场专家,他存在的意义在于综合工程师、艺术家和市场专家于一身,并且常常在某一特定的时空范围内对他们有着指导和协调的作用。他需要具有"哲学家的思维,史学家的渊博,科学家的严谨,旅行家的阅历,宗教者的虔诚,诗人的情怀"。因此,当代园林设计师应努力学习各种理论知识,深入生活,扩大视野,刻苦磨炼艺术技巧,积极参加园林项目实践,创造出更多、更好、更美的园林艺术作品。

### 7.1.3 适合的表达能力

园林设计的工作,基本上就是一种环境空间的创造与表现,不论是山林狂野、都市绿地、风景区、邻里公园或社区景园,园林设计师都需要透过语言、文字、图面、模型甚至动画,来传达自己对于"空间表现"的企图。"表现"按照字面上的解释就是表达与呈现,而运用在设计领域上的说法就是设计的沟通与传达。"表现法"所指就是设计沟通与传达的方法。一般而言,设计表现法的内涵可以区分为广义与狭义两种:广义的解释是泛指所有设计思维与概念传达呈现的方法;而狭隘的说法则是单单针对设计图绘制的方法与技术而言。不论广义或狭义,能够完整地呈现设计构想,并充分传达与沟通设计者的意图,无疑是设计表现的最重要目标之一。

表现法学习的目的不仅是为了掌握设计绘图的技巧与原则,更重要的,设计者必须具备的美感素养,透过直接操作的过程得到潜移默化的提升效果。类似如:线条与形式的排列组合、颜色运用与调色的方法、光线与空间感的掌握等等。园林学习者(即便是已经从业的园林工作者)如果不经过长时间的训练与实践,是不容易参透艺术美感在设计表现上的奥妙的。

园林表现的内容可以分为3个部分,即图示思考、景物描绘及工程制图。图示思考(图7.10)属于创造力启发的训练,工程制图(图7.11)与景物描绘属于务实技术层面的训练,而他们相互之间有着相辅相成的融通效果,其中景物描绘根据绘图工具的不同应用方式,一般分为3种类型,手绘效果图(图7.12)、计算机绘制效果图(图7.13)、计算机辅助绘制图(图7.14)。学生可根据自己的情况熟练掌握其一种方式,进行辅

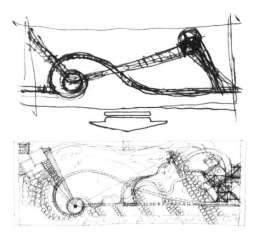

图7.10 合肥政务新区创业园总体方案图示思考
(张浪创业园设计草图)

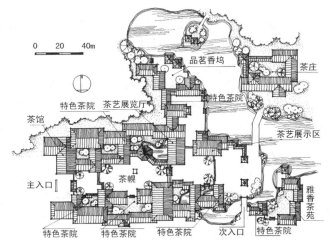

图7.11 深圳茶文化村规划总平面图

图7.12 手绘九华山圣地陵园效果图

图7.13 计算机绘制效果图(黄金广场)

助设计。具体而言,掌握了工程制图与景物描绘,可以轻易地将两度空间的平、立面图转化为三度空间的思考模式,也有助于将脑中的空间意象转绘成平、立面的规范设计图面;并且工程制图的系统性与严谨性有助于图示思考的逻辑安排,并有利于想象力和落实性之间的沟通与协调;而熟练于图示思考和景物描绘,可以轻易利用雅俗共赏的示意简图(图7.15)来进行概念的沟通,特别是面对非专业背景的服务对象时,这种沟通方式格外有效率。灵活性的图示思考能力与严谨的专业绘图技术,对于园林设计的表现而言是十分重要的,这两种能力也都需要相当时间的培养与学习。

**图7.14 运用计算机建模马克笔绘制的效果图**
资料来源:网易园林

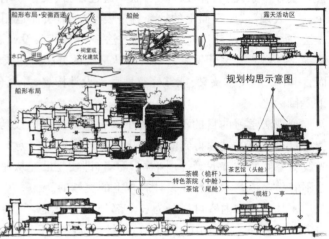
**图7.15 深圳茶文化村规划构思示意图**

园林设计师不但要有图面的表达能力还要积极与所从事实际的工程实践相融合,工程实践与图面表达是相辅相成的,可以相互促进。具体实践内容包括:

1) 项目分析技能

园林设计师要想有效地综合各种因素进行成功的设计,那么他首先应具备对基地整体环境、具体设计项目及业主的特殊要求的分析能力。不仅从外观形体、色彩、肌理方面,从功能、结构、构造、材料方面,而且从创造生态环境与降低造价等方面进行综合分析。这种分析贯穿于规划设计的全过程,从选址、土地利用、交通系统、空间布局、环境容量到建设部署,以及自然风貌的利用和文化遗产的保护等多方面内容。

2) 设计基础知识与理论知识运用

设计师在设计构思中需要掌握完备的设计技能,还要运用造型学、植物学、材料学、构造学等基础知识以及设计程序与方法、环境艺术设计史、环境心理学等理论知识。

3) 形态创造与表现技能

设计形态创造应尽量图示化,形态创造中最重要的就是分析环境的机能关系,思考每一种活动之间的关系,空间与空间的区位关系,使各个空间的处理与安排尽量地合理、有效。构思阶段除了借用图示思维法以外,还可以运用集思广益法、形态结构组合研究法、图解法以及公众参与等方法。形态创造细分为几个步骤:理想机能图解、基地关系机能图解、动线系统规划图、造型组合图,最后通过概要设计、设计发展及细部设计而最终表现出来。它需要以下几种表现技能:

首先,应有优秀的草图和徒手作画的能力。掌握用绘画的形式正确反映设计构思的方法,熟练掌握不同材质的肌理表现技巧和方法,并对构图、色彩搭配及气氛渲染有整体的把握,为将来园林规划设计打下良好的美术基础。同时,手绘效果图或徒手画表达的方式,更能表现一个设计师的设计思路和设计理念,以及一个设计单位的设计特点和设计风格。

其次,要有很好的制作模型的技术。通过制作精确的、可视的三维模型(图7.16),加强园林设计师的空间概念,从而提高自身三维思考能力及对园林设计方案的综合分析能力。

另外，要掌握一定的摄影技术。摄影的目的主要有3点：① 收集园林实际项目场地现状资料，为项目分析提供素材；② 提高自身的拍摄能力，包括建筑物外观和自然风景的拍摄技巧，以便于今后收集和积累园林图片资料等素材（图7.17）；③ 提高自身的艺术素质、观察能力和审美能力，培养艺术感悟力，为在今后的工作实践中，能够设计出优秀的园林作品积累一定的艺术财富。

最后，要掌握计算机辅助设计技术。必须掌握一种矢量绘图软件（如AUTOCAD）、绘图软件（如PHOTOSHOP、PHOTOSTYLER、MICROSTATION），至少能够使用一种三维造型软件，如3D STUDIO MAX、3D STUDIO VIZ或高级一些的如PRO/E、ALIAS、CATIA等，最好还能使用一种动画制作软

**图7.16　静安公园的园林景观模型**
资料来源：刘滨谊. 现代景观规划设计 [M].
南京：东南大学出版社，2005.

**图7.17　安徽宏村中心池塘的风景照片**
资料来源：http://pk.thmz.com/item_view.aspx?itemid=1021

件，如MAYA、3D STUDIO MAX、FLASH等。使用计算机进行园林辅助绘图相对自由和准确，便于修改，可以绘制出各种各样自由、复杂的形体，进而直观快速的展现出园林设计师的设计意图。在园林设计这一学科中，计算机不仅仅作为一种绘图和表现的工具来辅助园林设计者，它还具有辅助设计构思的作用。

4）优秀的表达能力及与人交往的技巧

具备写作设计报告与口头表述的技能，善于介绍方案，能与人沟通交流，能站在业主的角度看待问题和理解概念，明晰业主提出问题的实质所在，用通俗的语言解释专业问题，让业主理解设计方案或施工方案的优缺点所在，选择正确的方案。

5）市场运作技能

对项目从设计到施工的全过程应有足够的了解，熟悉招投标法规，精确安排设计流程，与施工图绘制人员及施工方配合娴熟，关注工程使用后评价与维护管理问题。

## 7.2 园林专业修养

### 7.2.1 世界观

世界观是人对世界总体的看法,包括对自身在世界整体中的地位和作用的看法,世界观可以给人们提供思维,给予启发,具有指引方向的作用。正确的世界观能把科学研究引向正确的方向和道路,反之,会使科学研究误入歧途。园林规划设计作为一种对人类的未来行为做出安排的科学活动,正确的世界观会协调各种要素的关系,促进园林的可持续发展;错误的世界观必然会加重各种问题,使园林规划设计陷入危机。因此,世界观不仅决定着园林工作者作品的思想倾向,还影响着他的整个创作活动,是园林工作者的灵魂。

1) 自然观

在原始社会,由于技术手段简单,人对自然的影响力还很弱小,一切只能顺从天命,人与自然处于原始水平的协调状态。随着生产力的发展,科技的进步扩展了人类的能力,增强了人类改造自然的能力,人类的观念逐渐由天命论、地理环境决定论,发展到工业文明时期的征服论。征服论认为人是世界的核心,人可以按照自己的需要,设计和改造周围的环境。以园林中的"征服自然"这一社会观念为例,它涉及人与自然的根本关系的哲学问题,因而属于世界观范畴,影响到园林艺术中的各个方面。

在人类社会生产力尚不发达的时期,"征服自然"的观念与人类的生存和发展休戚相关。但是,就园林来看,因古时园主多为帝王和官吏士大夫,当时的园林审美观一方面表现于苑、囿等审美性与功利性紧密结合之中,另一方面则体现为宫廷、官邸园林炫耀权势、炫耀财富,既"视天地万物为一己所有",屈从并利用"神威"以统治和压迫人民。园林艺术创造主要体现人在"征服自然"中表现出来的聪明才智和统治阶级的审美理想与审美情趣,能工巧匠们的活动也必然不会脱离这一基本模式。"征服自然"这一观念所包含的进步性和历史局限性都是十分明显的。

但是,当人类为各种胜利而欣喜的同时,却发现自己对自然掠夺和破坏的恶果已显露,环境污染、交通拥堵、人口膨胀、资源短缺、生态破坏等一系列问题使人类社会难以为继,自然界通过生物圈的反馈机制,把人类带给地球的灾难不断返还给人类。人们开始感觉到人与自然必须保持和谐一致,并开始探索理想的聚居环境,从"乌托邦"到"田园城市"到"设计结合自然",都表达了人们回归自然的强烈愿望,在园林规划界引起了热烈的反响。

有限生态环境内的"天人合一"观念逐渐得到承认,园林艺术创造也因此逐步冲破功利主义的禁锢而获得了更多的自由。"征服自然"这一社会审美观念开始暴露出它的落后性,园林艺术开始强调"自然美感",借助其高度的普遍性孕育着民主性和人道主义,同时又借助其特有的魅力,以各种不同的方式影响甚至直接进入宫廷官邸。到了近代,人道主义和环境保护问题日益尖锐,出现了一批有识之士,他们认识到并大声疾呼"人与自然必须保持和谐一致"。

2) 生态观

如今随着人类社会的不断进步,园林设计师的世界观也在不断变化发展。现代系统观认为,事物的普遍联系和永恒运动是一个总体过程,要全面地把握和控制对象,综合地探索系统中要素、要素与系统、系统与环境、系统与系统的相互作用和变化规律,把握住对象的内、外环境的关系,以便有效地认识和改造对象。这就要求我们要运用系统观的理念进行绿地系统、旅游地规划、区域规划、大地园林规划,应将生物多样性保护作为最重要的设计指标,通过设计,建立一个可持续的、具有丰富物种和生境的园林绿地系统,这是现代和未来园林设计师所要追求的。

生态学对于园林学而言,包含着两种意义:作为一门科学,生态学提供了植物物种的生长与其他种群发生联系的方式,以及生物种群与土壤和气候条件如何相关的解释,并且观察和记录生物演替的可见现象,这直接影响了园林的技术手段和方法。与此同时,生态又作为一种有着丰富内涵的隐喻和价值观念进入到园林学的讨论中,许多园林设计师逐渐接受用生态学的理念解释他们现在所从事职业的某些方面。在今天的园林学中,生态已经成为具有某种独立意味的概念,"生态"的规划设计已经在某种程度上成为具有肯定和积极意义的价值判断。对于园林的生态设计而言,追求在与自然过程的有效结合和适应的基础上对大地及其上的物质、能量和过程进行有意识地塑造从而满足预想的需要或欲望,需要我们对设计途径给环境带来的冲击进行全面的衡量。生态学在我们的专业实践中不再仅仅是一种技术手段,而且成为一种价值取向的标尺,从而使得我们对生态理论和世界观的探讨成为必然。

3) 发展观

传统的发展模式以经济增长为唯一的发展目标,以高消费和高享受为刺激经济增长的手段,以高投入、高消耗的粗放型增长方式为途径,以自然资源的枯竭、环境质量的恶化为代价,以人与自然对立、人定胜天为世界观。其结果是破坏了人与自然的和谐,最终使人类的生存发展陷入了艰难的境地。为了能实现长期的生存的发展,在对传统的发展模式进行审视和批判后,人类终于形成了一种新的发展观——可持续发展。

可持续发展要求人类的经济和社会发展必须控制在资源和环境的承载力范围之内。因此,人类必须约束污染和浪费行为,对可更新资源的使用率应限制在其自我更新率之内;降低不可更新资源的耗竭速度,加快寻求可再生资源作为代用品的速度;限制废弃物排放量不超过环境容量,使自然生态过程保持完整的秩序和良性的循环。

可持续发展的公平性包括两个方面:其一是指代际公平,它要求当代人在追求发展与消费的同时,不应剥夺后代人本应享有的同等的发展和消费权力;其二,是指代内之间的公平,即同一代人之间,一部分人的发展不应损害另一部分的利益。它要求在区域内部和不同区域间实现资源利用和环境保护两者的成本——效益公平负担和分配,追求的是社会、经济和环境的协同发展,而不仅仅把经济指标作为衡量发展的唯一标准。

可持续发展观推崇人与自然和谐、发展与环境相协调的价值观,肯定人在自然中的作用,也要促进生物圈的稳定和繁荣。因此它既要作为园林规划的指导思想,又要成为园林规划的最终目标。

可见,世界观是历史的、变化着的,不管它是进步的还是落后的,都以十分复杂的方式顽强地从各方面影响和制约着园林的发展。面对着社会生活和艺术中许多复杂的现象,在园林实践和园林理论上必然会遇到许多新问题,只有树立辩证唯物主义和历史唯物主义世界观,具有高尚的道德品质和良好的思想作风,才能正确认识世界和处理好园林规划实践中的新问题。

## 7.2.2 广博的文化知识

今天的社会正在飞速发展,生活的内容日益丰富多彩,园林与各门学科的联系越来越广泛而深刻,各门知识和技艺的"整合化"是不可避免的大趋势,园林学科正面临着一场巨大的变革,这些都要求园林从业人员具有广博的文化知识。

加强哲学和美学修养,对园林从业人员是头等重要的事。哲学和美学除了可为园林学科解决那些基本问题具有指导意义之外,还为园林中与这些基本问题相关的一系列具体问题的解决指明了方向,从而可以帮助我们提高发现美、鉴别美和创造美的能力;园林从业人员还应掌握广泛的科学知识和社会知识,才能使自己的创作符合时代的发展和社会需求。只要有广泛的生活情趣,又善于深入观察、细心揣摩,各类社会知识都可以为园林创造提供素材或激发园林设计师的艺术想象力;努力学习和文学、艺术有关的专业知识,对园林工作者进行园林规划设计也大有裨益。通过学习文学可以间接了解和感受各种社会生活、增长见识、提高鉴赏能力、培养高尚情操。许多诗词、散文中还有大量"景语",可以丰富我们的想象力和构思能力,对"诗情画意"在园林景物中的应用,对营造"意境",都有直接的帮助和启示,有助于园林从业人员在专业上达到精深的造诣。

一个优秀的园林工作者应掌握广博的文化知识,力争把一切艺术(特别是它们的情趣、韵味)变成或融入园林,这样才能营造出更好的园林作品。同时,园林强调学科之间的相关渗透与综合,需要园林设计人员博览群书,例如,评价一个园林设计作品,评价者应首先进行园林形式美的评价,这涉及园林美学、建筑学等;在评价作品的社会功能时,涉及生态学、环境学等;要评价设计作品的再现性和表现性,涉及历史学、规划学等;最后要做出总体评价,就必须还要懂得运筹学、心理学和模糊数学等。因此只有引入各门学科的基本理论和方法,博览群书,掌握丰富的文化知识,才能在园林的选址布局、掇山理水、建筑经营、花木配置中有所造诣,才能成为一个合格的园林工作者。

### 7.2.3 丰富的生活经验

生活经验即人生阅历,生活经验的积累是一切艺术创作的基础,也是园林艺术创作的基础,这是因为任何艺术创作素材都来源于现实生活。对中国园林艺术有过重大影响的古代画论中也有许多这方面的说法,如:"万物富于胸中"、"搜尽奇峰打草稿"等等,讲的实际上都是艺术创作的生活基础问题。园林艺术创作还必须依靠对生活、对普通群众的理解、洞察和奉献精神,了解普通居民对园林的心理需求。

在新时期这个问题尤为突出,因为,当前园林规划设计任务中,有很大一部分是与普通居民有直接关系的,如设计新建的公园、街心花园、园林化厂区、住宅小区等。若是今天的园林从业人员不深入生活,不能深切地感受普通人在居住、出行、休憩和娱乐等方面的需求和对环境美的种种新的具体渴望,怎么能完善和发展园林艺术,以完成好新时期赋予他的新的任务?

积累丰富生活经验的同时,还要注意不断总结创新。园林设计作品要体现时代精神就不能以模仿为能事,要创造新意以反映新时期的精神面貌。现代园林从古典园林演化至开放式空间、再到现代开放式景观、大地艺术,其内涵与外延都得到了极大的深化与扩展,大至城市设计(如山水园林城市),中到城市广场、大学校园、滨江滨河景观、建筑物前广场,小至中庭、道路绿化、挡土墙设计,无一不以此为起点。如今开放、大众化、公共性已成为现代景观设计的基本特征。

# 参 考 文 献

[1] 邱果. 从历史与文化脉络的角度分析园林设计 [J]. 南方建筑, 2006 (3): 65-66.

[2] 周干峙. 发展人居环境科学的历史使命 [J]. 城市发展研究, 1996 (1):6.

[3] 巢时平. 关于"园林概念的范畴"的探讨 [J]. 中国园林, 1994 (2):48-49.

[4] 张耀. 关于中国风景园林规划设计学科建设的思考 [J]. 中国农业教育, 2002 (6):18-19.

[5] 郑智聪, 赖钟雄. 浅析中国园林新的发展思路 [J]. 福建农林大学学报, 2006 (4):89-92.

[6] 毛学农. 试论中国现代园林理论的构建——大园林理论的思考 [J]. 中国园林, 2002 (6):14-16.

[7] 王全德. 现代世界园林发展的探索 [J]. 天津大学学报, 1997 (11):790-794.

[8] 刘家麒. 中国风景园林的现状和发展前景 [J]. 广东园林, 2005 (2):3-5.

[9] 李景奇. 走向包容的风景园林——风景园林学科发展应与时俱进[J]. 中国园林, 2007(8):85-89.

[10] 金柏苓. 何谓风景园林一 [J]. 风景园林, 2007 (1):110-117.

[11] 金柏苓. 何谓风景园林二 [J]. 风景园林, 2007 (3):98-104.

[12] 金柏苓. 何谓风景园林三 [J]. 风景园林, 2007 (5):100-107.

[13] 俞孔坚. 从世界园林专业发展的三个阶段看中国园林专业所面临的挑战和机遇 [J]. 中国园林 1998(1):18-19.

[14] 金柏苓. 中国园林学的基础和领域 [J]. 中国园林, 2004 (3):1-4.

[15] 王向荣, 林箐. 自然的含义 [J]. 中国园林, 2007 (1):6-15.

[16] 王绍增. 论风景园林的学科体系 [J]. 中国园林, 2006, (5):9-11.

[17] 李嘉乐. 现代风景园林学的内容及其形成过程 [J]. 中国园林, 2002, (4):3-6.

[18] 王绍增. 园林·科技·人——关于园林的几个深层问题的思考 [J]. 中国园林, 2002, (4):22-26.

[19] 周维权. 中国古典园林史[M].2 版.北京:清华大学出版社, 1999.

[20] 中国大百科全书编辑委员会. 中国大百科全书建筑·园林·城市规划卷 [M]. 北京:中国大百科全书出版社, 1988.

[21] 刘滨谊. 现代景观规划设计 [M]. 南京:东南大学出版社, 2005.

[22] 郝卫国. 环境艺术设计概论 [M]. 北京:中国建筑工业出版社, 2006.

[23] 席跃良. 环境艺术设计概论 [M]. 北京:清华大学出版社, 2006.

[24] 游泳. 园林史 [M]. 北京:中国农业科学技术出版社, 2005.

[25] 唐军. 追问百年:西方景观建筑学的价值批判 [M]. 南京:东南大学出版社, 2004.

[26] 中国科学技术协会. 学科发展蓝皮书 2002 卷 [M]. 北京:中国科学技术出版社, 2002.

[27] 林箐, 王向荣. 地域特征与景观形式 [J]. 中国园林, 2005 (6):16-24.

[28] 韩炳越, 沈实现. 基于地域特征的风景园林设计 [J]. 中国园林, 2005(7): 61-67.

[29] 胡继光, 梁伊任. 简论城市设计与风景园林设计 [J]. 广东园林, 2007(3): 24-26.

[30] 周在春, 朱祥明等.风景园林设计资料集——园林绿地总体设计[M].北京:中国建筑工业出版社, 2006.

[31] 张国强, 贾建中.风景园林设计——中国风景园林规划设计作品集 3 [M].北京:中国建筑工业出版社, 2005.

[32] 卢圣, 王芳. 3S 技术在风景园林中的应用现状与发展趋势 [J]. 河北林果研究, 2007(12): 402-406.

[33] 白钊义. 城市园林艺术发展纵横谈 [J]. 建筑科技, 2005(12): 60-61.

[34] 高彬, 高学思. 从意境的追求到理性的回归——自然要素在古今园林艺术中的运用 [J]. 福建林业科技, 2005(12):237-240.

[35] 斯日古楞,牛蒙弟,马瑞清等.论计算机在园林设计中的应用[J].内蒙古林业调查,4(6): 60-61.
[36] 陈战是,梁伊任.谈我国现代园林中材料的运用与发展[J].中国园林,2007(3): 33-35.
[37] 赵春林.园林美学概论[M].北京:中国建筑工业出版社,1992.
[38] 欧百钢,郑国生,贾黎明.对我国风景园林学科建设与发展问题的思考[J].中国园林,2006(2):3-8.
[39] 孙筱祥.风景园林:从造园术、造园艺术、风景造园到风景园林、地球表层规划[J].中国园林,2002(4):7-13.
[40] 李嘉乐,刘家麒,王秉洛.中国风景园林学科的回顾与展望[J].中国园林,1999(1):40-43.
[41] 曹勇宏,包存宽.论现代城市规划的世界观和价值观[J].城市规划汇刊,2000(5):23-25.
[42] 冈大路.中国宫苑园林史考[M].北京:农业出版社,1988.
[43] 孙君良.苏州园林图[M].上海:上海书画出版社,1980.
[44] 冯钟平.中国园林建筑[M].北京:清华大学出版社,1988.
[45] 张家伟.江南园林漫步[M].上海:上海书店出版社,1999.
[46] 刘致平.中国居住建筑简史:城市、住宅、园林[M].北京:中国建筑工业出版社,1990.
[47] 阎长城,晓鹏.中国古建筑园林观赏[M].北京:知识出版社,1986.
[48] 安怀起.中国园林艺术[M].上海:上海科学技术出版社,1986.
[49] 安怀起.中国园林史[M].上海:同济大学出版社,1991.
[50] 彭一刚.中国古典园林分析[M].北京:中国建筑工业出版社,1986.
[51] 孙莉,张乐.爱尔兰现代城市复兴中的公共空间设计[J].风景园林,2007(1):27.
[52] 陈华丽,蒋华平.GIS在城市绿地系统规划中的应用[J].风景园林,2005(4):46-49.
[53] 玛丽安娜·鲍榭蒂.中国园林[M].北京:中国建筑工业出版社,1996.
[54] 杜顺宝.中国的园林[M].北京:人民出版社,1990.
[55] 郭俊纶.清代园林图录[M].上海:上海人民美术出版社,1993.
[56] 罗哲文.中国古园林[M].北京:中国建筑工业出版社,1999.
[57] 大桥治三.日本庭院:造型与源流[M].王铁桥,张文静译.郑州:河南科学技术出版社,2000.
[58] 张浪.图解中国园林建筑艺术[M].合肥:安徽科学技术出版社,1996.
[59] 何重义,曾昭奋.圆明园园林艺术[M].北京:科学出版社,1995.
[60] 苏州园林管理局.苏州园林[M].上海:同济大学出版社,1991.
[61] 陈从周.园林丛谈[M].台北:明文书局股份有限公司,1983.
[62] 刘敦桢.苏州古典园林[M].北京:中国建筑工业出版社,1979.
[63] 童寯.江南园林志[M].北京:中国建筑工业出版社,1984.
[64] 王晓俊.西方现代园林设计[M].南京:东南大学出版社,2000.
[65] 赵兴华.北京园林史话.[M].北京:中国林业出版社,2000.
[66] 郦芷若,朱建宁.西方园林[M].郑州:河南科学技术出版社,2001.
[67] 森蕴等.日本园林[M].上海:同济大学出版社,1988.
[68] 周武忠.寻求伊甸园:中西古典园林艺术比较[M].南京:东南大学出版社,2001.
[69] 孟白,刘托,周奕扬.中国古代风景园林图汇(1-6)[M].北京:学苑出版社,2000.
[70] 佩内洛佩·霍布豪斯.意大利园林[M].北京:中国建筑工业出版社,2004.
[71] 刘庭风.日本园林教程[M].天津:天津大学出版社,2005.
[72] 王毅.中国园林文化史[M].上海:上海人民出版社,2004.
[73] 张家骥.中国造园艺术史[M].太原:山西人民出版社,2004.
[74] 章俊华.日本景观设计师佐佐木叶二[M].北京:中国建筑工业出版社,2002.
[75] 章俊华.日本景观设计师枡野俊明[M].北京:中国建筑工业出版社,2002.
[76] 章俊华,贺旺.日本景观设计师三谷彻·长谷川浩己[M].北京:中国建筑工业出版社,2002.

[77] 王向荣,林箐. 西方现代景观设计的理论与实践[M]. 北京:中国建筑工业出版社,2002.

[78] 夏建统.点起结构主义的明灯——丹·凯利[M]. 北京:中国建筑工业出版社,2001.

[79] Uitgeverij thoth bussum stichting jaarboek landschapsarchiectuur en stedenbouw 联合编辑. 荷兰景观与规划设计[M]. 沈阳:辽宁科学技术出版社,2003.

[80] Hans-Martin Nelte 编. 最新德国景观设计[M]. 福州:福建科学技术出版社,2004.

[81] 易道公司. 演变·改变:易道的理想与实践[M]. 北京:中国建筑工业出版社,2005.

[82] 陈晓彤. 传承·整合与嬗变:美国景观设计发展研究[M]. 南京:东南大学出版社,2005.

[83] 同济大学. 景观教育的发展与创新:2005 国际景观教育大会论文集[C]. 北京:中国建筑工业出版社,2006.

[84] Geoffrey and Susan Jellicoe 著. 图解人类景观:环境塑造史论[M]. 刘滨谊译. 上海:同济大学出版社,2006.

[85] 俞孔坚,李迪华. 景观设计:专业、学科与教育[M]. 北京:中国建筑工业出版社,2003.

[86] 周向频. 欧洲现代景观规划设计的发展历程与当代特征[J]. 城市规划汇刊,2003(4).

[87] 周向频. 当代欧洲景观设计的特征与发展趋势[J].国外城市规划,2003(2).

[88] 张祖刚. 世界园林发展概论:走向自然的世界园林史图说[M]. 北京:中国建筑工业出版社,2003.

[89] 池田二郎著. 日本造园设计艺术与鉴赏[M]. 陈吾译. 北京:中国建筑工业出版社,2003.

[90] 时文. 世界名园百图[M]. 北京:中国城市出版社,1995.

[91] 计成著. 园冶注释[M]. 陈植注释. 北京:中国建筑工业出版社,1988.

[92] 文震亨撰.陈植校注.长物志校注[M]. 南京:江苏科学技术出版社,1984.

[93] 李渔著作集. 闲情偶寄[M]. 杭州:浙江古籍出版社,1986.

[94] 童寯. 造园史纲[M]. 北京:中国建筑工业出版社,1983.

[95] 陈志华. 外国造园艺术[M]. 台北:明文书局,1990.

[96] 张祖刚. 西方园林发展概论[M]. 北京:中国建筑工业出版社, 2003.

[97] 针之谷钟吉. 西方造园变迁史[M]. 邹洪灿译. 北京:中国建筑工业出版社,1991.

[98] 金学智. 中国园林美学[M]. 北京:中国建筑工业出版社,2000.

[99] 高等艺术院校《艺术概论》编著组. 艺术概论[M]. 北京:文化艺术出版社,1984.

[100] 宗白华. 中国园林艺术概观[M]. 北京:科学出版社,1987.

[101] 刘守安,张路红. 园林艺术[M]. 合肥:安徽美术出版社,2003.

[102] 朱钧珍. 中国园林植物景观艺术[M]. 北京:中国建筑工业出版社, 2003.

[103] 刘晓惠. 文心画境 —— 中国古典园林景观构成要素分析[M]. 北京:中国建筑工业出版社,2001.

[104] 吴家骅. 环境设计史纲[M]. 重庆:重庆大学出版社,2002.

[105] 王晓俊. 西方现代园林设计[M]. 南京:东南大学出版社,2000.

[106] 孟兆祯等. 园林工程[M]. 北京:中国林业出版社,1996.

[107] 唐学山等. 园林设计[M]. 北京:中国林业出版社,1996.

[108] 过元炯. 园林艺术[M]. 北京:中国农业出版社,1996.

[109] 赵兵. 园林工程学[M]. 南京:东南大学出版社,2006.

[110] 胡长龙. 园林规划设计[M]. 北京:中国农业出版社,2006.

[111] 叶振启,许大为. 园林设计[M]. 哈尔滨:东北林业大学出版社,2002.

[112] 毛培琳. 园林铺地[M]. 北京:中国林业出版社,1996.

[113] 王淑华. 山岳地质景观的审美浅析[J]. 美与时代,2002(4):52-57.

[114] 卞玉清. 三水地质风景浅谈[J]. 旅游科学,1997(4):39-43.

[115] 王洪成,陈侃. 园林景观中的自然要素.中国园林,2005(10):45-46.

[116] 周武忠. 城市园林艺术[M]. 南京:东南大学出版社,2000.

[117] 冯钟平. 中国园林建筑[M]. 北京:中国建筑工业出版社,1985.

[118] 诺曼·K·布思著. 风景园林设计要素[M]. 曹礼昆等译. 北京:中国林业出版社,2006.
[119] 陈从周. 中国古典园林鉴赏辞典[M]. 上海:华东师范大学出版社,2000.
[120] 李泽厚,刘纲纪. 中国美学史[M]. 合肥:安徽文艺出版社,2001.
[121] 汪德华. 中国山水文化与城市规划[M]. 南京:东南大学出版社,2002.
[122] 周武忠. 园林美学[M]. 北京:中国农业出版社,1996.
[123] 过元炯. 园林艺术[M]. 北京:中国农业出版社,1996.
[124] 曹林娣. 中国园林文化[M]. 北京:中国建筑工业出版社,2005.
[125] 王逊. 中国美术史[M]. 北京:人民美术出版社,1985.
[126] 范文澜. 中国通史简编[M]. 石家庄:河北教育出版社,2000.
[127] 王毅. 园林与中国文化[M]. 上海:上海人民出版社,1990.
[128] 张建林. 园林工程[M]. 北京:中国农业出版社,2002.
[129] 戚廷贵. 艺术美与欣赏[M]. 吉林人民出版社,1984.
[130] 王其明. 北京四合院[M]. 北京:中国农业出版社,1999.
[131] 梁伊任等. 园林建筑工程招投标概算预算与施工技术实务上卷[M]. 北京:中国城市出版社,2003.
[132] 李铮生. 城市园林绿地规划与设计[M]. 2版. 北京:中国建筑工业出版社,2006.
[133] 杨赍丽. 城市园林绿地规划设计[M]. 北京:中国林业出版社,1995.
[134] 张国强,贾建中. 风景规划——风景名胜区规划规范实施手册[M]. 北京:中国建筑工业出版社,2003.
[135] 谢凝高. 国家风景名胜区功能的发展及其保护利用[J]. 中国园林,2002(4).
[136] 仇保兴. 风景名胜资源保护和利用的若干问题[J]. 中国园林,2002(6).
[137] 贾建中. 新时期风景区规划中的若干问题[J]. 中国园林,2001(4).
[138] 朱观海. 风景名胜区认识及开发误区辨析[J]. 中国园林,2003(2):61-64.
[139] 周公宁. 风景区旅游规模预测与旅游设施规模的控制[J]. 建筑学报,1993(5).
[140] 杨锐. 风景区环境容量初探——建立风景区环境容量概念体系[J]. 城市规划汇刊,1996.
[141] 中国城市规划设计研究院. 城市道路绿化规划与设计规范(CJJ 75-97)[S]. 北京:中国建筑工业出版社,1998.
[142] 北京北林地景园林规划设计院有限责任公司. 城市绿地分类标准(CJJ/T 85—2002) [S]. 北京:中国建筑工业出版社,2002.
[143] 中华人民共和国建设部. 城市居住区规划设计规范(GB 50180—93)[M]. 北京:中国建筑工业出版社,2002.
[144] 杨淑秋. 道路系统绿化美化[M]. 北京:中国林业出版社,2007.
[145] 同济大学,重庆建筑工程学院,武汉城建学院合编. 城市园林绿地规划[M]. 北京:中国建筑工业出版社,1982.
[146] 黄东冰,魏春海. 园林规划设计[M]. 北京:科学技术出版社,2003.
[147] 北京市园林局. 公园设计规范(CJJ 48-92)[S]. 北京:中国建筑工业出版社,1993.
[148] 梁明,赵小平,王亚娟. 园林规划设计[M]. 北京:化学工业出版社,2006.
[149] 梁永基,王莲清. 道路及广场绿地设计[M]. 北京:中国林业出版社,2001.
[150] 梁永基,王莲清. 校园园林绿地设计[M]. 北京:中国林业出版社,2001.
[151] 梁永基,王莲清. 工矿企业园林绿地设计[M]. 北京:中国林业出版社,2001.
[152] 梁永基,王莲清. 居住区园林绿地设计[M]. 北京:中国林业出版社,2001.
[153] 梁永基,王莲清. 机关单位园林绿地设计[M]. 北京:中国林业出版社,2001.
[154] 梁永基,王莲清. 医院疗养院园林绿地设计[M]. 北京:中国林业出版社,2001.
[155] 建设部住宅产业化促进中心. 居住区环境景观设计导则[M]. 北京:中国建筑工业出版社,2006.
[156] 林业部调查规划设计院. 森林公园总体设计规范(LY/T 5132—95)[S]. 北京:中国标准出版社,

1996.
[157] 北京市园林科学研究所. 居住区绿地设计规范(DB11/T 214—2003)[S]. 中国花卉报, 2004.
[158] 张祥平, 黄凯. 园林经济管理[M]. 北京: 气象出版社, 2001.
[159] 浙江省建设厅城建处, 杭州蓝天职业培训学校. 园林施工管理[M]. 北京: 中国建筑工业出版社, 2005.
[160] 中国建筑装饰协会. 景观设计师培训考试教材[M]. 北京: 中国建筑工业出版社, 2006.
[161] 韩东锋等. 园林工程建设监理[M]. 北京: 化学工业出版社, 2005.
[162] 徐德权. 园林管理概论[M]. 北京: 中国建筑工业出版社, 1988.
[163] 韩玉林主编. 园林工程[M]. 重庆: 重庆大学出版社, 2006.
[164] 廖振辉. 最新园林工程建设实用手册——项目管理分册[M]. 安徽: 安徽文化音像出版社, 2006.
[165] 钱云淦. 园林工程监理[M]. 北京: 中国林业出版社, 2007.
[166] 许浩. 城市景观规划设计理论与技法[M]. 北京: 中国建筑工业出版社, 2006.
[167] 王焘. 园林经济探索[M]. 北京: 中国林业出版社, 1989.
[168] 厉以宁等. 现代西方经济学概论[M]. 北京: 北京大学出版社, 1983.
[169] 王涛. 园林绿化管理概论[M]. 北京: 中国林业出版社, 1999.
[170] 梁伊任. 园林建设工程[M]. 北京: 中国城市出版社, 2001.
[171] 杰吉 B L, 格里茨. 管理信息系统手册[M]. 北京: 中国人民大学出版社, 1982.
[172] 王晓俊. 西方现代园林设计 [M]. 南京: 东南大学出版社, 2000.
[173] 王星航. 日本现代景观设计思潮及作品分析[D]. 天津: 天津大学建筑学院, 2004.
[174] 同济大学建筑系园林教研室编. 公园规划与建筑图集[M]. 北京: 中国建筑工业出版社, 1986.